灰色系统丛书

刘思峰 主编

冰凌灾害风险管理中的灰色预测决策方法

罗 党 著

国家自然科学基金面上项目（71271086）
河南省高等学校本科特色专业“数学与应用数学” 建设基金
河南省重点学科（数学一级学科）建设基金
河南省研究生教育优质课程“灰色系统理论”建设经费
联合资助

科 学 出 版 社
北 京

内 容 简 介

本书重点介绍灰色预测决策方法及其在冰凌灾害风险管理中的应用实践. 全书共10章, 包括灰色预测决策方法和冰凌灾害风险管理研究概况、灰色预测决策方法基础、灰色关联决策方法、灰靶决策方法、灰色局势决策方法、灰色风险型决策方法、灰色预测方法、冰凌灾害形成机理及特征分析、黄河冰凌灾害风险管理实践以及冰凌灾害防灾减灾措施与政策建议等. 本书在研究方法上突出灰数信息, 特别是三参数区间灰数下的决策建模技术, 应用上重点解决冰凌灾害风险管理中的风险识别、风险分析、风险评估以及风险决策等问题.

本书可供从事自然灾害风险管理的工程技术人员和科研人员参考使用, 也可作为高等院校相关专业师生学习的参考书.

图书在版编目(CIP)数据

冰凌灾害风险管理中的灰色预测决策方法/罗党著. —北京: 科学出版社, 2018.2

(灰色系统丛书)

ISBN 978-7-03-032629-4

Ⅰ. ①冰… Ⅱ. ①罗… Ⅲ. ①灰色预测模型-应用-防凌-风险管理 Ⅳ. ①TV875

中国版本图书馆CIP数据核字(2018) 第033025号

责任编辑: 李静科 / 责任校对: 邹慧卿
责任印制: 张 伟 / 封面设计: 无极书装

科学出版社 出版
北京东黄城根北街16号
邮政编码: 100717
http://www.sciencep.com

北京东华虎彩印刷有限公司 印刷
科学出版社发行 各地新华书店经销

2018年2月第 一 版 开本: 720 × 1000 B5
2018年2月第一次印刷 印张: 21 1/4
字数: 408 000

定价: 149.00 元

(如有印装质量问题, 我社负责调换)

丛书总序

灰色系统理论是 1982 年中国学者邓聚龙教授创立的一门以"小数据, 贫信息"不确定性系统为研究对象的新学说. 新生事物往往对年轻人有较大吸引力, 在灰色系统研究者中, 青年学者所占比例较大. 虽然随着这一新理论日益被社会广泛接受, 一大批灰色系统研究者获得了国家和省部级科研基金的资助, 但在各个时期仍有不少对灰色系统研究有兴趣的新人暂时缺乏经费支持. 因此, 中国高等科学技术中心 (China Center of Advanced Science and Technology, CCAST) 的长期持续支持对于一门成长中的新学科无疑是雪中送炭. 学术因争辩而产生共鸣. 热烈的交流、研讨碰撞出思想的火花, 促进灰色系统研究工作不断取得新的进展和突破.

由科学出版社推出的这套"灰色系统丛书", 包括了灰色系统的理论、方法研究及其在医学、水文、人口、资源、环境、经济预测、作物栽培、复杂装备研制、电子信息装备试验、空管系统安全监测与预警、冰凌灾害预测分析、宏观经济投入产出分析、农村经济系统分析、粮食生产与粮食安全、食品安全风险评估及预警、创新管理、能源政策、联网审计等众多领域的成功应用, 是近 10 年来灰色系统理论研究和应用创新成果的集中展示.

CCAST 是著名科学家李政道先生在世界实验室、中国科学院和国家自然科学基金委员会等部门支持下创办的学术机构, 旨在为中国学者创造一个具有世界水平的宽松环境, 促进国内外研究机构和科学家之间的交流与合作; 支持国内科学家不受干扰地进行前沿性的基础研究和探索, 让他们能够在国内做出具有世界水平的研究成果. 近 30 年来, CCAST 每年都支持数十次学术活动, 参加活动的科学家数以万计, 用很少的钱办成了促进中国创新发展的大事. CCAST(特别是学术主任叶铭汉院士) 对灰色系统学术会议的持续支持, 极大地促进了灰色系统理论这门中国原创新兴学科的快速成长. 经过 30 多年的发展, 灰色系统理论已被全球学术界所认识、所接受. 多种不同语种的灰色系统理论学术著作相继出版, 全世界有数千种学术期刊接受、刊登灰色系统论文, 其中包括各个科学领域的国际顶级期刊.

2005 年, 经中国科协和国家民政部批准, 中国优选法统筹法与经济数学研究会成立了灰色系统专业委员会, 挂靠南京航空航天大学. 国家自然科学基金委员会、CCAST、南京航空航天大学和上海浦东教育学会对灰色系统学术活动给予大力支持. 2007 年, 全球最大的学术组织 IEEE 总部批准成立 IEEE SMC 灰色系统委员会, 在南京航空航天大学举办了首届 IEEE 灰色系统与智能服务国际会议 (GSIS). 2009 年和 2011 年, 南京航空航天大学承办了第二届、第三届 IEEE(GSIS).

2013 年, 在澳门大学召开的第四届 IEEE GSIS 得到了澳门特区政府资助. 2015 年, 在英国 De Montfort 大学召开的第五届 IEEE GSIS 得到了欧盟资助. 2017 年 7 月, 第六届 IEEE GSIS 将在瑞典斯德哥尔摩大学举办.

在南京航空航天大学, 灰色系统理论已成为本科生、硕士生、博士生的一门重要课程, 并为全校各专业学生开设了选修课. 2008 年, 灰色系统理论入选国家精品课程; 2013 年, 又被遴选为国家精品资源共享课程, 成为向所有灰色系统爱好者免费开放的学习资源.

2013 年, 笔者与英国 De Montfort 大学杨英杰教授合作, 向欧盟委员会提交的题为“Grey Systems and Its Application to Data Mining and Decision Support”的研究计划, 以优等评价入选欧盟第 7 研究框架玛丽・居里国际人才引进行动计划 (Marie Curie International Incoming Fellowships, PEOPLE-IIF-GA-2013-629051). 2014 年, 由英国、中国、美国、加拿大等国学者联合申报的英国 Leverhulme Trust 项目以及 26 个欧盟成员国与中国学者联合申报的欧盟 Horizon 2020 研究框架计划项目相继获得资助. 2015 年, 由中国、英国、美国、加拿大、西班牙、罗马尼亚等国学者共同发起成立了国际灰色系统与不确定性分析学会 (International Association of Grey Systems and Uncertainty Analysis).

灰色系统理论作为一门新兴学科以其强大的生命力自立于科学之林.

这套“灰色系统丛书”将成为灰色系统理论发展史上的一座里程碑. 她的出版必将有力地推动灰色系统理论这门新学科的发展和传播, 促进其在重大工程领域的实际应用, 促进我国相关科学领域的发展.

刘思峰
南京航空航天大学和英国 De Montfort 大学特聘教授
欧盟玛丽 · 居里国际人才引进计划 Fellow (Senior)
国际灰色系统与不确定性分析学会主席
2015 年 12 月

序　一

灰色系统理论是由中国学者邓聚龙教授于 1982 年创立的一种新的不确定性系统理论, 经过 30 多年的发展, 已基本建立起一门新兴学科的结构体系. 灰色系统理论以“部分信息已知、部分信息未知”的“少数据”“贫信息”不确定性系统为研究对象, 其主要内容包括: 灰数运算与灰色代数系统、灰色方程、灰色矩阵等灰色系统的基础理论; 以序列算子为基础的数据挖掘方法; 用于系统诊断、分析的灰色关联分析模型; 用于解决系统要素和对象分类问题的灰色聚类评估模型; 系列灰色预测模型 (GM) 及灰色系统预测方法和技术; 主要用于方案评价和选择的多目标灰靶决策模型和两阶段灰色综合测度决策模型; 以多方法融合创新为特色的灰色组合模型, 如灰色规划、灰色投入产出、灰色博弈、灰色控制等. 灰色系统理论应用领域十分广泛, 已取得了显著的社会效益和经济效益.

罗党教授撰写的《冰凌灾害风险管理中的灰色预测决策方法》一书, 针对冰凌灾害形成过程中普遍存在的灰色不确定性, 对冰凌灾害的数据特征进行系统分析和深入研究, 提出了以决策信息为灰数 (以三参数区间灰数为主) 条件下的灰色关联决策、灰靶决策、灰色局势决策以及灰色风险型决策等一系列灰色决策方法, 为更科学、更合理、更具柔性地解决冰凌灾害风险识别、风险分析、风险评估与风险决策等问题, 提供了新的研究工具. 同时, 对冰凌灾害形成机理和演化规律进行探究, 综合国内外最新研究成果, 提出了灰色 GMP(1,1,N) 模型、多变量灰色 GMC(1,N) 模型和离散多变量灰色 DGMC(1,N) 模型, 为冰情凌情预报和冰凌灾害风险预测提供了新的工具. 书中较为详细地介绍了灰色预测决策方法在黄河冰凌灾害风险管理中的应用成果, 为开展基于灰色系统理论的冰凌灾害风险管理研究提供了新思路.

该书针对江河冰凌预报与灾害防控的重大现实需求, 进行理论和方法探索, 注重理论研究成果与冰凌灾害风险管理实践紧密结合, 成功运用灰色系统方法和模型, 破解冰凌灾害风险管理难题, 取得了多项有价值的成果.

该书以罗党教授及其团队成员近年来在国内外重要期刊上发表的系列学术论文为基础凝练而成, 是作者多年来从事灰色系统理论与决策分析、冰凌灾害及干旱灾害风险管理、教学与实践的结晶. 我十分乐意向读者推荐这本有理论、有思想、有创新、有应用的著作, 相信该书的出版对推动灰色系统理论的研究和应用具有重要意义.

刘思峰
国家有突出贡献的中青年专家
南京航空航天大学特聘教授、博士生导师
国际灰色系统与不确定性分析学会主席
2017 年 8 月 23 日

序　二

我们所生活的这个世界充满了各种各样的不确定性, 大到宇宙的演化, 小到日常生活的方方面面, 有限的不完全信息无时无刻不围绕在我们周围. 这在具有主观不确定性的人与具有客观不确定性的自然的相互作用的土木与水利工程中尤为突出. 与大自然相比, 人类的认识仍然是有限的, 大数据技术的发展仍然无法从根本上改变工程中必须基于对有限和不完全数据的分析基础上的决策. 尽管大数据技术的发展极大地提升了我们处理许多工程和社会问题的能力, 但是, 基于有限和不完全数据的分析与决策的理论和技术, 仍然是人类社会迈入智能经济的一个不可或缺的前提条件.

对于工程实践中广为存在的不确定性, 虽然长期以来学者们已经建立和发展了很多不确定性模型理论并已经取得了巨大的成果, 但这些不确定性模型理论在处理有限和不完全数据时一般要求以大量数据为前提, 同时对信息的不完全性考虑不足. 在实际工程中, 受限于我们对自然的理解、自然环境的动态变化和测量仪器, 有效数据往往是非常有限并且不完全的. 长期积累的大数据虽然对宏观尺度的分析非常有效, 但还不能代替近期有限数据在微观分析上的作用. 同时, 数据信息的不完全性也不会随着数据量的增大而消失. 因此, 有效的基于有限和不完全数据的分析与决策仍然是工程中非常现实的挑战. 灰色系统理论就是这样一种基于有限和不完全数据的分析与决策的理论和技术. 自邓聚龙教授创立灰色系统的理论体系以来, 以刘思峰教授和罗党教授为代表的灰色系统领域的杰出学者们进一步发展和完善了灰色系统的理论和应用. 在他们的努力下, 灰色系统已经发展成为一个以灰色代数、灰色预测、灰色关联、灰色聚类和灰色组合模型为基础, 涵盖农业科学、经济管理、环境科学、医药卫生、矿业工程、教育科学、水利水电、图像信息、生命科学、控制科学和航空航天等众多应用领域的新兴学科.

对于一门新兴学科的发展至关重要的是其理论与实际相结合的能力. 随着灰色系统理论在中国和世界范围内的推广, 越来越多的来自各行各业的人已经开始关注和使用灰色系统模型去解决各种实际问题. 他们所共同面对的一个挑战就是如何将灰色系统的理论应用到实际工作中. 作为国际上灰色系统研究的领军人物之一, 罗党教授不仅有对灰色系统理论发展上的卓越贡献, 更有长期从事灰色系统理论在冰凌灾害风险管理中应用的实践, 并积累了大量的宝贵经验. 这些理论和应用经验无疑对冰凌灾害风险管理领域以及其他工程与社会领域的学者和技术人员具有非常宝贵的指导作用. 罗党教授在该书中系统地阐述了灰色预测决策方法的理论基础, 结合冰凌灾害管理实例深入浅出地解释了灰数的表征与运算、灰色预测、灰色关联、灰色聚类和灰色组合模型等方法, 并给出了一系列的案例来详细介绍这些方法如何在冰凌灾害风险管理中发挥作用和解决问题. 该书无疑会对那些面临有限和不完全数据的挑战的工程领域工作者提供巨大帮助. 该书虽然以冰凌灾害风险管理为应用背景, 但是其理论基础与应用方法对其他工程和社会应用领域也有巨大帮助.

我作为一个出身于工程领域, 又长期从事理论研究的工作者, 深感理论研究与工程应用相结合的必要. 在我们已经意识到研究成果对社会影响的重要性的今天, 这一点也尤为重要. 罗党教授这本书在这方面树立了一个典范, 也必将对灰色系统在冰凌灾害风险管理以及其他工程和社会领域的应用带来极大的促进作用. 因此, 我衷心感谢罗党教授及其团队及时地为我们提供了一本非常必要的书. 我相信该书的出版将为灰色系统的发展及其在冰凌灾害风险管理等工程与社会领域中的应用带来新的飞跃.

杨英杰
国际灰色系统与不确定性分析学会执行主席
英国 De Montfort 大学教授
2017 年 8 月 26 日

前　言

凌汛是河道里的冰凌对水流的阻力作用而引起的一种涨水现象, 它直接影响到水利工程的运行和维护、水力发电、河流的生态与环境以及沿岸人民的生命财产安全等问题. 世界上分布在北纬 40° 以北及南纬 40° 以南地区的河流在冬春季节都易出现不同程度的结冰现象, 因此导致的凌汛灾害是人类世界重要的自然灾害之一. 黄河是中国凌汛出现最为频繁的河流, 其中宁蒙段最为严重. 近年来受全球气候变化影响, 我国极端天气频繁出现, 黄河冰凌灾害严重, 1986 年以来黄河宁蒙河段已发生了 6 次凌汛决口, 防凌减灾工作已成为黄河防汛的重要内容, 迫切需要对冰凌灾害的形成机理进行全面系统的分析, 亟须建立健全冰凌灾害风险管理理论和方法体系.

冰凌灾害的形成过程是一个随机、模糊与灰色不确定性共存的复杂系统. 现有研究大多基于水文气象资料, 运用数理统计理论、信息扩散理论、随机分析、模糊数学等方法, 研究冰凌灾害系统的随机性和模糊性特征. 但是综合分析和有效处理包括灰色不确定性在内的冰凌灾害系统中的各种不确定性, 识别与解析这些不确定性的物理内涵、动力学机制, 以及相互作用、耦合和转化的物理关系, 系统地分析冰凌灾害的数据特征, 是冰凌灾害风险管理的重要研究内容; 尤其是从灰色系统理论及应用角度, 对冰凌灾害系统的不确定性特征进行系统分析、统一量化和有效处理, 构建基于灰色系统理论的冰凌灾害风险管理体系, 是亟须解决的问题, 关于这一方面的学术专著尚未见报道. 基于此, 在国家自然科学基金项目 “基于灰数信息的决策模型及其在黄河冰凌灾害风险管理中的应用研究”(71271086) 系列研究成果的基础上, 结合本团队已取得或在研关于灰色系统理论及应用的其他研究成果, 在广大科研和实践领域工作者们的关怀和支持下, 本书得以完成.

本书在写作过程中, 遵循 “理论指导实践, 实践检验理论” 的原则, 重点突出灰色预测决策理论与方法对冰凌灾害风险管理实践的普遍指导意义, 结合冰凌灾害风险识别、分析、评估、预测与决策等问题, 力求给出基于灰色预测决策方法的冰凌灾害风险管理研究范式. 本书主要包括灰色预测决策方法和冰凌灾害风险管理研究概况、灰色预测决策方法基础、灰色关联决策方法、灰靶决策方法、灰色局势决策方法、灰色风险型决策方法以及灰色预测方法等理论研究内容, 还包括实践研究内容: 以黄河宁蒙段为主, 全面分析了冰凌灾害形成机理, 解析了黄河冰凌灾害风险的不确定性特征, 给出了黄河冰凌灾害风险管理流程; 运用理论研究成果, 着重介绍了两种黄河冰凌灾害风险评估、预测与决策方法, 给出了冰凌灾害风险管理的灰色预测决策方法研究范式; 提出了冰凌灾害防灾减灾措施与政策建议, 为冰凌灾害监测、预报、控制等管理工作提供借鉴.

本书的主要内容包括罗党教授及其研究团队成员的部分研究成果, 其他引用成果可在书后的参考文献中找到. 本书由罗党教授提出总体写作方案并组织撰稿. 第 1, 5 章由李海涛执笔; 第 2 章由韦保磊、毛文鑫执笔; 第 3 章由韦保磊、孙慧芳执笔; 第 4 章由孙慧芳执笔; 第 6 章由李海涛、孙慧芳执笔; 第 7 章由韦保磊执笔; 第 8, 10 章由毛文鑫执笔; 第 9 章由李海涛、韦保磊、毛文鑫执笔. 张国政及刘敏、王浍婷、贾惠迪、王胜杰、叶莉莉、钱其存、王付冰等硕士研究生做了部分辅助工作. 全书由李海涛统稿, 罗党教授审定.

在此, 作者谨向南京航空航天大学刘思峰教授、武汉大学谢平教授、合肥工业大学金菊良教授、英国 De Montfort 大学杨英杰教授、华北水利水电大学韩宇平教授以及本书参考文献的全体作者表示衷心的感谢! 本书的出版有幸得到了国家自然科学基金项目 “基于灰数信息的决策模型及其在黄河冰凌灾害风险管理中的应用研究”(71271086)、河南省高等学校本科特色专业 “数学与应用数学” 建设基金、河南省重点学科 (数学一级学科) 建设基金、河南省研究生教育优质课程 “灰色系统理论” 建设经费的资助, 特此深表感谢!

灰色系统理论目前仍处于发展完善阶段, 一些基本概念和基本理论尚缺乏严密的数学理论基础, 与随机、模糊等其他不确定性理论之间的区别和联系研究亦不足, 加之冰凌灾害形成的复杂性以及人类认知水平的有限性, 本书的出版仅是抛砖引玉. 受时间、专业素养、理论水平及可操作性的制约, 本书研究中的理论、方法、结构安排、文字表达等方面难免有疏漏之处, 敬请诸位同行专家予以批评指正. 此外, 书中对于其他专家学者的论点和成果都尽量给予了引证, 如有不慎遗漏引证的, 恳请诸位专家谅解.

作 者

2017 年 9 月于郑州

目　录

第 1 章　绪　　论

1.1　灰色预测决策方法研究概况

1.1.1　灰色系统理论概述

随着科学技术的发展、人类社会的进步和人的认识能力的提高, 人们对客观世界的认识正在经历一个向着多样性、复杂性和不确定性发展的根本变化. 20 世纪 50 年代以来, 不确定性理论逐渐成为系统科学领域的研究热点和重要前沿. 在这种背景下, 各种不确定性系统理论和方法不断涌现, 其中产生广泛影响力的理论与方法有模糊数学 (Zadeh L A, 1965)、粗糙集理论 (Pawlak Z, 1982)、灰色系统理论 (邓聚龙, 1982)、集对分析 (赵克勤, 1989) 以及未确知数学 (王光远, 1990) 等. 这些研究成果与经典的概率论一起, 从不同角度、不同侧面描述和处理各类不确定信息, 揭示复杂系统内部更为深刻和更为本质的内在规律, 极大地促进了科学技术的发展.

区别于概率论、模糊数学、粗糙集理论等不确定性理论, 灰色系统理论以 “部分信息已知、部分信息未知” 的 “少数据”“贫信息” 不确定性系统为研究对象, 主要通过对部分已知信息的生成、开发, 提取有价值信息, 实现对系统运行行为、演化规律的正确描述和有效监控, 具有原创性科学意义, 是我国对系统科学的贡献. 灰色系统理论与其他三种最常用的不确定性理论的对比见表 1-1-1.

表 1-1-1　四种不确定性理论的对比

项目	灰色系统理论	概率论	模糊数学	粗糙集理论
研究对象	贫信息不确定	随机不确定	外延不确定	边界不清晰
理论基础	灰数集	康托尔集	模糊集	近似集
描述方式	可能性函数	概率密度函数	隶属函数	上、下近似
途径手段	灰序列算子	频率统计	模糊关系的合成	知识划分
数据要求	任意分布	典型分布	隶属度可知	等价关系
理论侧重	内涵	内涵	外延	内涵
理论目标	现实规律	历史统计规律	认知表达	概念逼近
理论特色	少数据	大样本	定性经验	信息表

灰色系统理论经过 30 多年的发展, 通过国内外众多学者的共同努力, 已基本形成一门新兴学科的结构体系. 灰色系统理论的主要内容包括: 灰数运算与灰色代

数系统、灰色方程、灰色矩阵等灰色系统的基础理论; 序列算子和灰色信息挖掘方法; 用于系统诊断、分析的系列灰色关联分析模型; 用于解决系统要素和对象分类问题的多种灰色聚类评估模型; 系列灰色预测模型 (GM) 和灰色系列预测方法与技术; 主要用于方案评价和选择的系列灰色决策方法; 以多方法融合创新为特色的灰色组合模型, 如灰色规划、灰色投入产出、灰色博弈、灰色控制等. 灰色系统理论的应用领域十分广泛, 涉及农业科学、经济管理、环境科学、医药卫生、矿业工程、教育科学、水利水电、图像信息、生命科学、控制科学和航空航天等众多领域, 产生了显著的社会效益和经济效益 (刘思峰等, 2014).

灰色系统理论的迅速发展及其在众多科学领域中的成功应用, 赢得了国内外学术界的充分肯定和关注. 目前, 中国、英国、美国、日本、澳大利亚、加拿大、奥地利、俄罗斯、印度、南非、土耳其、瑞典等国家有许多知名学者从事灰色系统研究和应用. 我国是灰色系统研究的主战场, 涌现出了一批杰出学者及其团队, 为灰色系统理论建立、发展、完善和推广做出了重要贡献. 近年来, 大量灰色系统优秀学术著作相继出版, 如《灰色决策理论与方法》(罗党和王洁方, 2012)、《灰预测与决策方法》(肖新平和毛树华, 2013)、《灰色系统气质理论》(邓聚龙, 2014)、《灰色系统理论及其应用》(刘思峰等, 2014)、*Grey Data Analysis: Methods, Models and Applications* (Liu S F et al., 2017) 等. 先后有 100 多项灰色系统理论及应用的研究课题获得中国国家自然科学基金和欧盟委员会、英国皇家学会以及加拿大、西班牙、罗马尼亚等国家基金支持. 全世界相继有数千种学术刊物接收和刊登灰色系统论文, *The Journal of Grey System* (SCI 源刊)、*Grey System: Theory and Application* 等杂志均专门刊登灰色系统理论及应用方面的学术论文. 据不完全统计, 截至 2013 年底, SSCI, SCI, EI, ISTP, SA, MR 等国际权威检索机构收录我国学者的灰色系统论文超过 3 万篇. IEEE 灰色系统与智能服务国际会议 (IEEE International Conference on Grey System and Intelligent Services, IEEE GSIS)、全国灰色系统理论及应用学术会议等灰色系统的重要学术会议的成功召开, 促进了灰色系统理论的快速发展.

总之, 灰色系统理论作为一门新兴学科已经以其强大的生命力立于科学之林. 在大数据时代, 现实世界中仍然存在大量 "少数据" "贫信息" 不确定性系统, 这无疑为灰色系统理论提供了丰富的研究资源和广阔的发展空间.

1.1.2 灰色预测方法研究概况

灰色预测方法是研究最活跃、应用最广的灰色系统模型之一, 同时也是一类新的现代预测方法. 灰色预测方法在解决数据获取性较差的问题时, 以少量可获取的信息为基础, 利用灰色算子提高序列的光滑度、准指数性, 生成新序列, 进而实现预测, 提高了预测的精度, 有效解决了经济社会系统中数据缺失、不真实等影响研究工作的瓶颈问题, 弥补了大样本建模要求的不足 (党耀国等, 2015).

灰色预测包括系列灰色预测模型 (GM)、灰色系统预测方法和技术. GM 系列模型包括 GM(1,1) 模型、离散 GM 模型、分数阶 GM 模型、Verhulst 模型和 GM(r,h) 模型等. 灰色系统预测是基于 GM 模型做出的定量预测, 按照其功能可分为数列预测、区间预测、灾变预测、季节灾变预测、波形预测和系统预测等几种类型 (刘思峰等, 2014). 随着灰色预测方法的不断拓展, 它越来越受到国内外学者的广泛认可, 在常用的中英文数据库中以 "灰色预测" 或 "grey forecasting" 为主题词进行搜索 (检索时间为 2017 年 6 月 22 日), 共有 16244 篇中英文文献被检索到 (表 1-1-2).

表 1-1-2 灰色预测论文常用数据库收录情况

检索源	检索词	检索时期	检索策略	文章数量
中国学术期刊网中文学术期刊数据库 (CNKI)	灰色预测	1982～2017.6	主题	9939
中国优秀硕士学位论文全文数据库	灰色预测	1982～2017.6	主题	2175
中国博士学位论文全文数据库	灰色预测	1982～2017.6	主题	367
EI Village 工程索引数据库	grey forecasting	1982～2017.6	Subject/title/abstract	3109
SCI-SSCI 引文索引库	grey forecasting	All Years	topic	654

从当前的理论研究和现实生产需求角度出发, 本节着重介绍以 GM(1,1) 模型为主的单变量灰色预测方法和以 GM(1,N) 模型为主的多变量灰色预测方法的研究概况.

1. GM(1,1) 模型研究概况

GM(1,1) 模型既是灰色系统理论的重要组成部分, 也是灰色预测理论的基础模型和核心模型. 1985 年, 邓聚龙教授首先提出了 GM(1,1) 模型, 对其建模条件进行研究, 提出了光滑比和级比检验等先验检验方法, 求解了 GM(1,1) 模型的参数包, 并提出了多种扩展形式. 此后国内外学者加入到灰色预测模型的理论研究中, 并从模型性质、改进、拓展和应用等方面逐步发展和完善了 GM(1,1) 模型.

(1) GM(1,1) 模型性质研究. 它主要包括 GM(1,1) 模型的适用范围、无偏性、病态性等研究. 代表性研究如刘思峰和邓聚龙等通过研究指出 GM(1,1) 模型的适用范围是发展系数 a 在 $-2\sim 2$ (刘思峰和邓聚龙, 2000). 吉培荣等以白指数序列为研究对象, 通过分析 GM(1,1) 预测白指数序列的模拟误差, 给出了无偏 GM(1,1) 模型 (吉培荣等, 2000). 王正新等阐述了 GM(1,1) 和无偏 GM(1,1) 的禁区现象 (王正新等, 2007). 郑照宁等通过对 GM(1,1) 模型性质的研究, 指出灰色预测模型全都存在严重的病态性, 而模型的病态性问题源自模型自身, 并以此否定了灰色预测模型的理论与应用价值 (郑照宁等, 2001). 党耀国等从矩阵的角度, 利用矩阵条件对灰色预测模型的病态性问题进行研究, 否定了灰色模型都存在病态性的结论, 指出只有在常数序列中, 并且除去首项、其余项都接近零的情况下, GM(1,1) 模型才会出现此类病态问题, 因此, GM(1,1) 模型不存在严重的病态问题 (党耀国等, 2008).

(2) GM(1,1) 灰色微分方程的优化与改进. 它主要包括从 GM(1,1) 模型的灰导数、背景值等方面对模型进行优化与改进, 以提高其预测精度. 灰导数优化的思路大致分为向后差商和向前差商后进行加权平均, 如李玻和魏勇在对原始序列进行向后差商和向前差商的基础上, 给出了其白化方法的合理性, 进而改进了加权系数的确定方法, 提高了模型的预测精度 (李玻和魏勇, 2009). GM(1,1) 模型的背景值 $z^{(1)}(k)$ 是通过一次累加后的均值生成的, 背景值的生成过程是否准确将直接影响模型的预测精度, 因此, 许多学者对背景值优化进行了探讨, 如谭冠军首先提出 GM(1,1) 模型的背景值优化, 并从 $z^{(1)}(k)$ 的集合意义入手定义了一个全新的背景值求解公式 (谭冠军, 2000). 罗党等利用齐次指数函数对一次累加生成序列进行拟合, 进而构造了新的背景值公式, 提高了预测精度 (罗党等, 2003). 随后, 众多学者从这两个角度对 GM(1,1) 模型的背景值优化问题展开了一系列研究, 取得了丰富的研究成果.

(3) GM(1,1) 模型参数估计方法. 经典 GM(1,1) 模型的参数估计方法是基于最小二乘准则展开的, 随后学者们从不同角度出发, 研究了参数估计的折扣最小一乘法 (穆勇, 2003)、线性规划法 (何文章等, 2005)、递推最小二乘法 (Shih N Y et al., 2006) 等方法. 也有学者将微粒群算法 (张岐山, 2007)、遗传算法 (何文章和宋国乡, 2005) 等智能算法应用于 GM(1,1) 模型的参数估计中, 提高了模型的预测精度, 拓宽了模型的适用范围.

(4) GM(1,1) 模型扩展及其应用研究. 邓聚龙教授提出了 GM(1,1) 模型群, 在 GM(1,1) 模型的基础上, 从定义和白化过程出发, 推导出了 GM(1,1,$x^{(1)}$), GM(1,1,$x^{(0)}$), GM(1,1,b), GM(1,1,exp) 和 GM(1,1,C) 5 种派生模型. 2014 年, 刘思峰等通过模拟实验, 确定了 4 种 GM(1,1) 基本模型, 即均值 GM(1,1) 模型 (EGM)、离散 GM(1,1) 模型 (DGM)、均值差分 GM(1,1) 模型 (EDGM) 和原始差分 GM(1,1) 模型 (ODGM), 并明确了不同模型适用的序列类型. 学者们从实际应用需求角度, 对 GM(1,1) 模型也展开了一系列拓展研究, 如 Tien 和 Chen 为了进一步体现 GM(1,1) 模型的动态性, 结合时间序列 ARMA 的建模机理, 提出了 DGDM(1,1,1) 模型, 其得到了广泛应用 (Tien T L and Chen C K, 1997). 谢乃明和刘思峰构建了离散 GM(1,1) 模型, 给出了递推求解算法, 通过研究该模型的性质, 发现离散 GM(1,1) 模型对于白指数序列建模具有完全重合性 (谢乃明和刘思峰, 2005). 针对实际问题中存在大量非等间距时序问题, 而经典的 GM(1,1) 模型仅适用于等间距序列的预测和模拟, 学者们对非等间距序列的预测问题展开研究. 如 Wang 等研究了离散

GM(1,1) 模型的无偏性, 并给出了递推解法, 同时求解了不同初始条件下无偏模型的递推公式, 对两种不同准则下的初始条件进行了优化 (Wang Z X, et al., 2009). 同时, GM(1,1) 模型的各种派生模型也层出不穷, 如李希灿等提出了 GM(1,1,β) 模型, 研究了模型的内涵型和参数包形式, 分析了 GM(1,1,β) 模型的若干性质, 并给出了其优化算法 (李希灿等, 2014). 钱吴永等提出了含时间幂次项的灰色 GM(1,1,t^{α}) 模型, 研究了其建模过程和参数估计方法 (钱吴永等, 2012).

综上所述, 目前对灰色预测模型的研究主要集中在 GM(1,1) 模型的优化与拓展上, 以提高模型的预测精度. 对于拓广灰色预测模型适用范围的研究还相对较少. 在工业、农业、经济、管理等实际领域中, 周期型数据、时滞型数据、变趋势数据、多因素截面数据、多因素面板数据、灾变数据、震荡型数据等不同特征的数据普遍存在, 构建对应的灰色预测模型, 分析模型的适用范围和参数求解方法是未来的一个研究方向 (党耀国等, 2015). 另外, 在大数据时代, 基于少数据挖掘的灰色系统预测方法异军突起, 成为人们从海量数据中萃取有价值信息的有效工具. 以原有灰色系统模型检验方法为基础, 融合统计检验的思想, 构建更为规范的模型检验准则也是一项十分有意义的工作 (刘思峰和杨英杰, 2015).

2. GM(1,N) 模型研究概况

在现实生活中, 存在大量复杂多变的不确定系统, 如农业系统、公交系统、煤矿安全系统等均含有多个不同的影响变量. 如何对这些少信息多因子不确定系统作整体的、全局的、动态的分析是我们面临的一个现实问题. 因此, 邓聚龙教授首先提出了多变量灰色预测 GM(1,N) 模型, 并将其用于湖北省某城市的经济、科技、社会协调发展规划中. 刘思峰等认为灰作用量变化幅度很小时可近似为灰常量, 在理论上给出了 GM(1,N) 模型的近似时间响应式 (刘思峰等, 2014). 但是, 学者们在实际应用中发现, 该近似时间响应式虽然具有较好的鲁棒性, 但其泛化能力较差, 有时也会产生不可容忍的误差. 为此, 学者们从以下几个方面改进 GM(1,N) 模型, 以克服模型在预测上的缺陷:

(1) 背景值和时间响应式的优化. Hsu 运用遗传算法优选 GM(1,N) 模型的背景值系数, 据此预测中国台湾集成电路行业的产值 (Hsu L C, 2009); 刘寒冰等重构了背景值计算公式, 运用京哈公路某路段的路基沉降数据验证了模型的有效性 (刘寒冰等, 2013); 何满喜和王勤运用 Simpson 数值积分公式计算灰作用量, 取得了较好的效果 (何满喜和王勤, 2013).

(2) 多变量离散灰色预测模型. 由于多变量灰色 GM(1,N) 模型运用离散形式估计模型参数, 而采用连续微分方程拟合系统演化行为, 因此参数估计与系统模拟之间存在跳跃性误差. 为此, 仇伟杰和刘思峰利用采样定理和状态转移矩阵研究了模型的离散化结构解 (仇伟杰和刘思峰, 2006); 谢乃明和刘思峰基于离散到离散的视角, 将单变量离散灰色模型拓展为多变量离散灰色模型 (谢乃明和刘思峰, 2008).

(3) 时滞多变量灰色预测模型. 考虑现实经济社会系统中客观广泛存在的变量之间因果作用的时滞现象, 如在灾害预警中, 从发现警情到拟定应对方案、从方案实施到警情变化的过程均具有系统延迟特征, Tien 运用卷积积分公式系统地研究了含时滞效应的多变量灰色 GMC(1,N) 模型, 并将其成功运用于高温环境下材料抗张强度的间接度量、燃气炉二氧化碳排放量预测等领域中 (Tien T L, 2010, 2012); 张可等提出了时滞参数的测算方法, 解决了中国农村水环境与农村区域发展的滞后效用测算和预测问题 (张可等, 2015); 毛树华等引入分数阶累加生成算子构造了分数阶累加时滞 GM(1,N,τ) 模型 (毛树华等, 2015); Ma 和 Liu 运用递归方法推导出离散 GMC(1,N) 模型, 并研究了两模型之间的联系与差异 (Ma X and Liu Z B, 2016); Wang 和 Hao 运用智能算法优选 GMC(1,N) 模型的背景值系数, 实现了对中国工业能源消费量的高精度预测 (Wang Z X and Hao P, 2016).

(4) 非线性多变量灰色预测模型. 为准确描述现实系统行为变量和影响因子变量之间的非线性结构特征, 王正新建立了 GM(1,N) 幂模型, 并据此成功地预测了 2009 年至 2011 年中国高新技术产业总产值 (王正新, 2014); Wang 运用非线性多变量灰色 NGMC(1,N) 模型预测了中国工业生产二氧化硫的排放量 (Wang Z X, 2014); Ma 等将核函数映射的思想引入非线性多变量灰色模型的求解中, 探索了通过核正则化求解非线性灰色预测模型的可行性 (Ma X et al., 2016).

此外, Wu 等将弱化缓冲算子引入多变量灰色预测模型中, 并通过实例验证了小样本数据环境下灰色模型较多元线性回归、支持向量回归和 BP 神经网络的优越性 (Wu L F et al., 2016); Zeng 等修正 GM(1,N) 模型的灰作用量, 构建了 NGM(1,N) 模型, 并据以预测 2016 年至 2020 年北京市机动车辆的增长趋势 (Zeng B et al., 2016); He 等考虑到模型参数估计的稳定性, 运用 Tikhonov 正则化方法辨识模型参数 (He Z et al., 2015); Guo 等将 GM(1,N) 模型和自忆性原理相耦合建立了多输入多输出灰色 MGM(1,N) 模型, 并成功地将其用于路基沉降和基坑变形预测 (Guo X J et al., 2015).

综上所述, 多变量灰色预测模型的研究成果多集中于离散模型的构建、背景值与时间响应式的优化、仿射变换性质等方面, 而关于建模过程中参数估计方法稳定性和时滞参数优选的研究较少, 选择影响因子变量的定量化方法、非线性多变量灰色预测模型的建模机理与求解方法, 以及具有非线性特征的多输入多输出灰色预测模型的研究尚处于起步阶段, 有待于进一步研究.

1.1.3　灰色决策方法研究概况

在决策分析中, 由于信息的不完备性、人力资本的质量、个体对目标的识别程度等, 决策信息通常是 “部分信息已知, 部分信息未知” 的 “小样本”“贫信息”, 并经常表现为灰数. 一般地, 包含有灰数的决策模型或结合有灰色模型的决策模型称为灰色决策模型. 在决策理论以及灰色系统理论的基础上, 邓聚龙教授提出了一系列灰色决策方法, 例如: 灰色局势决策、灰色层次决策、灰色线性规划、灰靶决策、灰色整数规划、灰色大规模规划, 以及后来发展起来的灰色关联决策、灰色聚类决策、灰色发展决策、灰色风险型决策、灰色漂移型线性规划、灰色动态规划、灰色多目标规划. 这些决策方法不仅在理论上发展和完善了灰色系统理论, 而且在工业、农业、社会、经济、管理、交通、地质、水利、环境、生态、医学、教育、军事和金融等众多科学领域, 成功地解决了生产、生活和科学研究中的大量实际问题. 灰色决策问题的研究已成为灰色系统理论的 5 项主要研究内容之一, 因此对灰色决策模型的研究也是对灰色系统理论的完善. 同时, 对重大项目的招标决策, 金融决策、资产评估、供应链合作伙伴选择决策等决策问题涉及巨大风险与利益, 是非常复杂的系统性工作, 灰色决策可以提供相关理论支持. 对灰色决策领域深入研究, 对现有决策模型改进、完善等一系列工作, 对现实生产生活有着重要的指导意义. 到目前为止, 关于灰色决策模型的研究主要集中在以下几个方面.

1. *灰色关联决策方法*

灰色关联决策方法是一种因素分析法, 它是将系统发展态势进行量化分析. 邓聚龙教授提出的灰色关联决策方法主要是按灰色关联度的大小进行优势分析, 确定各决策方案的排序, 因此灰色关联度计算公式的构造方法、决策信息质量及其有效利用程度, 直接影响决策效果. 当前关于灰色关联决策方法的研究主要集中在以下两个方面.

一是关于不同数据特征下灰色关联分析模型的构造及其性质研究. 如刘家学研究了静态多指标关联决策, 他把时间数据序列看作静态数据序列求灰色关联度, 然后利用最小二乘法或其他方法对评价对象进行排序 (刘家学, 1997). 樊治平和肖四汉讨论了动态多指标关联决策法, 他们是将时间、指标、方案作为三维空间的决策问题, 通过对原始决策矩阵进行规范化处理, 将三维决策问题转化为二维决策问题进行排序 (樊治平和肖四汉, 1995). 陈勇明和张明针对灰色绝对关联度存在的问题, 提出了灰色样条绝对关联度模型以改进灰色绝对关联度, 并指出改进后的灰色样条绝对关联度尤其适用于生长曲线类系统的关联分析, 此外可直接应用于不等时距序列 (陈勇明和张明, 2015). 崔立志和刘思峰在定义了面板数据矩阵表现形式的基础上, 以指标为研究对象, 从个体和时间两个维度分别衡量了相关因素矩阵与系统特征行为矩阵之间的发展速度指数和增长速度指数的接近程度, 并以此作为关联度的度量, 将灰色关联分析由传统的向量空间拓展到矩阵空间, 提出了面板数据的灰色矩阵相似关联模型, 并讨论了其性质 (崔立志和刘思峰, 2015). 吴鸿华等对于面板数据, 首先给出面板数据的空间投射方法, 将面板数据投射为空间的向量序列,然后基于空间向量的夹角和距离分别构建相似性和接近性关联度模型 (吴鸿华等, 2016).

二是关于多元化决策信息下的灰色关联决策模型研究. 决策信息由经典的清晰数, 拓展为模糊信息、区间数、语言信息、灰信息等. 如罗党将建立在清晰数上的灰色关联决策方法拓展到能处理区间灰数的情况, 提出了基于理想方案的最大关联度、基于临界方案的最小关联度、基于理想方案和临界方案的综合关联度决策方法, 以及以方案的指标评价值为区间灰数并且指标权重未知的灰色决策问题的特征向量方法 (罗党, 2005). 位珍等针对承包商评价指标的权重已知, 业主对各个指标的评价以及对承包商的偏好不确定的情况, 运用区间数多属性决策和灰色关联分析来解决承包商选择问题 (位珍等, 2012). 杨威和庞永峰研究了区间值直觉模糊不确定语言环境下的灰色关联度分析方法, 并将其成功应用于房地产开发项目的风险评价问题上 (杨威和庞永峰, 2016).

2. *灰色聚类决策方法*

经典灰色聚类决策的基本思想是依据问题的实际背景, 确定所需划分的灰类个数和相应的白化权函数, 将收集到的分散信息, 通过白化权函数和灰色聚类权值的分析计算, 生成灰色聚类矩阵, 以此对研究对象进行分类. 按聚类对象划分, 灰色聚类可分为灰色关联聚类和灰色白化权函数聚类. 灰色关联聚类主要用于同类因素的归并, 以使复杂系统简单化. 通过灰色关联聚类, 可以检查许多因素中是否有若干个因素大体上属于同一类, 我们能用这些因素的综合平均指标或其中的某一个因素来代表这若干个因素而使信息不受严重损失. 这是属于系统变量的删减问题. 在进行大面积调研之前, 通过典型抽样数据的灰色关联聚类, 可以减少不必要变量的收集, 以节省经费. 灰色白化权函数聚类主要用于检查观测对象是否属于事先设定的不同类别, 以便区别对待. 在邓聚龙教授创立的变权聚类方法基础上, 刘思峰等讨论了灰色定权聚类评价分析方法 (刘思峰等, 2014), 肖新平和毛树华讨论了灰色最优聚类分析方法 (肖新平和毛树华, 2013), 党耀国等讨论了在灰色聚类基础上的综合评估问题及聚类系数无显著性差异下的灰色综合聚类方法 (党耀国等, 2005). 经典灰色聚类决策方法基于对象的指标评价值为实数的情况而建立, 不能处理区间灰数评价值. 同时, 它也不适用于聚类指标意义、量纲不同且不同指标的对象评价值在量纲上悬殊较大的情况. 因此, 罗党等学者探讨了对象的指标评价值为区间灰数的聚类决策问题, 利用灰类的白化权函数, 根据事先设定的类别, 提出了基于灰色区间关联系数的聚类决策方法, 该方法使上述问题在一定程度上得以解决, 但是需要事先确定分类个数, 若分类个数未知, 则算法不可行. 现有的灰色聚类决策模型仍不能有效解决混合信息下的聚类问题, 同时, 白化权函数通常依据先验信息确定, 人为主观因素对分类结果有较大影响. 自从王洪利和冯玉强提出灰云模型 (王洪利和冯玉强, 2006) 以来, 基于灰云模型改进灰数白化权函数的构造方式, 构建混合信息下灰云白化权函数聚类评估模型, 已经得到学者们的关注.

3. *灰靶决策方法*

灰靶决策是邓聚龙教授提出的处理多方案多目标评价及优选问题的一种行之有效的方法, 该方法吸收了多种决策理论的精华. 灰靶决策的基本思想是在一组模式序列中, 找出最靠近目标值的数据构建标准模式, 各模式与标准模式构成灰靶, 标准模式为靶心. 在邓聚龙教授提出的经典灰靶决策方法基础上, 学者们随后对灰靶决策理论展开了研究. 灰靶决策的一个重要的研究领域是怎样在已知有限信息情况下准确地确定指标权重. Shannon 建立信息论, 使用熵来衡量信息量. 顾昌耀和邱宛华定义了复熵, 并将其引入到决策领域 (顾昌耀和邱宛华, 1991), 之后熵权得到了深入的研究, 取得一系列的研究成果. 一些学者通过建立优化模型来确定指标权重, 如 Wang 等使用目标规划、二次规划和动态规划模型求解指标权重 (Wang Z X et al., 2009). 近年来, 灰关联熵、时间度以及动态决策思想等被引入灰靶决策模型中, 丰富了该研究领域. 灰靶决策的另外一个重要的研究领域是灰靶决策方法的拓展与深化, 如刘思峰等基于欧氏距离定义了靶心距, 并构建 S 维球形灰靶 (刘思峰等, 2014). 党耀国等将灰靶决策扩展到区间数情况, 定义了区间数的距离, 证明区间数距离是实数距离的推广, 提出了区间数规范化方法并由此构建了基于区间数的灰靶决策模型 (党耀国等, 2005). 罗党考虑实际决策环境的不确定性和复杂性, 提出一种具有多目标、多指标、多局势的基于正负靶心的灰靶决策模型 (罗党, 2013). 罗党和李诗针对方案属性值为三参数区间灰数和模糊语言的混合型灰色多属性决策问题, 提出一种基于 "离合" 思想的混合灰靶决策方法 (罗党和李诗, 2016). 此外, 考虑决策者的风险偏好, 基于前景理论和后悔理论的灰靶决策方法相继被提出, 如李存斌等考虑指标属性与权重信息的不确定、模糊性以及决策者所持风险态度, 结合改进的区间灰数与前景理论, 构建了基于前景理论的改进灰靶风险决策模型, 最后将其运用到智能输电系统风险决策案例中, 验证了该方法的合理性和有效性 (李存斌等, 2014). 郭三党等针对属性值为区间灰数、权重信息不确定的多目标决策问题, 考虑决策者的心理行为, 提出一种基于后悔理论的多目标灰靶决策方法 (郭三党等, 2015).

4. *灰色局势决策方法*

灰色局势决策是人们对多指标、多对策问题作决策时重要而实用的方法, 也是管理决策理论中一种全新的方法. 自从邓聚龙教授提出以来, 灰色局势决策得到了广泛的应用. 在许多实际问题中, 不同的目标对于优选的作用也不同, 而且不同的决策者对不同目标的偏好也会导致目标权重的不一致. 因此, 在传统的多目标灰局势决策方法中, 将各目标作等权处理显然无法反映决策者的个人偏好以及决策问题的实际情况. 李茂林对此进行了探讨, 提出了确定目标权重的主观赋权法 (李茂林, 2005). 王叶梅和党耀国提出了用熵理论的思想确定目标权重的客观赋权法 (王叶梅和党耀国, 2009). 主观赋权法虽然反映了决策者的主观判断或直觉, 但会产生一定的主观随意性; 客观赋权法虽然通常利用比较完善的数学理论与方法, 但忽视了决策者的主观信息. 董鹏等在前者的基础上提出综合集成赋权法, 与主客观赋权法相结合, 使所确定的权重系数同时体现主观信息和客观信息 (董鹏等, 2010). 罗党和李诗通过分析偏差测度矩阵和灰关联测度矩阵的区别和联系, 提出了综合偏差–关联测度矩阵, 给出了灰色局势决策中目标权重确定的两种方法 (罗党和李诗, 2016). 另一方面, 传统的多目标灰局势决策问题中所研究的各目标效果测度值均为实数, 然而, 在实际决策问题中, 决策者往往无法给出效果测度的具体数值, 而只能以区间灰数的形式给出, 这就使得决策者无法根据传统方法进行决策. 近年来以决策信息为区间灰数的决策问题在国内外引起了广泛重视. 目前, 关于含区间灰数信息的灰色局势决策模型的研究还很少见. 在灰色局势决策模型中, 对于事件而言, 不同的对策之间具有平行性, 而决策的目标之间则不具有平行性. 王正新等对区间灰数信息下的多目标灰色局势决策模型进行了探讨, 从向量的角度确定了灰色局势的效果测度正、负理想向量, 即以向量形式来描述综合考虑各对策和各目标分别达到最优和最劣的状态 (王正新等, 2009). 在多位专家共同决策时, 由于每个专家对某一特定问题的熟悉程度不同, 资历、偏好以及对各决策指标重要性的认识也不尽相同, 因此需要集结多个专家的偏好以形成群体偏好, 以确保决策结果更为科学、客观和公正, 这一决策过程即为群决策. 群决策已经逐渐成为决策科学的重要研究领域之一, 近年来, 灰色局势群决策方法也逐渐得到学者们的关注, 如张娜等研究了多阶段灰色局势群决策方法 (张娜等, 2015), 随后又构建了一种考虑决策专家评价信息和知识结构相似性的灰色局势群决策模型 (张娜和李波, 2016).

5. *灰色风险型决策方法*

风险型决策研究的目标就是在特定的环境下如何更为有效地预测人们在面临决策时的风险, 并且在风险条件下如何做出正确的决策. 它就是指人们面对内心的冲突, 权衡各方面的利益和各种可能出现的结果做出的最终决策, 广泛应用于以风险决策为基础的流域防洪系统规划、水利工程的截流风险决策研究、以风险分析为基础的风险管理及风险对策等. 在风险型决策历史上曾提出的方法主要有数学期望法、概率约束规划法、可靠性规划法、期望–方差法、悲观法、控制状态集递推法及多目标风险型决策方法等. 灰色风险型决策是将灰色决策理论和方法与经典风险决策方法相融合, 用于解决风险型多属性决策问题. 罗党和刘思峰针对方案指标评估值为区间灰数的风险决策问题, 较早提出了灰色多指标风险型决策的概念, 利用分析技巧建立了灰色模糊关系法及双基点法两种决策方法 (罗党和刘思峰, 2004). 张娟等考虑决策者风险态度对多指标决策的影响, 针对决策信息为区间数的多指标风险型决策问题, 提出一种基于前景理论的灰色多指标风险型决策方法 (张娟等, 2014). 曾伟等提出一种基于马田系统和灰关联累积前景理论的维修方案风险决策方法, 并应用于变压器区间数维修风险决策问题, 取得了较好效果 (曾伟等, 2015). 钱丽丽等针对准则值和状态概率均为区间灰数的灰色随机多准则决策问题, 在考虑决策者的风险态度及心理行为的情境下, 给出一种基于后悔理论的决策方法 (钱丽丽等, 2017).

6. *灰色群决策方法*

群决策的主要研究内容是如何集结群中各成员的偏好和意见, 发挥集体优势, 做出正确决策. 在一些比较复杂的问题中, 例如, 跨流域调水工程水量优化配置决策系统中, 人们经常会遇到庞大而复杂的多目标决策与风险决策问题, 这些问题的解决单靠一个部门、一个决策者进行评价或决策显然是不够的, 必须由多个部门、多个决策者组成一个决策群体, 共同参与对问题的分析、评价和决策, 最终找到一个全体成员都接受的群满意解, 因而就形成了一类风险型群决策问题. 由此可见, 采用正确的风险型群决策方法, 可以充分体现决策的科学化与民主化这一要求, 具有较大的理论意义和实用价值. 早期群决策理论的基本原则是: 决策群体的最优选择应该是使社会福利达到极大, 或群体效用极大. 20 世纪 70 年代以后, 群决策研究主要由两类学者沿两条不同的途径进行: 一条途径是社会心理学家通过实验的方法, 观察分析群体相互作用对选择转移的影响; 另一条途径是对个体偏好数量集结模型的研究. 对群决策问题的研究虽然起步比较早, 但是由于群决策问题内在的复杂性, 所以群决策理论既是决策理论的前沿, 也是决策理论最为薄弱的部分, 尤其是对于灰色群决策的研究内容更是较少. 现有的研究成果主要集中在灰色群决策方法和灰色风险型群决策方法两个方面. 灰色群决策研究主要是基于灰色决策方法或灰数信息而开展的, 如周延年和朱怡安研究了决策信息为实数时, 基于灰色关联度的决策者权重调整算法 (周延年和朱怡安, 2012). 王翯华等针对语言评价信息下的大规模群决策问题, 在灰色关联聚类基础上研究了群体类间权重确定方法 (王翯华等, 2012). 闫书丽等针对决策信息为区间灰数的问题, 依据极大熵等理论构造模型求解决策者权重 (闫书丽等, 2014). 李艳玲等针对属性值为区间灰数且专家权重未知、属性权重部分已知的不确定多属性群决策问题, 提出了一种基于区间灰数的核和灰度的决策方法 (李艳玲等, 2017).

灰色风险型群决策是在灰色群决策基础上, 将风险因素作为决策信息融入决策过程, 相关研究成果如姚升保和岳超源在属性取值的概率分布函数已知条件下, 结合随机优势与概率优势对方案在单个属性下的局部偏好进行描述, 同时利用赋值级别高于关系的思想集结得到总体偏好关系, 给出了风险型多属性决策问题的一种求解方法, 在求解连续风险型多属性决策问题时提出了基于综合赋权和利用 TOPSIS 法的求解方法 (姚升保和岳超源, 2005). 罗党等针对方案指标评估值为区间灰数的风险决策问题和群决策问题, 分别提出了灰色多指标风险型决策、灰色群决策以及灰色风险型多属性群决策的概念, 利用分析技巧建立了灰色模糊关系法及双基点法两种决策方法求解灰色多指标风险型决策模型, 利用数值分析中的幂法和群决策系统的熵模型给出了灰色群决策问题的解法, 并给出了一种基于理想矩阵的相对优属度的灰色风险型多属性群决策方法 (罗党和刘思峰, 2004; 罗党和刘思峰, 2005; 罗党等, 2008). 毕文杰和陈晓红针对方案属性值为随机变量、属性权重未知的风险型多属性群决策问题, 结合 Baye 理论和 Monte Carlo 模拟方法, 提出了一种专家主观概率 (分布) 集结和随机多属性决策方案选优的方法 (毕文杰和陈晓红, 2010). 刘培德和关忠良针对属性权重未知、属性值为有限区间上的连续随机变量的风险型多属性决策问题, 通过计算每个方案与正负理想解的灰色关联度及相对贴近度来确定方案排序 (刘培德和关忠良, 2009). 罗党和李钰雯针对灰色多阶段多属性风险型群决策中的一类属性权重未知、决策者权重未知、时间权重未知, 且属性值为灰信息的决策问题, 给出了其决策方法 (罗党和李钰雯, 2014).

综上所述, 在国内外众多学者的共同努力下, 灰色决策方法取得了一系列丰富成果. 但是, 传统的灰色决策模型如灰关联决策、灰局势决策、灰靶决策等一般适用于决策信息为实数的决策问题, 也有部分学者将这些模型拓展为决策信息为区间数或三端点区间数表示的情形, 但这些模型所处理的信息仍不是真正意义上的灰信息, 根据邓聚龙教授的原创观点, 区间灰数与区间数之间存在着本质的差异. 灰色决策模型的建模基础依赖于灰集合和灰代数运算理论, 而这部分基础理论研究尚未取得突破性进展, 到目前为止, 真正意义上的基于灰数信息的决策模型尚不多见, 这正是有待于进一步深入研究的重要内容.

与此同时, 现实生产实践中各类决策系统都是随机、模糊与灰色不确定性共存的复杂系统, 随机、模糊与灰色不确定性共存环境下灰色决策方法的构建问题正逐渐得到学者们的关注与研究. 但是, 随机、模糊与灰色不确定性间的区别与联系、灰信息表征及其对应运算与映射规则等基础研究的不足严重制约着灰色决策与灰色系统理论的发展, 成为亟待解决的理论问题. 在数据信息呈现多源、非一致与非结构特征的现代决策环境下, 创建融合随机、模糊与灰色不确定性的新型决策模型已成为灰色决策方法推广与应用亟须解决的问题之一.

1.2 冰凌灾害风险管理研究概况

凌汛是河道里的冰凌对水流的阻力作用而引起的一种涨水现象, 它直接影响到水利工程的运行和维护、内陆航运、冬季输水、水力发电、河流的生态与环境等问题. 黄河是中国凌汛出现最为频繁的河流, 其中宁蒙段最为严重. 黄河河道形态弯曲多变, 东西走向的黄河河道形成了两个南北走向、横跨 10 个纬度的河段, 即黄河上游宁蒙河段和下游河段. 这两个河段都是从高纬度流向低纬度, 冬季结冰封河溯源而上, 春季解冻开河自上而下. 当上游解冻开河而下游仍处于封冻状态时, 上游开河的冰凌洪水在急弯、卡口等狭窄河段, 极易形成冰塞冰坝, 堵塞河道, 威胁河堤安全, 甚至决口成灾 (可素绢等, 2002; 彭梅香等, 2007). 黄河凌汛是黄河 "四汛"(桃汛、伏汛、秋汛、凌汛) 之一. 据统计, 黄河上游宁蒙河段 1951~1968 年发生冰坝、冰塞共 214 次, 成灾 32 次, 平均每年成灾约 1.78 次; 刘家峡水库投入使用的 1969~2010 年, 发生冰坝、冰塞共 132 次, 成灾 56 次, 平均每年成灾约 1.33 次. 黄河宁蒙段每年冬春季节都有不同程度的冰凌灾害发生, 较大范围的平均两年就要发生一次, 2007~2008 年度更是遭遇了 40 年来最严重的凌汛, 造成很大的危害. 冰凌灾害造成的后果是严重的, 除了滩区村民各种房屋设施被毁, 交通、电力中断等巨大直接经济损失外, 还会造成: 滩区当年不能耕种粮食作物; 冰凌将岸边坡和岸边的植被彻底破坏, 造成崩岸塌滩; 河道防护设施遭到破坏; 改变河道走势; 冰坝造成淤滩, 形成新的卡塞点等.

冰凌灾害研究具有较大的系统性和地域性, 虽然近年来, 随着计算机技术的发展和新的数学方法的不断涌现, 凌汛预警与防治技术、风险管理决策方法得到了较快的发展; 但是, 由于其复杂性和数据资料等因素的制约, 冰凌与洪水灾害的风险管理综合定量分析、优化决策理论、模型与方法的研究仍较为薄弱, 处在发展阶段, 国内外尚缺乏对 "凌灾机理研究 — 凌灾风险分析 — 凌灾预防与控制" 等一系列系统性的风险管理研究, 研究成果实施性和可操作性不强, 研究手段和研究方法均有待充实, 在某种程度上, 甚至缺乏对河冰运动特性等局部问题的确定性认识 (Fan H et al., 2006; Loukas A V L and Dalezios N R, 2002; Debele B et al., 2007).

目前, 针对黄河冰凌灾害风险管理的研究甚少, 甚至黄河凌灾风险的概念也尚无定论. 黄强与相关单位合作开展了《宁蒙河段防凌期过水能力与刘家峡控泄方案风险分析研究》的课题研究工作, 提出了凌灾风险的概念, 并建立了宁蒙河段凌灾风险的系统评价方法 (黄强, 2011). 黄崇福论述了不同类型自然灾害风险评价的基本理论及模型, 提出了不完备信息条件下自然灾害风险评价的理论和方法体系, 研究成果可供制订自然灾害风险控制措施参考, 是提高科学指导的依据 (黄崇福, 2005). Wu 等根据冰情演变和冰凌灾害的特点, 给出了黄河宁蒙段冰凌灾害风险的涵义, 提出了冰凌灾害 “风险识别 — 风险估计 — 风险评估 — 风险管理” 的理论框架, 并运用投影寻踪、模糊聚类和加速遗传算法构建了冰凌灾害风险综合评估模型, 对黄河宁蒙段 1991~2010 年冰凌灾害风险进行了评估, 取得了较好效果 (Wu C G et al., 2015). Luo 选取黄河宁蒙河段的水位、流量和封河历时 (天) 三个因素作为风险因子, 运用三参数区间灰数而非实数以准确表征评估信息的复杂不确定性, 然后构建三参数区间灰数信息下的最优相位灰色关联决策方法, 评估冰凌灾害风险测度值, 最后运用 GM(1,1) 模型预测冰凌灾害风险 (Luo D, 2014). 进一步, Luo 等根据分析、识别出的包括封河天数、洪峰流量等 7 个指标, 构建冰凌灾害风险指标体系, 基于三参数区间灰数表征冰凌灾害风险指标数据特征, 采用灰色区间关系聚类方法对冰凌灾害进行评估, 进而利用灰色优势粗糙集方法提取反映冰情信息与冰灾风险度发展的决策规则, 实例分析验证了该方法的可行性和有效性 (Luo D et al., 2017). 然而, 对于黄河宁蒙河段凌灾风险, 由于其影响因素复杂、演变趋势多变, 具有常规复杂系统风险评价的共性又具有不同于其他自然灾害风险评价的个性, 所以只有利用先进的不确定性分析理论等多学科综合集成的方法加以研究, 提出凌灾风险识别、风险评估和风险控制的理论及方法体系, 将计算结果与历史年份实际凌情及灾情资料加以对比分析, 才能更好地运用于实践、指导生产.

此外, 近年来国内外做了大量的洪水灾害风险管理研究工作. 如王栋和朱元生对三峡防洪风险、南水北调中线长距离输水工程防洪风险进行了分析 (王栋和朱元生, 2002). 张行南等对中国洪水灾害危险程度作了区划 (张行南等, 2000). 程晓陶等调查了珠江三角洲、鄱阳湖、海河流域等区域的洪水灾害, 比较分析了中外治水方略 (程晓陶等, 2004). 金菊良等基于洪水灾害风险形成机制和风险管理理论与水利科学、信息科学、智能科学综合集成途径, 提出了洪水灾害风险管理广义熵智能分析的理论框架 (金菊良等, 2009). 现有的洪水灾害风险管理的基本框架是以概率论、数理统计、随机分析方法为依据的, 主要内容有洪水灾害风险的概率分布及其参数的识别、风险模型的计算及灵敏度分析、(允许) 风险标准的确定, 以及洪水灾害综合风险的分解、分担等决策方案的设计与优选 (麻荣永, 2004; 姜树海等, 2005). 实际上洪水灾害过程为非线性的不确定性过程, 现有的洪水灾害风险管理理论和方法仍需进一步发展 (纪昌明和梅亚东, 2000; 李继清等, 2006). 魏一鸣等从洪水灾害风险的形成机制角度, 系统地提出了由洪水灾害危险性分析、洪水灾害易损性分析、洪水灾害灾情分析和洪水灾害风险决策分析组成的洪水灾害风险管理新的理论框架, 在该框架下提出了一系列基于加速遗传算法的洪水灾害风险管理的新理论新方法, 并进行了一系列应用研究 (魏一鸣等, 2002).

在冰情分析和冰凌预报方面, 国内研究起步较晚, 开始于 20 世纪五六十年代. 在科研工作者不懈努力下, 冰凌研究工作有了较大的发展, 并取得了很大的成就. 到了 20 世纪 90 年代, 我国的江河冰情研究借鉴了国外先进经验, 并向深度和广度发展. 目前国内的研究进展基本上与国际先进水平保持同步, 同时结合我国江河自身特殊的水文、气象、地理条件, 国内研究人员不仅提出了许多富有创新的新理论、新方法, 并将其运用到冰情分析和冰凌预报实践工作中去, 极大地拓展了有关江河冰凌的研究思路 (王富强和韩宇平, 2014). 冰情分析研究如王云璋等根据 1951~1998 年黄河下游代表站冬季气温资料, 考虑三门峡水库的实际调度运用始于 20 世纪 70 年代中期, 统计分析了近 30 年平均气温和气温过程变化特点及其对凌情的影响, 并在分析负气温演变特点及其凌情关系的基础上, 建立了气温–凌情相关关系式, 同时利用 20 世纪 70 年代以来气温、凌情资料, 计算分析了气温变化和其他因素对凌情的影响 (王云璋等, 2001). 计算河流冰情有三种基本途径: 其一是经验相关或数理统计途径; 其二是求解冰情数学物理方程的途径; 其三是介于以上两者之间的半理论半经验途径. 基于上述第二或第三种途径的冰情计算方法统称为河流冰情数学模拟, 它一般由水流模型和冰凌模型两部分耦合而成. 冰凌预报研究成果相对较为丰富, 如张遂业采用多元线性回归方法建立了黄河上游河段的冰情预报统计模型 (张遂业, 1997). 可素娟等以热力学理论及冰水力学理论为基础, 建立了黄河内蒙古河段封河预报数学模型 (可素娟等, 2002). 陈守煜和冀鸿兰使用模糊优选神经网络 BP 模型, 选取合适的预报因子对黄河内蒙古段封河、开河日期进行预报 (陈守煜和冀鸿兰, 2004). 胡进宝采用遗传算法优化的神经网络和最小二乘支持向量机分别建立了黄河宁蒙河段冰情预报模型 (胡进宝, 2006). 康志明等利用切比雪夫多项式展开得到预报因子, 采用数理统计逐步回归分析方法进行分析计算, 分别建立了黄河宁蒙河段封河、开河日期趋势统计预报模型 (康志明等, 2006). 冯国华通过对黄河内蒙古段凌情特征分析, 建立了冰情预报的神经网络模型、遗传算法模型等数学模型, 并对其预报模型的精度进行讨论 (冯国华, 2009). 韩宇平等引入粒子群算法优化神经网络的相关参数, 建立了黄河宁蒙段封河、开河的综合预报模型 (韩宇平等, 2012). 冀鸿兰等为了模拟黄河内蒙古段冰情的发生、发展过程, 以可变模糊集理论为基础, 提出了可变模糊聚类循环迭代模型来预报黄河内蒙古段巴彦高勒站流凌日期 (冀鸿兰等, 2013). 刘吉峰和霍世青介绍了中短期气温预报模型、指标法和经验相关法预报、人工神经网络预报、水文学和热力学预报模型、冰水动力学模型等黄河主要冰凌预报模型与技术方法及其存在问题, 提出在充分冰凌观测的基础上, 加强河道冰凌冻融规律研究, 开发具有冰凌物理机制和实际预报能力的冰水动力学模型等建议 (刘吉峰和霍世青, 2015). 雷冠军等首先采用主成分分析法初步确定冰凌开、封河历时影响因子的权重, 运用模糊推理模型依据影响因子矩阵的相似性进行初步预测, 进而采用 TOPSIS-模糊综合评判模型对预报因子进行识别, 筛选出合理的预报因子进行二次预测 (雷冠军等, 2017).

针对冰凌与洪水灾害等水文水资源系统中随机性、模糊性和灰色性共存的问题, 为了克服单一的随机分析、模糊分析和灰色分析之不足, 近年来出现了将多种不确定性分析理论方法相互耦合用于水文水资源不确定性系统分析的新趋势. 如丁晶和邓育仁研究了在 Bayes 定理框架下, 分别将先验分布与似然函数考虑成灰色先验分布和模糊似然函数, 然后进行耦合处理, 继而推断出灰色模糊后验分布, 并在此基础上进行水文水资源决策分析 (丁晶和邓育仁, 1996). 黎育红和陈玥根据表示信息模糊性和随机性的定性、定量转换的云模型理论, 对传统白化权函数进行改进, 建立了基于灰色云模型的白化权函数, 用灰云聚类模型对洪水灾害损失进行等级评估, 以弥补常用方法的不足 (黎育红和陈玥, 2013).

综上所述, 在国内外科研工作者的不懈努力下, 冰凌灾害风险管理及其相关研究已取得了一定的成果, 新技术、新方法、新理论的运用, 为冰凌灾害研究开拓了一个崭新的领域. 冰凌灾害风险管理的实质就是如何分析处理冰凌灾害风险管理系统结构特征和系统行为特征中普遍存在的各种不确定性信息. 现有灾害风险管理的不确定性分析理论方法多注重的是水文系列的统计相关特性, 只进行不确定性变量的统计特征分析, 往往只适用于随机性或模糊性等特定类型的不确定性信息, 不能适用于其他类型的不确定性信息. 此外, 冰凌灾害风险管理不确定性系统研究较少关注驱动这些不确定性变量变化的物理机制的成因分析, 对风险数据特征分析与物理成因关系关注的相对较少, 同时对黄河宁蒙段凌汛灾害风险管理定量分析、综合评价和优化决策模型与各种方法的有效性研究不够, 现有的方法很难在实践中推广应用. 因此, 冰凌灾害风险管理研究虽然已经开始, 然而任重道远.

1.3 本书目的与内容结构安排

冰凌灾害的形成过程是一个随机、模糊与灰色不确定性共存的复杂系统. 现有研究大多基于水文气象资料, 运用数理统计理论、信息扩散理论、随机分析、模糊数学等方法, 研究冰凌灾害系统的随机性和模糊性特征. 但是综合分析和有效处理包括灰色不确定性在内的冰凌灾害系统中的各种不确定性, 识别与解析这些不确定性的物理内涵、动力学机制, 以及相互作用、耦合和转化的物理关系, 系统地分析冰凌灾害的数据特征, 是冰凌灾害风险管理的重要研究内容; 尤其是从灰色系统理论及应用角度, 对冰凌灾害系统的不确定性特征进行系统分析、统一量化和有效处理, 构建基于灰色系统理论的冰凌灾害风险管理体系, 是亟须解决的问题. 目前, 关于这一方面的学术专著更是未见报道. 为此, 在作者主持的 2012 年度国家自然科学基金项目 “基于灰数信息的决策模型及其在黄河冰凌灾害风险管理中的应用研究”(71271086) 系列研究成果基础上, 结合本团队已经取得或在研关于灰色系统理论及应用的其他研究成果, 在广大科研和实践领域工作者们的关怀和支持下, 本书得以完成. 本书将有利于提高冰凌灾害风险管理水平, 在防洪减灾理论与实践方面具有重要意义, 有利于促进水灾害管理科学、灰色系统理论和复杂性科学的交叉与融合, 在自然灾害风险管理中具有重要的推广应用前景.

本书共 10 章, 具体内容结构安排如下.

第 1 章 绪论: 从理论和应用层面, 系统分析了灰色预测决策建模方法及其应用研究概况; 以黄河上游宁蒙河段和下游河段为主, 概述了冰凌基本特征和凌汛灾害发生状况及其危害性, 总结梳理了冰凌灾害风险管理研究概况; 最后交代了本书目的与内容结构安排.

第 2 章 灰色预测决策方法基础: 灰数运算与灰代数系统是灰色系统的基础理论; 序列算子与灰色信息挖掘是灰色预测决策建模方法的基础. 本章介绍了灰数白化与灰度的基本概念和计算方法, 明确了区间灰数和广义灰数的表征方式及其运算规则; 介绍了几种灰数的排序方法; 讨论了基于序列算子的作用挖掘灰色信息中蕴涵规律的方法和技术.

第 3 章 灰色关联决策方法: 在介绍了灰色关联算子和点关联分析方法的基础上, 给出了广义关联分析范式, 讨论了几种灰色关联分析模型的优化方法; 以灰色决策分析理论为基础, 探讨了经典灰色决策方法的优势与不足, 分别研究了以决策属性信息为区间灰数和三参数区间灰数的灰色关联决策方法, 以及以决策属性信息为三参数区间灰数的灰色相位关联决策方法; 针对决策者风险偏好具有差异性的问题, 分别研究了基于前景理论和后悔理论的灰色关联决策方法. 上述研究方法可为冰凌灾害关键因子识别和灾害风险评估提供理论依据.

第 4 章 灰靶决策方法: 介绍了灰靶决策基本原理, 在此基础上, 通过定义符合实际意义的距离测度公式和排序方法, 分别研究了区间灰数信息、三参数区间灰数信息、考虑灰数信息取值分布以及混合信息下基于正负靶心的多目标灰靶决策方法, 这对冰凌灾害风险决策具有重要意义.

第 5 章 灰色局势决策方法: 在介绍了多目标灰色局势决策基本原理的基础上, 针对目标权重未知的情况, 分别研究了目标权重计算的二次规划法、熵权法和综合偏差–关联测度法等, 并以此构建相应的灰色局势决策模型; 基于群体决策理论, 讨论了多目标灰色局势群决策方法、多阶段灰色局势群决策方法, 研究了基于区间灰色语言变量和语言信息灰度的灰色局势群决策方法. 灰色局势决策方法可为冰凌灾害风险决策提供方法基础.

第 6 章 灰色风险型决策方法: 针对概率和属性值均为三参数区间灰数的风险型多属性决策问题, 研究了基于灰色 Markov 链的灰色风险型动态多属性决策方法; 对一类权重信息未知并且属性值为区间灰数的灰色多属性风险型群决策问题进行了探讨, 研究了基于理想矩阵的相对优属度决策方法; 针对灰色多阶段多属性风险型群决策中的一类属性权重未知、决策者权重未知、时间权重未知, 且属性值为灰信息的决策问题, 研究了其决策方法; 研究了融合前景理论和集对分析的灰色随机决策方法; 针对一类灰性与随机性共存的决策问题, 研究了基于前景熵的灰色随机决策方法. 灰色风险型决策方法对提高冰凌灾害风险评估的可靠性具有重要的理论和现实意义.

第 7 章 灰色预测方法: 探讨了单变量灰色 GM(1,1) 模型的建模机理和预测算法, 并对其进行了进一步的拓展研究, 提出了含时间多项式项的灰色 GMP(1,1,N) 模型; 分析了多变量灰色 GM(1,N) 模型的建模机理和预测步骤, 尝试剖析了现有 GM(1,N) 模型的局限性, 进而讨论了 GMC(1,N) 模型和离散多变量灰色 DGMC (1,N) 模型. 灰色预测建模方法可以在有效信息贫乏、样本较少的情况下, 提高冰凌灾害风险指标预测精度, 为冰凌灾害风险的发展趋势预测和评估提供重要的理论和方法依据.

第 8 章 冰凌灾害形成机理及特征分析: 从地质地貌特征、区域位置、水文气象条件等方面了概述了冰凌灾害多发河段基本情况, 重点分析了黄河宁蒙河段河道状况、枢纽工程、引水及堤防工程等防凌工程条件及措施, 以及黄河宁蒙河段历史时期和近 10 年的凌情变化特征; 从成冰、流凌、初封、稳封、融冰、开河等 6 个阶段分析了冰凌的生消演变过程, 探讨了冰塞、冰坝的成因、分类及演变过程, 从冰塞洪水、冰坝洪水和凌峰流量等三个方面分析了凌汛灾害的形成机理; 从动力因素、热力因素、河道条件和人类活动等方面研究了冰清变化的影响因素. 该研究为黄河宁蒙河段防凌减灾等实际工作提供了参考依据.

第 9 章 黄河冰凌灾害风险管理实践: 首先, 系统分析了黄河冰凌灾害风险的不确定性特征, 从冰凌灾害风险因子识别、风险估计、风险预测、风险评估以及凌汛防灾物资管理等方面给出了黄河冰凌灾害风险管理流程. 其次根据资料翔实、易于收集、符合冰情主要影响因素等原则, 分析辨识冰凌灾害关键因子, 运用本书提出的灰色预测决策方法, 着重介绍了两种黄河冰凌灾害风险评估与预测方法:

其一, 黄河冰凌灾害风险的灰色关联预测方法. 选取黄河宁蒙河段巴彦高勒、三湖河口和头道拐三个河段 2003~2012 年的水位、流量和封河历时 (天) 三个因素的数据信息, 考虑实际评估问题的复杂性和不确定性, 运用三参数区间灰数而非实数以更为准确地表征评估信息的这种复杂不确定性. 基于三参数区间灰数信息下的最优相位灰色关联决策方法, 评估三个河段 2003~2012 年的冰凌灾害风险测度值, 然后分别构建了 GM(1,1) 模型预测三个河段冰凌灾害风险. 研究结果显示, 黄河宁蒙河段冰凌灾害风险值序列呈现出某种波动特征, 但其总体趋势保持稳定, 且 2013~2015 年, 巴彦高勒和头道拐段的冰凌灾害风险程度预期会降低, 而三湖河口段则有可能会提高.

其二, 黄河冰凌灾害风险评估的两阶段智能灰色粗糙方法. 综合分析冰凌灾害形成机理和近几年的凌情特征, 考虑数据的可得性, 以及能够反映因冰塞冰坝而导致冰凌灾害损失的可能性, 咨询相关专家和参考资料, 从人力因素、水力因素和人为因素出发, 识别并建立包括封河天数、洪峰流量等 7 个指标的冰凌灾害风险指标体系. 然后, 基于三参数区间灰数表征冰凌灾害风险指标数据特征, 研究了灰数信息下冰凌灾害风险评估的两阶段智能模型. 第一阶段采用灰色区间关联聚类方法对冰凌灾害进行评估, 第二阶段采用灰色优势粗糙集方法提取反映冰情信息与冰灾风险度发展的决策规则. 1996~2015 年黄河宁蒙段冰凌灾害风险实证分析显示, 不同年份的冰凌灾害风险程度与实际冰情特征相一致, 所提取的决策规则可以作为直观的决策准则.

最后, 分别运用灰色关联聚类决策方法和灰色局势决策方法, 解决凌汛防灾物资分类管理和物资调配方式优化等问题, 为防凌减灾方案决策提供参考.

第 10 章　冰凌灾害防灾减灾措施与政策建议: 从接触型和非接触型两个方面简要介绍了冰情监测的常用方法, 着重阐述了近年来主流的冰凌监测技术, 如遥感监测技术、地球物理技术和计算机模拟技术等; 从工程措施和非工程措施两方面探讨了防凌减灾措施; 结合当前的防凌管理工作, 给出了防灾减灾的相关政策建议, 为冰凌灾害监测、预报、控制等管理工作提供借鉴.

第 2 章　灰色预测决策方法基础

灰色系统理论的研究对象是“部分信息已知、部分信息未知”的“少数据”“贫信息”不确定性系统. 运用灰色预测决策建模技术, 通过对“部分”已知信息的生成, 人们能够开发、挖掘蕴涵在系统观察数据中的重要信息, 从而实现对现实世界的正确描述和认识. 作为灰色预测决策建模技术的基础, 灰数的表征与运算、灰数的排序、序列算子的研究具有重要的理论意义.

2.1　灰数的表征与运算

在灰色预测决策建模过程中, 由于人们认知能力的局限, 对反映系统运行行为的信息难以完全认知, 所以人们只知道或仅能判断系统元素或参数的取值范围, 通常, 我们把这种只知道取值范围而不知道其确切取值的数称为灰数. 灰数不仅是灰色系统之行为特征的一种表现形式, 而且是灰色系统的数量关系的最基本的“单元”或“细胞”. 相应地, 灰数的运算也成为灰色数学研究的起点, 其在灰色系统理论以及灰色预测决策建模技术的发展中具有十分重要的地位.

2.1.1　灰数

在实际应用中, 灰数是指在某一个区间或某个一般的数集内取值的不确定数. 通常用记号“$\otimes$”来表示灰数.

灰数有以下五类.

(1) 仅有下界的灰数.

有下界而无上界的灰数记为 $\otimes \in [\underline{a}, \infty)$, 其中 $\underline{a}$ 为灰数 $\otimes$ 的下确界, 它是一个确定的数. 我们称 $\otimes \in [\underline{a}, \infty)$ 为 $\otimes$ 的信息覆盖, 简称 $\otimes$ 的覆盖或灰域.

如：一个宇宙的天体, 它的质量是有下界的灰数, 因为天体的质量必然大于零, 但无法用一般的手段得知其质量的确切值, 若用 $\otimes$ 来表示天体的质量, 有 $\otimes \in [0, \infty)$.

(2) 仅有上界的灰数.

有上界而无下界的灰数记为 $\otimes \in (-\infty, \bar{a}]$, 其中 $\bar{a}$ 是灰数 $\otimes$ 的上确界, 是确定的数.

如：有上界而无下界的灰数是一类取负数但其绝对值难以限量的灰数. 如上述宇宙天体质量的相反数就是一个仅有上界的灰数. 用 $\otimes$ 表示天体质量的相反数,

有 $\otimes \in (-\infty, 0]$.

(3) 区间灰数.

既有下界 $\underline{a}$ 又有上界 $\bar{a}$ 的灰数称为区间灰数, 记为 $\otimes \in [\underline{a}, \bar{a}]$, $\underline{a} < \bar{a}$.

如: 2005 年 12 月 7 日, 黄河三盛公水利枢纽以上河段流凌密度为 40%~70%, 那么可以记为灰数 $\otimes \in [0.4, 0.7]$.

(4) 连续灰数与离散灰数.

在某一区间内取有限个值或可数个值的灰数称为离散灰数, 取值连续地充满某一区间的灰数称为连续灰数.

如: 2012 年春, 黄河宁蒙河段开河日期比历年平均水平推迟 4~6 天, 那么开河日期推迟的天数可能是 4, 5, 6 这几个数, 因此开河推迟的天数是离散灰数. 2012 年春, 宁蒙河段开河期某日的气温在 0~7 ℃, 那么开河期某日的气温就是连续灰数.

(5) 黑数与白数.

当 $\otimes \in (-\infty, +\infty)$, 即当 $\otimes$ 的上、下界皆为无穷时, 称 $\otimes$ 为黑数;

当 $\otimes \in [\underline{a}, \bar{a}]$ 且 $\underline{a} = \bar{a}$ 时, 称 $\otimes$ 为白数.

为方便起见, 我们将黑数与白数视为特殊的灰数.

灰数是指某一范围内取值的不确定数, 相应的取值范围可以视为灰数的一个覆盖. 因此前述的区间灰数 $\otimes \in [\underline{a}, \bar{a}], \underline{a} < \bar{a}$, 与通常意义上的区间数 $[\underline{a}, \bar{a}], \underline{a} < \bar{a}$, 有着本质的区别. 区间灰数 $\otimes \in [\underline{a}, \bar{a}], \underline{a} < \bar{a}$ 表达的是在区间 $[\underline{a}, \bar{a}], \underline{a} < \bar{a}$ 内取值的一个数, 而区间数 $[\underline{a}, \bar{a}], \underline{a} < \bar{a}$ 则表达的是整个区间 $[\underline{a}, \bar{a}], \underline{a} < \bar{a}$.

2.1.2 灰数白化与灰度

有一类灰数是在某个基本值附近变动的, 以 a 为基本值的灰数还可以用双数的形式表达, 记为 $\otimes(a) = a + \delta_a$, 其中 δ_a 为扰动灰元, 此灰数的白化值 $\tilde{\otimes}(a) = a$. 例如 2015 年, 黄河宁蒙河段冰期的平均流量在 $600\text{m}^3/\text{s}$ 左右, 可表示为 $\otimes(600) = 600 + \delta$, 或 $\otimes(600) \in (-, 600, +)$, 它的白化值为 600.

对于一般的区间灰数 $\otimes \in [a, b]$, 根据对其取值信息的判断, 可以将其白化值 $\tilde{\otimes}$ 取为

$$\tilde{\otimes} = \alpha a + (1 - \alpha) b, \quad \alpha \in [0, 1] \tag{2.1.1}$$

其中 α 称为灰数的定位系数.

定义 2.1.1 形如 $\tilde{\otimes} = \alpha a + (1 - a) b, \alpha \in [0, 1]$ 的白化称为定位系数为 α 的白化.

定义 2.1.2 取 $\alpha = \dfrac{1}{2}$ 而得到的白化值称为灰数的均值白化.

通常, 当区间灰数取值的分布信息缺乏时, 常采用均值白化.

定义 2.1.3　设区间灰数 $\otimes_1 \in [a,b]$, $\otimes_2 \in [a,b]$, $\otimes_1 = \alpha a + (1-\alpha)b, \alpha \in [0,1]$, $\otimes_1 = \beta a + (1-\beta)b, \beta \in [0,1]$, 当定位系数 $\alpha = \beta$ 时, 称 $\otimes_1$ 与 $\otimes_2$ 同步; 当 $\alpha \neq \beta$ 时, 称 $\otimes_1$ 与 $\otimes_2$ 非同步.

在灰数取值的分布信息已知时, 往往不采取均值白化. 在掌握了一定分布信息的情况下, 我们可以用白化权函数来描述一个灰数对其取值范围内不同数值的"偏爱"程度. 能够借助白化权函数描述的灰数, 是一类所掌握的取值分布信息不完全的灰数.

定义 2.1.4　起点、终点确定的左升、右降连续函数称为典型白化权函数 (邓聚龙, 1985).

典型白化权函数一般如图 2-1-1 所示. 其中

$$f_1(x) = \begin{cases} L(x), & x \in [a_1, b_1) \\ 1, & x \in [b_1, b_2] \\ R(x), & x \in (b_2, a_2] \end{cases}$$

称 $L(x)$ 为左升函数, $R(x)$ 为右降函数, $[b_1, b_2]$ 为峰区, a_1 为始点, a_2 为终点, b_1, b_2 为转折点.

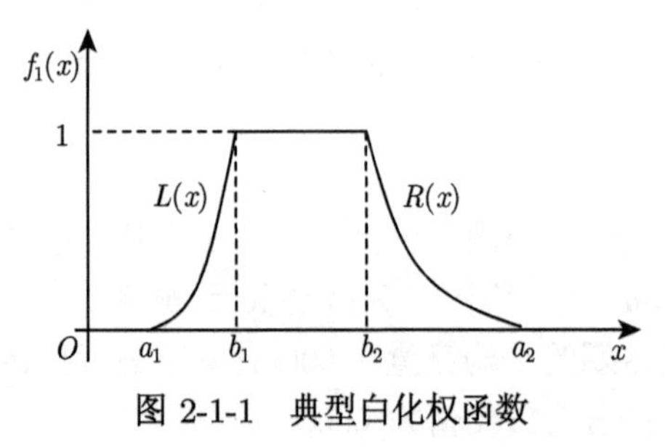

图 2-1-1　典型白化权函数

在实际中, 为了便于计算和应用, $L(x)$ 和 $R(x)$ 常简化为直线, 如图 2-1-2 所示, 其中

$$f_2(x) = \begin{cases} L(x) = \dfrac{x - x_1}{x_2 - x_1}, & x \in [x_1, x_2) \\ 1, & x \in [x_2, x_3] \\ R(x) = \dfrac{x_4 - x}{x_4 - x_3}, & x \in (x_3, x_4] \end{cases}$$

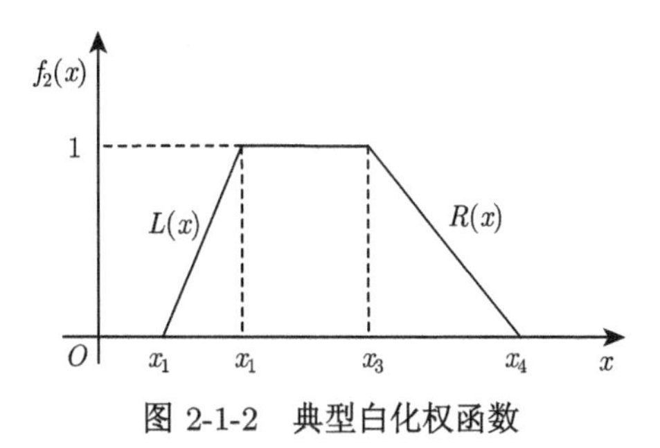

图 2-1-2　典型白化权函数

定义 2.1.5　对图 2-1-1 所示的白化权函数, 称

$$g^\circ = \frac{2|b_1-b_2|}{b_1+b_2} + \max\left\{\frac{|a_1-b_1|}{b_1}, \frac{|a_2-b_2|}{b_2}\right\} \tag{2.1.2}$$

为灰数 $\otimes$ 的灰度 (邓聚龙, 1985).

g° 的表达式是两部分的和, 其中, 第一部分代表峰区大小对灰度的影响, 第二部分代表 $L(x)$ 和 $R(x)$ 覆盖面积大小对灰度的影响. 一般来说, 峰区越大, $L(x)$ 和 $R(x)$ 覆盖面积越大, g° 就越大.

当 $\max\left\{\frac{|a_1-b_1|}{b_1}, \frac{|a_2-b_2|}{b_2}\right\} = 0$ 时, $g^\circ = \frac{2|b_1-b_2|}{b_1+b_2}$, 此时白化权函数为一条水平线. 当 $\frac{2|b_1-b_2|}{b_1+b_2} = 0$ 时, 灰数 $\otimes$ 为有基本值的灰数, 其基本值就是 $b = b_1 = b_2$. 当 $g^\circ = 0$ 时, $\otimes$ 是白数.

1996 年, 基于灰区间长度 $l(\otimes)$ 和灰数的均值白化数 $\hat{\otimes}$, 刘思峰给出了灰度的一种公理化定义 (Liu S F, 1996)

$$g^\circ(\otimes) = \frac{l(\otimes)}{\hat{\otimes}} \tag{2.1.3}$$

这里, 在非负性公理、零灰度公理、无穷灰度公理和数乘公理的基础上, 灰度被定义为灰区间长度 $l(\otimes)$ 与其相应均值白化数 $\hat{\otimes}$ 的商.

灰数是灰色系统之行为特征的一种表现形式 (邓聚龙, 1990). 灰数的灰度反映了人们对灰色系统认识的不确定程度. 因此, 一个灰数的灰度大小应与该灰数产生的背景或论域有着不可分割的联系. 如果对一个灰数产生的背景或论域及其表征的灰色系统不加说明, 实际上无法讨论该灰数的灰度. 如果灰数 $\otimes \in [160, 200]$ 表示的是一个人的身高 (单位: cm), 那么这个灰数的灰度很大, 因为它基本上不能为我们提供什么有价值的信息. 如果灰数 $\otimes \in [160, 200]$ 表示的是一个人的血压 (单位: mmHg①), 那么人们一般会认为这一灰数的灰度不是很大, 因为它的确能为医生提供十分有用的信息.

① 1mmHg=1.33322×10^2Pa.

设 Ω 为灰数 $\otimes$ 产生的背景或论域, $\mu(\otimes)$ 为灰数 $\otimes$ 之取数域的测度, 则灰数 $\otimes$ 的灰度 $g^\circ(\otimes)$ 符合以下公理 (刘思峰等, 2014).

公理 2.1.1　$0 \leqslant g^\circ(\otimes) \leqslant 1$.

公理 2.1.2　$\otimes \in [\underline{a}, \bar{a}], \underline{a} \leqslant \bar{a}$, 当 $\underline{a} = \bar{a}$ 时, $g^\circ(\otimes) = 0$.

公理 2.1.3　$g^\circ(\Omega) = 1$.

公理 2.1.4　$g^\circ(\otimes)$ 与 $\mu(\otimes)$ 成正比, 与 $\mu(\Omega)$ 成反比.

其中, 公理 2.1.1 将灰数的灰度取值范围限定在 [0,1] 区间内; 公理 2.1.2 规定白数的灰度为零, 白数是完全确定的数, 没有任何不确定的成分; 公理 2.1.3 规定灰数产生的背景或论域的灰度为 1, 取为灰度的最大值, 这是因为灰数的产生背景覆盖了灰数的整个论域, 不包含任何有用信息; 公理 2.1.4 表明当灰数的背景或论域一定时, 灰数取数域的测度越大, 则灰数的灰度越大, 反之越小.

定义 2.1.6　设灰数 $\otimes$ 产生的背景或论域为 Ω, $\mu(\otimes)$ 为 Ω 上灰数取数域的测度, 则称

$$g^\circ(\otimes) = \mu(\otimes)/\mu(\Omega) \tag{2.1.4}$$

为灰数 $\otimes$ 的灰度 (刘思峰等, 2014).

定义 2.1.7　设 $\otimes_1 \in [a, b], a < b$; $\otimes_2 \in [c, d], c < d$, 则称

$$\otimes_1 \bigcup \otimes_2 = \left\{\xi \middle| \xi \in [a, b] \text{或} \xi \in [c, d]\right\} \tag{2.1.5}$$

为灰数 $\otimes_1$ 与 $\otimes_2$ 的并.

定义 2.1.8　设 $\otimes_1 \in [a, b], a < b$; $\otimes_2 \in [c, d], c < d$, 则称

$$\otimes_1 \bigcup \otimes_2 = \left\{\xi \middle| \xi \in [a, b] \text{且} \xi \in [c, d]\right\} \tag{2.1.6}$$

为灰数 $\otimes_1$ 与 $\otimes_2$ 的交.

灰数的 “合成” 方式将对合成灰数的灰度及相应灰信息的可靠程度产生一定的影响. 一般地, 灰数求 “并” 后灰度增大而合成信息的可靠程度会有所提高; 灰数求 “交” 后灰度减小而合成信息的可靠程度往往会降低. 在解决实际问题的过程中, 当需要对大量灰数进行筛选、加工、合成时, 可以考虑在若干个不同的层次上进行合成, 逐层提取信息. 在合成过程中, 采用间层交叉进行 “并”“交” 合成, 以保证最后筛选出的信息在可靠程度和灰度方面都能满足一定的要求.

2.1.3　区间灰数及其运算

定义 2.1.9 (灰数的运算范式)　设有灰数 $\otimes_1 \in [a, b], a < b$; $\otimes_2 \in [c, d], c < d$, 用符号 $*$ 表示 $\otimes_1$ 与 $\otimes_2$ 间的运算, 若 $\otimes_3 = \otimes_1 * \otimes_2$, 则 $\otimes_3$ 亦应为区间灰数, 因此应有 $\otimes_3 \in [e, f], e < f$, 且对任意的 $\tilde{\otimes}_1$, $\tilde{\otimes}_2$, $\tilde{\otimes}_1 * \tilde{\otimes}_2 \in [e, f]$.

法则 2.1.1 (加法运算) 设 $\otimes_1 \in [a,b], a<b$; $\otimes_2 \in [c,d], c<d$, 则称

$$\otimes_1 + \otimes_2 \in [a+c, b+d] \tag{2.1.7}$$

为 $\otimes_1$ 与 $\otimes_2$ 的和.

例 2.1.1 设 $\otimes_1 \in [3,4]$, $\otimes_2 \in [5,8]$, 则 $\otimes_1 + \otimes_2 \in [8,12]$.

法则 2.1.2 (灰数的负元) 设 $\otimes \in [a,b], a<b$, 则称

$$-\otimes \in [-b, -a] \tag{2.1.8}$$

为 $\otimes$ 的负元.

例 2.1.2 设 $\otimes \in [3,4]$, 则 $-\otimes \in [-4,-3]$.

法则 2.1.3 (减法运算) 设 $\otimes_1 \in [a,b], a<b$; $\otimes_2 \in [c,d], c<d$, 则称

$$\otimes_1 - \otimes_2 = \otimes_1 + (-\otimes_2) \in [a-d, b-c] \tag{2.1.9}$$

为 $\otimes_1$ 与 $\otimes_2$ 的差.

例 2.1.3 设 $\otimes_1 - \otimes_2 \in [3-2, 4-1] = [1,3]$, 则 $\otimes_2 - \otimes_1 \in [1-4, 2-3] = [-3,-1]$.

法则 2.1.4 (乘法运算) 设 $\otimes_1 \in [a,b], a<b$; $\otimes_2 \in [c,d], c<d$, 则称

$$\otimes_1 \times \otimes_2 \in [\min\{ac,ad,bc,bd\}, \max\{ac,ad,bc,bd\}] \tag{2.1.10}$$

为 $\otimes_1$ 与 $\otimes_2$ 的积.

例 2.1.4 设 $\otimes_1 \in [3,4]$, $\otimes_2 \in [5,10]$, 则

$$\otimes_1 \times \otimes_2 \in [\min\{15,30,20,40\}, \max\{15,30,20,40\}] = [15,40]$$

法则 2.1.5 (灰数的倒数) 设 $\otimes \in [a,b], a<b, a\neq 0, b\neq 0, ab>0$, 则称

$$\otimes^{-1} \in \left[\frac{1}{b}, \frac{1}{a}\right] \tag{2.1.11}$$

为 $\otimes$ 的倒数.

例 2.1.5 设 $\otimes \in [2,4]$, 则 $\otimes^{-1} \in [0.25, 0.5]$.

法则 2.1.6 (除法运算) 设 $\otimes_1 \in [a,b], a<b$; $\otimes_2 \in [c,d], c<d$, 且 $c\neq 0, d\neq 0, cd>0$, 则称

$$\frac{\otimes_1}{\otimes_2} = \otimes_1 \times \otimes_2^{-1} \in \left[\min\left\{\frac{a}{c}, \frac{a}{d}, \frac{b}{c}, \frac{b}{d}\right\}, \max\left\{\frac{a}{c}, \frac{a}{d}, \frac{b}{c}, \frac{b}{d}\right\}\right] \tag{2.1.12}$$

为 $\otimes_1$ 与 $\otimes_2$ 的商.

例 2.1.6 设 $\otimes_1 \in [3,4]$, $\otimes_2 \in [5,10]$, 则

$$\frac{\otimes_1}{\otimes_2} = \otimes_1 \times \otimes_2^{-1} \in \left[\min\left\{\frac{3}{5},\frac{3}{10},\frac{4}{5},\frac{4}{10}\right\},\max\left\{\frac{3}{5},\frac{3}{10},\frac{4}{5},\frac{4}{10}\right\}\right] = [0.3, 0.8]$$

法则 2.1.7 (数乘运算) 设 $\otimes \in [a,b]$, $a < b$, k 为正实数, 则称

$$k \times \otimes \in [ka, kb] \tag{2.1.13}$$

为数 k 与灰数 $\otimes$ 的积, 亦称数乘运算.

例 2.1.7 设 $\otimes \in [2,4]$, $k = 5$, 则 $5 \times \otimes \in [10, 20]$.

法则 2.1.8 (乘方运算) 设 $\otimes \in [a,b]$, $a < b$, k 为正实数, 则称

$$\otimes^k \in \left[a^k, b^k\right] \tag{2.1.14}$$

灰数 $\otimes$ 的 k 次方幂, 亦称乘方运算.

例 2.1.8 设 $\otimes \in [2,4]$, $k = 5$, 则 $\otimes^5 \in [32, 1024]$.

在一般情况下, 用区间灰数表示基本信息时, 为了覆盖整个取值范围, 区间灰数的上限与下限可能取的过大, 由区间灰数的定义可知, 该灰数默认区间内取值机会均等. 当涉及区间灰数的混合运算时, 由区间灰数的现有运算法则可知, 计算结果往往会进一步扩大区间灰数的取值范围, 从而产生较大的误差, 甚至失真. 因此, 罗党提出如下三参数区间灰数的概念 (罗党, 2009).

定义 2.1.10 设灰数 $a(\otimes) \in [\underline{a}, \tilde{a}, \bar{a}]$ 为三参数区间灰数, 其中 $\underline{a} \leqslant \tilde{a} \leqslant \bar{a}$, $\underline{a}, \bar{a}$ 分别为区间数下限、上限, $\tilde{a}$ 为在此区间中取值可能性最大的数, 称为区间灰数的重心. 当 $\underline{a} = \tilde{a} = \bar{a}$ 时, 三参数区间灰数退化为一个实数; 当 $\underline{a}, \tilde{a}, \bar{a}$ 中某两个相同时, 三参数区间灰数退化为区间灰数.

通常, 三参数区间灰数 $a(\otimes)$ 取值的可能性由重心点 $\tilde{a}$ 向上界 $\bar{a}$ 或下界 $\underline{a}$ 递减. 在不确定性决策中, 由于受多种因素的影响, 信息的收集与整理是一项十分艰难的工作, 如何对三参数区间灰数的重心点进行选取已经成为决策问题的一个关键. 一般情况下, 符合三参数区间灰数的取值可能性分布的函数有很多类型.

若以三角隶属函数作为三参数区间灰数近似分布函数, 以 $f(x)$ 表示区间内某一点取值的可能性, 则 $a(\otimes) \in [\underline{a}, \tilde{a}, \bar{a}]$ 的取值分布函数图像大致如图 2-1-3 所示.

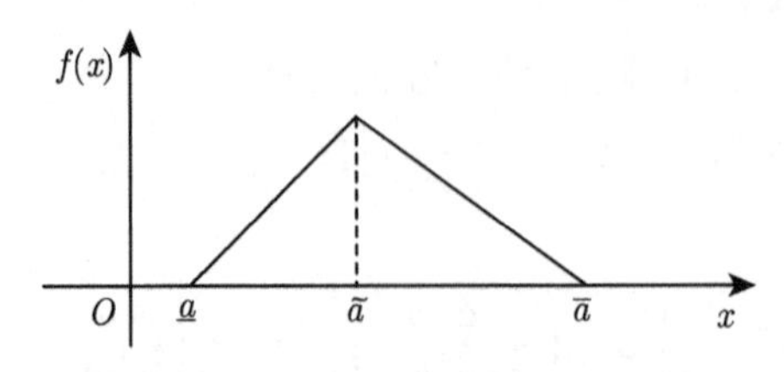

图 2-1-3 $a(\otimes)$ 取值可能性示意图

设 $a(\otimes)\in[\underline{a},\tilde{a},\bar{a}]$, $b(\otimes)\in\left[\underline{b},\tilde{b},\bar{b}\right]$, 由三参数区间灰数的定义可知, 类似于区间灰数的运算性质, 可定义三参数区间灰数的运算:

$$a(\otimes)+b(\otimes)\in\left[\underline{a}+\underline{b},\tilde{a}+\tilde{b},\bar{a}+\bar{b}\right],$$

$$\lambda a(\otimes)=[\lambda\underline{a},\lambda\tilde{a},\lambda\bar{a}],\quad \lambda>0,$$

$$\frac{a(\otimes)}{b(\otimes)}\in\left[\min\left\{\frac{\underline{a}}{\underline{b}},\frac{\underline{a}}{\bar{b}},\frac{\bar{a}}{\underline{b}},\frac{\bar{a}}{\bar{b}}\right\},\frac{\tilde{a}}{\tilde{b}},\max\left\{\frac{\underline{a}}{\underline{b}},\frac{\underline{a}}{\bar{b}},\frac{\bar{a}}{\underline{b}},\frac{\bar{a}}{\bar{b}}\right\}\right].$$

长期以来灰色系统理论中关于区间灰数的表征方法的研究一直备受学者们的重视, 新的研究进展和成果不断涌现. 在此介绍灰数“核”的定义, 并介绍区间灰数基于“核”和“灰度”的表征方法 (刘思峰等, 2014).

定义 2.1.11 设区间灰数 $\otimes\in[\underline{a},\bar{a}]$, $\underline{a}<\bar{a}$, 在缺乏灰数 $\otimes$ 取值分布信息的情况下,

(1) 若 $\otimes$ 为连续灰数, 则称 $\hat{\otimes}=\frac{1}{2}(\underline{a}+\bar{a})$ 为灰数 $\otimes$ 的核;

(2) 若 $\otimes$ 为离散灰数, $a_i\in[\underline{a},\bar{a}]\,(i=1,2,\cdots,n)$ 为灰数 $\otimes$ 的所有可能取值, 则称 $\hat{\otimes}=\frac{1}{n}\sum\limits_{i=1}^{n}a_i$ 为灰数 $\otimes$ 的核.

定义 2.1.12 设灰数 $\otimes\in[\underline{a},\bar{a}]$, $\underline{a}<\bar{a}$ 为具有分布信息的随机灰数, 则称 $\hat{\otimes}=E(\otimes)$ 为灰数 $\otimes$ 的核.

灰数 $\otimes$ 的核 $\hat{\otimes}$ 作为灰数 $\otimes$ 的代表, 在灰数运算转换为实数运算的过程中具有不可代替的作用. 事实上, 灰数 $\otimes$ 的核 $\hat{\otimes}$ 作为实数, 可以完全按照实数的运算规则进行加、减、乘、除、乘方、开方等一系列运算, 而且我们将核的运算结果作为灰数运算结果的核是顺理成章的.

定义 2.1.13 设 $\hat{\otimes}$ 是灰数 $\otimes$ 的核, g° 为灰数 $\otimes$ 的灰度, 称 $\hat{\otimes}_{(g^{\circ})}$ 为灰数的简化形式.

定义 2.1.14 设 Ω 为灰数 $\otimes$ 的论域, 当 $\mu(\Omega)=1$ 时, 对应的灰数称为标准灰数; 标准灰数的简化形式称为灰数的标准形式.

定义 2.1.15 设 $\otimes$ 为标准灰数, 则 $g^{\circ}(\otimes)=\mu(\otimes)$.

对标准灰数而言, 其灰度与灰数的测度完全一致. 如果我们进一步将论域 Ω 限定为区间 $[0,1]$, 则 $\mu(\otimes)$ 就是 $[0,1]$ 上的小区间的长度. 这样, 灰数的标准形式还原到一般形式十分方便.

2.1.4 广义灰数及其运算

定义 2.1.16 区间灰数和实 (白) 数统称为灰数的基元.

定义 2.1.17 设

$$g^{\pm}\in\bigcup_{i=1}^{n}[\underline{a}_i,\bar{a}_i]$$

则称 $g^{\pm}$ 为一般灰数. 其中任一区间灰数 $\otimes_i \in [\underline{a}_i, \bar{a}_i] \subset \bigcup\limits_{i=1}^{n} [\underline{a}_i, \bar{a}_i]$, 满足 $\underline{a}_i, \bar{a}_i, \underline{a}_i, \bar{a}_i \in \Re$ 且 $\bar{a}_{i-1} \leqslant \underline{a}_i \leqslant \bar{a}_i \leqslant \underline{a}_{i+1}$, $g^{-} = \inf_{\underline{a}_i \in g^{\pm}} \underline{a}_i$, $g^{+} = \sup_{\bar{a}_i \in g^{\pm}} \bar{a}_i$ 分别称为 $g^{\pm}$ 的下界和上界 (Liu S F et al., 2012).

定义 2.1.18 (1) 设 $g^{\pm} \in \bigcup\limits_{i=1}^{n} [\underline{a}_i, \bar{a}_i]$ 为一般灰数, 称 $\hat{g} = \dfrac{1}{n} \sum\limits_{i=1}^{n} \hat{a}_i$ 为 $g^{\pm}$ 的核.

(2) 设 $g^{\pm}$ 为概率分布已知的一般灰数, $g^{\pm} \in [\underline{a}_i, \bar{a}_i]\,(i = 1, 2, \cdots, n)$ 的概率为 p_i, 且满足 $p_i > 0, i = 1, 2, \cdots, n$, $\sum\limits_{i=1}^{n} p_i = 1$, 则称 $\hat{g} = \sum\limits_{i=1}^{n} p_i \hat{a}_i$ 为 $g^{\pm}$ 的核 (Liu S F et al., 2012).

定义 2.1.19 设一般灰数 $g^{\pm} \in \bigcup\limits_{i=1}^{n} [\underline{a}_i, \bar{a}_i]$ 的背景或论域为 Ω, $\mu(\otimes)$ 为 Ω 上的测度, 则称

$$g^{\circ}\left(g^{\pm}\right) = \frac{1}{\hat{g}} \frac{\sum\limits_{i=1}^{n} \hat{a}_i \mu(\otimes)}{\mu(\Omega)}$$

为一般灰数 $g^{\pm}$ 的灰度. 一般灰数 $g^{\pm}$ 的灰度亦简记为 g° (Liu S F et al., 2012).

例 2.1.9 一般灰数 $g^{\pm} = \otimes_1 \bigcup \otimes_2 \bigcup 2 \bigcup \otimes_4 \bigcup 6$, 其中 $\otimes_1 \in [1,3]$, $\otimes_2 \in [2,4]$, $\otimes_4 \in [5,9]$, $\Omega = [0,32]$, 以区间长度作为 Ω 上的测度, 试求 $g^{\pm}$ 的简化形式.

由题设易得, $\hat{\otimes}_1 = 2$, $\hat{\otimes}_2 = 3$, $\hat{\otimes}_4 = 7$, 因此 $g^{\pm}$ 的核

$$\hat{g} = \frac{1}{5}\left(\hat{\otimes}_1 + \hat{\otimes}_2 + 2 + \hat{\otimes}_4 + 6\right) = \frac{1}{5}(2 + 3 + 2 + 7 + 6) = 4$$

再由 $\mu(\otimes_1) = 2$, $\mu(\otimes_2) = 2$, $\mu(\otimes_4) = 4$, $\mu(2) = \mu(6) = 0$, 可得

$$\begin{aligned} g^{\circ}\left(g^{\pm}\right) &= \frac{1}{\hat{g}} \frac{\sum\limits_{i=1}^{5} \hat{\otimes}_i \mu(\otimes_i)}{\mu(\Omega)} \\ &= \frac{\dfrac{1}{4}(2 \times 2 + 3 \times 2 + 2 \times 0 + 7 \times 4 + 6 \times 0)}{32} \approx 0.297 \end{aligned}$$

故得 $g^{\pm}$ 的简化形式为 $4_{(0.297)}$.

如果 $g^{\pm}$ 的概率分布已知, 例如

$$p_1 = 0.1, \quad p_2 = 0.2, \quad p_3 = 0.3, \quad p_4 = 0.3, \quad p_5 = 0.1$$

则有

$$\hat{g} = \sum_{i=1}^{n} p_i \times \hat{\otimes}_i = (0.1 \times 2 + 0.2 \times 3 + 0.3 \times 2 + 0.3 \times 7 + 0.1 \times 6) = 4.1$$

$$g^{\circ}=\frac{\dfrac{1}{\hat{g}}\sum_{i=1}^{5}\hat{\otimes}_i\mu(\otimes_i)}{\mu(\Omega)}=\frac{1}{4.1}\times\frac{38}{32}\approx 0.290$$

这时 $g^{\pm}$ 的简化形式为 $4.1_{(0.290)}$.

2.2 灰数的排序

灰数排序问题既是灰代数系统研究的基础, 又是研究不确定性灰色预测决策问题不可分割的一部分. 因此, 灰数间序关系的研究一直是灰色系统理论的热点问题. 本节主要介绍几种常用的灰数排序方法.

2.2.1 基于可能度的区间灰数排序

当区间灰数对其取值范围内的不同数值的取值偏好信息完全未知时, 区间灰数的排序常常借鉴如下区间数的排序方法.

定义 2.2.1 对于区间灰数 $a(\otimes)\in[\underline{a},\bar{a}]$ 和 $b(\otimes)\in[\underline{b},\bar{b}]$, 记 $l_a=\bar{a}-\underline{a}$, $l_b=\bar{b}-\underline{b}$, 则称

$$p\left(a\left(\otimes\right)\geqslant b\left(\otimes\right)\right)=\frac{\min\left\{l_a+l_b,\max\left\{\bar{a}-\bar{b},0\right\}\right\}}{l_a+l_b}$$

为 $a(\otimes)\geqslant b(\otimes)$ 的可能度.

假设有 m 个区间灰数进行两两比较, 可得到一个 $m\times m$ 的可能度矩阵. 因为该矩阵为模糊互补判断矩阵, 所以对区间灰数的大小排序便可转化为求解可能度矩阵的排序向量. 可利用如下公式:

$$g_j=\frac{1}{m\left(m-1\right)}\left(\sum_{k=1}^{m}p_{jk}+\frac{m}{2}-1\right)$$

得到可能度矩阵的排序向量 $g=(g_1,g_2,\cdots,g_m)$, 再根据 $g_j\,(j=1,2,\cdots,m)$ 对区间灰数的大小进行排序 (罗党, 2013).

当区间灰数的取值分布信息满足某一概率分布时, 分析如下考虑概率分布的灰数排序方法 (Xie N M and Liu S F, 2010).

对于两区间灰数 $\otimes_1\in[a_1,b_1]$ 和 $\otimes_2\in[a_2,b_2]$, $f(x)$ 表示灰数 $\otimes_1$ 取值的可能密度函数, $f(y)$ 表示灰数 $\otimes_2$ 取值的可能密度函数, 则显然有 $\int_{a_1}^{b_1}f(x)dx=1$, $\int_{a_2}^{b_2}f(y)dy=1$.

如图 2-2-1 所示, 点 (a_1,a_2), (a_1,b_2), (b_1,a_2) 和 (b_1,b_2) 组成的区域是灰数 $\otimes_1$ 和 $\otimes_2$ 的比较区域, 称 $x=y$ 线以上部分为 D_2, 称 $x=y$ 线以下部分为 D_1, 若 $f(x,y)$ 表示灰数 $\otimes_1$ 和 $\otimes_2$ 取值的联合可能密度函数, 则有

$$p(\otimes_1>\otimes_2)=\frac{\displaystyle\iint_{D_1} f(x,y)\,dxdy}{\displaystyle\iint_{D_1+D_2} f(x,y)\,dxdy}$$

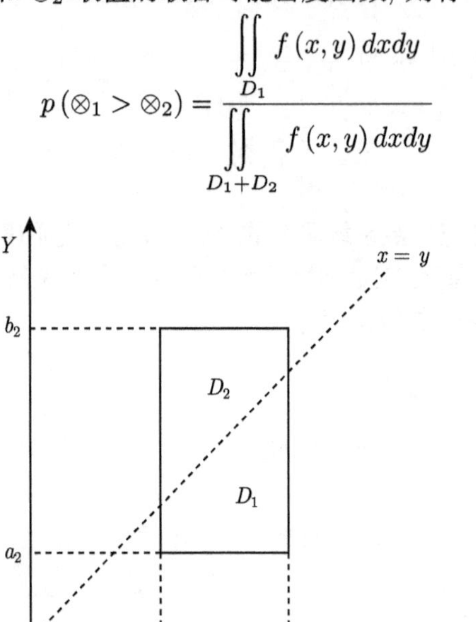

图 2-2-1　区间灰数大小比较示意图

根据区间灰数数值覆盖集合的不同情况, 可以将区间灰数大小比较分为以下六种情况 (图 2-2-2), 其中 (1) 和 (6) 是两灰数数值覆盖集合互不交叉的情况, (2) 和 (3) 是数值覆盖集合相互交的情况, (4) 和 (5) 是数值覆盖集合相互包含关系.

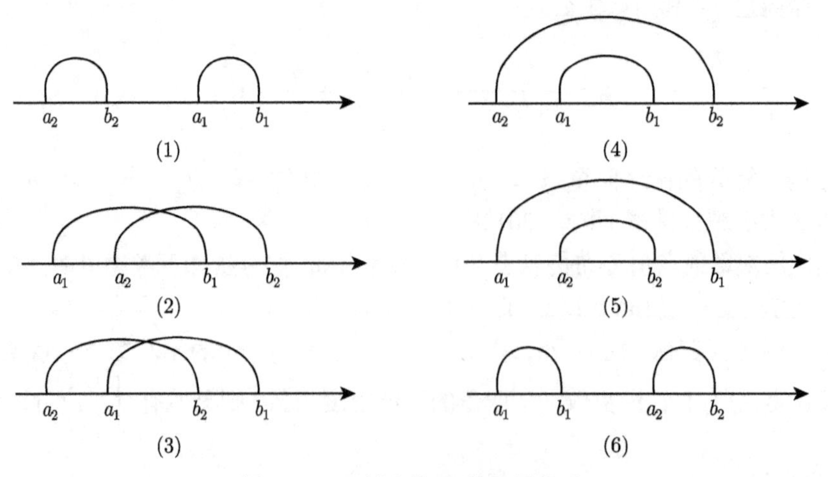

图 2-2-2　两个区间灰数位置关系

下面分别分析这六种不同情况下灰数大小比较的结果. 令

$$\iint\limits_{D_1+D_2} f(x,y)\,dxdy = \sigma$$

(1) 如图 2-2-3 所示, 若 $a_1 > b_2$, 可得区间灰数 $\otimes_1$ 和 $\otimes_2$ 比较的结果为

$$p(\otimes_1 > \otimes_2) = \frac{\iint\limits_{D_1} f(x,y)\,dxdy}{\sigma} = 1$$

(2) 如图 2-2-4 所示, 若 $a_1 < a_2 < b_1 < b_2$, 可得区间灰数 $\otimes_1$ 和 $\otimes_2$ 比较的结果为

$$p(\otimes_1 > \otimes_2) = \frac{\iint\limits_{D_1} f(x,y)\,dxdy}{\sigma} = \frac{\int_{a_2}^{b_1}\int_{a_2}^{y} f(x,y)\,dxdy}{\sigma}$$

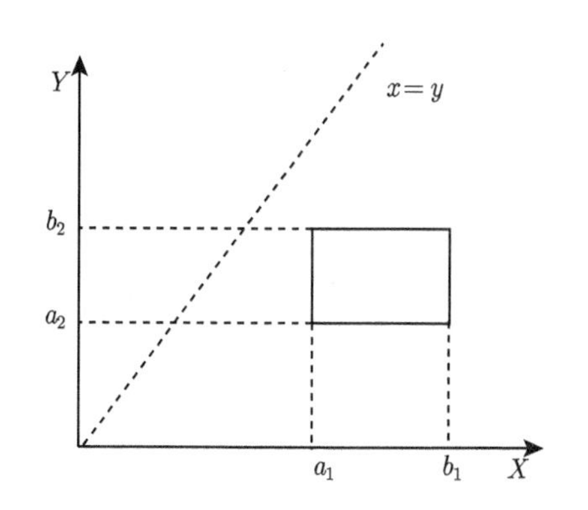

图 2-2-3 $a_1 > b_2$ 时灰数比较示意图

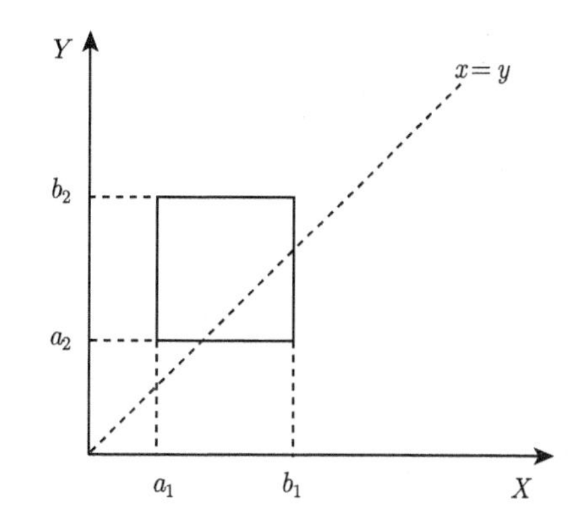

图 2-2-4 $a_1 < a_2 < b_1 < b_2$ 时灰数比较示意图

(3) 如图 2-2-5 所示, 若 $a_2 < a_1 < b_2 < b_1$, 可得区间灰数 $\otimes_1$ 和 $\otimes_2$ 比较的结果为

$$p(\otimes_1 > \otimes_2) = \frac{\iint\limits_{D_1} f(x,y)\,dxdy}{\sigma} = 1 - \frac{\iint\limits_{D_2} f(x,y)\,dxdy}{\sigma} = \frac{1 - \int_{a_1}^{b_2}\int_{y}^{b_2} f(x,y)dxdy}{\sigma}$$

(4) 如图 2-2-6 所示, 若 $a_2 < a_1 < b_1 < b_2$, 可得区间灰数 $\otimes_1$ 和 $\otimes_2$ 比较的结果为

$$p(\otimes_1 > \otimes_2) = \frac{\iint\limits_{D_1} f(x,y)\,dxdy}{\sigma} = \frac{\int_{a_1}^{b_1}\int_{a_1}^{y} f(x,y)dxdy + \int_{a_2}^{a_1}\int_{a_1}^{b_1} f(x,y)dxdy}{\sigma}$$

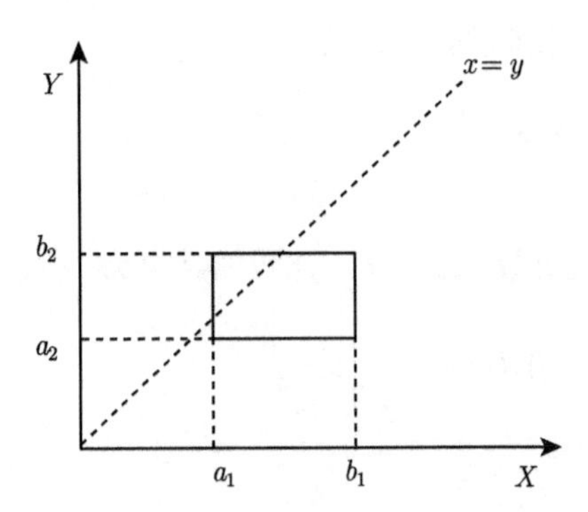

图 2-2-5　$a_2 < a_1 < b_2 < b_1$ 时灰数比较示意图

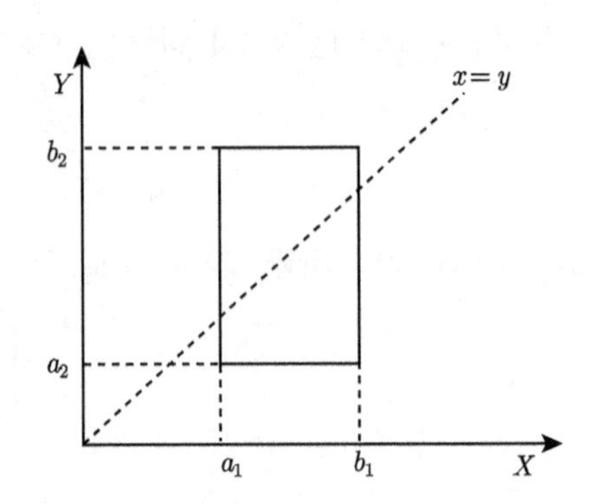

图 2-2-6　$a_2 < a_1 < b_1 < b_2$ 时灰数比较示意图

(5) 如图 2-2-7 所示, 若 $a_1 < a_2 < b_2 < b_1$, 可得区间灰数 $\otimes_1$ 和 $\otimes_2$ 比较的结果为

$$p\left(\otimes_1 > \otimes_2\right) = \frac{\iint\limits_{D_1} f\left(x,y\right) dxdy}{\sigma} = \frac{\int_{a_2}^{b_2}\int_{a_2}^{y} f(x,y)dxdy + \int_{a_2}^{b_2}\int_{b_2}^{b_1} f(x,y)dxdy}{\sigma}$$

(6) 如图 2-2-8 所示, 若 $a_2 > b_1$, 可得区间灰数 $\otimes_1$ 和 $\otimes_2$ 比较的结果为

$$p\left(\otimes_1 > \otimes_2\right) = \frac{\iint\limits_{D_1} f(x,y)dxdy}{\sigma} = 0$$

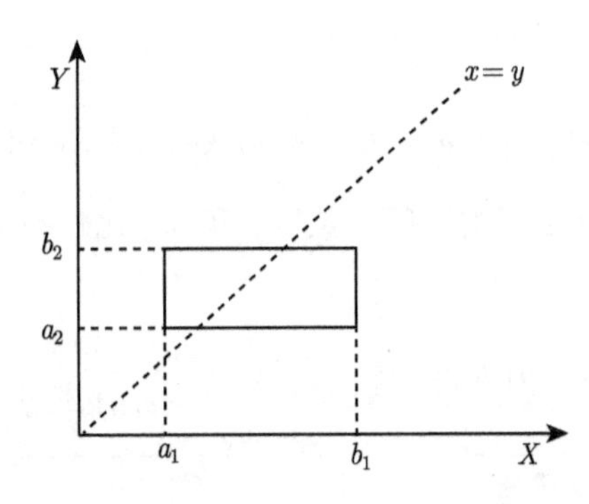

图 2-2-7　$a_1 < a_2 < b_2 < b_1$ 时灰数比较示意图

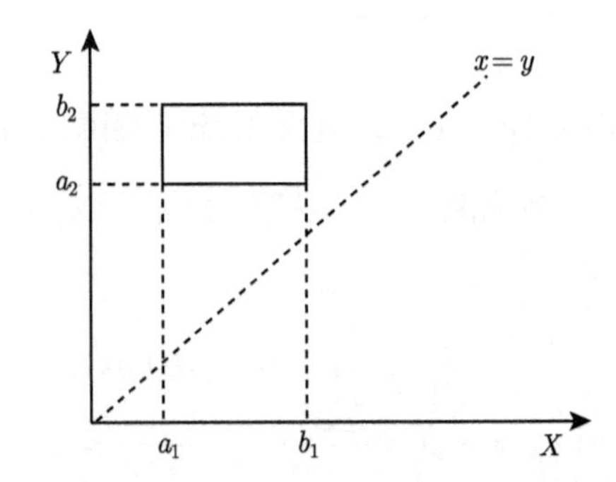

图 2-2-8　$a_2 > b_1$ 时灰数比较示意图

特殊地, 当区间灰数 $\otimes_1$ 和 $\otimes_2$ 在各自数值覆盖集合中任意点取值的可能性相等时, 可能密度函数为 $f\left(x,y\right) = 1$, 因此有

$$p\left(\otimes_1 > \otimes_2\right) = \frac{S_1}{S_1 + S_2}$$

其中, S_1 表示 D_1 的面积, S_2 表示 D_2 的面积. 所以有

$$p(\otimes_1>\otimes_2)=\begin{cases}1, & a_1>b_2\\ \dfrac{(b_1-a_2)^2}{2(b_1-a_1)(b_2-a_2)}, & a_1<a_2<b_1<b_2\\ \dfrac{1-(b_2-a_1)^2}{2(b_1-a_1)(b_2-a_2)}, & a_2<a_1<b_2<b_1\\ \dfrac{(a_1+b_1-2a_2)(b_2-a_1)}{2(b_1-a_1)(b_2-a_2)}, & a_2<a_1<b_1<b_2\\ \dfrac{(2b_1+b_2-a_2)(b_2-a_2)}{2(b_1-a_1)(b_2-a_2)}, & a_1<a_2<b_2<b_1\\ 0, & a_2>b_1\end{cases}$$

2.2.2 基于相对核和精确度的区间灰数排序

为了更好地切合实际问题, 考虑灰数的取值论域, 基于信息保留原则建立了普通区间灰数到标准灰数的投影法则; 依据投影得到的标准灰数提出了相对核和精确度的概念, 并在此基础上给出了灰数的排序方法, 使相同的排序区分度在不同的应用背景下有不同的体现, 有助于决策者进行分析 (闫书丽等, 2014).

将标准灰数的论域设定为区间 $[0,1]$, 下面给出普通区间灰数到标准灰数的投影法则可使一般论域 Ω 上的区间灰数投影到 $[0,1]$ 上, 并确保信息不会丢失.

定义 2.2.2 设 $R(\otimes)$ 是论域为 $\Omega=[\underline{e},\bar{e}](-\infty\leqslant\underline{e},\bar{e}\leqslant\infty)$ 上的区间灰数集, $\bar{R}(\bar{\otimes})$ 是论域为 $D=[0,1]$ 上的区间灰数集, 映射 $f:R(\otimes)\to\bar{R}(\bar{\otimes})$ 将 $\otimes\in[a,b]\in R(\otimes)$ 对应为 $D=[0,1]$ 上的 $\bar{\otimes}\in\bar{R}(\bar{\otimes})$, 记

$$\bar{\otimes}=f(\otimes)\in\left[\frac{a-\underline{e}}{\mu(\Omega)},\frac{b-\underline{e}}{\mu(\Omega)}\right]\subset[0,1]$$

为 $\otimes$ 的标准灰数.

区间灰数间的比较由两个因素决定：一个是区间灰数的核; 另一个是区间灰数的灰度. 核对区间灰数的排序起着核心作用, 核越大, 区间灰数的排序越靠前; 灰度越大, 区间灰数的不确定性程度越大, 对区间灰数的排序位置影响越大. 因此, 区间灰数的比较不仅要考虑核的大小, 还需考虑区间灰数的灰度所产生的影响. 下面给出标准灰数相对核的概念.

定义 2.2.3 设某灰数 $\bar{\otimes}\in\bar{R}(\bar{\otimes})\subset[0,1]$, $\hat{\bar{\otimes}}$ 为灰数 $\bar{\otimes}$ 的核, $g^{\circ}(\bar{\otimes})$ 为 $\bar{\otimes}$ 的灰度, 称

$$\delta(\bar{\otimes})=\frac{\hat{\bar{\otimes}}}{1+g^{\circ}(\bar{\otimes})}$$

为 $\bar{\otimes}$ 的相对核.

特别地, 当 $\bar{\otimes}$ 为实数时, 相对核即实数本身.

直观上, 标准灰数在互不交叉情况下的大小是显然的, 然而在相互交叉、相互包含的情况下具有一定的不确定性, 不同情况下标准灰数的相对核的大小如下.

定理 2.2.1　(1) 当 $a_1 < b_1 < a_2 < b_1$ 或 $a_1 < a_2 < b_1 < b_2$ 时, 有 $\delta(\bar{\otimes}_1) < \delta(\bar{\otimes}_2)$;

(2) 当 $a_2 < b_2 < a_1 < b_1$ 或 $a_2 < a_1 < b_2 < b_1$ 时, 有 $\delta(\bar{\otimes}_1) > \delta(\bar{\otimes}_2)$;

(3) 当 $a_1 < a_2 < b_2 < b_1$ 且 $a_1 + b_1 < a_2 + b_2$ 时, 有 $\delta(\bar{\otimes}_1) < \delta(\bar{\otimes}_2)$;

(4) 当 $a_2 < a_1 < b_1 < b_2$ 且 $a_1 + b_1 > a_2 + b_2$ 时, 有 $\delta(\bar{\otimes}_1) > \delta(\bar{\otimes}_2)$.

定义 2.2.4　设某灰数 $\bar{\otimes} \in \bar{R}(\bar{\otimes}) \subset [0,1]$, $g^\circ(\bar{\otimes})$ 为 $\bar{\otimes}$ 的灰度, 称

$$p(\bar{\otimes}) = 1 - g^\circ(\bar{\otimes})$$

为 $\bar{\otimes}$ 的精确度.

标准灰数的灰度越大, 精确度越小, 真值在区间内取值的确定性程度越小; 相反, 灰度越小, 精确度越大, 真值在区间内取值的确定性程度越大. 基于此思想, 在标准灰数的相对核相等的情况下, 若定义精确度较大, 则相对核出现可能性较大的灰数为大; 若精确度较小, 则相对核出现可能性较小的灰数为小. 因此可通过两个指标 (相对核和精确度) 对标准灰数进行比较. 基于上述分析, 提出区间灰数的一种新的排序方法.

基于相对核和精确度的灰数排序方法如下.

定义 2.2.5　设区间灰数 $\otimes_1, \otimes_2 \in R(\otimes)$, 对应的标准灰数为 $\bar{\otimes}_1$ 和 $\bar{\otimes}_2$, $\delta(\bar{\otimes}_1)$, $\delta(\bar{\otimes}_2)$ 分别为 $\bar{\otimes}_1, \bar{\otimes}_2$ 的相对核, $p(\bar{\otimes}_1), (\bar{\otimes}_2)$ 分别为 $\bar{\otimes}_1, \bar{\otimes}_2$ 的精确度.

(1) 若 $\delta(\bar{\otimes}_1) < \delta(\bar{\otimes}_2)$, 则 $\bar{\otimes}_1 \prec \bar{\otimes}_2$, 即 $\otimes_1 \prec \otimes_2$.

(2) 若 $\delta(\bar{\otimes}_1) > \delta(\bar{\otimes}_2)$, 则 $\bar{\otimes}_1 \succ \bar{\otimes}_2$, 即 $\otimes_1 \succ \otimes_2$.

(3) 若 $\delta(\bar{\otimes}_1) = \delta(\bar{\otimes}_2)$, 则:

(i) 若 $p(\bar{\otimes}_1) = p(\bar{\otimes}_2)$, 则 $\bar{\otimes}_1 = \bar{\otimes}_2$, 即 $\otimes_1 = \otimes_2 \left(\hat{\otimes}_1 = \hat{\otimes}_2, g^\circ(\otimes_1) = g^\circ(\otimes_2)\right)$;

(ii) 若 $p(\bar{\otimes}_1) < p(\bar{\otimes}_2)$, 则 $\bar{\otimes}_1 \prec \bar{\otimes}_2$, 即 $\otimes_1 \prec \otimes_2$;

(iii) 若 $p(\bar{\otimes}_1) > p(\bar{\otimes}_2)$, 则 $\bar{\otimes}_1 \succ \bar{\otimes}_2$, 即 $\otimes_1 \succ \otimes_2$.

当区间灰数退化为实数时, 转化为实数之间的大小比较.

例 2.2.1　设论域 $\Omega = [0,10]$, $\otimes_1 \in [1,7]$, $\otimes_2 \in [2,4]$, 比较 $\otimes_1, \otimes_2$.

首先将区间灰数转化为标准灰数 $\bar{\otimes}_1 = [0.1, 0.7]$, $\bar{\otimes}_2 = [0.2, 0.4]$, 然后求各个标准灰数的相对核 $\delta(\bar{\otimes}_1) = \dfrac{(0.1+0.7)/2}{1+(0.7-0.1)} = \dfrac{0.4}{1.6} = 0.25$, $\delta(\bar{\otimes}_2) = \dfrac{(0.2+0.4)/2}{1+(0.4-0.2)} = \dfrac{0.3}{1.2} = 0.25$. 此时 $\delta(\bar{\otimes}_1) = \delta(\bar{\otimes}_2)$, 可进一步比较其精确度. $p(\bar{\otimes}_1) = 1 - 0.6 = 0.4$, $p(\bar{\otimes}_1) = 1 - 0.2 = 0.8$, 即 $p(\bar{\otimes}_1) < p(\bar{\otimes}_2)$, 则有 $\otimes_1 \prec \otimes_2$.

2.2.3 基于相对优势度的三参数区间灰数排序

三参数区间灰数是一类特殊的区间灰数, 它与区间灰数的不同在于其考虑了灰数取值可能性最大的点的存在, 当缺乏对三参数区间灰数取值分布信息的情况时, 通常通过以下方法对三参数区间灰数进行排序 (闫书丽等, 2015; 王洁方和刘思峰, 2011).

定义 2.2.6 设 $a(\otimes) \in [\underline{a}, \tilde{a}, \bar{a}]$, $b(\otimes) \in [\underline{b}, \tilde{b}, \bar{b}]$ 是两个三参数区间灰数:

(1) 当 $\tilde{a} > \tilde{b}$ 时, $a(\otimes) \succ b(\otimes)$;

(2) 当 $\tilde{a} < \tilde{b}$ 时, $a(\otimes) \prec b(\otimes)$;

(3) 当 $\tilde{a} = \tilde{b}$ 时, 若 $l(\bar{a} - \tilde{a}) - l(\tilde{a} - \underline{a}) > l(\bar{b} - \tilde{b}) - l(\tilde{b} - \underline{b})$, 则 $a(\otimes) \succ b(\otimes)$. “$\prec$” 与 “$=$” 时可类似得到.

由定义可知, 当 $a(\otimes), b(\otimes)$ 中某一个数退化为实数时, 公式仍然适用.

当三参数区间灰数取值分布信息已知时, 介绍如下基于相对优势度的三参数区间灰数排序方法.

定义 2.2.7 设 $a, b \in \mathbf{R}$, 则称 $p(a \succ b)$ 为 a 对于 b 的相对优势度:

$$p(a \succ b) = g(a, b) = \begin{cases} e^{a-b} - 1, & a \leqslant b \\ 1 - e^{b-a}, & a \geqslant b \end{cases}$$

$p(a \succ b)$ 反映 a 与 b 比较时, a 大于 b 的程度, 是关于 $a - b$ 的严格单调递增函数, 满足性质:

(1) $-1 < p(a \succ b) < 1$;

(2) $p(a \succ b) = 0$, 当且仅当 $a = b$;

(3) $p(a \succ b) + p(b \succ a) = 0$.

根据定义, 我们给出三参数区间灰数与常数 M 之间比较的相对优势度的定义.

定义 2.2.8 设 $a(\otimes) \in [\underline{a}, \tilde{a}, \bar{a}]_{f(x)}$ 为三参数区间数, M 为实数, 则称

$$p(a(\otimes) \succ M) = \int_{\underline{a}}^{\bar{a}} f(x) g(x, M)\, dx$$

为 $a(\otimes)$ 对于 M 的相对优势度, 其中 $f(x)$ 表示三参数区间灰数的取值分布函数.

其中 $p(a(\otimes) \succ M)$ 的具体表达式为

(1) 当 $M \geqslant \bar{a}$ 时

$$p(a(\otimes) \succ M) = \int_{\underline{a}}^{\bar{a}} f(x) \left(e^{x-M} - 1\right) dx = e^{-M} \int_{\underline{a}}^{\bar{a}} f(x) e^{x} dx - 1$$

(2) 当 $M \leqslant \bar{a}$ 时

$$p(a(\otimes) \succ M) = \int_{\underline{a}}^{\bar{a}} f(x) \left(1 - e^{M-x}\right) dx = 1 - e^{-M} \int_{\underline{a}}^{\bar{a}} f(x) e^{-x} dx$$

(3) 当 $\underline{a} < M < \bar{a}$ 时

$$\begin{aligned} p\left(a\left(\otimes\right) \succ M\right) &= \int_{\underline{a}}^{M} f\left(x\right)\left(e^{x-M}-1\right)dx + \int_{M}^{\bar{a}} f\left(x\right)\left(1-e^{M-x}\right)dx \\ &= e^{-M}\int_{\underline{a}}^{a^*} f\left(x\right)e^{x}dx - e^{M}\int_{a^*}^{\bar{a}} f\left(x\right)e^{-x} \end{aligned}$$

因此, 基于相对优势度的三参数区间灰数排序步骤如下:

步骤 1　求正理想点 M. n 个参与排序的三参数区间灰数分别为 $a_1\left(\otimes\right) \in [\underline{a}_1, \tilde{a}_1, \bar{a}_1]$, $\cdots$, $a_i\left(\otimes\right) \in [\underline{a}_i, \tilde{a}_i, \bar{a}_i]$, $\cdots$, $a_n\left(\otimes\right) \in [\underline{a}_n, \tilde{a}_n, \bar{a}_n]$, 则正理想点 $M = \max\left\{\bar{a}_1, \bar{a}_2, \cdots, \bar{a}_i, \cdots, \bar{a}_n\right\}$.

步骤 2　计算 $a_i\left(\otimes\right)$ 对于 M 的相对优势度 $p\left(a_i\left(\otimes\right) \succ M\right)$.

步骤 3　按照 $p\left(a_i\left(\otimes\right) \succ M\right)$ 的大小进行排序. $p\left(a_i\left(\otimes\right) \succ M\right)$ 越大, 则 $a_i\left(\otimes\right)$ 的排序越靠前.

2.3　序 列 算 子

2.3.1　差分级比算子

Luo 和 Wei 为定义更一般的级比序列, 通过引入差分算子, 给出了高阶差分级比序列的计算方法, 并对其性质进行了系统研究 (Luo D and Wei B L, 2017).

定义 2.3.1　设系统行为序列 $X = (x(1), x(2), \cdots, x(n))$, 则称

$$\nabla^r X = (\nabla^r x(r+1), \nabla^r x(r+2), \cdots, \nabla^r x(n))$$

为序列 X 的 r 阶差分, 其中

$$\nabla^r x(k) = \nabla^{r-1}x(k) - \nabla^{r-1}x(k-1), \quad k = r+1, r+2, \cdots, n \tag{2.3.1}$$

称

$$\delta^{(r)} = \left(\delta^{(r)}(r+2), \delta^{(r)}(r+3), \cdots, \delta^{(r)}(n)\right)$$

为序列 X 的 r 阶差分级比, 其中

$$\delta^{(r)}(k) = \frac{\nabla^r x(k)}{\nabla^r x(k-1)}, \quad k = r+2, r+3, \cdots, n \tag{2.3.2}$$

注　∇ 为差分算子, 也可用延迟算子 B 计算, 且 $\nabla = 1 - B$, $B^r x(k) = x(k-r)$. 当 $r = 0$ 时, 有

$$\nabla^0 x(k) = (1-B)^0 x(k) = x(k)$$

当 $r=1$ 时, 有

$$\nabla x(k)=(1-B)\,x(k)=x(k)-Bx(k-1)=x(k)-x(k-1)$$

当 $r=2$ 时, 有

$$\nabla^2 x(k)=(1-B)^2\,x(k)=x(k)-2Bx(k)+B^2x(k)=x(k)-2x(k-1)+x(k-2)$$

例 2.3.1 设序列 $X=(2.8,\ 3.2,\ 3.4,\ 3.5,\ 3.9,\ 4.2,\ 4.3)$, 则当 $r=0$ 时, 有齐次级比序列或零阶差分级比序列

$$\delta^{(0)}=\left(\delta^{(0)}(2),\delta^{(0)}(3),\cdots,\delta^{(0)}(7)\right)=(1.14,\ 1.06,\ 1.03,\ 1.11,\ 1.08,\ 1.02)$$

当 $r=1$ 时, 有非齐次级比序列或一阶差分级比序列

$$\delta^{(1)}=\left(\delta^{(1)}(3),\delta^{(1)}(4),\cdots,\delta^{(1)}(7)\right)=(0.50,\ 0.50,\ 4.00,\ 0.75,\ 0.33)$$

定理 2.3.1 序列 X 的 r 阶差分为指数序列的充要条件是

$$\delta^{(r)}(k)=\text{const},\quad k=r+2,r+3,\cdots,n \tag{2.3.3}$$

证明 必要性: 由序列 X 的 r 阶差分为指数序列知

$$\nabla^r x(k)=ac^{k-r-1},\quad k=r+1,r+2,\cdots,n$$

其中,

$$a=\nabla^r x(r+1),\quad c=\nabla^r x(n)/\nabla^r x(n-1)$$

故

$$\delta^{(r)}(k)=\frac{\nabla^r x(r+2)}{\nabla^r x(r+1)}=\frac{\nabla^r x(r+3)}{\nabla^r x(r+2)}=\cdots=\frac{\nabla^r x(n)}{\nabla^r x(n-1)}=\text{const}$$

充分性: 由 $\delta^{(r)}(k)=\text{const}$ 知, 序列 $\nabla^r X=(\nabla^r x(r+1),\nabla^r x(r+2),\cdots,\nabla^r x(n))$ 是首项为 $\nabla^r x(r+1)$, 级比为 $\nabla^r x(n)/\nabla^r x(n-1)$ 的等比序列, 即序列 X 具有 r 阶差分指数规律.

差分级比描述序列 X 对应差分序列的指数规律, 若对 $k=r+2,r+3,\cdots,n$, 差分级比 $\delta^{(r)}(k)$ 为相差不大的实数, 则序列 X 对应差分序列具有近似指数规律.

定义 2.3.2 设系统行为序列 $X=(x(1),x(2),\cdots,x(n))$, $\delta^{(r)}$ 为序列 X 的 r 阶差分级比序列,

(1) 若对任意 $k=r+1,r+2,\cdots,n$, $\delta^{(r)}(k)$ 恒等于常数, 则称序列 X 具有 r 阶差分指数规律.

(2) 若 $\max\left\{\delta^{(r)}(k)\right\}-\min\left\{\delta^{(r)}(k)\right\}\neq 0$, 则称序列 X 具有 r 阶差分灰指数规律. 特别地, 若 $\max\left\{\delta^{(r)}(k)\right\}-\min\left\{\delta^{(r)}(k)\right\}<0.5$, 则称序列 X 具有 r 阶差分准指数规律.

下文中, 若非特别说明序列 X 具有指数规律或灰指数规律, 均是指序列 X 具有零阶差分指数规律或零阶差分灰指数规律.

2.3.2 累加生成算子

累加生成算子是灰信息挖掘的重要方法, 在灰色系统理论中占有及其重要的位置, 其通过挖掘灰色过程中变量的累积变化趋势, 逐渐呈现离散的原始数据所蕴含的规律.

定义 2.3.3　设原始系统行为序列 $X^{(0)}=\left(x^{(0)}(1),x^{(0)}(2),\cdots,x^{(0)}(n)\right)$, D 为序列算子, 则称

$$X^{(1)}=\left(x^{(1)}(1),x^{(1)}(2),\cdots,x^{(1)}(n)\right)$$

为原始序列 $X^{(0)}$ 的一阶累加生成, 其中

$$x^{(1)}(k)=\sum_{i=1}^{k}x^{(0)}(i),\quad k=1,2,\cdots,n \tag{2.3.4}$$

称

$$X^{(r)}=\left(x^{(r)}(1),x^{(r)}(2),\cdots,x^{(r)}(n)\right)$$

为原始序列 $X^{(0)}$ 的 r 阶累加生成, 其中

$$x^{(r)}(k)=\sum_{i=1}^{k}x^{(r-1)}(i),\quad k=1,2,\cdots,n \tag{2.3.5}$$

定义 2.3.4　设原始系统行为序列 $X^{(0)}=\left(x^{(0)}(1),x^{(0)}(2),\cdots,x^{(0)}(n)\right)$, D 为序列算子, 则称

$$X^{(-1)}=\left(x^{(-1)}(1),x^{(-1)}(2),\cdots,x^{(-1)}(n)\right)$$

为原始序列 $X^{(0)}$ 的一阶累减生成, 其中

$$x^{(-1)}(k)=\begin{cases}x^{(0)}(1), & k=1\\ x^{(0)}(k)-x^{(0)}(k-1), & k=2,3,\cdots,n\end{cases} \tag{2.3.6}$$

称

$$X^{(-r)}=\left(x^{(-r)}(1),x^{(-r)}(2),\cdots,x^{(-r)}(n)\right)$$

为原始序列 $X^{(0)}$ 的 r 阶累减生成, 其中

$$x^{(-r)}(k)=\begin{cases}x^{(-(r-1))}(1), & k=1\\ x^{(-(r-1))}(k)-x^{(-(r-1))}(k-1), & k=2,3,\cdots,n\end{cases} \tag{2.3.7}$$

注 累减生成算子与差分算子不同, 序列经累减生成算子作用后得到的累减生成序列与原序列的长度相等, 而经过一次差分算子作用所得到的差分序列的长度会减少 1.

由累加生成算子和累减生成算子的定义易知, 累加生成算子与累减生成算子互为逆运算, 即对任意序列 X, 有

$$\left(X^{(r)}\right)^{(-r)}=\left(X^{(-r)}\right)^{(r)}=X$$

例 2.3.2 设系统原始行为序列 $X^{(0)}=(5.1,\ 4.6,\ 5.2,\ 9.3,\ 11.1,\ 11.2)$, 则其对应的一阶和二阶累加生成序列分别为

$$X^{(1)}=(5.1,\ 9.7,\ 14.9,\ 24.2,\ 35.3,\ 46.5)$$

和

$$X^{(2)}=(5.1,\ 14.8,\ 29.7,\ 53.9,\ 89.2,\ 135.7)$$

且

$$\left(X^{(1)}\right)^{(-1)}=\left(X^{(2)}\right)^{(-2)}=(5.1,\ 4.6,\ 5.2,\ 9.3,\ 11.1,\ 11.2)=X^{(0)}$$

定理 2.3.2 设非负序列 $X^{(0)}$ 的累加生成 $X^{(r)}$ 具有指数规律, 累加生成 $X^{(r)}$ 对应的级比为 $\sigma^{(r)}(k)=\sigma$, 则

(1) $\sigma^{(r+1)}(k)=\dfrac{1-\sigma^k}{1-\sigma^{k-1}},\ k=2,3,\cdots,n$;

(2) 若 $0<\sigma<1$, 则

$$\lim_{k\to\infty}\sigma^{(r+1)}(k)=1,\ \text{且}\ 1<\sigma^{(r+1)}(k)\leqslant 1+\sigma,\quad k=2,3,\cdots,n$$

(3) 若 $\sigma>1$, 则

$$\lim_{k\to\infty}\sigma^{(r+1)}(k)=\sigma,\ \text{且}\ \sigma<\sigma^{(r+1)}(k)\leqslant 1+\sigma,\quad k=2,3,\cdots,n$$

定理 2.3.2 表明, 若 $X^{(r)}$ 已具有指数规律, 再对其使用累加生成算子反而会破坏其规律性, 使得指数规律隐藏. 因此, 在实际应用中, 累加生成应适可而止, 一般地, 若 $X^{(r)}$ 已具有准指数规律, 则不再作更高阶的累加生成 (刘思峰等, 2014).

2.3.3 缓冲算子

对于冲击扰动系统, 系统本身受到冲击干扰而使系统行为数据失真, 不能正确反映系统的真实变化规律. 为此, 采用缓冲算子减弱系统行为数据所受到的冲击干扰, 挖掘系统潜在的真实演化规律, 有效解决冲击扰动系统数据序列在预测过程中出现的定量预测结果与定性分析结论不一致的问题 (刘思峰, 1997; 王正新等, 2010).

定义 2.3.5 设系统行为序列 $X=(x(1),x(2),\cdots,x(n))$, 其对应的算子序列 $XD=(x(1)d,x(2)d,\cdots,x(n)d)$, 若序列算子 D 满足以下公理:

(1) 不动点公理: $x(n)d=x(n)$;

(2) 信息充分利用公理：序列 X 中的每一个元素 $x(k)$, $k=1,2,\cdots,n$ 均应充分地参与算子作用的整个过程;

(3) 解析化、规范化公理：对任意 $k=1,2,\cdots,n$, $x(k)$ 均可由一个统一的初等解析式表达, 则称序列算子 D 为缓冲算子, XD 为缓冲序列.

定义 2.3.6　设系统行为序列 $X=(x(1),x(2),\cdots,x(n))$,

(1) 若对任意的 $k=2,3,\cdots,n$, 均有 $x(k)-x(k-1)>0$, 则称 X 为单调增长序列;

(2) 若对任意的 $k=2,3,\cdots,n$, 均有 $x(k)-x(k-1)<0$, 则称 X 为单调衰减序列;

(3) 若存在 k_1 与 $k_2\in\{2,3,\cdots,n\}$, 使得 $(x(k_1)-x(k_1-1))(x(k_2)-x(k_2-1))<0$, 则称 X 为振荡序列, $\max\limits_{1\leqslant k\leqslant n}\{x(k)\}-\min\limits_{1\leqslant k\leqslant n}\{x(k)\}$ 为振荡序列的振幅.

定义 2.3.7　设 $X=(x(1),x(2),\cdots,x(n))$ 为系统行为序列, D 为缓冲算子, 当 X 分别为单调增长序列、单调递减序列或振荡序列时：

(1) 若缓冲序列 XD 比原始行为序列 X 的增长速度 (或衰减速度) 减缓或振幅减小, 则称 D 为弱化缓冲算子;

(2) 若缓冲序列 XD 比原始行为序列 X 的增长速度 (或衰减速度) 加快或振幅增大, 则称 D 为强化缓冲算子.

定理 2.3.3　设 $X=(x(1),x(2),\cdots,x(n))$ 为系统行为序列, D 为缓冲算子, 则

(1) 若 X 为单调增长序列, 则

$$D\text{为弱化缓冲算子}\Leftrightarrow x(k)\leqslant x(k)d,\ k=1,2,\cdots,n;$$

$$D\text{为强化缓冲算子}\Leftrightarrow x(k)\geqslant x(k)d,\ k=1,2,\cdots,n.$$

(2) 若 X 为单调衰减序列, 则

$$D\text{为弱化缓冲算子}\Leftrightarrow x(k)\geqslant x(k)d,\ k=1,2,\cdots,n;$$

$$D\text{为强化缓冲算子}\Leftrightarrow x(k)\leqslant x(k)d,\ k=1,2,\cdots,n.$$

(3) 若 X 为振荡序列, 则

$$D\text{为强化缓冲算子}\Leftrightarrow \max_{1\leqslant k\leqslant n}\{x(k)\}\leqslant \max_{1\leqslant k\leqslant n}\{x(k)d\},\ \min_{1\leqslant k\leqslant n}\{x(k)\}\geqslant \min_{1\leqslant k\leqslant n}\{x(k)d\};$$

$$D\text{为弱化缓冲算子}\Leftrightarrow \max_{1\leqslant k\leqslant n}\{x(k)\}\geqslant \max_{1\leqslant k\leqslant n}\{x(k)d\},\ \min_{1\leqslant k\leqslant n}\{x(k)\}\leqslant \min_{1\leqslant k\leqslant n}\{x(k)d\}.$$

事实上, 可以构造出满足缓冲算子三公理的很多不同的强化缓冲算子和弱化缓冲算子. 通常地, 依据定性分析结论, 构造或选择合适的缓冲算子, 以消除冲击扰动对系统行为序列的影响. 常用的强化缓冲算子和弱化缓冲算子如下.

定理 2.3.4 设 $X=(x(1),x(2),\cdots,x(n))$ 为系统行为序列, $\omega=(\omega_1,\omega_2,\cdots,\omega_n)$ 为其对应的权重向量, D 为缓冲算子,

(1) 若

$$x(k)d=\begin{cases}\dfrac{x(1)+x(2)+\cdots+x(k-1)+kx(k)}{2k-1}, & k=1,2,\cdots,n-1\\ x(n), & k=n\end{cases} \tag{2.3.8}$$

则 D 对于单调增长序列或单调衰减序列均为强化缓冲算子;

(2) 若

$$x(k)d=\begin{cases}\alpha x(1), & k=1,\\ \dfrac{x(k-1)+x(k)}{2}, & k=2,3,\cdots,n,\end{cases}\quad \alpha\in[0,1] \tag{2.3.9}$$

则 D 对于单调增长序列均为强化缓冲算子;

(3) 若

$$x(k)d=\begin{cases}(1+\alpha)\,x(1), & k=1,\\ \dfrac{x(k-1)+x(k)}{2}, & k=2,3,\cdots,n,\end{cases}\quad \alpha\in[0,1] \tag{2.3.10}$$

则 D 对于单调衰减序列均为强化缓冲算子;

(4) 若

$$x(k)d=\frac{(\omega_k+\omega_{k+1}+\cdots+\omega_n)\,(x(k))^2}{\omega_k x(k)+\omega_{k+1}x(k+1)+\cdots+\omega_n x(n)} \tag{2.3.11}$$

则 D 对于单调增长序列、单调衰减序列或振荡序列均为强化缓冲算子.

定理 2.3.5 设 $X=(x(1),x(2),\cdots,x(n))$ 为系统行为序列, $\omega=(\omega_1,\omega_2,\cdots,\omega_n)$ 为其对应的权重向量, D 为缓冲算子,

(1) 若

$$x(k)d=\frac{1}{n-k+1}\left[x(k)+x(k+1)+\cdots+x(n)\right],\quad k=1,2,\cdots,n \tag{2.3.12}$$

则 D 对于单调增长序列、单调衰减序列或振荡序列均为弱化缓冲算子;

(2) 若

$$x(k)d=\frac{\omega_k x(k)+\omega_{k+1}x(k+1)+\cdots+\omega_n x(n)}{\omega_k+\omega_{k+1}+\cdots+\omega_n},\quad k=1,2,\cdots,n \tag{2.3.13}$$

则 D 对于单调增长序列、单调衰减序列或振荡序列均为弱化缓冲算子;

(3) 若

$$x(k)d=\left[(x(k))^{\omega_k}\,(x(k+1))^{\omega_{k+1}}\cdots(x(n))^{\omega_n}\right]^{\frac{1}{\omega_k+\omega_{k+1}+\cdots+\omega_n}} \tag{2.3.14}$$

则 D 对于单调增长序列、单调衰减序列或振荡序列均为弱化缓冲算子.

定理 2.3.6　设 $X=(x(1),x(2),\cdots,x(n))$ 为系统行为序列, $\omega=(\omega_1,\omega_2,\cdots,\omega_n)$ 为其对应的权重向量, $\omega_k>0$, D 为缓冲算子, 且

$$x(k)d=x(k)\left[\frac{(\omega_k+\omega_{k+1}+\cdots+\omega_n)\,x(k)}{\omega_k x(k)+\omega_{k+1}x(k+1)+\cdots+\omega_n x(n)}\right]^{\alpha} \tag{2.3.15}$$

则

(1) 若 $\alpha=0$, 则 D 为恒等算子;

(2) 若 $\alpha<0$, 则 D 对于单调增长序列或单调衰减序列均为弱化缓冲算子;

(3) 若 $\alpha>0$, 则 D 对于单调增长序列、单调衰减序列或振荡序列均为强化缓冲算子.

式 (2.3.15) 给出了一类缓冲算子的一般表述形式, 当参数 $\alpha=1$ 时, 式 (2.3.15) 为式 (2.3.11), D 为强化缓冲算子; 当参数 $\alpha=-1$ 时, 式 (2.3.15) 为式 (2.3.13), D 为弱化缓冲算子 (魏勇和孔新海, 2010).

例 2.3.3　设系统行为序列为

$$\begin{aligned}X&=(x(1),x(2),x(3),x(4),x(5),x(6),x(7),x(8))\\&=(11.07,\ 27.90,\ 32.00,\ 43.19,\ 104.20,\ 139.40,\ 113.20,\ 207.40)\end{aligned}$$

则由式 (2.3.12) 知

$$x(k)d=\frac{1}{8-k+1}\left[x(k)+x(k+1)+\cdots+x(n)\right],\quad k=1,2,\cdots,8$$

即弱化缓冲算子序列为

$$XD=(84.80,\ 95.33,\ 106.57,\ 121.48,\ 141.05,\ 153.33,\ 160.30,\ 207.40)$$

2.4　本 章 小 结

灰色预测决策理论与方法的主要任务之一, 就是根据社会、经济、生态等系统的行为特征, 寻找不同系统变量之间的数学关系或某些系统变量自身的演化规律, 进而做出正确的预测或决策. 本章从灰数的表征与运算、灰数排序、序列算子三个方面, 介绍了灰色预测决策建模的相关理论基础.

第 3 章 灰色关联决策方法

灰色关联决策是以灰色关联理论为基础的系统决策方法, 是灰决策的重要组成部分, 也是灰预测、灰建模和灰控制的基础. 本章首先介绍几类常用的灰色关联算子, 并引入经典的灰关联理论, 其中重点介绍点关联分析、广义关联分析、灰数信息下的灰色关联决策方法以及考虑决策者风险偏好的灰色关联决策方法.

3.1 灰色关联算子

进行系统分析时, 首先要确定系统行为特征映射量与各个相关因素的意义和量纲是否相同, 若因素量纲不同, 则需要通过算子作用, 将其化成无量纲的数据, 再进行灰色关联分析 (刘思峰等, 2014).

定义 3.1.1 设 X_i 为系统因素, 序号 k 上的观测值记为 $x_i(k), k=1,2,\cdots,n$, 则称 $X_i=(x_i(1),x_i(2),\cdots,x_i(n))$ 为因素 X_i 的行为序列.

若 k 为时间序号, $x_i(k)$ 为因素 X_i 在 k 时刻的观测数据, 则称

$$X_i=(x_i(1),x_i(2),\cdots,x_i(n))$$

为因素 X_i 的行为时间序列;

若 k 为指标序号, $x_i(k)$ 为因素 X_i 关于第 k 个指标的观测数据, 则称

$$X_i=(x_i(1),x_i(2),\cdots,x_i(n))$$

为因素 X_i 的行为指标序列;

若 k 为观测对象序号, $x_i(k)$ 为因素 X_i 关于第 k 个对象的观测数据, 则称

$$X_i=(x_i(1),x_i(2),\cdots,x_i(n))$$

为因素 X_i 的行为横向序列.

定义 3.1.2 设 $X_i=(x_i(1),x_i(2),\cdots,x_i(n))$ 为因素 X_i 的行为序列, D_1 为序列算子, 若

$$X_iD_1=(x_i(1)d_1,x_i(2)d_1,\cdots,x_i(n)d_1)$$

其中

$$x_i(k)d_1=x_i(k)-x_i(1),\quad k=1,2,\cdots,n \tag{3.1.1}$$

则称 D_1 为始点零化算子, X_iD_1 为始点零化像.

定义 3.1.3 设 $X_i=(x_i(1),x_i(2),\cdots,x_i(n))$ 为因素 X_i 的行为序列, D_2 为序列算子, 若

$$X_iD_2=\{x_i(1)d_2,x_i(2)d_2,\cdots,x_i(n)d_2\}$$

其中

$$x_i(k)d_2=\frac{x_i(k)}{x_i(1)},\quad x_i(1)\neq 0,\quad k=1,2,\cdots,n \tag{3.1.2}$$

则称 D_2 为初值化算子, X_iD_2 为初值像.

定义 3.1.4 设 $X_i=(x_i(1),x_i(2),\cdots,x_i(n))$ 为因素 X_i 的行为序列, D_3 为序列算子, 若

$$X_iD_3=(x_i(1)d_3,x_i(2)d_3,\cdots,x_i(n)d_3)$$

其中

$$x_i(k)d_3=\frac{x_i(k)}{\bar{X}_i},\quad \bar{X}_i=\frac{1}{n}\sum_{k=1}^{n}x_i(k),\quad k=1,2,\cdots,n \tag{3.1.3}$$

则称 D_3 为均值化算子, X_iD_3 为均值像.

定义 3.1.5 设 $X_i=(x_i(1),x_i(2),\cdots,x_i(n))$ 为因素 X_i 的行为序列, D_4 为序列算子, 若

$$X_iD_4=(x_i(1)d_4,x_i(2)d_4,\cdots,x_i(n)d_4)$$

其中

$$x_i(k)d_4=\frac{x_i(k)-\min\limits_k x_i(k)}{\max\limits_k x_i(k)-\min\limits_k x_i(k)},\quad k=1,2,\cdots,n \tag{3.1.4}$$

则称 D_4 为区间值化算子, X_iD_4 为区间值像.

定义 3.1.6 设 $X_i=(x_i(1),x_i(2),\cdots,x_i(n))$ 为因素 X_i 的行为序列, D_5 为序列算子, 若

$$X_iD_5=(x_i(1)d_5,x_i(2)d_5,\cdots,x_i(n)d_5)$$

其中

$$x_i(k)d_5=1-x_i(k),\quad k=1,2,\cdots,n \tag{3.1.5}$$

则称 D_5 为逆化算子, X_iD_5 为逆化像.

定义 3.1.7 设 $X_i=(x_i(1),x_i(2),\cdots,x_i(n))$ 为因素 X_i 的行为序列, D_6 为序列算子, 若

$$X_iD_6=(x_i(1)d_6,x_i(2)d_6,\cdots,x_i(n)d_6)$$

其中

$$x_i(k)d_6=\frac{1}{x_i(k)},\quad k=1,2,\cdots,n \tag{3.1.6}$$

则称 D_6 为倒数化算子, X_iD_6 为倒数化像.

例 3.1.1 设序列 $X=(2.5,\ 2.9,\ 3.2,\ 4.5,\ 5.8,\ 6.3)$, 则当序列算子取值不同时, 有如下结果:

(1) 根据式 (3.1.1), 有

$$\begin{aligned}
x(1)d_1 &= x(1)-x(1)=0.0, \quad x(2)d_1=x(2)-x(1)=0.4\\
x(3)d_1 &= x(3)-x(1)=0.7, \quad x(4)d_1=x(4)-x(1)=2.0\\
x(5)d_1 &= x(5)-x(1)=3.3, \quad x(6)d_1=x(6)-x(1)=3.8
\end{aligned}$$

故

$$\begin{aligned}
XD_1 &= (x(1)d_1, x(2)d_1, x(3)d_1, x(4)d_1, x(5)d_1, x(6)d_1)\\
&= (0.0,\ 0.4,\ 0.7,\ 2.0,\ 3.3,\ 3.8)
\end{aligned}$$

(2) 根据式 (3.1.2), 有

$$\begin{aligned}
x(1)d_2 &= \frac{x(1)}{x(1)}=1.00, \quad x(2)d_2=\frac{x(2)}{x(1)}=1.16\\
x(3)d_2 &= \frac{x(3)}{x(1)}=1.28, \quad x(4)d_2=\frac{x(4)}{x(1)}=1.80\\
x(5)d_2 &= \frac{x(5)}{x(1)}=2.32, \quad x(6)d_2=\frac{x(6)}{x(1)}=2.52
\end{aligned}$$

故

$$\begin{aligned}
XD_2 &= (x(1)d_2, x(2)d_2, x(3)d_2, x(4)d_2, x(5)d_2, x(6)d_2)\\
&= (1.00,\ 1.16,\ 1.28,\ 1.80,\ 2.32,\ 2.52)
\end{aligned}$$

(3) 根据式 (3.1.3), 知

$$\bar{X}=\frac{1}{6}\sum_{k=1}^{6}x(k)=4.2$$

则

$$\begin{aligned}
x(1)d_3 &= \frac{x(1)}{\bar{X}}=0.5952, \quad x(2)d_3=\frac{x(2)}{\bar{X}}=0.6905\\
x(3)d_3 &= \frac{x(3)}{\bar{X}}=0.7619, \quad x(4)d_3=\frac{x(4)}{\bar{X}}=1.0714\\
x(5)d_3 &= \frac{x(5)}{\bar{X}}=1.3809, \quad x(6)d_3=\frac{x(6)}{\bar{X}}=1.5000
\end{aligned}$$

故

$$\begin{aligned} XD_3 &= (x(1)d_3, x(2)d_3, x(3)d_3, x(4)d_3, x(5)d_3, x(6)d_3) \\ &= (0.5952,\ 0.6905,\ 0.7619,\ 1.0714,\ 1.3809,\ 1.5000) \end{aligned}$$

(4) 根据式 (3.1.4), 知

$$\min_i x(k) = 2.5, \quad \max_i x(k) = 6.3$$

则

$$\begin{aligned} x(1)d_4 &= \frac{x(1)-2.5}{6.3-2.5} = 0.0000, \quad x(2)d_4 = \frac{x(2)-2.5}{6.3-2.5} = 0.1053 \\ x(3)d_4 &= \frac{x(3)-2.5}{6.3-2.5} = 0.1842, \quad x(4)d_4 = \frac{x(4)-2.5}{6.3-2.5} = 0.5263 \\ x(5)d_4 &= \frac{x(5)-2.5}{6.3-2.5} = 0.8684, \quad x(6)d_4 = \frac{x(6)-2.5}{6.3-2.5} = 1.0000 \end{aligned}$$

故

$$\begin{aligned} XD_4 &= (x(1)d_4, x(2)d_4, x(3)d_4, x(4)d_4, x(5)d_4, x(6)d_4) \\ &= (0.0000,\ 0.1053,\ 0.1842,\ 0.5263,\ 0.8684,\ 1.0000) \end{aligned}$$

初值化算子 D_2、均值化算子 D_3 和区间值化算子 D_4 皆可用来将系统行为数据序列转化为无量纲的序列. 其中, 始点零化算子 D_1 和初值化算子 D_2 只用于时间序列数据, 均值化算子 D_3 和区间值化算子 D_4 既可用于时间序列数据也可用于截面数据.

任意行为序列的区间值像均有逆化像, 若系统因素 X_i 与系统主行为 X_0 呈负相关关系, 则 X_i 的逆化算子作用像 X_iD_5 和倒数化算子作用像 X_iD_6 与 X_0 具有正相关关系.

定义 3.1.8　称 $D = \{D_i | i = 1,2,3,4,5,6\}$ 为灰色关联算子集.

3.2 灰色关联分析

3.2.1 点关联分析

定义 3.2.1　设特征行为序列为 $X_0 = (x_0(1), x_0(2), \cdots, x_0(n))$, 相关因素序列为

$$X_1 = (x_1(1), x_1(2), \cdots, x_1(n))$$

$$\vdots$$

$$X_i = (x_i(1), x_i(2), \cdots, x_i(n))$$

$$\vdots$$

$$X_m = (x_m(1), x_m(2), \cdots, x_m(n))$$

若实数

$$\gamma(X_0, X_i) = \frac{1}{n}\sum_{k=1}^{n}\gamma(x_0(k), x_i(k))$$

满足

(1) 规范性:

$$0 < \gamma(X_0, X_i) \leqslant 1, \quad \gamma(X_0, X_i) = 1 \Leftarrow X_0 = X_i$$

(2) 接近性:

$$|x_0(k) - x_i(k)|\text{越小}, \quad \gamma(x_0(k) - x_i(k))\text{越大}$$

则称 $\gamma(x_0(k), x_i(k))$ 为 X_0 与 X_i 在 k 点的关联系数, $\gamma(X_0, X_i)$ 为 X_0 与 X_i 的灰色关联度 (邓聚龙, 2002).

规范性和接近性是关联度必须满足的公理, 此外, 早期的关联度公理还包括整体性和偶对对称性, 分别为

(3) 整体性: 对于 $X_i, X_j \in \{X_s | s = 0, 1, \cdots, m; m \geqslant 2\}$, 有

$$\gamma(X_i, X_j) \neq \gamma(X_j, X_i), \quad i \neq j$$

(4) 偶对对称性: 对于 $X_i, X_j \in X, i \neq j$, 有

$$\gamma(X_i, X_j) = \gamma(X_i, X_j) \Leftrightarrow X = \{X_i, X_j\}$$

整体性与偶对对称性条件的必要性 $\gamma(X_i, X_j) = \gamma(X_j, X_i) \Rightarrow X = \{X_i, X_j\}$ 互为逆否命题, 是等价的, 在破坏了整体性的同时, 也就破坏了偶对对称性中条件 $X = \{X_i, X_j\}$ 的必要性, 即破坏了偶对对称性 (魏勇等, 2015; 魏勇和曾柯方, 2015).

定义 3.2.2 设

$$\gamma(x_0(k), x_i(k)) = \frac{\min\limits_i \min\limits_k |x_0(k) - x_i(k)| + \xi \max\limits_i \max\limits_k |x_0(k) - x_i(k)|}{|x_0(k) - x_i(k)| + \xi \max\limits_i \max\limits_k |x_0(k) - x_i(k)|} \tag{3.2.1}$$

则

$$\gamma(X_0, X_i) = \frac{1}{n}\sum_{k=1}^{n}\gamma(x_0(k), x_i(k)) \tag{3.2.2}$$

为 X_0 与 X_i 的邓氏关联度, 其中 $\xi \in (0,1)$ 为分辨系数.

邓氏关联度同时适用于时间序列、指标序列和横向序列, 结合关联算子的作用和意义, 通过选择合适的关联算子, 邓氏关联度的计算步骤如下:

第 1 步 求各序列的均值像 (或区间值像)

$$X_i' = \frac{X_i}{\bar{X}_i} = (x_i'(1), x_i'(2), \cdots, x_i'(n)), \quad i = 0, 1, \cdots, m$$

第 2 步 求特征序列与相关因素序列的差序列

$$\Delta_i = (\Delta_i(1), \Delta_i(2), \cdots, \Delta_i(n)), \quad i = 1, 2, \cdots, m$$

其中

$$\Delta_i(k) = |x_0'(k) - x_i'(k)|, \quad k = 1, 2, \cdots, n$$

第 3 步 求两极最大差与最小差

$$M = \max_i \max_k \Delta_i(k), \quad m = \min_i \min_k \Delta_i(k)$$

第 4 步 求关联系数

$$\gamma_{0i}(k) = \frac{m + \xi M}{\Delta_i(k) + \xi M}$$

第 5 步 计算关联度

$$\gamma_{0i} = \frac{1}{n} \sum_{k=1}^{n} \gamma_{0i}(k)$$

例 3.2.1 设特征行为序列

$$X_0 = (x_0(1), x_0(2), x_0(3), x_0(4), x_0(5)) = (1.2,\ 1.6,\ 1.3,\ 2.1,\ 2.0)$$

相关因素序列

$$X_1 = (x_1(1), x_1(2), x_1(3), x_1(4), x_1(5)) = (1.5,\ 1.3,\ 1.1,\ 1.8,\ 2.7)$$

$$X_2 = (x_2(1), x_2(2), x_2(3), x_2(4), x_2(5)) = (2.0,\ 1.2,\ 1.8,\ 1.0,\ 2.0)$$

$$X_3 = (x_3(1), x_3(2), x_3(3), x_3(4), x_3(5)) = (1.2,\ 2.0,\ 1.2,\ 2.4,\ 1.0)$$

求邓氏关联度.

第 1 步 由

$$X_i' = \frac{X_i}{\bar{X}_i} = (x_i'(1), x_i'(2), x_i'(3), x_i'(4), x_i'(5)), \quad i = 0, 1, 2, 3$$

其中

$$\bar{X}_i = \frac{1}{n}\sum_{k=1}^{n} x_i(k)$$

可得

$$X'_0 = \frac{X_0}{\bar{X}_0} = (x'_0(1), x'_0(2), x'_0(3), x'_0(4), x'_0(5)) = (0.923,\ 0.769,\ 0.615,\ 1.154,\ 1.538)$$

$$X'_1 = \frac{X_1}{\bar{X}_1} = (x'_1(1), x'_1(2), x'_1(3), x'_1(4), x'_1(5)) = (0.936,\ 0.813,\ 0.688,\ 1.000,\ 1.563)$$

$$X'_2 = \frac{X_2}{\bar{X}_2} = (x'_2(1), x'_2(2), x'_2(3), x'_2(4), x'_2(5)) = (1.250,\ 0.875,\ 1.000,\ 0.625,\ 1.250)$$

$$X'_3 = \frac{X_3}{\bar{X}_3} = (x'_3(1), x'_3(2), x'_3(3), x'_3(4), x'_3(5)) = (1.000,\ 0.800,\ 1.500,\ 1.200,\ 0.500)$$

第 2 步 由

$$\Delta_{0i}(k) = |x'_0(k) - x'_i(k)|, \quad i = 1, 2, 3$$

可得

$$\Delta_{01} = (0.0144,\ 0.0433,\ 0.0721,\ 0.1538,\ 0.0240)$$

$$\Delta_{02} = (0.3269,\ 0.1058,\ 0.3846,\ 0.5288,\ 0.2885)$$

$$\Delta_{03} = (0.0769,\ 0.0308,\ 0.8846,\ 0.0462,\ 1.0385)$$

第 3 步 由

$$M = \max_i \max_k \Delta_i(k), \quad m = \min_i \min_k \Delta_i(k), \quad k = 1, 2, 3, 4, 5, \quad i = 1, 2, 3$$

可得

$$M = \max_i \max_k \Delta_{0i} = 1.038, \quad m = \min_i \min_k \Delta_{0i} = 0.014$$

第 4 步 取 $\xi = 0.5$, 由

$$\gamma_{0i}(k) = \frac{m + \xi M}{\Delta_{0i}(k) + \xi M}$$

可得

$$\gamma_{01}(1) = 1.000, \quad \gamma_{01}(2) = 0.948, \quad \gamma_{01}(3) = 0.902, \quad \gamma_{01}(4) = 0.793, \quad \gamma_{01}(5) = 0.982$$

$$\gamma_{02}(1) = 0.631, \quad \gamma_{02}(2) = 0.854, \quad \gamma_{02}(3) = 0.590, \quad \gamma_{02}(4) = 0.509, \quad \gamma_{02}(5) = 0.661$$

$$\gamma_{03}(1) = 0.895, \quad \gamma_{03}(2) = 0.970, \quad \gamma_{03}(3) = 0.380, \quad \gamma_{03}(4) = 0.944, \quad \gamma_{03}(5) = 0.340$$

第 5 步　由

$$\gamma_{0i}=\frac{1}{n}\sum_{k=1}^{n}\gamma_{0i}(k)$$

可得

$$\gamma_{01}=\frac{1}{5}\sum_{k=1}^{5}\gamma_{01}(k)=0.925,\quad \gamma_{03}=\frac{1}{5}\sum_{k=1}^{5}\gamma_{03}(k)=0.706,\quad \gamma_{02}=\frac{1}{5}\sum_{k=1}^{5}\gamma_{02}(k)=0.649$$

定理 3.2.1　邓氏关联度满足规范性、接近性和仿射变换保序性.

证明　(1) 规范性: 由

$$|x_0(k)-x_i(k)|\geqslant \min_i\min_k|x_0(k)-x_i(k)|$$

知

$$\begin{aligned}&\min_i\min_k|x_0(k)-x_i(k)|+\xi\max_i\max_k|x_0(k)-x_i(k)|\\ \leqslant\ &|x_0(k)-x_i(k)|+\xi\max_i\max_k|x_0(k)-x_i(k)|\end{aligned}$$

故

$$\gamma\left(x_0(k),x_i(k)\right)\leqslant 1$$

即

$$0<\gamma(X_0,X_i)=\frac{1}{n}\sum_{k=1}^{n}\gamma\left(x_0(k),x_i(k)\right)\leqslant 1$$

(2) 接近性: 由

$$\lim_{|x_0(k)-x_i(k)|\to 0}\frac{\min\limits_i\min\limits_k|x_0(k)-x_i(k)|+\xi\max\limits_i\max\limits_k|x_0(k)-x_i(k)|}{|x_0(k)-x_i(k)|+\xi\max\limits_i\max\limits_k|x_0(k)-x_i(k)|}=1$$

知

$$|x_0(k)-x_i(k)|\text{越小},\quad \gamma\left(x_0(k)-x_i(k)\right)\text{越大}$$

(3) 仿射变换保序性: 设特征序列和相关因素序列的仿射变换分别为 X_0', X_i' 与 X_j', 其中 $x_0'(k)=\alpha x_0(k)+\beta$, $x_i'(k)=\alpha x_i(k)+\beta$, $x_j'(k)=\alpha x_j(k)+\beta$, $\alpha\neq 0$, β 为任意常数, 则

$$\begin{aligned}\gamma_{0i}'(k)&=\frac{\min\limits_i\min\limits_k|x_i'(k)-x_0'(k)|+\xi\max\limits_i\max\limits_k|x_i'(k)-x_0'(k)|}{|x_i'(k)-x_0'(k)|+\xi\max\limits_i\max\limits_k|x_i'(k)-x_0'(k)|}\\ &=\frac{\min\limits_i\min\limits_k|\alpha x_i(k)+\beta-\alpha x_0(k)-\beta|+\xi\max\limits_i\max\limits_k|\alpha x_i(k)+\beta-\alpha x_0(k)-\beta|}{|\alpha x_i(k)+\beta-\alpha x_0(k)-\beta|+\xi\max\limits_i\max\limits_k|\alpha x_i(k)+\beta-\alpha x_0(k)-\beta|}\end{aligned}$$

$$
= \frac{\min\limits_{i}\min\limits_{k}|x_i(k)-x_0(k)|+\xi\max\limits_{i}\max\limits_{k}|x_i(k)-x_0(k)|}{|x_i(k)-x_0(k)|+\xi\max\limits_{i}\max\limits_{k}|x_i(k)-x_0(k)|}
$$

$$
= \gamma_{0i}(k)
$$

类似地, $\gamma'_{0j}(k)=\gamma_{0j}(k)$. 故由 $\gamma_{0i}>\gamma_{0j}$ 知

$$
\gamma'_{0i}>\gamma'_{0j}
$$

此外, 邓氏关联度不满足整体性和偶对对称性, 建议将整体性和偶对对称性作为满足某一特殊条件的关联度公理, 而不作为一般的关联度公理.

例 3.2.2 设特征序列为 $X_1=(1,\ 2,\ 3,\ 4)$, 相关因素序列为 $X_2=(3,4,5,6)$ 和 $X_3=(10,\ 11,\ 12,\ 13)$, 则

$$
\gamma(X_1,X_2)=\frac{1}{4}\times 4\times\frac{2+\xi\times 10}{2+\xi\times 10}=1
$$

且

$$
\gamma(X_2,X_1)=\frac{1}{4}\times 4\times\frac{2+\xi\times 10}{2+\xi\times 10}=1
$$

即

$$
\gamma(X_1,X_2)=\gamma(X_2,X_1)
$$

表明邓氏关联度不满足整体性和偶对对称性.

3.2.2 广义关联分析

不同于邓氏关联度, 广义灰色关联度是依据算子序列对应折线几何形状的相似程度, 来度量序列联系的紧密程度, 算子序列对应折线越接近, 关联度系数就越大, 反之亦然. 广义灰色关联度包括灰色绝对关联度、相对关联度、相似关联度和接近关联度, 其从不同的角度, 运用不同的序列算子, 以算子序列折线间的面积作为序列接近程度的相异性度量, 给出相应的关联度的计算公式 (刘思峰等, 2013; Luo D et al., 2015).

定义 3.2.3 设系统行为数据序列 $X_i=(x_i(1),x_i(2),\cdots,x_i(n))$, D 为序列算子, $Y_i=(y_i(1),y_i(2),\cdots,y_i(n))=X_iD$, 则称

$$
Y_i(t)=\bigcup_{k=1}^{n-1}\{(t,y_i(k)+(t-k)(y_i(k+1)-y_i(k)))\,|t\in[k,k+1]\}
$$

为序列 X_i 的算子序列折线.

定义 3.2.4 设原始等长度系统行序列为 X_i 与 X_j, D 为序列算子, $Y_i=X_iD$, $Y_j=X_jD$, 则称

$$
g(X_i,X_j)=\frac{1+B}{1+B+|A_i-A_j|} \tag{3.2.3}
$$

为 X_i 与 X_j 的广义灰色关联度, 其中 $B \geqslant 0$ 为分辨系数,

$$|A_i - A_j| = \left| \frac{y_i(1) - y_j(1)}{2} + \sum_{k=2}^{n-1} (y_i(k) - y_j(k)) + \frac{y_i(n) - y_j(n)}{2} \right| \tag{3.2.4}$$

依据序列算子 D 和分辨系数 B 的取值, 有如下结论:

(1) 若 D 为始点零化算子, 则 $y_i(k) = x_i(k) - x_i(1)$, $y_j(k) = x_j(k) - x_j(1)$, $g(X_i, X_j)$ 为灰色绝对关联度, 其中 $B = \left|\sum\limits_{k=2}^{n-1} y_i(k) + \frac{1}{2} y_i(n)\right| + \left|\sum\limits_{k=2}^{n-1} y_j(k) + \frac{1}{2} y_j(n)\right|$.

(2) 若 D 为初值–始点零化算子, 则 $y_i(k) = \frac{x_i(k) - x_i(1)}{x_i(1)}$, $y_j(k) = \frac{x_j(k) - x_j(1)}{x_j(1)}$, $g(X_i, X_j)$ 为灰色相对关联度, 其中 $B = \left|\sum\limits_{k=2}^{n-1} y_i(k) + \frac{1}{2} y_i(n)\right| + \left|\sum\limits_{k=2}^{n-1} y_j(k) + \frac{1}{2} y_j(n)\right|$.

(3) 若 D 为始点零化算子, 则 $y_i(k) = x_i(k) - x_i(1)$, $y_j(k) = x_j(k) - x_j(1)$, $g(X_i, X_j)$ 为灰色相似关联度, 其中 $B = 0$.

(4) 若 D 为恒等算子, 则 $y_i(k) = x_i(k)$, $y_j(k) = x_j(k)$, $g(X_i, X_j)$ 为灰色接近关联度, 其中 $B = 0$.

事实上, $|A_i - A_j|$ 表示序列折线 $Y_i(t)$ 在 $Y_j(t)$ 之上部分面积 (记作正面积) 与 $Y_i(t)$ 在 $Y_j(t)$ 之下部分面积 (记作负面积) 之和的绝对值, 如图 3-2-1 所示.

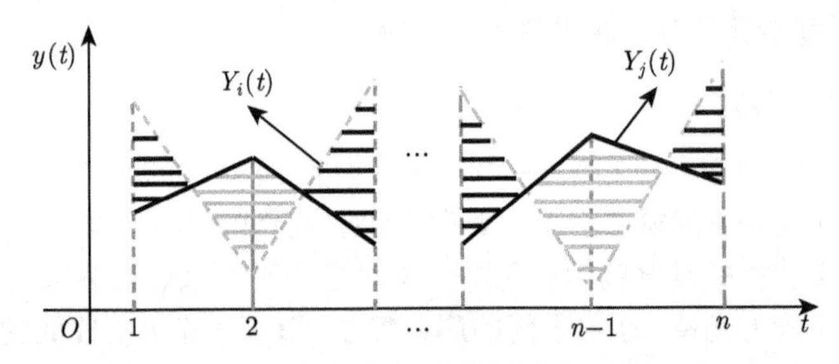

图 3-2-1　广义关联度的几何示意图

对于序列 X_0 和 X_1, D 为序列算子, 其对应的算子序列分别为 $Y_0 = X_0 D$ 和 $Y_1 = X_1 D$, 若算子序列满足

$$y_0(k) + y_0(k+1) = y_1(k) + y_1(k+1), \quad k = 1, 2, \cdots, n-1$$

则对于任意序列 X_2, 均有

$$|A_0 - A_2| \geqslant |A_0 - A_1| = 0$$

即

$$g_{01} = \frac{1 + B_1}{1 + B_1 + |A_0 - A_1|} = 1 \geqslant g_{02} = \frac{1 + B_2}{1 + B_2 + |A_0 - A_2|}$$

显然地, 这可能导致依据关联度的定量结果与定性结果不一致. 分析广义关联度的计算方式知, 子区间内或子区间之间正负面积的抵消是造成两种结果不一致的主要原因, 使得 $|A_i - A_j|$ 减小, 关联度值增大.

为消除正负面积抵消对广义关联度取值大小的影响, 使得定量结果能够更好地反映序列间真实的关联程度, 下面分析序列折线 $Y_i(t)$ 和 $Y_j(t)$ 在子区间 $[k, k+1]$ 上的相对位置关系, 如图 3-2-2 所示.

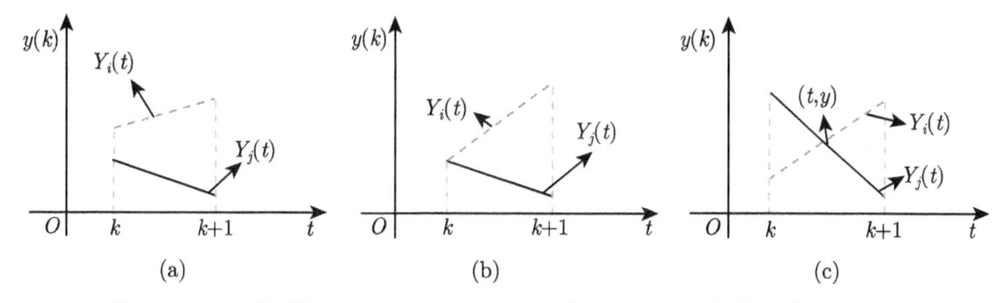

图 3-2-2 序列折线 $Y_i(t)$ 和 $Y_j(t)$ 在子区间 $[k, k+1]$ 上的三种位置关系

(1) 若 $Y_i(t)$ 与 $Y_j(t)$ 不相交, 如图 3-2-2(a) 所示, 则

$$|A_i - A_j|_k^{k+1} = \frac{|y_i(k) - y_j(k) + y_i(k+1) - y_j(k+1)|}{2}$$

(2) 若 $Y_i(t)$ 和 $Y_j(t)$ 相交于左端点 (或右端点), 如图 3-2-2(b) 所示, 则

$$|A_i - A_j|_k^{k+1} = \frac{|y_i(k+1) - y_j(k+1)|}{2} \text{ 或 } |A_i - A_j|_k^{k+1} = \frac{|y_i(k) - y_j(k)|}{2}$$

(3) 若 $Y_i(t)$ 和 $Y_j(t)$ 的相交开区间 $(k, k+1)$ 内的点 (t, y), 如图 3-2-2(c) 所示, 则

$$|A_i - A_j|_k^{k+1} = \frac{(y_i(k) - y_j(k))^2 + (y_i(k+1) - y_j(k+1))^2}{2\,|(y_i(k) - y_j(k)) - (y_i(k+1) - y_j(k+1))|}$$

定义 3.2.5 设原始等长度系统行为序列为 X_i 与 X_j, D 为序列算子, $Y_i = X_iD$, $Y_j = X_jD$, 则称

$$g'(X_i, X_j) = \frac{1+B}{1+B+|A_i - A_j|_{\text{opt}}} \tag{3.2.5}$$

为 X_i 与 X_j 的改进广义灰色关联度, 其中 B 为分辨系数,

$$|A_i - A_j|_{\text{opt}} = \sum_{k=1}^{n-1} |A_i - A_j|_k^{k+1}$$

$$|A_i - A_j|_k^{k+1} = \begin{cases} \dfrac{|y_i(k) - y_j(k) + y_i(k+1) - y_j(k+1)|}{2}, \\ \qquad (y_i(k) - y_j(k))(y_i(k+1) - y_j(k+1)) \geqslant 0 \\ \dfrac{(y_i(k) - y_j(k))^2 + (y_i(k+1) - y_j(k+1))^2}{2\,|(y_i(k) - y_j(k)) - (y_i(k+1) - y_j(k+1))|}, \\ \qquad (y_i(k) - y_j(k))(y_i(k+1) - y_j(k+1)) < 0 \end{cases}$$

类似地, 当序列算子 D 和分辨系数 B 取不同值时, 可得对应的改进绝对关联度、改进相对关联度、改进相似关联度和改进接近关联度. 特别地, 改进广义关联度也是基于面积定义的关联度, 且当算子序列折线不相交时, 改进广义关联度与广义关联度是等价的.

定理 3.2.2 改进广义灰色关联度 $g'(X_i, X_j)$ 满足规范性和接近性公理.

证明 (1) 规范性: 由 $B \geqslant 0$, $|A_i - A_j|_{\text{opt}} \geqslant 0$ 知

$$0 < g'(X_i, X_j) = \frac{1+B}{1+B+|A_i - A_j|_{\text{opt}}} = 1 - \frac{|A_i - A_j|_{\text{opt}}}{1+B+|A_i - A_j|_{\text{opt}}} \leqslant 1$$

(2) 接近性: 由 $x_i(k) \to x_j(k)$, $\forall k = 1, 2, \cdots, n$ 知

$$x_i(k)d = y_i(k) \to y_j(k) = x_j(k)d$$

故

$$\lim_{x_i(k)\to x_j(k)} |A_i - A_j|_{\text{opt}} = \lim_{x_i(k)\to x_j(k)} \sum_{k=1}^{n-1} |A_i - A_j|_k^{k+1} = \sum_{k=1}^{n-1} \lim_{x_i(k)\to x_j(k)} |A_i - A_j|_k^{k+1} = 0$$

即

$$\begin{aligned} \lim_{x_i(k)\to x_j(k)} g'(X_i, X_j) &= \lim_{x_i(k)\to x_j(k)} \frac{1+B}{1+B+|A_i - A_j|_{\text{opt}}} \\ &= \frac{1+B}{1+B+\lim\limits_{x_i(k)\to x_j(k)} |A_i - A_j|_{\text{opt}}} = 1 \end{aligned}$$

定理 3.2.3 改进广义关联度与广义关联度满足 $g'(X_i, X_j) \leqslant g(X_i, X_j)$.

证明 对任意的 $k = 1, 2, \cdots, n-1$, 显然有

$$(y_i(k) - y_j(k))^2 + (y_i(k+1) - y_j(k+1))^2 \geqslant \left|(y_i(k) - y_j(k))^2 - (y_i(k+1) - y_j(k+1))^2\right|$$

即

$$\frac{(y_i(k) - y_j(k))^2 + (y_i(k+1) - y_j(k+1))^2}{2\,|(y_i(k) - y_j(k)) - (y_i(k+1) - y_j(k+1))|} \geqslant \frac{|(y_i(k) - y_j(k)) + (y_i(k+1) - y_j(k+1))|}{2}$$

故

$$
\begin{aligned}
|A_i - A_j|_{\text{opt}} &= \sum_{k=1}^{n-1} |A_i - A_j|_k^{k+1} \\
&\geqslant \sum_{k=1}^{n-1} \frac{|(y_i(k) - y_j(k)) + (y_i(k+1) - y_j(k+1))|}{2} \\
&\geqslant \left| \frac{y_i(1) - y_j(1)}{2} + \sum_{k=2}^{n-1} (y_i(k) - y_j(k)) + \frac{y_i(n) - y_j(n)}{2} \right| \\
&= |A_i - A_j|
\end{aligned}
$$

证得

$$
g(X_i, X_j) = \frac{1+B}{1+B+|A_i - A_j|} \geqslant \frac{1+B}{1+B+|A_i - A_j|_{\text{opt}}} = g'(X_i, X_j)
$$

定义 3.2.6 序列 X_i 与 X_j 满足 $x_i(k) = \rho x_j(k) + \xi$, $\rho \neq 0$, ξ 为任意常数, 若 X_i 与 X_j 的关联度等于 1, 则称该关联度满足仿射性. 特别地, 当 $\rho = 1$ 时, 仿射性退化为平行性; 当 $\xi = 0$ 时, 仿射性退化为一致性.

引理 3.2.1 若 D 为序列算子, $Y_i = X_i D$ 和 $Y_j = X_j D$ 为序列 X_i 和 X_j 在算子下的像, 则 $g'(X_i, X_j) = 1$ 的充要条件是 $Y_i = Y_j$.

证明 充分性: 由序列 $Y_i = Y_j$ 知

$$
y_i(k) = y_j(k), \quad k = 1, 2, \cdots, n
$$

故

$$
|A_i - A_j|_{\text{opt}} = \sum_{k=1}^{n-1} |A_i - A_j|_k^{k+1} = 0 \Rightarrow g'(X_i, X_j) = \frac{1+B}{1+B+|A_i - A_j|_{\text{opt}}} = 1
$$

必要性: 由 $g'(X_i, X_j) = \dfrac{1+B}{1+B+|A_i - A_j|_{\text{opt}}} = 1$ 知

$$
|A_i - A_j|_{\text{opt}} = \sum_{k=1}^{n-1} |A_i - A_j|_k^{k+1} = 0
$$

故

$$
|A_i - A_j|_k^{k+1} = 0 \Rightarrow \left\{ \begin{array}{l} y_i(k) - y_j(k) + y_i(k+1) - y_j(k+1) = 0 \\ (y_i(k) - y_j(k))\,(y_i(k+1) - y_j(k+1)) \geqslant 0 \end{array} \right. \Rightarrow Y_i = Y_j
$$

定理 3.2.4 若序列 X_i 和 X_j 的改进广义关联度 $g'(X_i, X_j) = 1$, 则依据序列算子 D 的不同取值, 有如下结论:

(1) D 为始点零化算子时, 改进绝对关联度和改进相似关联度 $g'(X_i, X_j) = 1$ 当且仅当 $X_i = X_j + x_i(1) - x_j(1)$.

(2) D 为初值–始点零化算子时, 改进相对关联度 $g'(X_i, X_j) = 1$ 当且仅当 $X_i = \dfrac{x_i(1)}{x_j(1)} X_j$.

(3) D 为恒等算子时, 改进接近关联度 $g'(X_i, X_j) = 1$ 当且仅当 $X_i = X_j$.

证明　由引理 3.2.1 知, $g'(X_i, X_j) = 1$ 当且仅当 $X_i D = X_j D$, 故依据序列算子 D 的取值情况, 有

(1) 若 D 为始点零化算子, 则

$$g'(X_i, X_j) = 1 \Leftrightarrow X_i D = X_j D \Leftrightarrow X_i - x_i(1) = X_j - x_j(1)$$

(2) 若 D 为初值–始点零化算子, 则

$$g'(X_i, X_j) = 1 \Leftrightarrow X_i D = X_j D \Leftrightarrow \frac{X_i - x_i(1)}{x_i(1)} = \frac{X_j - x_j(1)}{x_j(1)}$$

(3) 若 D 为始点零化算子, 则

$$g'(X_i, X_j) = 1 \Leftrightarrow X_i D = X_j D \Leftrightarrow X_i = X_j$$

定理 3.2.5　改进绝对关联度与改进相似关联度满足平行性, 改进相对关联度满足一致性.

证明　由 $x_i(k) = \rho x_j(k) + \xi$ 知, 序列 X_i 在序列算子 D 下的像为

$$y_i(k) = x_i(k)d = \begin{cases} \rho y_j(k), & D\text{为始点零化算子} \\ \dfrac{\rho}{\rho + \xi / x_j(1)} y_j(k), & D\text{为初始–始点零化算子} \\ \rho y_j(k) + \xi, & D\text{为恒等算子} \end{cases}$$

则依据参数 ρ 和 ξ 的不同取值, 有

(1) 当 $\rho = 1$ 时, 有

$$y_i(k) = \begin{cases} y_j(k), & D\text{为始点零化算子} \\ \dfrac{1}{1 + \xi / x_j(1)} y_j(k), & D\text{为初始–始点零化算子} \\ y_j(k) + \xi, & D\text{为恒等算子} \end{cases}$$

当且仅当 D 为始点零化算子时, $g'(X_i, X_j) = 1$, 即改进绝对关联度和改进相似关联度满足平行性.

(2) 当 $\xi=0$ 时, 有

$$y_i(k)=\begin{cases}\rho y_j(k), & D\text{为始点零化算子}\\ y_j(k), & D\text{为初始–始点零化算子}\\ \rho y_j(k), & D\text{为不变算子}\end{cases}$$

当且仅当 D 为初值–始点零化算子时, $g'(X_i,X_j)=1$, 即改进相对关联度满足一致性.

例 3.2.3 设某一系统的特征行为序列为

$$\begin{aligned}X_1&=(x_1(1),x_1(2),x_1(3),x_1(4),x_1(5),x_1(6),x_1(7))\\&=(1.00,\ 1.60,\ 1.10,\ 1.40,\ 1.00,\ 1.50,\ 1.70)\end{aligned}$$

相关因素行为序列为

$$\begin{aligned}X_2&=(x_2(1),x_2(2),x_2(3),x_2(4),x_2(5),x_2(6),x_2(7))\\&=(0.85,\ 1.35,\ 0.95,\ 1.55,\ 0.95,\ 1.45,\ 1.55)\end{aligned}$$

和

$$\begin{aligned}X_3&=(x_3(1),x_3(2),x_3(3),x_3(4),x_3(5),x_3(6),x_3(7))\\&=(1.00,\ 1.40,\ 1.40,\ 1.10,\ 1.60,\ 1.20,\ 1.50)\end{aligned}$$

分别计算系统特征行为序列与相关因素行为序列的广义关联度和改进广义关联度, 并分析相关因素行为序列之间的序关系.

过程如下:

第 1 步 绘制特征行为序列和相关因素行为序列对应的折线, 如图 3-2-3 所示, 发现相关因素行为序列折线 X_3 与特征行为序列折线 X_1 的增长趋势不同, 而 X_2 与 X_1 不仅具有相同的增长趋势, 且二者的数值大小也比较接近. 定性结果: X_2 与 X_1 的相似度高于 X_3 与 X_1 的相似度.

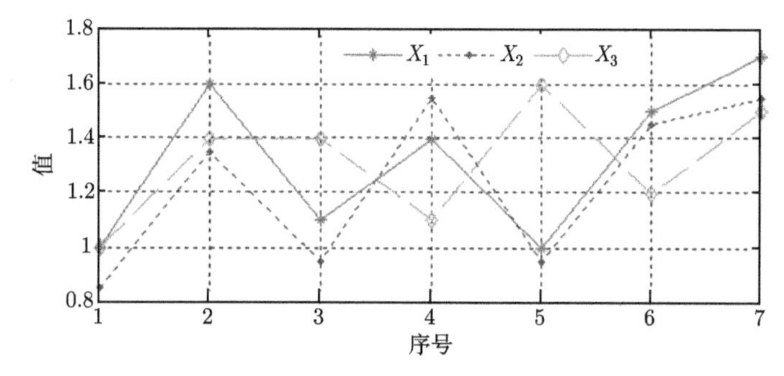

图 3-2-3 特征行为序列与相关因素行为序列折线

第 2 步 计算序列对应的始点零化项

$$Y_1 = X_1D = (0.00,\ 0.60,\ 0.10,\ 0.40,\ 0.00,\ 0.50,\ 0.70)$$
$$Y_2 = X_2D = (0.00,\ 0.50,\ 0.10,\ 0.70,\ 0.10,\ 0.60,\ 0.70)$$
$$Y_3 = X_3D = (0.00,\ 0.40,\ 0.40,\ 0.10,\ 0.60,\ 0.20,\ 0.50)$$

和初值-始点零化项

$$Y_1' = X_1D' = (0.00,\ 0.60,\ 0.10,\ 0.40,\ 0.00,\ 0.50,\ 0.70)$$
$$Y_2' = X_2D' = (0.00,\ 0.59,\ 0.12,\ 0.82,\ 0.12,\ 0.71,\ 0.82)$$
$$Y_3' = X_3D' = (0.00,\ 0.40,\ 0.40,\ 0.10,\ 0.60,\ 0.20,\ 0.50)$$

第 3 步 计算绝对关联度 $\varepsilon_{12},\varepsilon_{13}$、相对关联度 γ_{12},γ_{13}、相似关联度 ξ_{12},ξ_{13}、接近关联度 ζ_{12},ζ_{13},

$$\varepsilon_{12} = 0.9300,\quad \varepsilon_{13} = 1.0000,\quad \gamma_{12} = 0.8752,\quad \gamma_{13} = 1.0000$$
$$\xi_{12} = 0.7140,\quad \xi_{13} = 1.0000,\quad \zeta_{12} = 0.6349,\quad \zeta_{13} = 1.0000$$

第 4 步 计算改进绝对关联度 ε_{12}' 与 ε_{13}'、改进相对关联度 γ_{12}' 与 γ_{13}'、改进相似关联度 ξ_{12}' 与 ξ_{13}'、改进接近关联度 ζ_{12}' 与 ζ_{13}',

$$\varepsilon_{12}' = 0.9000,\quad \gamma_{12}' = 0.8730,\quad \xi_{12}' = 0.6250,\quad \zeta_{12}' = 0.5926$$
$$\varepsilon_{13}' = 0.8100,\quad \gamma_{13}' = 0.8126,\quad \xi_{13}' = 0.4690,\quad \zeta_{13}' = 0.4695$$

第 5 步 广义关联度对应的序关系为

$$\varepsilon_{12} < \varepsilon_{13},\quad \gamma_{12} < \gamma_{13},\quad \xi_{12} < \xi_{13},\quad \zeta_{12} < \zeta_{13}$$

即 X_3 与 X_1 更相似, 与定性分析结果矛盾.

改进广义关联度对应的序关系为

$$\varepsilon_{12}' > \varepsilon_{13}',\quad \gamma_{12}' > \gamma_{13}',\quad \xi_{12}' > \xi_{13}',\quad \zeta_{12}' > \zeta_{13}'$$

即 X_2 与 X_1 更相似, 与定性分析结果一致.

3.3 灰数信息下的灰色关联决策方法

3.3.1 决策信息为区间灰数的关联决策方法

灰色决策是在决策模型中含灰元或一般决策模型与灰色模型相结合的情况下进行的决策, 重点研究方案选择问题. 在灰色决策理论中, 灰色关联决策是最常用的决策方法之一, 具有简单、实用和可操作性强等优点, 已广泛应用于多目标决策问题中. 近年来, 相关研究成果不断出现. 刘思峰等引入了灰色关联决策的概念以及灰色关联度、灰色绝对关联度、灰色相对关联度等若干种关联度计算公式, 为灰色关联决策方法奠定了理论基础 (刘思峰等, 2014); 邱菀华将灰色关联分析方法和数据转换技巧相结合, 应用于简化模糊建模程序 (邱菀华, 2004); 罗本成和王爽英分别成功地将刘思峰提出的灰色关联度公式应用到投资决策与财务管理决策中 (罗本成, 2002; 王爽英, 2003); Tseng 利用灰色 GM$(1,N)$ 模型和灰色关联分析方法构建组合灰色模型, 应用于随机数据序列预测 (Tseng F M, 2001); Lai 利用灰色关联决策确定产品形象和产品构成要素之间的联系, 并且集成神经网络模型进行产品形象设计 (Lai H H, 2005); Liu 将灰色关联分析方法与自适应共振理论模型 ART 相融合, 构建了灰色自适应共振理论模型 Grey ART, 该模型在利用灰色关联分析方法处理模式聚类灰色信息时, 具有自适应共振神经网络的结构和学习功能 (Liu T Y et al., 2004).

但是, 目前灰色关联决策理论与应用研究基本上局限于清晰数的情况. 事实上, 在经济、金融、军事以及工程技术等领域中, 获得的决策信息通常为灰数. 对任一灰数 $a(\otimes)$ 均可表示为 $a(\otimes)\in[\underline{a},\bar{a}]$, $-\infty\leqslant\underline{a}\leqslant\bar{a}\leqslant+\infty$, 因为, 当 $-\infty<\underline{a}=\bar{a}<+\infty$ 时, $a(\otimes)$ 为一清晰数 (白数); 当 $-\infty=\underline{a}<\bar{a}=+\infty$ 时, $a(\otimes)$ 为既无上界又无下界的灰数 (黑数); 当 $-\infty=\underline{a}<\bar{a}<+\infty$ 或 $-\infty<\underline{a}<\bar{a}=+\infty$ 时, $a(\otimes)$ 为有上界无下界的灰数或有下界而无上界的灰数; 当 $-\infty<\underline{a}<\bar{a}<+\infty$ 时, $a(\otimes)$ 为一标准区间灰数. 故现实中获取的决策信息均可用区间灰数来表示, 所以在灰关联决策分析中, 灰元通常用区间灰数来表示是合理的, 将建立在清晰数基础上的灰色关联决策方法拓展到能处理区间灰数的情况既有理论意义, 也有实用价值.

经典灰色关联决策的基本思想是依据问题的实际背景, 找出理想最优方案对应的效果评价向量, 由决策问题中各个方案的效果评价向量与理想最优方案的效果评价向量之间的灰色关联度的大小来确定问题的最优方案及方案的优劣排序. 所以, 灰色关联系数公式和灰色关联度公式的选择, 直接影响着决策效果. 同时, 只考虑各方案的效果评价向量与理想最优方案效果评价向量之间的关联度, 在很多情况下, 不能使已有信息得到充分利用. 事实上, 在一些决策问题中, 某个决策方案最接近理想最优方案, 但不一定同时远离临界最优方案. 因此, 有时需要考虑方案远离临界最优方案的程度或同时考虑这两方面的因素.

另外, 在经典灰色关联决策问题中, 各方案的效果评价值均为清晰数 (白数), 本质上没有涉及灰数, 即经典灰色关联决策方法处理的只是确定性决策问题.

因此, 本节在灰色系统理论的基础上, 对灰色关联决策方法进行了改进和拓展. 决策者可按照自己的偏好和决策问题的具体情况, 选择适当的关联决策方法.

1. 灰色关联决策的基本概念与原理

某一研究范围内的备选方案全体称为决策集合, 记为 $A=\{A_1,A_2,\cdots,A_n\}$; 目标因素集合记为 $S=\{S_1,S_2,\cdots,S_m\}$. 方案 A_i 在目标 S_j 下的效果评价值为非负区间灰数 $u_{ij}(\otimes)\in\left[\underline{u}_{ij},\bar{u}_{ij}\right]\left(0\leqslant\underline{u}_{ij}\leqslant\bar{u}_{ij},i=1,2,\cdots,n;j=1,2,\cdots,m\right)$, 方案 A_i 的效果评价向量记为

$$u_i(\otimes)=\left(u_{i1}(\otimes),u_{i2}(\otimes),\cdots,u_{im}(\otimes)\right),\quad i=1,2,\cdots,n \tag{3.3.1}$$

为了消除量纲和增加可比性, 用灰色极差变换.

对效益型目标值

$$\underline{x}_{ij}=\frac{\underline{u}_{ij}-\underline{u}_j^{\nabla}}{\bar{u}_j^*-\underline{u}_j^{\nabla}},\quad \bar{x}_{ij}=\frac{\bar{u}_{ij}-\underline{u}_j^{\nabla}}{\bar{u}_j^*-\underline{u}_j^{\nabla}}$$

对成本型目标值

$$\underline{x}_{ij}=\frac{\bar{u}_j^*-\bar{u}_{ij}}{\bar{u}_j^*-\underline{u}_j^{\nabla}},\quad \bar{x}_{ij}=\frac{\bar{u}_j^*-\underline{u}_{ij}}{\bar{u}_j^*-\underline{u}_j^{\nabla}} \tag{3.3.2}$$

其中, $\bar{u}_j^*=\max\limits_{1\leqslant i\leqslant n}\{\bar{u}_{ij}\}$, $\underline{u}_j^{\nabla}=\min\limits_{1\leqslant i\leqslant n}\{\underline{u}_{ij}\}$, $j=1,2,\cdots,m$. 对 $u_{ij}(\otimes)\,(i=1,2,\cdots n;$ $j=1,2,\cdots,m)$ 进行标准化处理.

定义 3.3.1 设标准化后的各方案效果评价向量为

$$x_i=\left(x_{i1}(\otimes),x_{i2}(\otimes),\cdots,x_{im}(\otimes)\right),\quad i=1,2,\cdots,n \tag{3.3.3}$$

其中, $x_{ij}(\otimes)\in\left[\underline{x}_{ij},\bar{x}_{ij}\right]$ 均为 $[0,1]$ 上的非负区间灰数. 记

$$\begin{aligned}&\underline{x}_j^+=\max_{1\leqslant i\leqslant n}\{\underline{x}_{ij}\},\quad \underline{x}_j^-=\min_{1\leqslant i\leqslant n}\{\underline{x}_{ij}\},\quad \bar{x}_j^+=\max_{1\leqslant i\leqslant n}\{\bar{x}_{ij}\}\\&\bar{x}_j^-=\min_{1\leqslant i\leqslant n}\{\bar{x}_{ij}\},\quad j=1,2,\cdots,m\end{aligned} \tag{3.3.4}$$

则称 m 维非负区间灰数向量

$$x_j^+(\otimes)=\left(x_1^+(\otimes),x_2^+(\otimes),\cdots,x_m^+(\otimes)\right) \tag{3.3.5}$$

为理想最优方案效果评价向量, 其中, $x_j^+(\otimes)\in\left[\underline{x}_j^+,\bar{x}_j^+\right]\,(j=1,2,\cdots,m)$.

称 m 维非负区间灰数向量

$$x_j^-(\otimes)=\left(x_1^-(\otimes),x_2^-(\otimes),\cdots,x_m^-(\otimes)\right) \tag{3.3.6}$$

为临界最优方案效果评价向量, 其中, $x_j^-(\otimes)\in\left[\underline{x}_j^-,\bar{x}_j^-\right]\,(j=1,2,\cdots,m)$.

灰色关联决策就是利用灰色关联度对各方案的标准化效果评价向量进行度量后, 给出方案的优劣排序, 找出最优方案. 通常可用以下三种关联决策方法.

(1) 最大关联度方法. 取与理想最优方案效果评价向量灰关联度最大的效果评价向量为最优效果评价向量, 对应的方案为最优方案. 这种决策方法对应于决策者对决策环境持乐观态度, 是风险喜好者. 事实上, 经典灰色关联决策属于这类决策方法 (刘思峰等, 2014). 由最常用的灰色绝对关联度的定义可知, 灰色绝对关联度只注重了子因素序列与母因素序列的相似程度, 而忽视了两者之间的绝对误差 (即平移不改变灰色绝对关联度的值).

(2) 最小关联度方法. 取与临界最优方案效果评价向量灰关联度最小的效果评价向量为最优效果评价向量, 对应的方案为最优方案. 这种决策方法对应于决策者对决策环境持保守态度, 是风险厌恶者.

(3) 综合关联度方法. 取与理想最优方案效果评价向量灰关联度最大, 并且与临界最优方案效果评价向量灰关联度最小的效果评价向量为最优效果评价向量, 对应的方案为最优方案. 这种决策方法同时考虑了最大关联度方法和最小关联度方法的优势. 可以根据决策问题的具体情况和决策者的偏好选择不同的综合关联函数.

定义 3.3.2 设方案 A_i 的效果评价向量 $x_i(\otimes)$ 关于理想最优方案效果评价向量 $x^+(\otimes)$ 的灰关联度为 $G(x^+(\otimes), x_i(\otimes))$, 关于临界最优方案效果评价向量 $x^-(\otimes)$ 的灰关联度为 $G(x^-(\otimes), x_i(\otimes))$, 两类灰关联度的权重为 $\beta_1, \beta_2\,(\beta_1+\beta_2=1)$, 则称

$$G(x_i(\otimes)) = \beta_1 G\left(x^+(\otimes), x_i(\otimes)\right) + \beta_2\left[1 - G\left(x^-(\otimes), x_i(\otimes)\right)\right], \quad i=1,2,\cdots,n \tag{3.3.7}$$

为效果评价向量 $x_i(\otimes)$ 的灰色线性综合关联度. 并称

$$G(x_i(\otimes)) = \left[G\left(x^+(\otimes), x_i(\otimes)\right)\right]^{\beta_1} \times \left[1 - G\left(x^-(\otimes), x_i(\otimes)\right)\right]^{\beta_2}, \quad i=1,2,\cdots,n \tag{3.3.8}$$

为效果评价向量 $x_i(\otimes)$ 的灰色乘积综合关联度.

注 当 $\beta_1=\beta_2=\dfrac{1}{2}$ 时, 式 (3.3.7) 化为算术平均值, 式 (3.3.8) 化为几何平均值.

由上述讨论可知, 灰色关联决策的关键在于如何计算灰关联度

$$G\left(x^+(\otimes), x_i(\otimes)\right) \quad 及 \quad G\left(x^-(\otimes), x_i(\otimes)\right), \quad i=1,2,\cdots,n$$

定义 3.3.3 (灰色区间关联度) 设标准化后的各方案效果评价向量及理想最优方案效果评价向量和临界最优方案效果评价向量为式 (3.3.3)、式 (3.3.5) 和式 (3.3.6) 所示, 目标权重向量为 $\omega=(\omega_1,\omega_2,\cdots,\omega_m)$, 则称

$$r_{ij}^+ = \frac{1}{2}\left[\frac{\min\limits_{1\leqslant i\leqslant n}\min\limits_{1\leqslant j\leqslant m}\left|\underline{x}_j^+ - \underline{x}_{ij}^-\right| + \lambda\max\limits_{1\leqslant i\leqslant n}\max\limits_{1\leqslant j\leqslant m}\left|\underline{x}_j^+ - \underline{x}_{ij}\right|}{\left|\underline{x}_j^+ - \underline{x}_{ij}^-\right| + \lambda\max\limits_{1\leqslant i\leqslant n}\max\limits_{1\leqslant j\leqslant m}\left|\underline{x}_j^+ - \underline{x}_{ij}\right|}\right.$$

$$+\frac{\min\limits_{1\leqslant i\leqslant n}\min\limits_{1\leqslant j\leqslant m}\left|\underline{x}_j^{+}-\bar{x}_{ij}^{-}\right|+\lambda\max\limits_{1\leqslant i\leqslant n}\max\limits_{1\leqslant j\leqslant m}\left|\bar{x}_j^{+}-\bar{x}_{ij}\right|}{\left|\bar{x}_j^{+}-\bar{x}_{ij}^{-}\right|+\lambda\max\limits_{1\leqslant i\leqslant n}\max\limits_{1\leqslant j\leqslant m}\left|\bar{x}_j^{+}-\bar{x}_{ij}\right|}\Bigg] \tag{3.3.9}$$

为子因素 $x_{ij}(\otimes)$ 关于理想母因素 $x_j^{+}(\otimes)$ 的灰色区间关联系数 $(i=1,2,\cdots,n;j=1,2,\cdots,m)$, 并称

$$G\left(x^{+}(\otimes),x_i(\otimes)\right)=\sum_{j=1}^{m}w_j r_{ij}^{+},\quad i=1,2,\cdots,n \tag{3.3.10}$$

为方案 A_i 的效果评价向量关于理想最优方案的效果评价向量的灰色区间关联度, 且简称为方案 A_i 关于理想最优方案的灰色区间关联度; 称

$$r_{ij}^{-}=\frac{1}{2}\left[\frac{\min\limits_{1\leqslant i\leqslant n}\min\limits_{1\leqslant j\leqslant m}\left|\underline{x}_{ij}-\underline{x}_j^{-}\right|+\lambda\max\limits_{1\leqslant i\leqslant n}\max\limits_{1\leqslant j\leqslant m}\left|\underline{x}_{ij}-\underline{x}_j^{-}\right|}{\left|\underline{x}_{ij}-\underline{x}_j^{-}\right|+\lambda\max\limits_{1\leqslant i\leqslant n}\max\limits_{1\leqslant j\leqslant m}\left|\underline{x}_{ij}-\underline{x}_j^{-}\right|}\right.$$
$$\left.+\frac{\min\limits_{1\leqslant i\leqslant n}\min\limits_{1\leqslant j\leqslant m}\left|\bar{x}_{ij}-\bar{x}_j^{-}\right|+\lambda\max\limits_{1\leqslant i\leqslant n}\max\limits_{1\leqslant j\leqslant m}\left|\bar{x}_{ij}-\bar{x}_j^{-}\right|}{\left|\bar{x}_{ij}-\bar{x}_j^{-}\right|+\lambda\max\limits_{1\leqslant i\leqslant n}\max\limits_{1\leqslant j\leqslant m}\left|\bar{x}_{ij}-\bar{x}_j^{-}\right|}\right]$$
$$i=1,2,\cdots,n;\quad j=1,2,\cdots,m \tag{3.3.11}$$

为子因素 $x_{ij}(\otimes)$ 关于临界母因素 $x_j^{-}(\otimes)$ 的灰色区间关联系数 $(i=1,2,\cdots n;j=1,2,\cdots,m)$, 并称

$$G\left(x^{-}(\otimes),x_i(\otimes)\right)=\sum_{j=1}^{m}w_j r_{ij}^{-},\quad i=1,2,\cdots,n \tag{3.3.12}$$

为方案 A_i 关于临界最优方案的灰色区间关联度. 其中 $\lambda\in[0,1]$ 为分辨系数或比较环境调节因子.

由定义 3.3.3 可知, 理想最优方案效果评价值关于理想母因素的关联系数构成向量 $r=(1,1,\cdots,1)\in\mathbf{R}^m$, 临界最优方案的效果评价值关于临界母因素的关联系数构成向量 $r^{-}=(1,1,\cdots,1)\in\mathbf{R}^m$. 当决策问题中方案的目标评价值均为清晰数 (即白数)$u_{ij}(\otimes)=\underline{u}_{ij}=\bar{u}_{ij}\,(i=1,2,\cdots,n;j=1,2,\cdots,m)$ 时, 所定义的灰色区间关联系数和灰色区间关联度即转化为刘思峰所定义的灰色关联系数和灰色关联度 (刘思峰等, 2014). 所以经典灰色关联度是灰色区间关联度的特例.

定义 3.3.4 (灰色区间相对关联度) 设标准化后的各方案效果评价向量及理想最优方案效果评价向量和临界最优方案效果评价向量由式 (3.3.3)~(3.3.6) 给出, 目标权重向量为 $\omega=(\omega_1,\omega_2,\cdots,\omega_m)$, $j=1,2,\cdots,m$, 记

$$\begin{aligned}\underline{M}_j^{-}&=\max_{1\leqslant i\leqslant n}\left\{\underline{x}_{ij}-\underline{x}_j^{-}\right\},\quad \underline{M}_j^{+}=\max_{1\leqslant i\leqslant n}\left\{\underline{x}_j^{+}-\underline{x}_{ij}\right\}\\ \overline{M}_j^{-}&=\max_{1\leqslant i\leqslant n}\left\{\bar{x}_{ij}-\bar{\underline{x}}_j^{-}\right\},\quad \overline{M}_j^{+}=\max_{1\leqslant i\leqslant n}\left\{\bar{x}_j^{+}-\bar{x}_{ij}\right\}\end{aligned} \tag{3.3.13}$$

则称

$$r_{ij}^{+}=G\left(x_{j}^{+}(\otimes),x_{ij}(\otimes)\right)=1-\frac{1}{2}\left(\frac{\underline{x}_{j}^{+}-\underline{x}_{ij}}{\underline{M}_{j}^{+}}+\frac{\bar{x}_{j}^{+}-\bar{x}_{ij}}{\overline{M}_{j}^{+}}\right) \tag{3.3.14}$$

为子因素 $x_{ij}(\otimes)$ 关于理想母因素 $x_{j}^{+}(\otimes)$ 的灰色区间相对关联系数, 其中当 $\underline{M}_{j}^{+}=0$ 与 $\overline{M}_{j}^{+}=0\,(i=1,2,\cdots,n;j=1,2,\cdots,m)$ 时, 式 (3.3.14) 中对应项取值为 1, 并称

$$G\left(x^{+}(\otimes),x_{i}(\otimes)\right)=\sum_{j=1}^{m}w_{j}r_{ij}^{+},\quad i=1,2,\cdots,n \tag{3.3.15}$$

为方案 A_i 关于理想最优方案的灰色区间相对关联度. 称

$$r_{ij}^{-}=G\left(x_{j}^{-}(\otimes),x_{ij}(\otimes)\right)=1-\frac{1}{2}\left(\frac{\underline{x}_{ij}-\underline{x}_{j}^{-}}{\underline{M}_{j}^{-}}+\frac{\bar{x}_{ij}-\bar{x}_{j}^{-}}{\overline{M}_{j}^{-}}\right) \tag{3.3.16}$$

为子因素 $x_{ij}(\otimes)$ 关于临界母因素 $x_{j}^{-}(\otimes)$ 的灰色区间相对关联系数, 其中当 $\underline{M}_{j}^{-}=0$ 与 $\overline{M}_{j}^{-}=0\,(i=1,2,\cdots,n;j=1,2,\cdots,m)$ 时, 式 (3.3.16) 中对应项取值为 1, 并称

$$G\left(x^{-}(\otimes),x_{i}(\otimes)\right)=\sum_{j=1}^{m}w_{j}r_{ij}^{-},\quad i=1,2,\cdots,n \tag{3.3.17}$$

为方案 A_i 关于临界最优方案的灰色区间相对关联度.

由定义 3.3.4 可知, 理想最优方案效果评价值关于理想母因素的灰色区间相对关联系数构成向量 $r=(1,1,\cdots,1)\in\mathbf{R}^{m}$, 临界最优方案效果评价值关于临界母因素的灰色区间相对关联系数构成向量 $r^{-}=(1,1,\cdots,1)\in\mathbf{R}^{m}$.

2. 灰色关联决策方法

设有决策集合 $A=\{A_1,A_2,\cdots,A_n\}$; 目标因素集合 $S=\{S_1,S_2,\cdots,S_m\}$, 方案 A_i 的目标效果评价向量如式 (3.3.1) 所示. 试确定方案的优劣排序及最优方案.

利用灰色极差变换式 (3.3.2) 对式 (3.3.1) 进行标准化处理, 得到标准化后的各方案效果评价向量如式 (3.3.3) 所示. 再利用定义 3.3.1 计算出决策问题的理想最优方案效果评价向量如式 (3.3.5) 所示, 临界最优方案效果评价向量如式 (3.3.6) 所示.

a) 最大关联度方法

首先利用公式 (3.3.9)(或公式 (3.3.14)) 计算子因素 $x_{ij}(\otimes)$ 关于理想母因素 $x_{j}^{+}(\otimes)$ 的灰色区间关联系数 (或灰色区间相对关联系数)$r_{ij}\,(i=1,2,\cdots,n;j=1,2,\cdots,m)$, 得方案 A_i 关于理想方案的多目标灰色关联度判断向量

$$r_{i}^{+}=\left(r_{i1}^{+},r_{i2}^{+},\cdots,r_{im}^{+}\right),\quad i=1,2,\cdots,n \tag{3.3.18}$$

设目标权重向量为 $\omega=(\omega_1,\omega_2,\cdots,\omega_m)$, 则利用式 (3.3.10)(或式 (3.3.15)) 计算出方案 A_i 关于理想最优方案的灰色区间关联度 (或灰色区间相对关联度) $G\big(x^+(\otimes),x_i(\otimes)\big)\,(i=1,2,\cdots,n)$, 其值越大, 方案越优. 因此可按关联度 $G\big(x^+(\otimes),x_i(\otimes)\big)$ 的值从大到小的顺序给出方案优劣排序.

综上所述, 最大关联度决策算法如下:

步骤 1 利用灰色极差变换公式 (3.3.2), 对非负区间灰数评价向量式 (3.3.1) 进行标准化处理, 得到各方案标准化的效果评价向量式 (3.3.3);

步骤 2 由式 (3.3.4) 和式 (3.3.5) 计算决策问题的理想方案效果评价向量;

步骤 3 利用灰色区间关联系数公式 (3.3.9)(或灰色区间相对关联系数公式 (3.3.14)) 计算出各方案的灰色关联度判断向量式 (3.3.18);

步骤 4 利用加权关联度公式 (3.3.10)(或公式 (3.3.15)) 计算各方案与理想方案之间的灰色区间关联度 (或灰色区间相对关联度) $G\left(x^+(\otimes),x_i(\otimes)\right)\big(i=1,2,\cdots,n\big)$;

步骤 5 按灰关联度 $G\left(x^+(\otimes),x_i(\otimes)\right)$ 的值从大到小的顺序给出方案优劣排序, 其中关联度 $G\left(x^+(\otimes),x_i(\otimes)\right)$ 的最大值对应的方案为最优方案.

b) 最小关联度方法

在上述最大关联度方法中, 将理想方案效果评价向量换为临界方案效果评价向量式 (3.3.6), 利用公式 (3.3.11)(或公式 (3.3.16)) 计算各方案关于临界方案的灰色关联度判断向量

$$r_i^-=\left(r_{i1}^-,r_{i2}^-,\cdots,r_{im}^-\right),\quad i=1,2,\cdots,n \tag{3.3.19}$$

利用公式 (3.3.12)(或公式 (3.3.17)) 计算各方案与临界方案之间的灰色关联度 $G\left(x^-(\otimes),x_i(\otimes)\right)(i=1,2,\cdots,n)$, 按 $G\left(x^-(\otimes),x_i(\otimes)\right)$ 的值从小到大的顺序给出方案优劣排序, 其中关联度的最小值对应的方案为最优方案, 最小关联度决策算法的步骤与最大关联度方法基本相同.

c) 综合关联度方法

综合关联度方法就是同时计算出各方案关于理想方案的关联度 $G\big(x^+(\otimes),x_i(\otimes)\big)$ 以及关于临界方案的关联度 $G\left(x^-(\otimes),x_i(\otimes)\right)(i=1,2,\cdots,n)$. 根据两类关联度的偏好系数 (或权重)$\beta_1,\beta_2\,(\beta_1+\beta_2=1)$, 利用灰色线性综合关联度公式 (3.3.7) (或灰色乘积综合关联度公式 (3.3.8)) 计算各方案的灰色综合关联度 $G\left(x_i(\otimes)\right)$ $(i=1,2,\cdots,n)$. 按灰色综合关联度 $G\left(x_i(\otimes)\right)$ 的值从大到小的顺序给出方案的优劣排序, 其中最大值对应的方案为最优方案.

综上所述, 综合关联度决策算法如下:

步骤 1 与最大关联度决策算法的步骤 1 相同;

步骤 2 由公式 (3.3.4)~(3.3.6) 计算决策问题的理想方案效果评价向量及临界方案效果评价向量;

步骤 3 利用灰色区间关联系数公式 (3.3.9) 和公式 (3.3.11)(或灰色区间相对关联系数公式 (3.3.14) 和公式 (3.3.16)), 分别计算出各方案关于理想方案的灰色关联度判断向量式 (3.3.18) 及关于临界方案的灰色关联度判断向量式 (3.3.19);

步骤 4 利用加权关联度公式 (3.3.10)(或公式 (3.3.15)) 和公式 (3.3.12)(或公式 (3.3.17)), 分别计算各方案与理想方案之间的灰色区间关联度 (或灰色区间相对关联度)$G\left(x^{+}(\otimes), x_i(\otimes)\right)$ 及与临界方案之间的灰色区间关联度 (或灰色区间相对关联度)$G\left(x^{-}(\otimes), x_i(\otimes)\right)(i=1,2,\cdots,n)$;

步骤 5 由公式 (3.3.7)(或公式 (3.3.8)) 计算各方案的灰色综合关联度 $G\big(x_i(\otimes)\big)(i=1,2,\cdots,n)$;

步骤 6 按灰色综合关联度 $G\left(x_i(\otimes)\right)$ 的值从大到小的顺序给出方案优劣排序, 其中最大值对应的方案为最优方案.

算例 3.3.1

黄河宁蒙段的冰凌灾害问题比较严重, 现对宁蒙段 4 个分河段 (石嘴山 (N_1)、巴彦高勒 (N_2)、三湖河口 (N_3) 和头道拐 (N_4)) 发生冰塞的情况进行评估, 选取水温 (c_1)、过水断面 (c_2)、流量 (c_3) 和流凌密度 (c_4) 四个指标的数据进行分析, 具体数据如表 3-3-1 所示. 试对各分河段发生冰塞灾害的可能性进行风险评估.

表 3-3-1 2011~2015 年各河段的决策信息

河段	水温/℃	过水断面/m^2	流量/(m^3/s)	流凌密度/%
石嘴山 N_1	[0, 0.9]	[2307, 4602]	[225, 445]	[17, 72]
巴彦高勒 N_2	[0, 5.2]	[2419, 6758]	[234, 926]	[6, 40]
三河湖口 N_3	[0, 6.9]	[2524, 4953]	[268, 804]	[15, 57]
头道拐 N_4	[0, 4.7]	[2159, 5256]	[130, 877]	[12, 36]

(1) 用最大关联度方法求解 (注：权重 $\omega=(0.2, 0.25, 0.35, 0.2)$).

由灰色极差变换公式得各种指标的标准化指标评估值如表 3-3-2 所示.

表 3-3-2 各种指标的标准化指标评估值

	c_1	c_2	c_3	c_4
N_1	[0, 0.130435]	[0.032181, 0.531202]	[0.119347, 0.395729]	[0.833333, 0]
N_2	[0, 0.753623]	[0.056534, 1]	[0.130653, 1]	[1, 0.484818]
N_3	[0, 1]	[0.0793365, 0.607523]	[0.173367, 0.846734]	[0.863636, 0.227273]
N_4	[0, 0.681159]	[0, 0.673407]	[0, 0.938442]	[0.909091, 0.545455]

利用式 (3.3.4) 和式 (3.3.5) 计算理想方案效果评估向量得

$$x^{+}(\otimes)=([0, 1], [0.079365, 1], [0.173367, 1], [1, 0.545455])$$

利用灰色区间关联系数公式 (3.3.9), 以及加权关联度公式 (3.3.10) 计算各方案关于理想方案的灰色区间关联度:

$$G\left(x^+(\otimes), x_1(\otimes)\right) = 0.137763, \quad G\left(x^+(\otimes), x_2(\otimes)\right) = 0.218088$$
$$G\left(x^+(\otimes), x_3(\otimes)\right) = 0.200987, \quad G\left(x^+(\otimes), x_4(\otimes)\right) = 0.166222$$

按上述关联度的大小, 可得优劣排序为 $N_2 \succ N_3 \succ N_4 \succ N_1$, 最优为 N_2.

(2) 用最小关联度方法求解.

利用式 (3.3.4) 和式 (3.3.6) 计算临界方案效果评估向量得

$$x^-(\otimes) = ([0, 0.130435], [0, 0.531202], [0, 0.395729], [0, 0.833333])$$

利用灰色区间关联系数公式 (3.3.11)(取 $\lambda = 0.5$) 及加权关联度公式 (3.3.12), 计算各方案关于临界方案的灰色区间关联度:

$$G\left(x^-(\otimes), x_1(\otimes)\right) = 0.248805, \quad G\left(x^-(\otimes), x_2(\otimes)\right) = 0.145266$$
$$G\left(x^-(\otimes), x_3(\otimes)\right) = 0.163551, \quad G\left(x^-(\otimes), x_4(\otimes)\right) = 0.200545$$

按上述关联度的值由小到大, 可得优劣排序为 $N_2 \succ N_3 \succ N_4 \succ N_1$, 最优方案为 N_2.

(3) 用综合关联度方法求解.

利用方法 a) 和方法 b) 中得到的灰色区间关联度 $G(x^+(\otimes), x_i(\otimes))$ 以及 $G\left(x^-(\otimes), x_i(\otimes)\right)(i = 1, 2, 3, 4)$, 由灰色综合关联度公式 (3.3.7)$\left(\text{取}\beta_1 = \beta_2 = \dfrac{1}{2}\right)$, 计算各方案的综合关联度:

$$G(x_1(\otimes)) = 0.444479, \quad G(x_2(\otimes)) = 0.536411$$
$$G(x_3(\otimes)) = 0.518718, \quad G(x_4(\otimes)) = 0.482838$$

按综合关联度由大到小得到的优劣排序为 $N_2 \succ N_3 \succ N_4 \succ N_1$, 最优为 N_2, 即巴彦高勒发生冰塞灾害的可能性最大.

由上述三种关联决策结果可知, 各种方法提出的结论相一致, 进一步验证了所提出方法的合理性和有效性.

3.3.2 决策信息为三参数区间灰数的关联决策方法

在不确定性决策理论与分析技术研究领域, 灰色决策理论与技术已成为近年来研究的热点, 而且以决策信息为区间灰数情况下的研究最为活跃, 并取得了丰硕成果. 区间灰数信息下的综合决策是用区间灰数参与评判过程, 而不像通常的决策信息采用一个固定的数值, 可以允许信息参数在一定范围内变化, 决策系统中各备选方案在指标集下的评价结果是一个区间灰数向量. 通过分析集结各方案的综合评价结果, 对各方案进行优劣排序与择优. 事实上, 在经济、金融、军事及工程技术等领域中, 获得的决策信息通常为灰数, 任一灰数 $a(\otimes)$ 均可表示为 $a(\otimes) \in [\underline{a}, \bar{a}]$, 故现实中获取的决策信息均可用区间灰数来表示 (罗党, 2005).

在区间灰数多指标决策问题的研究中, 一方面由于区间灰数的运算问题至今没有一个完善的能够普遍接受的解决方法, 因此直接进行决策方案的排序和比较成为研究的难点; 另一方面, 用区间灰数表示决策信息时, 为了覆盖整个取值范围, 区间灰数的上限与下限可能取得过大. 由区间灰数的定义可知, 该灰数在区间内取值机会均等, 在集成各方案的综合决策信息时, 涉及区间灰数的混合运算. 又由区间灰数现有的运算法则可知 (刘思峰等, 2014), 计算结果会进一步扩大区间灰数的取值范围, 从而产生较大的误差, 甚至失真. 卜广志和张宇文认真探讨了区间数和三角模糊数在刻画不确定信息时的局限性以及优势互补性, 提出了三参数区间数的概念 (卜广志和张宇文, 2001). 本节在三参数区间数相关研究成果的基础上, 引入了三参数区间灰数的概念, 对决策信息为三参数区间灰数的多指标决策技术进行研究, 提出了灰色关联决策方法、灰色综合贴近度方法和投影指标函数方法. 所谓三参数区间灰数, 是指取值可能性最大的重心点已知的区间灰数, 即三参数区间灰数可表示为 $a(\otimes) \in [\underline{a}, \tilde{a}, \bar{a}]$($\underline{a} \leqslant \tilde{a} \leqslant \bar{a}$), 其中 $\tilde{a}$ 为 $a(\otimes)$ 取值可能性最大的数. 重心未知时, 即为通常的区间灰数. 采用三参数区间灰数进行评价, 保证了区间灰数的取值范围, 突出了灰数取值可能性最大的 "重心" 点, 弥补了灰数 "贫信息" 的不足, 使评判结果更符合工程实际.

1. **决策问题**

由三参数区间灰数的定义可知, 类似于区间灰数的运算性质, 可定义三参数区间灰数的运算. 例如, 设 $a(\otimes) \in [\underline{a}, \tilde{a}, \bar{a}]$, $b(\otimes) \in \left[\underline{b}, \tilde{b}, \bar{b}\right]$ 为三参数区间灰数, 则

$$a(\otimes) + b(\otimes) \in [\underline{a} + \underline{b}, \tilde{a} + \tilde{b}, \bar{a} + \bar{b}]$$

$$\frac{a(\otimes)}{b(\otimes)} \in \left[\min\left\{\frac{\underline{a}}{\underline{b}}, \frac{\underline{a}}{\bar{b}}, \frac{\bar{a}}{\underline{b}}, \frac{\bar{a}}{\bar{b}}\right\}, \frac{\tilde{a}}{\tilde{b}}, \max\left\{\frac{\underline{a}}{\underline{b}}, \frac{\underline{a}}{\bar{b}}, \frac{\bar{a}}{\underline{b}}, \frac{\bar{a}}{\bar{b}}\right\}\right]$$

同理, 为了消除不同指标 (属性) 下方案评价信息在量纲上的差异性与增加可比性, 类似于罗党所定义的灰色极差变换公式, 可定义三参数区间灰数的极差变换公式 (罗党, 2005). 例如, 设方案的效果评价向量记为

$$u_i(\otimes) = (u_{i1}(\otimes), u_{i2}(\otimes), \cdots, u_{im}(\otimes)), \quad i = 1, 2, \cdots, n \tag{3.3.20}$$

其中, $u_{ij}(\otimes) \in [\underline{u}_{ij}, \tilde{u}_{ij}, \bar{u}_{ij}]$($0 \leqslant \underline{u}_{ij} \leqslant \tilde{u}_{ij} \leqslant \bar{u}_{ij}, i = 1, 2, \cdots, n; j = 1, 2, \cdots, m$), 则

对效益型指标值, 有灰色极差变换

$$\underline{x}_{ij}=\frac{\underline{u}_{ij}-\underline{u}_j^{\nabla}}{\bar{u}_j^*-\underline{u}_j^{\nabla}},\quad \tilde{x}_{ij}=\frac{\tilde{u}_{ij}-\underline{u}_j^{\nabla}}{\bar{u}_j^*-\underline{u}_j^{\nabla}},\quad \bar{x}_{ij}=\frac{\bar{u}_{ij}-\underline{u}_j^{\nabla}}{\bar{u}_j^*-\underline{u}_j^{\nabla}}$$

其中, $\bar{u}_j^*=\max\limits_{1\leqslant i\leqslant n}\{\bar{u}_{ij}\}$, $\underline{u}_j^{\nabla}=\min\limits_{1\leqslant i\leqslant n}\{\underline{u}_{ij}\}$, $j=1,2,\cdots,m$, 若存在某指标 S_j 使得 $\bar{u}_j^*-\underline{u}_j^{\nabla}=0$, 则在该指标下所有方案等同, 即指标 S_j 已不能区分方案集中各方案间的优劣, 所以, 可从系统中将该指标删除.

三参数区间灰数信息下的决策问题可描述如下:

某一研究范围内的备选方案全体, 即方案集合为 $A=\{A_1,A_2,\cdots,A_n\}$, 指标 (属性) 因素集合为 $S=\{S_1,S_2,\cdots,S_m\}$. 不妨设方案规范化后的效果评价向量为

$$x_i(\otimes)=(x_{i1}(\otimes),x_{i2}(\otimes),\cdots,x_{im}(\otimes)),\quad i=1,2,\cdots,n \tag{3.3.21}$$

其中, $x_{ij}(\otimes)\in[\underline{x}_{ij},\tilde{x}_{ij},\bar{x}_{ij}]$ 为 $[0,1]$ 上的三参数区间灰数, 表示方案 A_i 在指标 S_j 下的效果评价信息. 目的是在给定的评价信息下, 解决如何集成各个方案的综合信息, 才能对备选方案的优劣进行科学合理的排序.

为了论述方便, 我们记

$$\underline{x}_j^+=\max_{1\leqslant i\leqslant n}\{\underline{x}_{ij}\},\quad \tilde{x}_j^+=\max_{1\leqslant i\leqslant n}\{\tilde{x}_{ij}\},\quad \bar{x}_j^+=\max_{1\leqslant i\leqslant n}\{\bar{x}_{ij}\}$$

$$\underline{x}_j^-=\min_{1\leqslant i\leqslant n}\{\underline{x}_{ij}\},\quad \tilde{x}_j^-=\min_{1\leqslant i\leqslant n}\{\tilde{x}_{ij}\},\quad \bar{x}_j^-=\min_{1\leqslant i\leqslant n}\{\bar{x}_{ij}\},\quad j=1,2,\cdots,m$$

则称 m 维三参数非负区间灰数向量

$$\begin{aligned}x^+(\otimes)&=(x_1^+(\otimes),x_2^+(\otimes),\cdots,x_m^+(\otimes))\\x^-(\otimes)&=(x_1^-(\otimes),x_2^-(\otimes),\cdots,x_m^-(\otimes))\end{aligned} \tag{3.3.22}$$

分别为理想最优方案效果评价向量与临界方案效果评价向量, 其中,

$$x_j^+(\otimes)\in[\underline{x}_j^+,\tilde{x}_j^+,\bar{x}_j^+],\quad x_j^-(\otimes)\in[\underline{x}_j^-,\tilde{x}_j^-,\bar{x}_j^-]\quad(j=1,2,\cdots,m)$$

2. *决策方法*

a) 三参数灰色区间关联度方法

定义 3.3.5 设方案 A_i 的规范化效果评价向量 $x_i(\otimes)$ 关于理想最优方案效果评价向量 $x^+(\otimes)$ 的三参数灰色区间关联度为 $G(x^+(\otimes),x_i(\otimes))$, 关于临界方案效果评价向量 $x^-(\otimes)$ 的三参数灰色区间关联度为 $G(x^-(\otimes),x_i(\otimes))$, 两类灰关联度的权重分别为 $\beta_1,\beta_2(\beta_1+\beta_2=1)$, 则称

$$G(x_i(\otimes))=\beta_1G(x^+(\otimes),x_i(\otimes))+\beta_2[1-G(x^-(\otimes),x_i(\otimes))] \tag{3.3.23}$$

为效果评价向量 $x_i(\otimes)$ 的三参数灰色区间线性关联度. 并称

$$G'(x_i(\otimes)) = G(x^+(\otimes), x_i(\otimes))^{\beta_1} \times [1 - G(x^-(\otimes), x_i(\otimes))]^{\beta_2}, \quad i = 1, 2, \cdots, n \tag{3.3.24}$$

为效果评价向量 $x_i(\otimes)$ 的三参数灰色区间乘积关联度.

注 当 $\beta_1 = \beta_2 = 0.5$ 时, 式 (3.3.23) 和式 (3.3.24) 分别转化为算术平均值和几何平均值.

记

$$\underline{\Delta}_{ij}^+ = \left|\underline{x}_j^+ - \underline{x}_{ij}\right|, \quad \tilde{\Delta}_{ij}^+ = \left|\tilde{x}_j^+ - \tilde{x}_{ij}\right|, \quad \bar{\Delta}_{ij}^+ = \left|\bar{x}_j^+ - \bar{x}_{ij}\right|$$
$$i = 1, 2, \cdots, n; \quad j = 1, 2, \cdots, m$$

$$\underline{m}^+ = \min_{1\leqslant i\leqslant n}\min_{1\leqslant j\leqslant m}\underline{\Delta}_{ij}^+, \quad \underline{M}^+ = \max_{1\leqslant i\leqslant n}\max_{1\leqslant j\leqslant m}\underline{\Delta}_{ij}^+, \quad \bar{m}^+ = \min_{1\leqslant i\leqslant n}\min_{1\leqslant j\leqslant m}\bar{\Delta}_{ij}^+$$

$$\bar{M}^+ = \max_{1\leqslant i\leqslant n}\max_{1\leqslant j\leqslant m}\bar{\Delta}_{ij}^+, \quad \tilde{m}^+ = \min_{1\leqslant i\leqslant n}\min_{1\leqslant j\leqslant m}\tilde{\Delta}_{ij}^+, \quad \tilde{M}^+ = \max_{1\leqslant i\leqslant n}\max_{1\leqslant j\leqslant m}\tilde{\Delta}_{ij}^+$$

定义 3.3.6 设规范化后的各方案效果评价向量及理想最优方案效果评价向量由式 (3.3.21)、式 (3.3.22) 给出, 指标权重向量为 $\omega = (\omega_1, \omega_2, \cdots, \omega_m)$, 则称

$$r_{ij}^+ = \frac{1}{2}\left[(1-\alpha)\frac{\underline{m}^+ + \lambda\underline{M}^+}{\underline{\Delta}_{ij}^+ + \lambda\underline{M}^+} + \frac{\tilde{m}^+ + \lambda\tilde{M}^+}{\tilde{\Delta}_{ij}^+ + \lambda\tilde{M}^+} + \alpha\frac{\bar{m}^+ + \lambda\bar{M}^+}{\bar{\Delta}_{ij}^+ + \lambda\bar{M}^+}\right] \tag{3.3.25}$$

为子因素 $x_{ij}(\otimes)$ 关于理想母因素 $x_j^+(\otimes)$ 的三参数灰色区间关联系数 $(i = 1, 2, \cdots, n; j = 1, 2, \cdots, m)$, 其中, $\lambda \in [0, 1]$ 为分辨系数或比较环境调节因子, $\alpha \in [0, 1]$ 为决策偏好系数. 称

$$G\left(x^+(\otimes), x_i(\otimes)\right) = \sum_{j=1}^{m}\omega_j r_{ij}^+, \quad i = 1, 2, \cdots, n \tag{3.3.26}$$

为效果评价向量 $x_i(\otimes)$ 关于理想最优方案效果评价向量 $x^+(\otimes)$ 的三参数灰色区间关联度.

记

$$\underline{\Delta}_{ij}^- = \left|\underline{x}_{ij} - \underline{x}_{ij}^-\right|, \quad \tilde{\Delta}_{ij}^- = \left|\tilde{x}_{ij} - \tilde{x}_j^-\right|, \quad \bar{\Delta}_{ij}^- = \left|\bar{x}_{ij} - \bar{x}_j^-\right|$$
$$i = 1, 2, \cdots, n; \quad j = 1, 2, \cdots, m$$

$$\underline{m}^- = \min_{1\leqslant i\leqslant n}\min_{1\leqslant j\leqslant m}\underline{\Delta}_{ij}^-, \quad \underline{M}^- = \max_{1\leqslant i\leqslant n}\max_{1\leqslant j\leqslant m}\underline{\Delta}_{ij}^-, \quad \bar{m}^- = \min_{1\leqslant i\leqslant n}\min_{1\leqslant j\leqslant m}\bar{\Delta}_{ij}^-$$

$$\bar{M}^- = \max_{1\leqslant i\leqslant n}\max_{1\leqslant j\leqslant m}\bar{\Delta}_{ij}^-, \quad \tilde{m}^- = \min_{1\leqslant i\leqslant n}\min_{1\leqslant j\leqslant m}\tilde{\Delta}_{ij}^-, \quad \tilde{M}^- = \max_{1\leqslant i\leqslant n}\max_{1\leqslant j\leqslant m}\tilde{\Delta}_{ij}^-$$

定义 3.3.7 设规范化后的各方案效果评价向量及临界方案效果评价向量由式 (3.3.21)、式 (3.3.22) 给出. 指标权重向量为 $\omega = (\omega_1, \omega_2, \cdots, \omega_m)$, 则称

$$r_{ij}^- = \frac{1}{2}\left[(1-\tau)\frac{\underline{m}^- + \xi\underline{M}^-}{\underline{\Delta}_{ij}^- + \xi\underline{M}^-} + \frac{\tilde{m}^- + \xi\tilde{M}^-}{\tilde{\Delta}_{ij}^- + \xi\tilde{M}^-} + \tau\frac{\bar{m}^- + \xi\bar{M}^-}{\bar{\Delta}_{ij}^- + \xi\bar{M}^-}\right] \tag{3.3.27}$$

为子因素 $x_{ij}(\otimes)$ 关于理想母因素 $x_j^-(\otimes)$ 的三参数灰色区间关联系数 $(i=1, 2,\cdots,n;j=1,2,\cdots,m)$, 其中, $\xi\in(0,1)$ 为分辨系数或比较环境调节因子, $\tau\in[0,1]$ 为决策偏好系数. 称

$$G\left(x^-(\otimes),x_i(\otimes)\right)=\sum_{j=1}^{m}\omega_j r_{ij}^-,\quad i=1,2,\cdots,n \tag{3.3.28}$$

为效果评价向量 $x_i(\otimes)$ 关于理想方案评价向量 $x^-(\otimes)$ 的三参数灰色区间关联度.

由定义 3.3.6 与定义 3.3.7 可知, 理想最优方案效果评价值关于理想母因素的三参数灰色区间关联系数构成向量 $r^+=(1,1,\cdots,1)\in\mathbf{R}^m$, 临界方案效果评价值关于临界母因素的三参数灰色区间关联系数构成向量 $r^-=(1,1,\cdots,1)\in\mathbf{R}^m$. 当决策问题中方案的指标评价值均为清晰数 (即白数 $u_{ij}(\otimes)=\underline{u}_{ij}=\tilde{u}_{ij}=\bar{u}_{ij}(i=1,2,\cdots,n;j=1,2,\cdots,m)$) 时, 本章中所定义的三参数灰色区间关联系数和三参数灰色区间关联度式 (3.3.25)~(3.3.28) 转化为刘思峰等所定义的灰色关联系数和灰色关联度 (刘思峰等, 2014). 所以经典灰色关联系数和关联度是本节中三参数灰色区间关联系数和关联度的特例. 另一方面, 本节中定义的三参数灰色区间关联系数式 (3.3.25) 与式 (3.3.27) 体现了灰色系统的基本原理, 突出了灰数取值可能性最大数的信息价值.

b) 灰色区间综合贴近度方法

记

$$\Delta\underline{x}_{ij}=\underline{x}_{i,j+1}-\underline{x}_{ij},\quad \Delta\underline{x}_i=\frac{1}{m}\sum_{j=1}^{m}\underline{x}_{ij},\quad \Delta\tilde{x}_{ij}=\tilde{x}_{i,j+1}-\tilde{x}_{ij},$$

$$\Delta\tilde{x}_i=\frac{1}{m}\sum_{j=1}^{m}\tilde{x}_{ij},\qquad \Delta\bar{x}_{ij}=\bar{x}_{i,j+1}-\bar{x}_{ij}$$

$$\Delta\bar{x}_i=\frac{1}{m}\sum_{j=1}^{m}\bar{x}_{ij},\quad \Delta\underline{x}_j^+=\underline{x}_{j+1}^+-\underline{x}_j^+,\quad \Delta\underline{x}^+=\frac{1}{m}\sum_{j=1}^{m}\underline{x}_j^+,\quad \Delta\tilde{x}_j^+=\tilde{x}_{j+1}^+-\tilde{x}_j^+$$

$$\Delta\tilde{x}^+=\frac{1}{m}\sum_{j=1}^{m}\tilde{x}_j^+,\quad \Delta\bar{x}_j^+=\bar{x}_{j+1}^+-\bar{x}_j^+,\quad \Delta\bar{x}^+=\frac{1}{m}\sum_{j=1}^{m}\bar{x}_j^+$$

$$\Delta\underline{x}_j^-=\underline{x}_{j+1}^--\underline{x}_j^-,\quad \Delta\underline{x}^-=\frac{1}{m}\sum_{j=1}^{m}\underline{x}_j^-,\qquad \Delta\tilde{x}_j^-=\tilde{x}_{j+1}^--\tilde{x}_j^-,\ \Delta\tilde{x}^-=\frac{1}{m}\sum_{j=1}^{m}\tilde{x}_j^-$$

$$\Delta\bar{x}_j^-=\bar{x}_{j+1}^--\bar{x}_j^-,\quad \Delta\bar{x}^-=\frac{1}{m}\sum_{j=1}^{m}\bar{x}_j^-,\quad i=1,2,\cdots,n;\quad j=1,2,\cdots,m$$

定义 3.3.8　设规范化后的各方案效果评价向量及理想最优方案效果评价向量和临界方案效果评价向量由式 (3.3.21) 和式 (3.3.22) 给出, 则称

$$\rho_{ij}^+=\frac{1}{2}\left[(1-\alpha)\frac{1+\left|\Delta\underline{x}_j^+/\Delta\underline{x}^+\right|}{1+\left|\Delta\underline{x}_j^+/\Delta\underline{x}^+\right|+\left|\Delta\underline{x}_j^+/\Delta\underline{x}^+-\Delta\underline{x}_{ij}/\Delta\underline{x}_i\right|}\right.$$

$$+\frac{1+\left|\Delta\tilde{x}_j^+/\Delta\tilde{x}^+\right|}{1+\left|\Delta\tilde{x}_j^+/\Delta\tilde{x}^+\right|+\left|\Delta\tilde{x}_j^+/\Delta\tilde{x}^+-\Delta\tilde{x}_{ij}/\Delta\tilde{x}_i\right|}$$
$$\left.+\alpha\frac{1+\left|\Delta\bar{x}_j^+/\Delta\bar{x}^+\right|}{1+\left|\Delta\bar{x}_j^+/\Delta\bar{x}^+\right|+\left|\Delta\bar{x}_j^+/\Delta\bar{x}^+-\Delta\bar{x}_{ij}/\Delta\bar{x}_i\right|}\right] \tag{3.3.29}$$

为子因素 $x_{ij}(\otimes)$ 关于理想母因素 $x_j^+(\otimes)$ 的三参数灰色区间斜率关联系数 $(i=1,2,\cdots,n;\ j=1,2,\cdots,m)$, 其中 $\alpha\in[0,1]$ 为决策者偏好系数. 称

$$\rho_{ij}^-=\frac{1}{2}\left[(1-\tau)\frac{1+\left|\Delta\underline{x}_j^-/\Delta\underline{x}^-\right|}{1+\left|\Delta\underline{x}_j^-/\Delta\underline{x}^-\right|+\left|\Delta\underline{x}_j^-/\Delta\underline{x}^--\Delta\underline{x}_{ij}/\Delta\underline{x}_i\right|}\right.$$
$$+\frac{1+\left|\Delta\tilde{x}_j^-/\Delta\tilde{x}^-\right|}{1+\left|\Delta\tilde{x}_j^-/\Delta\tilde{x}^-\right|+\left|\Delta\tilde{x}_j^-/\Delta\tilde{x}^--\Delta\tilde{x}_{ij}/\Delta\tilde{x}_i\right|}$$
$$\left.+\tau\frac{1+\left|\Delta\bar{x}_j^-/\Delta\bar{x}^-\right|}{1+\left|\Delta\bar{x}_j^-/\Delta\bar{x}^-\right|+\left|\Delta\bar{x}_j^-/\Delta\bar{x}^--\Delta\bar{x}_{ij}/\Delta\bar{x}_i\right|}\right] \tag{3.3.30}$$

为子因素 $x_{ij}(\otimes)$ 关于理想母因素 $x_j^-(\otimes)$ 的三参数灰色区间斜率关联系数 $(i=1,2,\cdots,n;\ j=1,2,\cdots,m)$, 其中 $\tau\in[0,1]$ 为决策者偏好系数.

由定义 3.3.8 可知, ρ_{ij}^+ 刻画了折线 $x_i(\otimes)$ 与 $x^+(\otimes)$ 上对应线段 $[j,j+1]$ 斜率的接近程度, ρ_{ij}^- 刻画了折线 $x_i(\otimes)$ 与 $x^-(\otimes)$ 上对应线段 $[j,j+1]$ 斜率的接近度, 同时突出了灰数取值重心坐标的重要性.

定义 3.3.9 设规范化后各方案效果评价向量及理想最优方案效果评价向量由式 (3.3.21) 和式 (3.3.22) 给出, r_{ij}^+ 由式 (3.3.25) 给出, ρ_{ij}^+ 由式 (3.3.29) 给出, 记 $\rho_{ij}^+=0(i=1,2,\cdots,n;\ j=1,2,\cdots,m)$, 则称

$$t_{ij}^+=(1-\beta)r_{ij}^++\beta\rho_{ij}^+,\quad \beta\in[0,1],\quad i=1,2,\cdots,n;\quad j=1,2,\cdots,m \tag{3.3.31}$$

为子因素 $x_{ij}(\otimes)$ 关于理想母因素 $x_j^+(\otimes)$ 的三参数灰色区间综合贴近系数, β 为决策者偏好系数. 称

$$t\left(x^+(\otimes),x_i(\otimes)\right)=\sum_{j=1}^m\omega_j t_{ij}^+,\quad i=1,2,\cdots,n \tag{3.3.32}$$

为方案 A_i 关于理想最优方案的三参数灰色区间综合贴近度, 其中 $\omega_j(j=1,2,\cdots,m)$ 为指标 S_j 的权重.

定义 3.3.10 设规范化后各方案效果评价向量及临界方案效果评价向量由式 (3.3.20)、式 (3.3.21) 给出, r_{ij}^- 由式 (3.3.27) 给出, ρ_{ij}^- 由式 (3.3.30) 给出, 记 $\rho_{ij}^-=0(i=1,2,\cdots,n;\ j=1,2,\cdots,m)$, 则称

$$t_{ij}^-=(1-\gamma)r_{ij}^++\gamma\rho_{ij}^+,\quad \gamma\in[0,1],\quad i=1,2,\cdots,n;\quad j=1,2,\cdots,m \tag{3.3.33}$$

为子因素 $x_{ij}(\otimes)$ 关于临界母因素 $x_j^-(\otimes)$ 的三参数灰色区间综合贴近系数, γ 为决策者偏好系数. 称

$$t\left(x^-(\otimes), x_i(\otimes)\right)=\sum_{j=1}^{m}\omega_j t_{ij}^-, \quad i=1,2,\cdots,n \tag{3.3.34}$$

为方案 A_i 关于临界方案的三参数灰色区间综合贴近度, 其中 $\omega_j(j=1,2,\cdots,m)$ 为指标 S_j 的权重.

定义 3.3.11　设规范化后各方案效果评价向量及理想最优方案效果评价向量和临界方案的效果评价向量分别由式 (3.3.21)、式 (3.3.22) 给出, 方案 A_i 关于理想最优方案及临界方案的三参数灰色区间综合贴近度分别由式 (3.3.32) 及式 (3.3.34) 给出, 则称

$$t(x_i(\otimes))=(1-\eta)\,t\left(x^+(\otimes), x_i(\otimes)\right)+\eta\left[1-t\left(x^-(\otimes), x_i(\otimes)\right)\right], \quad \eta\in[0,1] \tag{3.3.35}$$

为方案 A_i 的三参数灰色区间线性综合贴近度. 称

$$t'(x_i(\otimes))=\left[t\left(x^+(\otimes), x_i(\otimes)\right)\right]^{1-\eta}\times\left[1-t\left(x^-(\otimes), x_i(\otimes)\right)\right]^{\eta}, \quad \eta\in[0,1] \tag{3.3.36}$$

为方案 A_i 的三参数灰色区间乘积综合贴近度, 其中 η 为决策者偏好系数.

当 $\eta=0.5$ 时, 式 (3.3.35) 和式 (3.3.36) 分别转化为算术平均值和几何平均值.

c) 投影指标函数方法

为了叙述方便, 将由式 (3.3.21) 给出的方案 A_i 规范化后的效果评价向量写成决策矩阵

$$x_i(\otimes)=(x_{ikj})_{3\times m}=\begin{bmatrix} x_{i11} & x_{i12} & \cdots & x_{i1m} \\ x_{i21} & x_{i22} & \cdots & x_{i2m} \\ x_{i31} & x_{i32} & \cdots & x_{i3m} \end{bmatrix}, \quad i=1,2,\cdots,n \tag{3.3.37}$$

其中 $x_{i1j}=\underline{x}_{ij}, x_{i2j}=\tilde{x}_{ij}, x_{i3j}=\bar{x}_{ij}, i=1,2,\cdots,n; j=1,2,\cdots,m$.

类似地, 将由式 (3.3.22) 给出的理想最优方案及临界方案效果评价向量分别写成决策矩阵

$$x^+(\otimes)=(x_{kj}^+)_{3\times m}=\begin{bmatrix} x_{11}^+ & x_{12}^+ & \cdots & x_{1m}^+ \\ x_{21}^+ & x_{22}^+ & \cdots & x_{2m}^+ \\ x_{31}^+ & x_{32}^+ & \cdots & x_{3m}^+ \end{bmatrix}$$

$$x^-(\otimes)=(x_{kj}^-)_{3\times m}=\begin{bmatrix} x_{11}^- & x_{12}^- & \cdots & x_{1m}^- \\ x_{21}^- & x_{22}^- & \cdots & x_{2m}^- \\ x_{31}^- & x_{32}^- & \cdots & x_{3m}^- \end{bmatrix} \tag{3.3.38}$$

其中 $x_{1j}^{+}=\underline{x}_j^{+}, x_{2j}^{+}=\tilde{x}_j^{+}, x_{3j}^{+}=\bar{x}_j^{+}, x_{1j}^{-}=\underline{x}_j^{-}, x_{2j}^{-}=\tilde{x}_j^{-}, x_{3j}^{-}=\bar{x}_j^{-}$, $j=1,2,\cdots,m$.

由三参数区间灰数的定义, 取实向量 $e=(1-\mu,1,\mu,\omega_1,\omega_2,\cdots,\omega_m)$ 为投影方向, 其中 $\mu\in[0,1]$, $\omega_j(j=1,2,\cdots,m)$ 为指标的权重. 对任意的 $i(i=1,2,\cdots,n)$, 记

$$
\begin{aligned}
&Z(i)_1^{-}=\sum_{j=1}^{m}\omega_j\left(x_{i1j}-x_{1j}^{-}\right)^2,\quad Z(i)_2^{-}=\sum_{j=1}^{m}\omega_j\left(x_{i2j}-x_{2j}^{-}\right)^2,\\
&Z(i)_3^{-}=\sum_{j=1}^{m}\omega_j\left(x_{i3j}-x_{3j}^{-}\right)^2\\
&Z(i)_1^{+}=\sum_{j=1}^{m}\omega_j\left(x_{i1j}-x_{1j}^{+}\right)^2,\quad Z(i)_2^{+}=\sum_{j=1}^{m}\omega_j\left(x_{i2j}-x_{2j}^{+}\right)^2,\\
&Z(i)_3^{+}=\sum_{j=1}^{m}\omega_j\left(x_{i3j}-x_{3j}^{+}\right)^2
\end{aligned}
\tag{3.3.39}
$$

定义 3.3.12 设规范化后各方案效果评价向量及理想最优方案和临界方案的效果评价向量分别由式 (3.3.37) 和式 (3.3.38) 给出, $Z(i)_k^{-}$, $Z(i)_k^{+}(i=1,2,\cdots,n;k=1,2,3)$ 由式 (3.3.39) 给出, 则称

$$
Z(i)=\frac{\left[(1-\varepsilon)Z(i)_1^{-}+Z(i)_2^{-}+\varepsilon Z(i)_3^{-}\right]^{1/2}}{\left[(1-\varepsilon)Z(i)_1^{-}+Z(i)_2^{-}+\varepsilon Z(i)_3^{-}\right]^{1/2}+\left[(1-\varepsilon)Z(i)_1^{+}+Z(i)_2^{+}+\varepsilon Z(i)_3^{+}\right]^{1/2}}
\tag{3.3.40}
$$

为方案 A_i 的效果评价向量 $x_i(\otimes)$ 在投影方向 $e=(1-\mu,1,\mu,\omega_1,\omega_2,\cdots,\omega_m)$ 上的一维投影指标函数值, 其中 $\varepsilon\in[0,1]$ 为决策者偏好系数, $\omega_j(j=1,2,\cdots,m)$ 为指标 S_j 的权重.

对任意 $i\in\{1,2,\cdots,n\}, j\in\{1,2,\cdots,m\}, \mu\in[0,1], \frac{1}{2}\left[(1-\mu)x_{i1j}+x_{i2j}+x_{i3j}\right]$ 恰好是决策者对方案 A_i 在指标 S_j 下评价值的期望值. 由定义 3.3.12 知, 投影指标函数值 $Z(i)$ 为方案 A_i 的效果评价向量 $x_i(\otimes)$ 距离理想最优方案和临界方案效果评价向量 $x^{+}(\otimes)$ 及 $x^{-}(\otimes)$ 的相对接近度.

3. 决策算法

三参数灰色区间关联决策算法如下:

步骤 1 对三参数非负区间灰数评价向量式 (3.3.20) 进行规范化处理, 得到各方案规范化的效果评价向量式 (3.3.21), 计算决策问题的理想最优方案和临界方案的效果评价向量式 (3.3.22);

步骤 2 利用三参数灰色区间关联系数公式 (3.3.25) 和 (3.3.27) 分别计算各方案关于理想最优方案与临界方案的三参数灰色区间关联系数向量

$$
r_i^{+}=\left(r_{i1}^{+},r_{i2}^{+},\cdots,r_{im}^{+}\right),\quad r_i^{-}=\left(r_{i1}^{-},r_{i2}^{-},\cdots,r_{im}^{-}\right),\quad i=1,2,\cdots,n
\tag{3.3.41}
$$

步骤 3　利用三参数灰色区间关联度公式 (3.3.26) 和公式 (3.3.28) 分别计算各方案与理想最优方案和临界方案之间的三参数灰色区间关联度 $G(x^+(\otimes), x_i(\otimes))$ 及 $G(x^-(\otimes), x_i(\otimes))(i=1,2,\cdots,n)$, 利用式 (3.3.23) 或式 (3.3.24) 计算各方案的三参数灰色区间线性关联度或三参数灰色区间乘积关联度 $G(x_i(\otimes))(i=1,2,\cdots,n)$;

步骤 4　按照关联度 $G(x_i(\otimes))(i=1,2,\cdots,n)$ 的值从大到小的顺序给出方案优劣排序, 其中关联度 $G(x_i(\otimes))$ 的最大值对应的方案为最优方案.

类似地, 可给出三参数灰色区间综合贴近度决策算法及投影指标函数决策算法, 本节略.

3.3.3　决策信息为三参数区间灰数的相位关联决策方法

考虑到区间灰数中的参数对决策方法的影响, 在决策方案的各参数区间灰数评价信息中, 笔者把各区间灰数中的参数与最优方案中的参数给出对应比较, 构造了最优三参数区间灰数的参数相位关联因子并对其进行集结, 得到各方案效果评价向量与最优方案的三参数区间灰数效果评价向量的最优相位关联度, 根据各方案的最优相位关联度的大小选取方案的优劣 (刘思峰等, 2010); 同样, 构造各方案的效果评价向量与临界方案效果评价向量间的临界相位关联度, 根据各方案的临界相位关联度的大小选取方案的优劣. 根据权重对各方案综合评价的影响, 探讨三参数区间灰数信息下各方案加权效果评价向量与最优方案加权效果评价向量间的最优加权相位关联度, 并以此作为各方案优劣选取的依据.

1. *灰色相位关联决策方法*

1) 三参数区间灰数信息下的最优灰色相位关联决策方法

由于各方案效果评价向量中三参数区间灰数的第一、二、三参数与最优方案效果评价向量的同类参数具有对应可比性, 因此构造最优灰色第一、二、三参数相位关联因子如下：

$$\underline{\gamma}_{ij}^{+}=\frac{1}{1+\left|\underline{x}_{0j}^{+}(j)-\underline{x}_{ij}(j)\right|},\quad \tilde{\gamma}_{ij}^{+}=\frac{1}{1+\left|\tilde{x}_{0j}^{+}(j)-\tilde{x}_{ij}(j)\right|},\quad \bar{\gamma}_{ij}^{-}=\frac{1}{1+\left|\bar{x}_{0j}^{+}(j)-\bar{x}_{ij}(j)\right|}$$

对灰色最优方案效果评价向量的第一、二、三参数相位关联因子进行集结, 并对各方案信息进行整合, 得各方案的最优灰色相位关联度：

$$\gamma^{+}(X_0^{+}, X_i)=\frac{1}{\rho}\sum_{j=1}^{m}(\partial_1\underline{\gamma}_{ij}^{+}+\partial_2\tilde{\gamma}_{ij}^{+}+\partial_3\bar{\gamma}_{ij}^{+}),\quad i=1,2,\cdots,n \tag{3.3.42}$$

其中, $\gamma^{+}(X_0^{+}, X_i)$ 为决策方案 A_i 的最优灰色相位关联度; $\sum\limits_{t=1}^{3}\partial_t=1, 0\leqslant\partial_t\leqslant1$, $t=1,2,3$, ∂_t 为调节因子; $\rho>0$, ρ 为增减系数. $\gamma^{+}(X_0^{+}, X_i)$ 的大小直接反映了方案 A_i 与最优方案的关联程度, $\gamma^{+}(X_0^{+}, X_i)$ 越大, 说明方案 A_i 越优.

2) 三参数区间灰数信息下的临界相位关联决策方法

由于各方案效果评价向量中三参数区间灰数的第一、二、三参数与临界方案效果评价向量中同类参数的对应可比性, 我们分别给出临界灰色第一、二、三参数相位关联因子如下:

$$\underline{\gamma}_{ij}^{-}=\frac{1}{1+\left|\underline{x}_{0j}^{-}(j)-\underline{x}_{ij}(j)\right|},\quad \tilde{\gamma}_{ij}^{-}=\frac{1}{1+\left|\tilde{x}_{0j}^{-}(j)-\tilde{x}_{ij}(j)\right|},\quad \bar{\gamma}_{ij}^{-}=\frac{1}{1+\left|\bar{x}_{0j}^{-}(j)-\bar{x}_{ij}(j)\right|}$$

对这三类临界灰色参数相位关联因子信息进行集结, 并对各方案信息进行整合, 得各方案的临界灰色相位关联度:

$$\gamma^{-}(X_0^{-},X_i)=\frac{1}{\rho}\sum_{j=1}^{m}(\partial_1\underline{\gamma}_{ij}^{-}+\partial_2\tilde{\gamma}_{ij}^{-}+\partial_3\bar{\gamma}_{ij}^{-}),\quad i=1,2,\cdots,n \tag{3.3.43}$$

其中, $\gamma^{-}(X_0^{-},X_i)$ 为决策方案 A_i 的临界灰色相位关联度; $\sum\limits_{t=1}^{3}\partial_t=1, 0\leqslant\partial_t\leqslant 1$, $t=1,2,3$, ∂_t 为调节因子; $\rho>0$, ρ 为增减系数. $\gamma^{-}(X_0^{-},X_i)$ 的大小直接反映了方案 A_i 与最优方案的关联程度, $\gamma^{-}(X_0^{-},X_i)$ 越大, 说明方案 A_i 越优.

3) 三参数区间灰数信息下的加权最优相位关联决策方法

考虑到权重对决策效果的影响, 因此把加权最优方案效果评价向量中的三参数区间灰数中的第一、二、三参数作相应比较, 构造加权最优灰色第一、二、三参数相位关联因子:

$$\underline{\eta}_{ij}^{+}=\frac{1}{1+\left|\omega_j(\underline{x}_{0j}^{+}(j)-\underline{x}_{ij}(j))\right|},\quad \tilde{\eta}_{ij}^{+}=\frac{1}{1+\left|\omega_j(\tilde{x}_{0j}^{+}(j)-\tilde{x}_{ij}(j))\right|}$$

$$\bar{\eta}_{ij}^{+}=\frac{1}{1+\left|\omega_j(\bar{x}_{0j}^{+}(j)-\bar{x}_{ij}(j))\right|}$$

对加权最优灰色第一、二、三参数相位关联因子进行集结, 并对各方案信息进行整合, 得各方案的加权最优灰色相位关联度:

$$\eta^{+}(X_0^{+},X_i)=\frac{1}{\rho}\sum_{j=1}^{m}(\partial_1\underline{\eta}_{ij}^{+}+\partial_2\tilde{\eta}_{ij}^{+}+\partial_3\bar{\eta}_{ij}^{+}),\quad i=1,2,\cdots,n \tag{3.3.44}$$

其中, $\eta^{+}(X_0^{+},X_i)$ 为决策方案 A_i 的加权最优灰色相位关联度; $\sum\limits_{t=1}^{3}\partial_t=1, 0\leqslant\partial_t\leqslant 1$, $t=1,2,3$, ∂_t 为调节因子; $\rho>0$, ρ 为增减系数. $\eta^{+}(X_0^{+},X_i)$ 的大小直接反映了方案 A_i 与加权最优方案的关联程度, $\eta^{+}(X_0^{+},X_i)$ 越大, 说明方案 A_i 越优.

4) 三参数区间灰数信息下的加权临界相位关联决策方法

考虑到权重对决策效果的影响, 因此给出各方案加权效果评价向量的第一、二、三参数的加权临界灰色第一、二、三参数相位关联因子:

$$\underline{\eta}_{ij}^{-}=\frac{1}{1+\left|\omega_j(\underline{x}_{0j}^{-}(j)-\underline{x}_{ij}(j))\right|},\quad \tilde{\eta}_{ij}^{-}=\frac{1}{1+\left|\omega_j(\tilde{x}_{0j}^{-}(j)-\tilde{x}_{ij}(j))\right|}$$

$$\bar{\eta}_{ij}^{-}=\frac{1}{1+\left|\omega_j(\bar{x}_{0j}^{-}(j)-\bar{x}_{ij}(j))\right|}$$

对加权临界灰色第一、二、三参数相位关联因子进行集结, 得各方案的加权临界灰色相位关联度:

$$\eta^{-}(X_0^{-},X_i)=\frac{1}{\rho}\sum_{j=1}^{m}(\partial_1\underline{\eta}_{ij}^{-}+\partial_2\tilde{\eta}_{ij}^{-}+\partial_3\bar{\eta}_{ij}^{-}),\quad i=1,2,\cdots,n \tag{3.3.45}$$

其中, $\eta^{-}(X_0^{-},X_i)$ 为决策方案 A_i 的加权临界灰色相位关联度; $\sum\limits_{t=1}^{3}\partial_t=1, 0\leqslant\partial_t\leqslant 1$, $t=1,2,3$, ∂_t 为调节因子; $\rho>0$, ρ 为增减系数. $\eta^{-}(X_0^{-},X_i)$ 的大小直接反映了方案 A_i 与加权临界方案的关联程度, $\eta^{-}(X_0^{-},X_i)$ 越小, 说明方案 A_i 越优.

5) 三参数区间灰数信息下的变权线性综合相位关联决策方法

设 $\eta^{+}(X_0^{+},X_i)$, $\eta^{-}(X_0^{-},X_i)$, 如式 (3.3.44) 和式 (3.3.45) 所述, 两类加权灰色相位关联度的变权分别为 $\partial, 1-\partial, 0\leqslant\partial\leqslant 1$, 则称

$$\lambda(X_i)=\partial\eta^{+}(X_0^{+},X_i)+(1-\partial)[1-\eta^{-}(X_0^{-},X_i)],\quad i=1,2,\cdots,n \tag{3.3.46}$$

为方案 A_i 的灰色变权线性综合相位关联度, $\lambda(X_i)$ 越大, 方案 A_i 越优.

6) 三参数区间灰数信息下的变权乘积综合相位关联决策方法

设 $\eta^{+}(X_0^{+},X_i)$, $\eta^{-}(X_0^{-},X_i)$, 如式 (3.3.44) 和式 (3.3.45) 所述, 两类灰色相位关联的变权分别为 $\partial, 1-\partial, 0\leqslant\partial\leqslant 1$, 则称

$$\pi(X_i)=(\eta^{+}(X_0^{+},X_i))^{\partial}\times[1-\eta^{-}(X_0^{-},X_i)]^{1-\partial},\quad i=1,2,\cdots,n \tag{3.3.47}$$

为方案 A_i 的灰色变权乘积综合相位关联度, $\pi(X_i)$ 越大, 方案 A_i 越优.

可用同样的方法定义区间灰数及实数的相位关联决策方法, 因为三参数区间灰数中的三个参数有两个相同时, 三参数区间灰数就变为区间灰数. 而区间灰数中的两参数为相同参数时, 区间灰数就变为实数. 即区间灰数、实数均为三参数区间灰数的特殊情况. 特别地, 对于实数的情况, 简单做出以下探讨: 设系统行为数据系列为

$$X_i=(x_i(1),x_i(2),\cdots,x_i(m)),\quad i=1,2,\cdots,n$$

$X_0^{+}=(x_0^{+}(1),x_0^{+}(2),\cdots,x_0^{+}(m))$ 为从以上系统行为数据序列的各对应数据中选取的最大者组成的最优系统数据序列 (也可考虑选取最劣系统数据序列). 则 X_i 与 X_0^{+} 的相位关联因子为

$$\gamma_{0i}^{+}(j)=\frac{1}{1+\left|x_0^{+}(j)-x_i(j)\right|},\quad i=1,2\cdots,n;\quad j=1,2,\cdots,m$$

相位关联度为

$$\gamma^+(X_0^+, X_i) = \frac{1}{m}\sum_{j=1}^{m}\gamma_{0i}^+(j) = \frac{1}{m}\sum_{j=1}^{m}\left(\frac{1}{1+\left|x_0^+(j)-x_i(j)\right|}\right), \quad i=1,2,\cdots,n$$

易验证相位关联度具有关联性、偶对称性、接近性. 由于仅考虑 X_i 与 X_0^+ 的比较, 未考虑其他因素, 因此相位关联度没有整体性问题. 运用相位关联度可判断出 X_i 与 X_0^+ 的关联程度.

2. 决策算法

在三参数区间灰数信息下, 方案 A_i 关于最优方案的相位关联度算法如下:

步骤 1 对三参数非负区间灰数评价向量进行规范化处理, 得到各方案规范化的可比效果评价向量;

步骤 2 确定最优方案可比效果评价向量;

步骤 3 运用式 (3.3.42) 算出方案 A_i 关于最优方案的相位关联度 $\gamma^+(X_0^+, X_i)$;

步骤 4 按照 $\gamma^+(X_0^+, X_i)$ 的大小, 对各方案进行排序, 最大的为最优.

类似地, 可给出方案 A_i 关于临界方案的相位关联度算法、加权最优相位关联度算法、加权临界相位关联度算法、变权线性综合相位关联度算法、变权乘积综合相位关联度算法.

3.4 考虑决策者风险偏好的灰色关联决策方法

3.4.1 基于前景理论的灰色关联决策方法

在实际的决策过程中, 由于决策环境的复杂性、决策信息的不确定性, 以及人们的不完全理性等因素, 决策者对方案风险偏好多带有主观性, 而这种风险偏好常会影响决策者对目标权重的设定, 从而造成最终评价结果的不真实性. Kahneman 和 Tversky 在此基础上提出了前景理论, 前景理论将决策者的心理因素考虑到决策中, 并发现了理性决策研究没有意识到的行为模式, 同时将权重的决定由概率转化为权重函数, 给不同的结果分派非概率权重 (Kahneman D and Tversky A, 1979). 近年来, 前景理论的研究与其他的决策方法相结合的研究也得到了广泛的应用 (Liu P D, 2011; Liu Y et al., 2014).

本节将前景理论的理论知识和灰关联决策相结合, 通过奖优罚劣原则对原始数据进行规范化处理, 并借鉴 TOPSIS 的思想, 构造出正负理想方案. 以各方案与正负理想方案的关联系数为参照点构造出前景价值函数, 求解出各目标的最优权重. 最后通过案例证实了本节方法的可行性.

1. 多目标灰色关联决策方法

定义 3.4.1　设 $A=\{a_1,a_2,\cdots,a_n\}$ 为事件集, $B=\{b_1,b_2,\cdots b_m\}$ 为对策集, 而局势集为 $x(\otimes)\in[x^L,x^H]$, 则称 $A=[x_1^L,x_1^H]$ 为局势 $B=[x_2^L,x_2^H]$ 在 $f(x)\in[0,1]$ 目标下的效果样本值, 由于实际的决策信息大多带有不确定性, 所以效果样本值以区间数的形式给出, 记为 x, 则局势 s_{ij} 在 $x\in[a^l,b^l]$ 目标下的效果样本值矩阵如下：

$$U_1^k=\begin{bmatrix}\left[u_{11}^{(k)L},u_{11}^{(k)U}\right] & \left[u_{12}^{(k)L},u_{12}^{(k)U}\right] & \cdots & \left[u_{1m}^{(k)L},u_{1m}^{(k)U}\right]\\ \left[u_{21}^{(k)L},u_{21}^{(k)U}\right] & \left[u_{22}^{(k)L},u_{22}^{(k)U}\right] & \cdots & \left[u_{2m}^{(k)L},u_{2m}^{(k)U}\right]\\ \vdots & \vdots & & \vdots\\ \left[u_{n1}^{(k)L},u_{n1}^{(k)U}\right] & \left[u_{n2}^{(k)L},u_{n2}^{(k)U}\right] & \cdots & \left[u_{nm}^{(k)L},u_{nm}^{(k)U}\right]\end{bmatrix}\tag{3.4.1}$$

鉴于原始数据有不同的量纲, 因此, 需要对其进行规范化处理消除量纲的影响. 为了更好地体现前景理论中的收益和损失, 本节根据奖优罚劣的思想, 对原始数据进行规范化处理. 如果评价值大于平均水平, 则赋予 [0, 1] 的正值; 如果评价值小于平均水平, 则赋予 [−1, 0] 的负值, 从而生成了 [−1, 1] 的无量纲化数据.

定义 3.4.2　令

$$Z_j^{(k)}=\frac{1}{n}\sum_{i=1}^{n}\left(u_{ij}^{(k)L}+u_{ij}^{(k)U}\right),\quad i=1,2,\cdots,n;\quad j=1,2,\cdots,m\tag{3.4.2}$$

若指标为效益型指标, 则

$$\left[y_{ij}^{(k)L},y_{ij}^{(k)U}\right]=\left[\frac{u_{ij}^{(k)L}-z_j^{(k)}}{\left|z_j^{(k)}\right|},\frac{u_{ij}^{(k)U}-z_j^{(k)}}{\left|z_j^{(k)}\right|}\right]\tag{3.4.3}$$

若指标为成本型指标, 则

$$\left[y_{ij}^{(k)L},y_{ij}^{(k)U}\right]=\left[\frac{z_j^{(k)}-u_{ij}^{(k)U}}{\left|z_j^{(k)}\right|},\frac{z_j^{(k)}-u_{ij}^{(k)L}}{\left|z_j^{(k)}\right|}\right]\tag{3.4.4}$$

变换后的矩阵记为 $D^{(k)}=\left(\left[y_{ij}^{(k)L},y_{ij}^{(k)U}\right]\right)_{n\times m}$. 再对变换后的矩阵进行规范化处理, 得到规范化的决策矩阵为 $R^{(k)}=\left(\left[r_{ij}^{(k)L},r_{ij}^{(k)U}\right]\right)_{n\times m}$, 其中

$$\left[r_{ij}^{(k)L},r_{ij}^{(k)U}\right]=\left[\frac{y_{ij}^{(k)L}}{\max\limits_{j}\left(\left|y_{ij}^{(k)L}\right|,\left|y_{ij}^{(k)U}\right|\right)},\frac{y_{ij}^{(k)U}}{\max\limits_{j}\left(\left|y_{ij}^{(k)L}\right|,\left|y_{ij}^{(k)U}\right|\right)}\right]\tag{3.4.5}$$

以上变换称为 $[-1,1]$ 的线性变换算子.

由以上可得局势在 k 目标下的效果矩阵

$$R^{(k)}=\begin{bmatrix}\left[r_{11}^{(k)L},r_{11}^{(k)U}\right] & \left[r_{12}^{(k)L},r_{12}^{(k)U}\right] & \cdots & \left[r_{1m}^{(k)L},r_{i1m}^{(k)U}\right]\\ \left[r_{21}^{(k)L},r_{21}^{(k)U}\right] & \left[r_{22}^{(k)L},r_{22}^{(k)U}\right] & \cdots & \left[r_{2m}^{(k)L},r_{2m}^{(k)U}\right]\\ \vdots & \vdots & & \vdots\\ \left[r_{n1}^{(k)L},r_{n1}^{(k)U}\right] & \left[r_{n2}^{(k)L},r_{n2}^{(k)U}\right] & \cdots & \left[r_{nm}^{(k)L},r_{nm}^{(k)U}\right]\end{bmatrix} \tag{3.4.6}$$

定义 3.4.3 设 $r_j^{+(k)}=\max\left\{\left(r_{ij}^{(k)L}+r_{ij}^{(k)U}\right)\right\}(1\leqslant i\leqslant n;\ 1\leqslant k\leqslant s)$, 其对应的值记为 $[r_{ij}^{+(k)L},r_{ij}^{+(k)U}]$, 则称 $r_j^{+(k)}$ 为局势 s_{ij} 在 k 目标下的正理想效果测度矩阵.

定义 3.4.4 设 $r_j^{-(k)}=\min\left\{\left(r_{ij}^{(k)L}+r_{ij}^{(k)U}\right)\right\}(1\leqslant i\leqslant n;\ 1\leqslant k\leqslant s)$, 其对应的值记为 $[r_{ij}^{(-(k))L},r_{ij}^{(-(k))U}]$, 则称 $r_j^{-(k)}$ 为局势 s_{ij} 在 $\otimes$ 目标下的负理想效果测度矩阵.

定义 3.4.5 设区间灰数 $a(\otimes)\in[\underline{a},\bar{a}],b(\otimes)\in[\underline{b},\bar{b}]$ 称

$$d\left(a\left(\otimes\right),b\left(\otimes\right)\right)=\sqrt{\left(\bar{b}-\bar{a}\right)^2+\left(\underline{b}-\underline{a}\right)^2} \tag{3.4.7}$$

为区间灰数 $a(\otimes)$ 与 $b(\otimes)$ 的相离度.

定义 3.4.6 设局势 s_{ij} 在 k 目标下的效果测度矩阵为 r_{ij}^k, 正负理想方案测度矩阵为 $r_j^{+(k)}$, $r_j^{-(k)}$, 则

$$\xi_{ij}^{+(k)}=\frac{\min\limits_i\min\limits_j d\left(r_{ij}^{(k)},r_j^{+(k)}\right)+\rho\max\limits_i\max\limits_j d\left(r_{ij}^{(k)},r_j^{+(k)}\right)}{d\left(r_{ij}^{(k)},r_j^{+(k)}\right)+\rho\max\limits_i\max\limits_j d\left(r_{ij}^{(k)},r_j^{+(k)}\right)} \tag{3.4.8}$$

$$\xi_{ij}^{-(k)}=\frac{\min\limits_i\min\limits_j d\left(r_{ij}^{(k)},r_j^{-(k)}\right)+\rho\max\limits_i\max\limits_j d\left(r_{ij}^{(k)},r_j^{-(k)}\right)}{d\left(r_{ij}^{(k)},r_j^{-(k)}\right)+\rho\max\limits_i\max\limits_j d\left(r_{ij}^{(k)},r_j^{-(k)}\right)} \tag{3.4.9}$$

分别称为 s_{ij} 在 k 目标下与正、负理想测度矩阵的关联系数, 其中 $\rho\in[0,1]$ 为分辨系数, 一般取 $\rho=0.5$.

定义 3.4.7 设 $\omega_k(k=1,2,\cdots,s)$ 为目标 k 的权重值, 且 $\sum\limits_{k=1}^{s}\omega_k=1$, 则局势 s_{ij} 的综合效果测度为

$$r_{ij}=\sum_{k=1}^{s}\omega_k r_{ij}^{(k)} \tag{3.4.10}$$

综合效果测度为

$$R = \begin{bmatrix} [r_{11}^L, r_{11}^U] & [r_{12}^L, r_{12}^U] & \cdots & [r_{1m}^L, r_{1m}^U] \\ [r_{21}^L, r_{21}^U] & [r_{22}^L, r_{22}^U] & \cdots & [r_{2m}^L, r_{2m}^U] \\ \vdots & \vdots & & \vdots \\ [r_{n1}^L, r_{n1}^U] & [r_{n2}^L, r_{n2}^U] & \cdots & [r_{nm}^L, r_{nm}^U] \end{bmatrix} \tag{3.4.11}$$

2. 基于前景理论的方案综合前景值

根据前景理论可知, 前景价值由价值函数和决策权重共同决定. 前景价值的表达式为

$$V = \sum_{i=1}^{n} \pi(p_i) v(x_i) \tag{3.4.12}$$

式中, V 为前景价值, $\pi(p_i)$ 是决策权重, $v(x_i)$ 是价值函数. 根据 Kahneman 所定义的前景理论的价值函数, 得到各局势 s_{ij} 在不同目标下的价值函数, 其表达式为

$$v\left(r_{ij}^{(k)}\right) = \begin{cases} \left(1 - \xi_{ij}^{-(k)}\right)^{\alpha} \\ -\theta\left[-\left(\xi_{ij}^{+(k)} - 1\right)\right]^{\beta} \end{cases} \tag{3.4.13}$$

其中: 参数 α 和 β 分别表示收益区域和损失区域的价值幂函数的凹凸程度, 当 $\alpha, \beta < 1$ 时, 前景效用价值敏感性是递减的; 系数 θ 代表损失区域比收益区域更陡的程度特性, 当 $\theta > 1$ 时, 表示决策者对损失是厌恶的.

由前景理论的相关原理可知, 若以正理想方案为参考点, 则被选方案劣于正理想解方案, 决策者是面临损失的, 表现为追求风险; 以负理想方案为参考点, 则备选方案优于负理想解方案, 决策者是面临收益的, 表现为厌恶风险.

根据 Kahneman 给出的价值函数, 假设前景权重函数分别为 $\pi^+(\omega_k)$ 和 $\pi^-(\omega_k)$, 此时 s_{ij} 的综合前景值为正前景值与负前景值之和:

$$V_{ij} = V_{ij}^{+(k)} + V_{ij}^{-(k)} = \sum_{k=1}^{s} v^+\left(r_{ij}^{(k)}\right)\pi^+(\omega_k) + \sum_{k=1}^{s} v^-\left(r_{ij}^{(k)}\right)\pi^-(\omega_k) \tag{3.4.14}$$

$$\pi^+(\omega_k) = \frac{\omega_k^{r^+}}{\left[\omega_k^{r^+} + (1-\omega_k)^{r^+}\right]^{1/r^+}}, \quad \pi^-(\omega_k) = \frac{\omega_k^{r^-}}{\left[\omega_k^{r^-} + (1-\omega_k)^{r^-}\right]^{1/r^-}} \tag{3.4.15}$$

根据 Tversky 和 Kahneman 的研究成果, 式中 $\theta = 2.25$, $\alpha = \beta = 0.88$, $r^+ = 0.61, r^- = 0.69$ (Tversky A and Kahneman D, 1992). 设目标权重为 $\omega = (\omega_1, \omega_2, \cdots, \omega_s)$, 对于每个备选方案而言, 其综合前景值越大, 方案越优, 同时, 考虑

到各备选方案是公平竞争的, 可利用多目标规划方法建立优化模型

$$\max V=\sum_{i=1}^{n}\sum_{j=1}^{m}\sum_{k=1}^{s}v_{ij}^{+}\pi^{+}\left(\omega_k\right)+\sum_{i=1}^{n}\sum_{j=1}^{m}\sum_{k=1}^{s}v_{ij}^{-}\pi^{-}\left(\omega_k\right)$$
$$\text{s.t.}\ \sum_{k=1}^{s}\omega_k=1,\ \omega_k\geqslant 0 \tag{3.4.16}$$

通过 Lingo13.0 软件求解上述模型, 得出最优权向量 $\omega^*=(\omega_1^*,\omega_2^*,\cdots,\omega_s^*)$.

3. 基于前景理论的多目标灰色关联决策方法的步骤

步骤 1 设事件集 $A=\{a_1,a_2,\cdots,a_n\}$ 和对策集 $B=\{b_1,b_2,\cdots,b_m\}$, 构造局势集 $S=\{s_{ij}=(a_i,b_j)\,|a_i\in A,b_j\in B\}$;

步骤 2 确定决策目标, 对目标 k 求相应的效果测度矩阵;

步骤 3 求 k 目标下的一致效果测度矩阵, 并确定 k 目标下的正负理想效果测度矩阵, 并运用式 (3.4.8)、式 (3.4.9) 计算在 k 目标下各方案与正负理想方案的关联系数 $\xi_{ij}^{+(k)}$ 和 $\xi_{ij}^{-(k)}$, 然后计算正负前景矩阵 $V_{ij}^{+(k)}$ 和 $V_{ij}^{-(k)}$;

步骤 4 以全部方案的综合前景值最大化为目标, 建立多目标优化模型, 求得最优权重 $\omega^*=(\omega_1^*,\omega_2^*,\cdots,\omega_s^*)$;

步骤 5 把最优权重代入式 (3.4.10), 求出综合效果测度值;

步骤 6 利用区间灰数的排序对综合效果测度矩阵进行排序, 确定最优局势.

3.4.2 基于后悔理论的灰色关联决策方法

在实际的决策评估问题中, 评估者往往对评估对象不仅有客观选择还有主观偏好. 鉴于此, 本节引入了考虑评估者心理行为影响因素的后悔理论 (Bell D E, 1982; Quiggin J, 1994), 后悔理论认为评估者在评估过程中不仅关注其选择的方案的结果, 还关注其他方案可能获得的结果. 此外, 在实际的决策问题中, 指标常带有一定的不确定性, 这些性质都体现了管理决策的灰色特性. 因此, 可用灰关联分析的方法来处理这些灰色信息.

本节提出的一种基于后悔理论的灰色关联决策方法, 不仅能处理决策问题中数据所呈现出的灰色特性, 同时融入了评估者的心理行为, 充分考虑到实际评估问题中的主客观选择, 有效地解决了一个信息不完全的决策评估问题, 使得对实际决策问题的评估更加与实际相符合.

1. 基本概念

定义 3.4.8 既有下界 x^L 又有上界 x^H 的灰数称为区间灰数, 记为 $x(\otimes)\in\left[x^L,x^H\right]$(刘思峰等, 2014).

定义 3.4.9 设有区间灰数 $A=[x_1^L,x_1^H],B=[x_2^L,x_2^H],f(x)\in[0,1]$, 则称

$$d(A,B)=\left|x_2^H-x_1^H\right|+\left|x_2^L-x_1^L\right| \tag{3.4.17}$$

为区间灰数 A,B 的相离度 (罗党, 2013).

定义 3.4.10 设系统行为指标序列的母序列为：$X_0=(x_1(\otimes),x_2(\otimes),\cdots,x_n(\otimes))$, 子序列为：$X_i=(x_{i1}(\otimes),x_{i2}(\otimes),\cdots,x_{in}(\otimes))$. 则子序列 $x\in[b^u,a^u]$ 与母序列在第 j 个指标下的关联系数为

$$\xi_{ij}=\frac{\min\limits_i\min\limits_j|d(x_{ij},x_j)|+\rho\max\limits_i\max\limits_j|d(x_{ij},x_j)|}{|d(x_{ij},x_j)|+\rho\max\limits_i\max\limits_j|d(x_{ij},x_j)|} \tag{3.4.18}$$

其中, $i=1,2,\cdots,n;j=1,2,\cdots,m$; $\rho\in[0,1]$ 为分辨系数, 一般取 $\rho=0.5$(刘思峰等, 2014).

2. 基于后悔理论的灰色关联评估模型

1) 问题描述

设多属性评估问题有 n 个被评估对象组成评估对象集 $S=\{S_1,S_2,\cdots,S_n\}$; m 个属性组成属性集 $A=\{A_1,A_2,\cdots,A_m\}$. 评估对象 S_i 对属性 A_j 的属性值为 $[x_{ij}^L,x_{ij}^U](i=1,2,\cdots,n;j=1,2,\cdots,m)$, 是一区间灰数. 则评估对象集 S 对属性 A 的评估样本矩阵为 $X=(x_{ij}(\otimes))_{n\times m}$.

由于属性值具有不同的量纲, 在进行评估时很难直接比较, 所以要对原始数据进行规范化处理. 为了消除量纲和增加可比性, 引入灰色极差变换, 使规范化后的数据消除效益型、成本型之间的差异, 对每一个标准值都是越大越好.

若指标 A_j 为效益型属性值, 则有

$$r_{ij}^L=\frac{x_{ij}^L-x_j^{L\Delta}}{x_j^{H\Delta}-x_j^{L\Delta}},\quad r_{ij}^H=\frac{x_{ij}^H-x_j^{L\Delta}}{x_j^{H\Delta}-x_j^{L\Delta}} \tag{3.4.19}$$

若指标 A_j 是成本型属性值, 则有

$$r_{ij}^L=\frac{x_j^{H\Delta}-x_{ij}^H}{x_j^{H\Delta}-x_j^{L\Delta}},\quad r_{ij}^H=\frac{x_j^{H\Delta}-x_{ij}^L}{x_j^{H\Delta}-x_j^{L\Delta}} \tag{3.4.20}$$

其中 $x_j^{H\Delta}=\max\limits_{1\leqslant i\leqslant n}\{x_{ij}^H\}$, $x_j^{L\Delta}=\min\limits_{1\leqslant i\leqslant n}\{x_{ij}^L\}$, 则 $r_{ij}(\otimes)\in(r_{ij}^L,r_{ij}^H)$ 为 [0, 1] 上的区间灰数, 因此可得规范化的评估矩阵：

$$R=(r_{ij}(\otimes))_{n\times m}=\begin{bmatrix}[r_{11}^L,r_{11}^U] & [r_{12}^L,r_{12}^U] & \cdots & [r_{1m}^L,r_{1m}^U]\\ [r_{21}^L,r_{21}^U] & [r_{22}^L,r_{22}^U] & \cdots & [r_{2m}^L,r_{2m}^U]\\ \vdots & \vdots & & \vdots\\ [r_{n1}^L,r_{n1}^U] & [r_{n2}^L,r_{n2}^U] & \cdots & [r_{nm}^L,r_{nm}^U]\end{bmatrix} \tag{3.4.21}$$

2) 灰关联系数与欣喜–后悔值函数

定义 3.4.11 设 $r_j^+ = \{\max r_{ij}^L, \max r_{ij}^H | 1 \leqslant i \leqslant n\}$, $r_j^- = \{\min r_{ij}^L, \min r_{ij}^H | 1 \leqslant i \leqslant n\}$, 则方案

$$S^+ = \{r_1^+, r_2^+, \cdots, r_m^+\}, \quad S^- = \{r_1^-, r_2^-, \cdots, r_m^-\} \tag{3.4.22}$$

分别称为正理想方案和负理想方案 (罗党, 2005).

根据关联系数公式 (3.4.18) 可得到：第 i 个评估对象与正负理想方案 S^+, S^- 关于指标 A_j 的关联系数分别为 ξ_{ij}^+, ξ_{ij}^-.

后悔理论最早是由 Bell(Bell D E, 1982) 和 Loomes(Loomes G, 1982) 分别独立提出的, 它是在放弃独立性公理的前提下, 将个人心理行为纳入到决策中. 这种心理行为分为后悔和欣喜, 当决策者发现选择其他方案可以获得更好的收获时, 决策者就会感到后悔. 反之, 则会感到欣喜. 害怕后悔反映了决策者对自我的一种期望, 所以决策者在决策过程中会试图避免选择使其感到后悔的方案, 即决策者通常是后悔规避的.

在 Quiggin 等于后悔理论中给出的欣喜–后悔值函数的基础上 (Quiggin J, 1994), 本节根据正负关联系数定义新的欣喜–后悔值函数：

$$u_{ij} = \begin{cases} 1 - \exp\left[-\delta\left(\zeta_{ij}^+ - 1\right)\right], & \text{以正理想方案为参考点的后悔值} \\ 1 - \exp\left[\delta\left(\zeta_{ij}^- - 1\right)\right], & \text{以负理想方案为参考点的欣喜值} \end{cases} \tag{3.4.23}$$

其中 $\delta(\delta > 0)$ 为决策者的后悔规避系数, 且 δ 越大, 决策者的后悔规避程度越大.

由式 (3.4.23) 可得各评估对象 S_i 关于属性 A_j 的后悔值为

$$u_{ij}^- = 1 - \exp\left[-\delta\left(\zeta_{ij}^+ - 1\right)\right] \tag{3.4.24}$$

欣喜值为

$$u_{ij}^+ = 1 - \exp\left[\delta\left(\zeta_{ij}^- - 1\right)\right] \tag{3.4.25}$$

评估对象在各属性下的欣喜–后悔值为

$$U_{ij} = u_{ij}^+ + u_{ij}^- \tag{3.4.26}$$

3) 属性权重的确定

对于每一个评估对象 S_i 而言, 其总的欣喜–后悔值越大越好. 建立优化模型, 其目标函数为

$$\max U = (U_1, U_2, \cdots, U_n) \tag{3.4.27}$$

由于各评估对象公平竞争, 可得到优化模型

$$\max U=\sum_{i=1}^{n}\sum_{j=1}^{m}\omega_j U_{ij}$$

$$\text{s.t.}\begin{cases}\displaystyle\sum_{j=1}^{m}\omega_j=1,\omega_j\geqslant 0\\ \eta_j\leqslant\omega_j\leqslant\mu_j,\eta_j\leqslant\mu_j\text{且}\eta_j,\mu_j\in[0,\ 1]\end{cases}\tag{3.4.28}$$

求解上述模型, 可得到属性权重向量的最优解

$$\omega^*=(\omega_1^*,\omega_2^*,\cdots,\omega_m^*)\tag{3.4.29}$$

根据各评估对象的欣喜–后悔值

$$U_i=\omega_1^*U_{i1}+\omega_2^*U_{i2}+\cdots+\omega_m^*U_{im}\quad(i=1,2,\cdots,n)\tag{3.4.30}$$

对评估对象进行排序.

3. 基于后悔理论的灰色关联决策方法步骤

步骤 1　运用区间灰数的极差变换公式 (3.4.19) 和 (3.4.20) 对决策样本矩阵 X 进行规范化处理, 得到规范化的决策矩阵 R;

步骤 2　由式 (3.4.22) 选取正理想方案和负理想方案, 并由式 (3.4.18) 计算正负灰关联系数;

步骤 3　由式 (3.4.24) 和 (3.4.25) 计算各属性下的后悔值和欣喜值, 并由式 (3.4.26) 求欣喜–后悔值矩阵 U_{ij};

步骤 4　求解式 (3.4.28) 确定的单目标优化方程, 得到最优权重向量 $\omega^*=(\omega_1^*,\omega_2^*,\cdots,\omega_m^*)$;

步骤 5　将最优属性权重代入式 (3.4.30) 计算各评估对象的欣喜–后悔值, 并对评估对象进行排序.

算例 3.4.1

黄河是中国凌汛等灾害出现最频繁的河流, 其中宁蒙河段最为严重. 现选取宁蒙河段中, 巴彦高勒、三湖河口和头道拐三个分河段在 2011~2015 年流凌期中气温、流量、水位、河道状况四个指标的数据进行灾害分析, 具体数据如表 3-4-1 所示. 决策者给出的不完全权重信息为: $0.1\leqslant\omega_1\leqslant 0.3$, $0.15\leqslant\omega_2\leqslant 0.31$, $0.2\leqslant\omega_3\leqslant 0.36$, $0.1\leqslant\omega_4\leqslant 0.28$, 试确定哪个河段更容易发生冰塞灾害.

(1) 根据黄河冰塞的形成原因可知: 气温越高产冰量越少, 不易发生冰塞灾害; 流量越大水位越高, 流凌更易运输, 从而可减少卡冰现象; 河道越宽, 浅滩越多, 更易发生卡冰现象. 所以为了减少凌汛的发生, 气温、流量、水位的数据越大越好即为

效益型属性值, 河道宽度越小越好即为成本型属性值. 对数据进行规范化处理, 得到规范化后的决策矩阵.

$$R=\begin{bmatrix}[0.1707,0.7808] & [0.2629,0.9509] & [0.4688,0.5007] & [0,1]\\ [0.2683,0.9329] & [0.1769,1] & [0,0.0467] & [0.1351,0.9459]\\ [0,0.8902] & [0,0.8526] & [0.9618,1] & [0.4054,0.9595]\end{bmatrix}$$

表 3-4-1 2011～2015 年各河段流凌期的数据

站点	气温/°C	流量/(m³/s)	水位/m	河道宽度/m
巴彦高勒	[−12.7, −2.7]	[340, 900]	[50.3, 52.9]	[600, 8000]
三湖河口	[−11.1, −0.2]	[270, 940]	[17.2, 20.5]	[1000, 7000]
头道拐	[−15.5, −0.9]	[126, 820]	[85.1, 87.8]	[900, 5000]

(2) 确定正理想方案与负理想方案, 并计算各评估对象与正、负理想方案的关联系数矩阵.

$$S^{+}=\{[0.2683,0.9329],[0.2629,1],[0.9618,1],[0.05414054,1]\}$$
$$S^{-}=\{[0,0.7805],[0,0.8526],[0,0.0.0467],[0,0.9459]\}$$

$$\xi^{+}=\begin{bmatrix}0.3835 & 1 & 0.4924 & 0.3999\\ 1 & 0.8733 & 0.3333 & 0.4615\\ 0.3334 & 0.4131 & 1 & 1\end{bmatrix}$$
$$\xi^{-}=\begin{bmatrix}0.8398 & 0.3334 & 0.5079 & 1\\ 0.5072 & 0.3577 & 1 & 0.7648\\ 1 & 1 & 0.3333 & 0.4194\end{bmatrix}$$

(3) 计算各评估对象在各属性下的欣喜值矩阵 u^{+}、后悔值矩阵 u^{-} 和欣喜–后悔值矩阵 U. (参数 $\delta=0.3$ (Quiggin J, 1994))

$$u^{+}=\begin{bmatrix}0.0469 & 0.1813 & 0.1372 & 0\\ 0.1374 & 0.1753 & 0 & 0.0681\\ 0 & 0 & 0.1813 & 0.1598\end{bmatrix}$$
$$u^{-}=\begin{bmatrix}-0.2032 & 0 & -0.1645 & -0.1972\\ 0 & -0.0387 & -0.2214 & -0.1753\\ -0.2214 & -0.1925 & 0 & 0\end{bmatrix}$$

$$U = \begin{bmatrix} -0.1562 & 0.1812 & -0.0273 & -0.1973 \\ 0.1374 & 0.1365 & -0.2214 & -0.1072 \\ -0.2214 & -0.1925 & 0.1813 & 0.1598 \end{bmatrix}$$

(4) 以欣喜–后悔值最大原则确定单目标优化方程, 可得到最优属性权重:

$$\omega^* = (\omega_1^*, \omega_2^*, \cdots, \omega_m^*) = (0.1, 0.31, 0.36, 0.23)$$

(5) 计算各评估对象的欣喜–后悔值 U_i, 并根据 U_i 的大小对评估对象进行排序.

$$U_1 = -0.0231, \quad U_2 = -0.0426, \quad U_3 = 0.0191, \quad U_3 > U_1 > U_2$$

风险评估的结果为: 三湖河口最易发生冰塞, 巴彦高勒、头道拐次之. 由于评估者心理行为的影响, 在模型达到最优时, 气温、流量、水位、河道宽度的属性权重分别为 0.1, 0.31, 0.36, 0.23. 从权重分配可以看出, 流量和水位的权重较大, 也就是流量和水位对冰塞的影响更大, 流量越大, 水位越高的河段更加不易发生冰塞灾害; 而气温和河道特性的权重略微偏小, 也就是气温和河道特性对冰塞的影响略微偏小. 从 2011~2015 年的数据可以看出: 三湖河口的水位与巴彦高勒、头道拐相比差距较大, 由于水位较低, 在弯道和坡度较缓河段不利于冰块搬运, 所以三湖河口更易发生冰塞. 而由基于后悔理论的灰色关联评估模型求得三湖河口的欣喜–后悔值最小, 所以与实际情况相符.

由黄河网的历史统计数据可知 2011~2015 年三湖河口发生冰塞的次数较多, 巴彦高勒、头道拐河段次之. 本节的结果与黄河各河段实际发生冰塞的可能性相符, 说明了本节方法的有效性.

3.5　本章小结

本章关于灰色关联决策方法的研究具有以下特点:

(1) 在介绍灰色关联算子和点关联分析方法的基础上, 给出了广义关联分析范式, 讨论了几种灰色关联分析模型的优化方法, 并研究了优化模型的算法和性质. 应用实例表明了不仅优化模型克服了传统模型存在的问题, 而且各类关联度之间具有一致性.

(2) 以灰色决策分析理论为基础, 探讨了经典灰色关联决策方法的优势与不足, 分别研究了决策信息为区间灰数、三参数区间灰数的灰色关联决策方法以及决策信息为三参数区间灰数的相位关联决策方法. 所提的灰色关联决策方法思路清晰, 具备与已有的灰色多指标决策方法的一致性和扩展性, 具有一定的实用价值.

(3) 针对决策者风险偏好的差异性影响多目标决策的问题, 分别提出了基于前景理论和后悔理论的灰色关联决策方法, 从理论上保证了决策结果能更好地贴近实际. 同时, 上述研究方法可为冰凌灾害关键因子识别和灾害风险评估提供理论依据, 拓展了灰色关联决策方法的应用范围.

在农业、经济、金融、军事和工程技术等众多领域中, 广泛存在着灰色多方案多目标决策问题. 笔者提出的灰数信息下的灰色关联决策方法对解决这类问题具有一定的理论意义和实用价值, 对灰色系统理论的完善与发展具有积极的作用.

第 4 章　灰靶决策方法

灰靶决策的主要思想是在没有标准模式的条件下, 对指标集进行测度变换得到统一量纲的欧氏空间, 即灰靶, 所有决策对象都在该灰靶上分布. 在灰靶中找到一个靶心作为标准模式, 然后将灰靶中诸决策点与靶心点进行比较, 求出不同的靶心距, 通过比较靶心距来确定排序. 在管理实践中, 由于灰靶决策的思路简单清晰, 具有很强的应用性, 近年来得到了广泛的应用. 本章从灰靶决策基本原理、灰数信息下的灰靶决策、混合信息下的灰靶决策等方面对灰靶决策方法展开论述.

4.1　灰靶决策基本原理

定义 4.1.1　设 $S=\{s_{ij}=(a_i,b_j)\,|a_i\in A,b_j\in B\}$ 为局势集, $u_{ij}^{(k)}$ 为局势 s_{ij} 在 k 目标下的效果值, $\mathbf{R}$ 为实数集, 则称

$$\begin{aligned}u_{ij}^{(k)}:S&\mapsto\mathbf{R}\\ s_{ij}&\mapsto u_{ij}^{(k)}\end{aligned}$$

为 S 在 k 目标下的效果映射.

定义 4.1.2　(1) 若$u_{ij}^{(k)}=u_{ih}^{(k)}$, 则称对策 b_j 与 b_h 关于事件 a_i 在 k 目标下等价, 记作 $b_j\cong b_h$, 称集合 $B_i^{(k)}=\{b\,|b\in B,b_j\cong b_h\}$ 为 k 目标下关于事件 a_i 的对策 b_h 的效果等价类.

(2) 设 k 目标是效果值越大越好的目标, $u_{ij}^{(k)}>u_{ih}^{(k)}$, 则称 k 目标下关于事件 a_i 的对策 b_j 优于 b_h, 记作 $b_j\succ b_h$, 称集合 $B_{ih}^{(k)}=\{b\,|b\in B,b\succ b_h\}$ 为 k 目标下关于事件 a_i 对策 b_h 的优势类.

类似地, 可以定义效果值适中为好或越小越好情况下的对策优势类.

定义 4.1.3　若

(1)$u_{ih}^{(k)}=u_{jh}^{(k)}$, 则称事件 a_i 与 a_j 关于对策 b_h 在 k 目标下等价, 记作 $a_i\cong a_j$, 则称集合 $A_{jh}^{(k)}=\{a|a\in A,a\cong a_j\}$ 为 k 目标下关于对策 b_h 的事件 a_j 的效果等价类.

(2) 设 k 目标是效果值越大越好的目标, $u_{ih}^{(k)}>u_{jh}^{(k)}$, 则称 k 目标下关于对策 b_h 的事件 a_i 优于事件 a_j, 记作 $a_i\succ a_j$, 则称集合 $A_{jh}^{(k)}=\{a|a\in A,a\succ a_j\}$ 为 k 目标下关于对策 b_h 的事件 a_j 的优势类.

类似地, 可以定义效果值适中为好或越小越好情况下的事件优势类.

定义 4.1.4 若

(1) $u_{ij}^{(k)} = u_{hl}^{(k)}$, 则称局势 s_{ij} 在 k 目标下等价于局势 s_{hl}, 记作 $s_{ij} \cong s_{hl}$, 称集合 $S^{(k)} = \{s|s \in S, s \cong s_{hl}\}$ 为 k 目标下局势 s_{hl} 的效果等价类.

(2) 设 k 目标是效果值越大越好的目标, $u_{ij}^{(k)} > u_{hl}^{(k)}$, 则称局势 s_{ij} 在 k 目标下优于局势 s_{hl}, 记作 $s_{ij} \succ s_{hl}$, 称集合 $S_{hl}^{(k)} = \{s|s \in S, s \succ s_{hl}\}$ 为 k 目标下局势 s_{hl} 的效果优势类.

类似地, 可以定义效果值适中为好或越小越好情况下的局势效果优势类.

命题 4.1.1 设 $S = \{s_{ij} = (a_i, b_j)|a_i \in A, b_j \in B\} \neq \varnothing$,

$$U^{(k)} = \{u_{ij}^{(k)}|a_i \in A, b_j \in B\}$$

为 k 目标下的效果集, $\{S^{(k)}\}$ 为 k 目标下的局势效果等价类的集合, 则映射

$$\begin{aligned} u^{(k)} :&\{S^{(k)}\} \mapsto U^{(k)} \\ &\{S^{(k)}\} \mapsto u_{ij}^{(k)} \end{aligned}$$

是 1–1 上的.

定义 4.1.5 设 $d_1^{(k)}, d_2^{(k)}$ 为 k 目标下的局势效果的上、下临界值, 则称 $S^1 = \{d_1^{(k)} \leqslant r \leqslant d_2^{(k)}\}$ 为 k 目标下的一维决策灰靶, 并称 $u_{ij}^{(k)} \in [d_1^{(k)}, d_2^{(k)}]$ 为 k 目标下的满意效果, 称相应的 s_{ij} 为在 k 目标下的可取局势, b_j 为 k 目标下关于事件 a_i 的可取对策.

命题 4.1.2 设 $u_{ij}^{(k)}$ 为局势 s_{ij} 在 k 目标下的效果值, $u_{ij}^{(k)} \in S^1$, 即 s_{ij} 为在 k 目标下的可取局势, 则对任意的 $s \in S_{ij}^{(k)}$, s 亦为可取局势, 即当 s_{ij} 可取时, 其效果优势类中的局势皆为可取局势.

以上是单目标的情况, 类似地, 可以讨论多目标局势的决策灰靶.

定义 4.1.6 设 $d_1^{(1)}, d_2^{(1)}$ 为目标 1 下的局势效果临界值, $d_1^{(2)}, d_2^{(2)}$ 为目标 2 下的局势效果临界值, 则称

$$S^2 = \{(r^{(1)}, r^{(2)})|d_1^{(1)} \leqslant r^{(1)} \leqslant d_2^{(1)}, d_1^{(2)} \leqslant r^{(2)} \leqslant d_2^{(2)}\}$$

为二维决策灰靶. 若局势 s_{ij} 的效果向量 $u_{ij} = (u_{ij}^{(1)}, u_{ij}^{(2)}) \in S^2$, 则称 s_{ij} 为目标 1 和目标 2 下的可取局势, b_j 为事件 a_i 在目标 1 和目标 2 下的可取对策.

定义 4.1.7 设 $d_1^{(1)}, d_2^{(1)}; d_1^{(2)}, d_2^{(2)}; \cdots; d_1^{(s)}, d_2^{(s)}$ 分别为目标 1, 目标 2, $\cdots$, 目标 s 下的局势效果临界值, 则称 s 维超平面区域

$$S^s = \left\{(r^{(1)}, r^{(2)}, \cdots, r^{(s)}) \,\middle|\, d_1^{(1)} \leqslant r^{(1)} \leqslant d_2^{(1)}, d_1^{(2)} \leqslant r^{(2)} \leqslant d_2^{(2)}, \cdots, d_1^{(s)} \leqslant r^{(s)} \leqslant d_2^{(s)}\right\}$$

为 s 维决策灰靶, 若局势 s_{ij} 的效果向量

$$u_{ij}=(u_{ij}^{(1)},u_{ij}^{(2)},\cdots,u_{ij}^{(s)})\in S^s$$

其中, $u_{ij}^{(k)}\,(k=1,2,\cdots,s)$ 为局势 s_{ij} 在 k 目标下的效果值, 则称 s_{ij} 为目标 1, 目标 2, $\cdots$, 目标 s 下的可取局势, b_j 为事件 a_i 在目标 1, 目标 2, $\cdots$, 目标 s 下的可取对策.

决策灰靶实质上是相对优化意义下满意效果所在的区域. 在许多场合下, 要取得绝对的最优是不可能的, 因而人们常常退而求其次, 要求有个满意的结果就行了. 当然, 根据需要, 可将决策灰靶逐步收缩, 最后退化为一点, 即是最优效果, 与之对应的局势就是最优局势, 相应的对策即为最优对策.

定义 4.1.8　称

$$R^s=\{(r^{(1)},r^{(2)},\cdots,r^{(s)})|(r^{(1)}-r_0^{(1)})^2+(r^{(2)}-r_0^{(2)})^2+\cdots+(r^{(s)}-r_0^{(s)})^2\leqslant R^2\}$$

为以 $r_0=(r_0^{(1)},r_0^{(2)},\cdots,r_0^{(s)})$ 为靶心, 以 R 为半径的 s 维球形灰靶, 称 $r_0=(r_0^{(1)},r_0^{(2)},\cdots,r_0^{(s)})$ 为最优效果向量.

定义 4.1.9　设 $r_1=(r_1^{(1)},r_1^{(2)},\cdots,r_1^{(s)})\in R^s$, 称

$$|r_1-r_0|=[(r^{(1)}-r_0^{(1)})^2+(r^{(2)}-r_0^{(2)})^2+\cdots+(r^{(s)}-r_0^{(s)})^2]^{1/2}$$

为向量 r_1 的靶心距. 靶心距的数值反应了局势效果向量的优劣.

定义 4.1.10　设 s_{ij}, s_{hl} 为不同的局势; $u_{ij}=(u_{ij}^{(1)},u_{ij}^{(2)},\cdots,u_{ij}^{(s)})$, $u_{hl}=(u_{hl}^{(1)},u_{hl}^{(2)},\cdots,u_{hl}^{(s)})$ 分别为 s_{ij} 和 s_{hl} 的效果向量. 若 $|u_{ij}-r_0|\geqslant|u_{hl}-r_0|$, 则称局势 s_{hl} 优于 s_{ij}, 记作 $s_{hl}\succ s_{ij}$. 当式中等号成立时, 亦称 s_{ij} 和 s_{hl} 等价, 记作 $s_{hl}\cong s_{ij}$.

定义 4.1.11　若对 $i=1,2,\cdots,n$ 和 $j=1,2,\cdots,m$, 恒有 $u_{ij}\neq r_0$, 则称最优局势不存在, 或称事件无最优对策.

定义 4.1.12　若最优局势不存在, 但存在 h,l, 使对任意 $i=1,2,\cdots,n$ 和 $j=1,2,\cdots,m$, 都有 $|u_{hl}-r_0|\leqslant|u_{ij}-r_0|$, 即对任意的 $s_{ij}\in S$, 有 $s_{hl}\succ s_{ij}$, 则称 s_{hl} 为次优局势, 并称 a_h 为次优事件, b_l 为次优对策.

为了使讨论方便, 我们将靶心距取为原点, 这只需对决策效果向量进行变换即可, 此时靶心距转化为决策效果向量的 2-范数.

定理 4.1.1　设 $S=\{s_{ij}=(a_i,b_j)\,|a_i\in A,b_j\in B\}$ 为局势集, 且

$$R^s=\{(r^{(1)},r^{(2)},\cdots,r^{(s)})|(r^{(1)}-r_0^{(1)})^2+(r^{(2)}-r_0^{(2)})^2+\cdots+(r^{(s)}-r_0^{(s)})^2\leqslant R^2\}$$

为球形灰靶, 则 S 在 "优于" 关系下构成有序集.

定理 4.1.2 局势集 $(S,\succ)$ 中必有次优局势.

4.2 灰数信息下的多目标灰靶决策方法

4.2.1 区间灰数信息下的灰靶决策方法

1. 基于正负靶心的多目标灰靶决策方法

1) 问题描述

设事件集为 $A=\{a_1,a_2,\cdots,a_n\}$, 对策集为 $B=\{b_1,b_2,\cdots,b_m\}$, 局势集为 $S=\{s_{ij}=(a_i,b_j)\,|a_i\in A,b_j\in B\}$, $u_{ij}^{(k)t}\in\left[\underline{u}_{ij}^{(k)t},\bar{u}_{ij}^{(k)t}\right](i=1,2,\cdots,n;j=1,2,\cdots,m)$ 为局势 $s_{ij}\in S$ 在 k 目标的第 t 个指标下的效果评价值, 是一区间灰数, 记为 $u_{ij}^{(k)t}\in\left[\underline{u}_{ij}^{(k)t},\bar{u}_{ij}^{(k)t}\right]$, 其中 $\underline{u}_{ij}^{(k)t}$ 和 $\bar{u}_{ij}^{(k)t}$ 分别为局势 s_{ij} 在 k 目标的第 t 个指标下的效果评价值的下限和上限. 这里不妨设第 k 目标有 t 个评价指标, 且其指标权重向量为 $(\omega_{k1},\omega_{k2},\cdots,\omega_{kt})$. 不同的评价目标其评价指标互不相同, 各个评价目标的权重向量为 $(\omega_1,\omega_2,\cdots,\omega_k)$(不妨设共有 k 个评价目标). 目标 1, 目标 2, $\cdots$, 目标 k 中的评价指标个数根据实际情况各不相等, 为叙述方便, 均记为 t 个指标.

根据实际情况, 为了消除在不同目标的评价指标下效果样本值在量纲上的差异性和增加可比性, 可定义区间灰数的灰色极差变换.

对于希望效果样本值 "越大越好""越多越好" 这类目标, 可采用上限效果测度

$$\underline{r}_{ij}^{(k)t}=\frac{\underline{u}_{ij}^{(k)t}-\underline{r}^{(k)t}}{\bar{r}^{(k)t}-\underline{r}^{(k)t}},\quad \bar{r}_{ij}^{(k)t}=\frac{\bar{u}_{ij}^{(k)t}-\underline{r}^{(k)t}}{\bar{r}^{(k)t}-\underline{r}^{(k)t}}\tag{4.2.1}$$

对于希望效果样本值 "越小越好""越少越好" 这类目标, 可采用下限效果测度

$$\underline{r}_{ij}^{(k)t}=\frac{\bar{r}^{(k)t}-\bar{u}_{ij}^{(k)t}}{\bar{r}^{(k)t}-\underline{r}^{(k)t}},\quad \bar{r}_{ij}^{(k)t}=\frac{\bar{r}^{(k)t}-\underline{u}_{ij}^{(k)t}}{\bar{r}^{(k)t}-\underline{r}^{(k)t}}\tag{4.2.2}$$

其中$\underline{r}^{(k)t}=\min\limits_{1\leqslant i\leqslant n}\min\limits_{1\leqslant j\leqslant m}\left\{\underline{u}_{ij}^{(k)t}\right\},\bar{r}^{(k)t}=\max\limits_{1\leqslant i\leqslant n}\max\limits_{1\leqslant j\leqslant m}\left\{\bar{u}_{ij}^{(k)t}\right\}$.

以上两种效果测度 $r_{ij}^{(k)t}(\otimes)\in\left[\underline{r}_{ij}^{(k)t},\bar{r}_{ij}^{(k)t}\right](i=1,2,\cdots,n,j=1,2,\cdots,m)$ 满足下列条件: ① 无量纲; ② $r_{ij}^{(k)t}(\otimes)\in[0,1]$; ③ 效果越理想 $r_{ij}^{(k)t}(\otimes)$ 越大. 可得到局势集 S 在目标 k 的第 t 个指标下一致效果测度矩阵

$$R^{(k)t}=r_{ij}^{(k)t}(\otimes)_{n\times m}=\begin{bmatrix} r_{11}^{(k)t}(\otimes) & r_{12}^{(k)t}(\otimes) & \cdots & r_{1m}^{(k)t}(\otimes)\\ r_{21}^{(k)t}(\otimes) & r_{22}^{(k)t}(\otimes) & \cdots & r_{2m}^{(k)t}(\otimes)\\ \vdots & \vdots & \ddots & \vdots\\ r_{n1}^{(k)t}(\otimes) & r_{n2}^{(k)t}(\otimes) & \cdots & r_{nm}^{(k)t}(\otimes)\end{bmatrix}$$

其中 $r_{ij}^{(k)t}$ 为局势 (a_i,b_j) 在 k 目标的第 t 个指标下规范化后指标评价值, 即事件 a_i 采取对策 b_j 时在 k 目标的第 t 个指标下规范化后指标评价值.

2) 区间灰数的距离及可能度公式

在灰色系统理论中, 将只知道大概范围而不知其确切值的数称为灰数, 灰数是灰色系统的基本 "单元" 或 "细胞". 既有下界 $\underline{a}$ 又有上界 $\bar{a}$ 的灰数称为区间灰数, 记为 $a(\otimes)\in[\underline{a},\bar{a}]$.

定义 4.2.1 设有两区间灰数 $a(\otimes)\in[\underline{a},\bar{a}]$ 和 $b(\otimes)\in\left[\underline{b},\bar{b}\right]$, k 为正实数, 则:

(1) $a(\otimes)+b(\otimes)\in\left[\underline{a}+\underline{b},\bar{a}+\bar{b}\right]$;

(2) $a(\otimes)\,b(\otimes)\in\left[\min\left\{\underline{a}\underline{b},\underline{a}\bar{b},\bar{a}\underline{b},\bar{a}\bar{b}\right\},\max\left\{\underline{a}\underline{b},\underline{a}\bar{b},\bar{a}\underline{b},\bar{a}\bar{b}\right\}\right]$;

(3) $ka(\otimes)\in[k\underline{a},k\bar{a}]$;

(4) $k+a(\otimes)\in[k+\underline{a},k+\bar{a}]$.

定义 4.2.2 设区间灰数 $a(\otimes)\in[\underline{a},\bar{a}]$ 和 $b(\otimes)\in\left[\underline{b},\bar{b}\right]$, 则称

$$d(a(\otimes),b(\otimes))=|\underline{a}-\underline{b}|+\left|\bar{a}-\bar{b}\right|$$

为区间灰数 $a(\otimes)$ 与 $b(\otimes)$ 的距离.

定义 4.2.3 对于区间灰数 $a(\otimes)\in[\underline{a},\bar{a}]$ 和 $b(\otimes)\in\left[\underline{b},\bar{b}\right]$, 记 $l_a=\bar{a}-\underline{a}, l_b=\bar{b}-\underline{b}$, 则称

$$p(a(\otimes)\geqslant b(\otimes))=\frac{\min\left\{l_a+l_b,\max\left(\bar{a}-\bar{b},0\right)\right\}}{l_a+l_b}$$

为 $a(\otimes)\geqslant b(\otimes)$ 的可能度.

假设有 m 个区间灰数进行两两比较, 可得到一个 $m\times m$ 的可能度矩阵. 因为该矩阵为模糊互补判断矩阵, 所以对区间灰数的大小排序便可转化为求解可能度矩阵的排序向量. 可以利用如下公式 (徐泽水，2001):

$$g_j=\frac{1}{m(m-1)}\left(\sum_{k=1}^{m}p_jk+\frac{m}{2}-1\right)$$

得到可能度矩阵的排序向量 $g=(g_1,g_2,\cdots,g_m)$, 再根据 $g_j\,(j=1,2,\cdots,m)$ 对区间灰数的大小进行排序.

3) 多目标灰靶决策模型的建立

(1) 多目标下的多指标集结.

由于多目标灰靶决策模型具有多目标、多指标、多局势的复杂结构, 所以在进行多目标分析之前, 决策者需将局势 (a_i,b_j) 在目标 k 下的各指标集结为目标 k 下的综合效果评价值 $r_{ij}^{(k)}$, 从而简化复杂的决策问题, 以便进一步作出灰靶决策.

设局势 (a_i,b_j) 在目标 k 下的各指标权重向量为 $\omega_k=(\omega_{k1},\omega_{k2},\cdots,\omega_{kt}),\sum\limits_{i=1}^{t}\omega_{ki}=1$, $0\leqslant\omega_{ki}\leqslant1$, 则在目标 k 下的 t 个评价指标可按如下方式集结为综合效果评

价值 $r_{ij}^{(k)}$：

$$r_{ij}^{(k)}(\otimes)=\omega_{k1}r_{ij}^{(k)1}(\otimes)+\omega_{k2}r_{ij}^{(k)2}(\otimes)+\cdots+\omega_{kt}r_{ij}^{(k)t}(\otimes) \tag{4.2.3}$$

若指标权重向量 ω_k 已知, 则直接代入上式便可计算局势集 S 在目标 k 下的一致效果测度矩阵

$$R^{(k)}=\left(r_{ij}^{(k)}(\otimes)\right)_{n\times m}=\begin{bmatrix} r_{11}^{(k)}(\otimes) & r_{12}^{(k)}(\otimes) & \cdots & r_{1m}^{(k)}(\otimes) \\ r_{21}^{(k)}(\otimes) & r_{22}^{(k)}(\otimes) & \cdots & r_{2m}^{(k)}(\otimes) \\ \vdots & \vdots & \ddots & \vdots \\ r_{n1}^{(k)}(\otimes) & r_{n2}^{(k)}(\otimes) & \cdots & r_{nm}^{(k)}(\otimes) \end{bmatrix} \tag{4.2.4}$$

若指标权重向量 ω_k 未知, 则还需通过一定方法或手段获得权重信息, 如主观赋权法、客观赋权法或组合赋权法. 在实际应用中, 需根据特定的情况确定适当的赋权方法, 在此不再一一介绍.

(2) 正负靶心灰靶决策.

定义 4.2.4 设 ω_k 为目标 k 的决策权重, 则称

$$r_{ij}(\otimes)=\omega_1 r_{ij}^{(1)}(\otimes)+\omega_2 r_{ij}^{(2)}(\otimes)+\cdots+\omega_k r_{ij}^{(k)}(\otimes)$$

为局势 s_{ij} 的综合效果测度. 综合效果测度矩阵可表示为

$$R=\left(r_{ij}^{(k)}(\otimes)\right)_{n\times m}\begin{bmatrix} r_{11}^{(k)}(\otimes) & r_{12}^{(k)}(\otimes) & \cdots & r_{1m}^{(k)}(\otimes) \\ r_{21}^{(k)}(\otimes) & r_{22}^{(k)}(\otimes) & \cdots & r_{2m}^{(k)}(\otimes) \\ \vdots & \vdots & \ddots & \vdots \\ r_{n1}^{(k)}(\otimes) & r_{n2}^{(k)}(\otimes) & \cdots & r_{nm}^{(k)}(\otimes) \end{bmatrix} \tag{4.2.5}$$

定义 4.2.5 若 $\max\limits_{1\leqslant j\leqslant m}\{r_{ij}\}=r_{ij_0}$, 则称 b_{j_0} 为事件 a_i 的最优对策; 若 $\max\limits_{1\leqslant i\leqslant n}\{r_{ij}\}=r_{i_0j}$, 则称 a_{i_0} 为与对策 b_j 相对应的最优事件; 若 $\max\limits_{1\leqslant i\leqslant n,1\leqslant j\leqslant m}\{r_{ij}\}=r_{i_0j_0}$, 则称 $r_{i_0j_0}$ 为最优局势.

定义 4.2.6 若 $r_{+}^{(k)}=\max_{ij}\left\{(\underline{r}_{ij}+\bar{r}_{ij})2|1\leqslant i\leqslant n\right\}$, 其对应的决策值记为 $[\underline{r}_{ij}^{+},\bar{r}_{ij}^{+}]$, 则称

$$r_{+}=\left\{r_{+}^{(1)}(\otimes),r_{+}^{(2)}(\otimes),\cdots,r_{+}^{(k)}(\otimes)\right\}=\left\{\left[\underline{r}_{i_01}^{+},\bar{r}_{i_01}^{+}\right],\left[\underline{r}_{i_02}^{+},\bar{r}_{i_02}^{+}\right],\cdots,\left[\underline{r}_{i_0k}^{+},\bar{r}_{i_0k}^{+}\right]\right\}$$

为灰靶决策的最优效果向量, 称之为正靶心.

定义 4.2.7 若 $r_{-}^{(k)}=\max_{ij}\left\{\left(\underline{r}_{ij}+\bar{r}_{ij}\right)/2|1\leqslant i\leqslant n\right\}$, 其所对应的决策值记为 $[\underline{r}_{ij}^{-},\bar{r}_{ij}^{-}]$, 则称

$$r_{-}=\left\{r_{-}^{(1)}(\otimes),r_{-}^{(2)}(\otimes),\cdots,r_{-}^{(k)}(\otimes)\right\}=\left\{\left[\underline{r}_{i1}^{-},\bar{r}_{i1}^{-}\right],\left[\underline{r}_{i2}^{-},\bar{r}_{i2}^{-}\right],\cdots,\left[\underline{r}_{ik}^{-},\bar{r}_{ik}^{-}\right]\right\}$$

为灰靶决策的最劣效果向量, 称之为负靶心.

记 r_{ij}^{+} 和 r_{ij}^{-} 分别为局势 (a_i, b_j) 到正靶心、负靶心的距离, 即

$$r_{ij}^{+}=d\left(r_{ij}, r_{+}\right)=\omega_1\left[\left|\underline{r}_{ij}^{(1)}-\underline{r}_{+}^{(1)}\right|+\left|\bar{r}_{ij}^{(1)}-\bar{r}_{+}^{(1)}\right|\right]+\cdots+\omega_k\left[\left|\underline{r}_{ij}^{(k)}-\underline{r}_{+}^{(k)}\right|+\left|\bar{r}_{ij}^{(k)}-\bar{r}_{+}^{(k)}\right|\right]$$

$$r_{ij}^{-}=d\left(r_{ij}, r_{-}\right)=\omega_1\left[\left|\underline{r}_{ij}^{(1)}-\underline{r}_{-}^{(1)}\right|+\left|\bar{r}_{ij}^{(1)}-\bar{r}_{-}^{(1)}\right|\right]+\cdots+\omega_k\left[\left|\underline{r}_{ij}^{(k)}-\underline{r}_{-}^{(k)}\right|+\left|\bar{r}_{ij}^{(k)}-\bar{r}_{-}^{(k)}\right|\right]$$

r^0 为正负靶心间的距离, 即

$$r^{0}=d\left(r_{+}, r_{-}\right)=\omega_1\left[\left|\underline{r}_{+}^{(1)}-\underline{r}_{-}^{(1)}\right|+\left|\bar{r}_{+}^{(1)}-\bar{r}_{-}^{(1)}\right|\right]+\cdots+\omega_k\left[\left|\underline{r}_{+}^{(k)}-\underline{r}_{-}^{(k)}\right|+\left|\bar{r}_{+}^{(k)}-\bar{r}_{-}^{(k)}\right|\right]$$

局势 (a_i, b_j) 的评价向量总是介于正负靶心之间, 对于事件 a_i 而言, 局势 b_j 到正靶心的距离 $r_{ij}^{+} \leqslant r^0$, 到负靶心的距离 $r_{ij}^{-} \leqslant r^0$, 局势点 (a_i, b_j) 与正靶心 r_+、负靶心 r_- 为空间内的 3 个点, 故其共线或围成三角形. 因此, 可以利用局势 (a_i, b_j) 到正靶心距离 r_{ij}^{+} 在正负靶心之间连线上的投影 r_{ij}^{*} 的大小来获取在事件 a_i 的最优对策, 即投影 r_{ij}^{*} 越大, 所对应的对策越优.

由余弦定理可知

$$\left(r_{ij}^{+}\right)^2+\left(r_{ij}^{0}\right)^2-2r_{ij}^{+}r_{ij}^{0}\cos\theta=\left(r_{ij}^{-}\right)^2$$

所以

$$r_{ij}^{*}=r_{ij}^{+}\cos\theta=\frac{\left(r_{ij}^{+}\right)^2+\left(r_{ij}^{0}\right)^2-\left(r_{ij}^{-}\right)^2}{2r_{ij}^{0}} \tag{4.2.6}$$

在特殊情况下会出现局势 (a_i, b_{j1}) 和 (a_i, b_{j2}) 在正负靶心间连线上的投影相同的情况, 因此单凭投影来决策最优对策有时不能完全确定, 不能区分在事件 a_i 下局势 b_{j1} 和 b_{j2} 的优势. 为此, 还需考虑局势 (a_i, b_j) 到正靶心的距离, 显然距离越小, 相应的决策越优. 因此, 应综合考虑局势 (a_i, b_j) 到正负靶心间连线上的投影 r_{ij}^{*} 和到正靶心的距离 r_{ij}^{+}, 即设局势 (a_i, b_j) 到正负靶心的综合距离为

$$r_{ij}^{0}=\frac{r_{ij}^{*}}{r_{ij}^{*}+r_{ij}^{+}}$$

在目标权重已知的情况下, 可以直接计算 r_{ij}^{0}, 并依此对局势进行排序. 下面考虑目标权重未知的情形下, 如何建立模型求解最优的权重向量.

(3) 目标权重的优化.

若目标权重序列 $\omega=(\omega_1, \omega_2, \cdots, \omega_k)$ 未知, 则该序列为灰内涵序列, 可以定义灰熵

$$H_{\otimes}(\omega)=-\sum_{s=1}^{k}\omega_s\ln\omega_s \tag{4.2.7}$$

根据极大熵原理, 应调整 $\omega_s\ (s=1,2,\cdots,k)$ 使得序列 $\omega=(\omega_1,\omega_2,\cdots,\omega_k)$ 的不确定性尽量减少, 即应使得 $H_{\otimes}(\omega)$ 极大化. 同时, 考虑各局势的效果测度与正靶心的接近性, 令正负靶心的综合距离最小化, 得到优化模型

$$\begin{cases} \min \displaystyle\sum_{i=1}^{n}\sum_{j=1}^{m} r_{ij}^{0} \\ \max H_{\otimes}(\omega) = -\displaystyle\sum_{s=1}^{k}\omega_s \ln \omega_s \\ \omega_1+\omega_2+\cdots+\omega_k=1 \\ \omega_s \geqslant 0, s=1,2,\cdots,k \end{cases} \tag{4.2.8}$$

上述多目标优化问题可以转化为以下单目标优化问题:

$$\begin{cases} \min\left\{\lambda \displaystyle\sum_{i=1}^{n}\sum_{j=1}^{m} r_{ij}^{0} + (1-\lambda)\sum_{i=1}^{k}\omega_i \ln \omega_i\right\} \\ \omega_1+\omega_2+\cdots+\omega_k=1 \\ 0 \leqslant \omega_s \leqslant 1, s=1,2,\cdots,k \\ 0 \leqslant \lambda \leqslant 1 \end{cases} \tag{4.2.9}$$

考虑到优化目标函数的公平竞争, 一般取 $\lambda=0.5$. 在运筹学软件的辅助下可以方便地得到最优权重序列, 然后计算正负靶心的综合距离 r_{ij}^{0}. 按区间灰数两两比较的方法, 对于事件 a_i 的局势 (a_i,b_j), $j=1,2,\cdots,m$, 比较 $r_{i1}^{0},r_{i2}^{0},\cdots,r_{im}^{0}$ 的大小, r_{ij}^{0} 越小, 其对应的对策越好.

4) 多目标灰靶决策的步骤

步骤 1 根据事件集 $A=\{a_1,a_2,\cdots,a_n\}$ 和对策集 $B=\{b_1,b_2,\cdots,b_m\}$ 构造局势集 $S=\{s_{ij}=(a_i,b_j)|\,a_i\in A, b_j\in B\}$;

步骤 2 确定决策目标和指标体系;

步骤 3 分别计算 k 个目标下 t 个指标的一致效果测度矩阵;

步骤 4 计算局势集 S 在目标 k 下的综合效果测度矩阵;

步骤 5 计算各局势的综合效果测度矩阵;

步骤 6 利用区间灰数排序的方法确定最优局势.

2. 基于灰信息的多目标灰靶决策方法

近年来, 在关于多指标、多目标决策和灰靶决策的理论研究方面取得了丰硕成果 (宋捷等, 2010; 罗党, 2013), 但针对决策信息为灰信息以及指标权重和目标权重都未知的研究甚少, 并且现有的区间灰数的距离测度方法也没有体现区间灰数取值的本质特点. 鉴于此, 本节定义了区间灰数的距离测度, 通过求解基于极大熵的优

化模型确定各目标下的各指标权重, 将各目标下的各指标信息进行集结, 把多层次决策问题简化为单层次决策问题, 构造多目标灰靶决策模型对方案进行排序.

1) 基本概念

定义 4.2.8 既有下界 $\underline{a}$ 又有上界 $\bar{a}$ 的灰数称为区间灰数, 记为 $a(\otimes) \in [\underline{a}, \bar{a}]$.

定义 4.2.9 设有两个区间灰数 $a(\otimes) \in [\underline{a}, \bar{a}]\, b(\otimes) \in [\underline{b}, \bar{b}]$, 则它们之间的距离为: $d(a(\otimes), b(\otimes)) = r|\underline{a} - \underline{b}| + (1-r)|\bar{a} - \bar{b}|$.

当决策者为风险规避者时, 取 $r > 0.5$, 表示决策者更倾向于用区间灰数的左端点衡量距离; 当决策者为风险爱好者时, 取 $r < 0.5$, 表示决策者更倾向于用区间灰数的右端点衡量距离; 当决策者为风险中立者时, 取 $r = 0.5$, 表示决策者综合考虑区间灰数的左右端点来衡量距离. 鉴于本节用的实例, 取 $r = 0.5$.

定理 4.2.1 设有两个区间灰数 $a(\otimes) \in [\underline{a}, \bar{a}]$, $b(\otimes) \in [\underline{b}, \bar{b}]$, 则它们之间的距离 $d(a(\otimes), b(\otimes))$ 满足如下性质:

(1) $d(a(\otimes), b(\otimes)) \geqslant 0$, 当且仅当 $\underline{a} = \underline{b}, \bar{a} = \bar{b}$ 时, 有 $d(a(\otimes), b(\otimes)) = 0$;

(2) $d(a(\otimes), b(\otimes)) = d(b(\otimes), a(\otimes))$;

(3) 对任意一个区间灰数 $c(\otimes) = [\underline{c}, \bar{c}]$, 有

$$d(a(\otimes), b(\otimes)) \leqslant d(a(\otimes), c(\otimes)) + d(c(\otimes), b(\otimes))$$

证明 (1), (2) 显然成立. 对 (3) 证明如下:

$$\begin{aligned} d(a(\otimes), b(\otimes)) &= r|\underline{a} - \underline{b}| + (1-r)|\bar{a} - \bar{b}| = r|\underline{a} - \underline{c} + \underline{c} - \underline{b}| + (1-r)|\bar{a} - \bar{c} + \bar{c} - \bar{b}| \\ &\leqslant r(|\underline{a} - \underline{c}| + |\underline{c} - \underline{b}|) + (1-r)(|\bar{a} - \bar{c}| + |\bar{c} - \bar{b}|) \\ &= d(a(\otimes), c(\otimes)) + d(c(\otimes), b(\otimes)) \end{aligned}$$

2) 多目标决策模型

(1) 问题描述.

设多目标决策问题有决策方案集 $S = \{s_1, s_2, \cdots, s_n\}$, 不妨设共有 p 个评价目标, 目标 $k\,(k = 1, 2, \cdots, p)$ 有 $m_k (m_k \geqslant 0)$ 个评价指标, 方案 $s_i (i = 1, 2, \cdots, n)$ 在 k 目标的第 $j\,(j = 1, 2, \cdots, m_k)$ 个指标下的评价效果值为 $u_{ij}^{(k)}$, 是一个区间灰数, 记为 $u_{ij}^{(k)}(\otimes) \in \left[\underline{u}_{ij}^{(k)}, \bar{u}_{ij}^{(k)}\right]$. 不同的评价目标其评价指标互不相同, 目标 k 的评价指标权重向量为 $\omega_k = (\omega_{k1}, \omega_{k2}, \cdots, \omega_{km_k})$, 各个评价目标的权重向量为 $\omega = (\omega_1, \omega_2, \cdots, \omega_p)$. 则方案集 S 在目标 k 的 m_k 个指标下的原始效果测度矩阵为 $U^{(k)} = (u_{ij}^{(k)}(\otimes))_{n \times m_k}$, 经过极差变换, 得到规范化效果测度矩阵 $R^{(k)} = (r_{ij}^{(k)}(\otimes))_{n \times m_k}$.

(2) 多指标信息集结.

为简化多层次决策问题, 方案 s_i 在目标 k 的 m_k 个评价指标下的评价效果向量可按下式集结为综合效果测度值 $r_i^{(k)}(\otimes)$:

$$r_i^{(k)}(\otimes) = \omega_{k1} r_{i1}^{(k)}(\otimes) + \omega_{k2} r_{i2}^{(k)}(\otimes) + \cdots + \omega_{km_k} r_{im_k}^{(k)}(\otimes) \tag{4.2.10}$$

其中, $r_{ij}^{(k)}(\otimes)$ 为方案 s_i 在 k 目标的第 j 个指标下规范化后的效果测度值. 为了叙述方便, 不妨将 $r_i^{(k)}(\otimes)$ 记为 $r_{ik}(\otimes)$.

若目标 $k\,(k=1,2,\cdots,p)$ 下的指标权重向量 $\omega_k=(\omega_{k1},\omega_{k2},\cdots,\omega_{km_k})$ 已知, 则直接代入上式便可以计算方案 s_i 在 p 个目标下的综合效果测度向量 $r_i=(r_{i1}(\otimes), r_{i2}(\otimes),\cdots,r_{ik}(\otimes),\cdots,r_{ip}(\otimes))$, $i=1,2,\cdots,n$, 其中, $r_{ik}(\otimes)=[\underline{r}_{ik},\bar{r}_{ik}]$. 若目标 k 下的指标权重向量未知, 设

$$r_j^+=\left\{\left(\max\underline{r}_{ij},\max\bar{r}_{ij}\right)|1\leqslant i\leqslant n\right\}\in\left[\underline{r}_j^+,\bar{r}_j^+\right],\quad j=1,2,\cdots,m_k \tag{4.2.11}$$

称 $r^+=\left(r_1^+(\otimes),r_2^+(\otimes),\cdots,r_{m_k}^+(\otimes)\right)$ 为各方案在目标 k 下的最优效果向量, 在目标 k 下, 建立优化模型

$$\begin{aligned}&\min H(\omega)=\sum_{i=1}^{n}\sum_{j=1}^{m_k}\omega_{kj}d\left(r_{ij},r_j^+\right)\\&\text{s.t.}\begin{cases}\displaystyle\sum_{j=1}^{m_k}\omega_{kj}^2=1\\0\leqslant\omega_{kj}\leqslant 1\end{cases}\end{aligned} \tag{4.2.12}$$

其中, $d\left(r_{ij},r_j^+\right)=\dfrac{1}{2}\left[|\underline{r}_{i1}-\underline{r}_1^+|+|\bar{r}_{i1}-\bar{r}_1^+|\right]+\cdots+\dfrac{1}{2}\left[|\underline{r}_{im_k}-\underline{r}_{m_k}^+|+|\bar{r}_{im_k}-\bar{r}_{m_k}^+|\right]$, 建立拉格朗日函数对优化模型进行求解

$$L(w,\lambda)=\sum_{i=1}^{n}\sum_{j=1}^{m_k}\omega_{kj}d\left(r_{ij},r_j^+\right)+\lambda\left(1-\sum_{j=1}^{m_k}\omega_{kj}^2\right) \tag{4.2.13}$$

得最优解 $\omega_{kj}^*=\dfrac{\displaystyle\sum_{i=1}^{n}d\left(r_{ij},r_j^+\right)}{\left[\displaystyle\sum_{j=1}^{m_k}\left[\sum_{i=1}^{n}d\left(r_{ij},r_j^+\right)\right]^2\right]^{\frac{1}{2}}}$, 对 ω_{kj}^* 进行归一化处理, 得

$$\omega_{kj}=\frac{\omega_{kj}^*}{\displaystyle\sum_{j=1}^{m}\omega_{kj}^*},\quad j=1,2,\cdots,m_k$$

(3) 多目标灰靶决策.

定义 4.2.10 设 $r_k^+=\{[\max\underline{r}_{ik},\max\bar{r}_{ik}]\,|1\leqslant i\leqslant n\}$, 其所对应的决策信息记为 $r_k^+(\otimes)\in\left[\underline{r}_k^+,\bar{r}_k^+\right]$, $k=1,2,\cdots,p$, 则称

$$r^+=\left\{r_1^+(\otimes),\cdots,r_p^+(\otimes)\right\}=\left\{\left[\underline{r}_1^+,\bar{r}_1^+\right],\cdots,\left[\underline{r}_p^+,\bar{r}_p^+\right]\right\} \tag{4.2.14}$$

为多目标灰靶决策的最优效果向量, 称之为正靶心.

定义 4.2.11　设 $r_k^- = \{[\min \underline{r}_{ik}, \min \bar{r}_{ik}] \,|1 \leqslant i \leqslant n\}$, 其所对应的决策信息记为 $r_k^-(\otimes) \in [\underline{r}_k^-, \bar{r}_k^-]$, $k = 1, 2, \cdots, p$, 则称

$$r^- = \{r_1^-(\otimes), \cdots, r_p^-(\otimes)\} = \{[\underline{r}_1^-, \bar{r}_1^-], \cdots, [\underline{r}_p^-, \bar{r}_p^-]\} \tag{4.2.15}$$

为多目标灰靶决策的最劣效果向量, 称之为负靶心.

定义 4.2.12　称 $d_i^+ = d(r_i, r^+)$ 为效果向量 r_i 的正靶心距, $d_i^- = d(r_i, r^-)$ 为效果向量 r_i 的负靶心距, $d^0 = d(r^+, r^-)$ 为正负靶心间距, 其中

$$d(r_i, r^+) = \frac{\omega_1}{2}\left[|\underline{r}_{i1} - \underline{r}_1^+| + |\bar{r}_{i1} - \bar{r}_1^+|\right] + \cdots + \frac{\omega_p}{2}\left[|\underline{r}_{ip} - \underline{r}_p^+| + |\bar{r}_{ip} - \bar{r}_p^+|\right] \tag{4.2.16}$$

$$d(r_i, r^-) = \frac{\omega_1}{2}\left[|\underline{r}_{i1} - \underline{r}_1^-| + |\bar{r}_{i1} - \bar{r}_1^-|\right] + \cdots + \frac{\omega_p}{2}\left[|\underline{r}_{ip} - \underline{r}_p^-| + |\bar{r}_{ip} - \bar{r}_p^-|\right] \tag{4.2.17}$$

$$d(r^+, r^-) = \frac{\omega_1}{2}\left[|\underline{r}_1^+ - \underline{r}_1^-| + |\bar{r}_1^+ - \bar{r}_1^-|\right] + \cdots + \frac{\omega_p}{2}\left[|\underline{r}_p^+ - \underline{r}_p^-| + |\bar{r}_p^+ - \bar{r}_p^-|\right] \tag{4.2.18}$$

设 r_i 到正负靶心连线上的投影 d_i^* 为 r_i 到正负靶心的综合距离 d_i, 则

$$d_i = d_i^* = d_i^+ \cos\theta = \frac{(d_i^+)^2 + (d^0)^2 - (d_i^-)^2}{2d^0}$$

若目标权重序列 $\omega = (\omega_1, \omega_2, \cdots, \omega_p)$ 已知, 则可以直接计算 d_i^*, 并依此对方案进行排序. 若目标权重序列未知, 则定义灰熵

$$H_\otimes(\omega) = -\sum_{k=1}^{p} W_k \ln \omega_k \tag{4.2.19}$$

根据极大熵原理, 调整权重 $\omega_k (k = 1, 2, \cdots, p)$ 使总综合靶心距最小, 得到目标优化模型

$$\begin{cases} \min \sum_{i=1}^{n} d_i^* = \sum_{i=1}^{n} \frac{(d_i^+)^2 + (d^0)^2 - (d_i^-)^2}{2d^0} \\ \max H_\otimes(\omega) = -\sum_{k=1}^{p} W_k \ln \omega_k \\ \omega_1 + \omega_2 + \cdots + \omega_p = 1 \\ \omega_k \geqslant 0, k = 1, 2, \cdots, p \end{cases} \tag{4.2.20}$$

对上述多目标优化问题单目标化, 转化为

$$\begin{cases} \min \left\{\lambda \sum_{i=1}^{n} \frac{(d_i^+)^2 + (d^0)^2 - (d_i^-)^2}{2d^0} + (1-\lambda)\sum_{k=1}^{p} \omega_k \ln \omega_k \right\} \\ \omega_1 + \omega_2 + \cdots + \omega_p = 1 \\ \omega_k \geqslant 0, k = 1, 2, \cdots, p \\ 0 \leqslant \lambda \leqslant 1 \end{cases} \tag{4.2.21}$$

一般取 $\lambda = 0.5$, 表示目标函数是公平竞争的, 使用 Lingo 13.0 软件对上式进行求解, 可以得到最优目标权重序列 $\omega = (\omega_1, \omega_2, \cdots, \omega_p)$, 从而得到方案的综合靶距 d_i, 根据 d_i 对方案进行排序, d_i 越小, 方案越优.

3) 模型算法步骤

步骤 1 由式 (4.2.10)~(4.2.13) 得出方案 s_i 在 p 个目标下的综合效果测度向量 r_i;

步骤 2 由式 (4.2.14)~(4.2.15) 确定正负靶心, 并确定效果向量 r_i 的正负靶心距;

步骤 3 由式 (4.2.21) 确定单目标优化方程, 对其求解可以得到目标权重序列 ω;

步骤 4 确定综合靶心距 d_i, 并根据 d_i 大小对方案优劣排序.

算例 4.2.1

某公司计划采购一种产品零部件, 拟从初步确定的 4 个备选供应商 A_1, A_2, A_3, A_4 中选择最好的一个作为该产品零部件的供应商. 在充分调研和征求专家意见的基础上, 将绿色供应商选择问题的决策目标确定为产品竞争力、供应商企业竞争力、绿色化程度和合作支持力 4 个维度. 产品竞争力目标包括产品价格、质量和性能 3 个指标. 其中: 价格表现为区间灰数, 由采购人员根据经验对市场行情的估计给出; 质量用产品的合格率表示; 性能用合格产品的故障率表示. 企业竞争力目标包括员工素质、财务状况、技术水平和管理水平 4 个指标. 其中: 员工素质用企业内部中高级职称人数的比重表示; 财务状况采用资金流动比率表示; 技术水平和管理水平为定性指标, 具体数值由专家组的打分给出. 绿色化程度目标包括能源消耗度、资源回收利用率和环境影响度 3 个指标, 其中能源消耗度和环境影响度为定性指标, 具体数值由专家组的打分给出. 合作支持力目标包括战略相合度、商业信誉、交货准时率和顾客满意度 4 个指标, 其中战略相合度和商业信誉为定性指标, 具体数值由专家组的打分给出. 4 个备选绿色供应商的原始数据 (效果评价值) 参见文献 (罗党, 2013).

将模型应用到上述实例中, 得到 4 个备选绿色供应商的综合靶心距, 大小分别为 $d_1 = 0.464$, $d_2 = 0.000$, $d_3 = 0.199$, $d_4 = 0.431$, 得出企业决策者应选择与供应商 A_2 合作, 该结果不仅与文献 (罗党, 2013) 中的结果一致, 而且各备选方案之间的差异度较大, 最优方案明显优于其他方案, 说明了该模型的科学性和有效性.

算例 4.2.2

黄河防汛物资储备管理是防汛抢险的基础, 现有 A, B, C 三类防汛物资, A 类物资包括石料、铅丝等, B 类物资包括抢险照明车、冲锋舟等, C 类物资包括编织袋、帐篷等, 以物资的重要性、储备性、成本性、社会性分别作为目标 1、目标 2、目标 3、目标 4, 影响目标 1 的指标有物资需求迫切性、缺货损失和使用频率; 影响目标 2 的指标因素有储备寿命和仓储要求; 影响目标 3 的指标有采购成本、运输成本和储存成本; 影响目标 4 的指标有采购难易程度、运输困难度和供应商可靠性. 各方案在各指标下的决策数据如表 4-2-1 所示, 各目标的权重向量为 $(w_1, w_2, w_3, w_4) = (0.4, 0.25, 0.15, 0.2)$.

表 4-2-1　三类防汛物资在各目标各指标下的属性数据

决策目标与指标		A	B	C
重要性	物资需求迫切性	[8.5, 9.7]	[3.65, 8.9]	[4.7, 9.2]
	缺货损失	[6.3, 9.8]	[3.35, 7.25]	[4.4, 6.7]
	使用频率	[3.5, 9.9]	[2.9, 9.5]	[3.05, 8.7]
储备性	储备寿命	[9.7, 1]	[3.35, 4.9]	[7.75, 9.5]
	仓储要求	[2.15, 6.05]	[6.05, 9.2]	[7.25, 9.05]
成本性	采购成本	[3.35, 5.15]	[3.35, 6.45]	[6.9, 8]
	运输成本	[5.79, 5.9]	[3.2, 5.3]	[6.4, 7.5]
	储存成本	[4.55, 5.45]	[4.85, 6.95]	[5.3, 7.85]
社会性	采购难易度	[2.45, 2.9]	[2.9, 6.35]	[5.3, 8]
	运输困难度	[3.35, 4.15]	[2.9, 3.65]	[4.85, 7.35]
	供应商可靠性	[7.2, 9.2]	[3.95, 9.1]	[3.95, 8.2]

(1) 利用已有的规范化决策矩阵, 计算方案集在目标下的综合效果测度矩阵. 首先, 计算各目标下的各个指标的权重:

$$
\begin{aligned}
&\omega_{11} = 0.4190, \quad \omega_{12} = 0.4190, \quad \omega_{13} = 0.1337 \\
&\omega_{21} = 0.5816, \quad \omega_{22} = 0.4184, \quad \omega_{31} = 0.3238 \\
&\omega_{32} = 0.3888, \quad \omega_{33} = 0.2874, \quad \omega_{41} = 0.3643 \\
&\omega_{42} = 0.3918, \quad \omega_{43} = 0.2439
\end{aligned}
$$

其次, 得到方案集在各个目标下的综合效果测度矩阵:

$$
R = \begin{bmatrix}
[0.3474, 0.7801] & [0.5554, 0.8131] & [0.5521, 0.7694] & [0.1906, 0.3835] \\
[0.1657, 0.9087] & [0.2314, 0.5539] & [0.3939, 0.9738] & [0.0295, 0.5613] \\
[0.2770, 0.8460] & [0.7172, 0.9474] & [0, 0.3981] & [0.3588, 0.9535]
\end{bmatrix}
$$

(2) 确定正负靶心, 并确定效果向量 r_i 的正负靶心距

$$
\begin{aligned}
r^+ &= \{[0.3474, 0.9087], [0.7172, 0.9474], [0.5521, 0.9739], [0.3588, 0.9535]\} \\
r^- &= \{[0.1657, 0.7801], [0.2314, 0.5539], [0, 0.3981], [0.0295, 0.3835]\}
\end{aligned}
$$

$$
\begin{aligned}
&d_0 = 0.3465, \quad d_1^+ = 0.1519, \quad d_2^+ = 0.2303, \quad d_3^+ = 0.1112 \\
&d_1^- = 0.1946, \quad d_2^- = 0.1162, \quad d_3^- = 0.2353
\end{aligned}
$$

(3) 确定综合靶心距 d_i, 并根据 d_i 大小对方案优劣排序

$$d_1 = 0.1519, \quad d_2 = 0.2303, \quad d_3 = 0.1112$$

因此, 可选择 C 类物资由社会生产能力储备. 从实际情况来看, C 类编织袋、帐篷等这些防汛物资需求量较大, 采购也相对较容易, 并且有一定的储备寿命要求, 在储备寿命期内如果不能有效使用, 将造成较大的损失, 这些物资也能够迅速生产和转产, 适合社会生产能力储备, 保证突发事件发生后能够满足抗洪救灾需求; B 类抢险照明车、冲锋舟等这类防汛物资, 专业性较强, 储备量相对较小, 采购难度较大, 可以考虑社会合同储备为主导; A 类石料、铅丝等这类防汛物资经常使用、属于一次性和易于储备的物资, 也是突发事件应对尤其是大规模突发事件初期应对的主要物资, 这类物资对于灾情的控制具有重要意义, 可以考虑由政府部门自行储备.

4.2.2 三参数区间灰数信息下的灰靶决策方法

现有的三参数区间灰数的规范化方法没有体现效果值关于属性的非线性变化规律, 三参数距离测度和排序方法仍然没有表示出灰数取值实质, 在正负靶心的灰靶决策方法中, 指标权重确定也没有综合考虑效果信息与正负靶心的关系. 针对这些问题, 本节提出一种三参数区间灰数信息下的灰靶决策方法. 首先, 通过构建非线性极差变换算子, 将决策信息规范化. 然后依据三参数区间灰数的特点定义距离测度和排序方法, 为了更有效地区分优劣方案, 根据奖优罚劣原则, 构造综合靶心距, 并充分利用决策矩阵信息, 给出一种确定指标权重的方法, 建立多属性灰靶决策模型. 最后通过实例应用, 验证该方法的有效性和可行性.

1. 基本概念

定义 4.2.13 所谓三参数区间灰数, 是指取值可能性最大的重心点已知的区间灰数, 可表示为 $a(\otimes) \in [\underline{a}, \tilde{a}, \bar{a}], \underline{a} \leqslant \tilde{a} \leqslant \bar{a}$, 其中 $\tilde{a}$ 为 $a(\otimes)$ 取值可能性最大的数. 重心未知时, 即为通常的区间灰数.

设多指标决策问题的 n 个决策方案, 组成决策方案集 $A = \{A_1, A_2, \cdots, A_n\}$, m 个评价指标组成指标集 $B = \{b_1, b_2, \cdots, b_m\}$, 方案 A_i 在指标 b_j 下的效果信息为三参数区间灰数 $x_{ij}(\otimes)$, 记为 $x_{ij}(\otimes) \in [\underline{x}_{ij}, \tilde{x}_{ij}, \bar{x}_{ij}]$, 方案集 A 对指标集 B 的效果样本矩阵为 $X = (x_{ij}(\otimes))_{n\times m}$.

定义 4.2.14 为了消除不同属性下决策信息在量纲上的差异性和增加可比性, 定义三参数区间灰数的非线性极差变换公式, 设

$$\bar{x}_j^* = \max_{1\leqslant i\leqslant n} \{\bar{x}_{ij}\}, \quad \underline{x}_j^\nabla = \min_{1\leqslant i\leqslant n} \{\underline{x}_{ij}\}, \quad j = 1, 2, \cdots, m$$

对效益型指标, 有

$$\underline{r}_{ij} = \frac{\left(\underline{x}_{ij} - \underline{x}_j^{\nabla}\right)^{\frac{1}{2}}}{\left(\bar{x}_j^* - \underline{x}_j^{\nabla}\right)^{\frac{1}{2}}}, \quad \tilde{r}_{ij} = \frac{\left(\tilde{x}_{ij} - \bar{x}_j^{\nabla}\right)^{\frac{1}{2}}}{\left(\bar{x}_j^* - \underline{x}_j^{\nabla}\right)^{\frac{1}{2}}}, \quad \bar{r}_{ij} = \frac{\left(\bar{x}_{ij} - \bar{x}_j^{\nabla}\right)^{\frac{1}{2}}}{\left(\bar{x}_j^* - \underline{x}_j^{\nabla}\right)^{\frac{1}{2}}} \tag{4.2.22}$$

对成本性指标, 有

$$\underline{r}_{ij} = \frac{\left(\bar{x}_j^* - \bar{x}_{ij}\right)^{\frac{1}{2}}}{\left(\bar{x}_j^* - \underline{x}_j^{\nabla}\right)^{\frac{1}{2}}}, \quad \tilde{r}_{ij} = \frac{\left(\bar{x}_j^* - \tilde{x}_{ij}\right)^{\frac{1}{2}}}{\left(\bar{x}_j^* - \underline{x}_j^{\nabla}\right)^{\frac{1}{2}}}, \quad \bar{r}_{ij} = \frac{\left(\bar{x}_j^* - \underline{x}_{ij}\right)^{\frac{1}{2}}}{\left(\bar{x}_j^* - \underline{x}_j^{\nabla}\right)^{\frac{1}{2}}} \tag{4.2.23}$$

由于极差变换属于直线型的变换, 并没有体现属性的非线性变化规律, 根据经济学中边际效用递减的规律, 若规范化后属性值越大, 则其变化速率应该越小. 因此, 构建了此非线性极差变换. 对原始效果矩阵 X 进行上述变换得到一致性效果测度矩阵 $R=(r_{ij}(\otimes))_{n\times m}$.

定义 4.2.15　设有两个三参数区间灰数 $a(\otimes)\in[\underline{a},\tilde{a},\bar{a}]$, $b(\otimes)\in[\underline{b},\tilde{b},\bar{b}]$, 则它们之间的距离为

$$d(a(\otimes),b(\otimes)) = |\tilde{a}-\tilde{b}| + (1-\lambda)|\underline{a}-\underline{b}| + \lambda|\bar{a}-\bar{b}|$$

其中, $0\leqslant\lambda\leqslant 1$. 当 $\lambda>0.5$ 时, 表示决策者更倾向于用三参数区间灰数的左端点衡量距离; 当 $\lambda<0.5$ 时, 表示决策者更倾向于用三参数区间灰数的右端点衡量距离; 当 $\lambda=0.5$ 时, 表示决策者综合考虑区间灰数的左右端点来衡量距离.

定理 4.2.2　设有两个三参数区间灰数 $a(\otimes)\in[\underline{a},\tilde{a},\bar{a}]$, $b(\otimes)\in[\underline{b},\tilde{b},\bar{b}]$, 则它们之间的距离满足:

(1) $d(a(\otimes),b(\otimes))\geqslant 0$ 当且仅当 $\underline{a}=\underline{b},\tilde{a}=\tilde{b},\bar{a}=\bar{b}$ 时, 等号成立;

(2) $d(a(\otimes),b(\otimes))=d(b(\otimes),a(\otimes))$;

(3) 对任意三参数区间灰数 $c(\otimes)$, 都有

$$d(a(\otimes),b(\otimes))\leqslant d(a(\otimes),c(\otimes))+d(c(\otimes),b(\otimes))$$

(4) $d(ka(\otimes),kb(\otimes))=kd(a(\otimes),b(\otimes)),k\geqslant 0$.

证明　(1), (2) 显然成立. 对 (3) 式证明如下:

$$\begin{aligned}
d(a(\otimes),b(\otimes)) &= |\tilde{a}-\tilde{b}| + (1-\lambda)|\underline{a}-\underline{b}| + \lambda|\bar{a}-\bar{b}| \\
&= |\tilde{a}-\tilde{c}+\tilde{c}-\tilde{b}| + (1-\lambda)|\underline{a}-\underline{c}+\underline{c}-\underline{b}| + \lambda|\bar{a}-\bar{c}+\bar{c}-\bar{b}| \\
&\leqslant |\tilde{a}-\tilde{c}| + |\tilde{c}-\tilde{b}| + (1-\lambda)(|\underline{a}-\underline{c}|+|\underline{c}-\underline{b}|) + \lambda(|\bar{a}-\bar{c}|+|\bar{c}-\bar{b}|) \\
&= d(a(\otimes),c(\otimes)) + d(c(\otimes),b(\otimes))
\end{aligned}$$

对 (4) 式证明如下：

$$\begin{aligned} d(ka(\otimes),kb(\otimes)) &= |\widetilde{ka}-\widetilde{kb}|+(1-\lambda)|\underline{ka}-\underline{kb}|+\lambda|\overline{ka}-\overline{kb}| \\ &= k|\tilde{a}-\tilde{b}|+(1-\lambda)k|\underline{a}-\underline{b}|+\lambda k|\bar{a}-\bar{b}| \\ &= kd(a(\otimes),b(\otimes)) \end{aligned}$$

定义 4.2.16 设三参数区间灰数 $a(\otimes)\in[\underline{a},\widetilde{a},\overline{a}]$, 对每个 $\theta\in[0,1]$, 称 $m_\theta(a(\otimes))=\widetilde{a}+(1-\theta)\underline{a}+\theta\overline{a}$ 为三参数区间灰数 $a(\otimes)$ 的 θ 点.

定义 4.2.17 设 θ 为 $[0,1]$ 中某个确定的数, 两个三参数区间灰数 $a(\otimes)\in[\underline{a},\tilde{a},\bar{a}]$, $b(\otimes)\in[\underline{b},\widetilde{b},\bar{b}]$, 如果 $m_\theta(a(\otimes))<m_\theta(b(\otimes))$, 则称对于 θ, $a(\otimes)<b(\otimes)$. 当决策者为风险规避者时, 取 $\theta<0.5$, 表示决策者更倾向于用左端点排序; 当决策者为风险爱好者时, 取 $\theta>0.5$, 表示决策者更倾向于用右端点排序; 当决策者为风险中立者时, 取 $\theta=0.5$, 表示决策者综合左右端排序.

2. 多属性灰靶决策

设多指标决策问题的 n 个决策方案, 组成决策方案集 $A=\{A_1,A_2,\cdots,A_n\}$, m 个评价指标组成指标集 $B=\{b_1,b_2,\cdots,b_m\}$, 方案 $A_i(i=1,2,\cdots,n)$ 关于属性 $b_j(j=1,2,\cdots,m)$ 的效果样本值为一个三参数区间灰数, 记为 $u_{ij}(\otimes)\in[\underline{u}_{ij},\widetilde{u}_{ij},\overline{u}_{ij}]$, 属性权重序列 $\omega=(\omega_1,\omega_2,\cdots,\omega_m)$, 且 $\sum\limits_{j=1}^{m}\omega_j=1$, $0\leqslant\omega_j\leqslant1$, 方案集 A 关于属性集 B 的原始效果测度矩阵为 $U=(u_{ij}(\otimes))_{n\times m}$.

1) 多属性灰靶决策模型

采用三参数区间灰数非线性极差变换算子, 对方案集 A 关于属性集 B 的原始效果测度矩阵 $U=(u_{ij}(\otimes))_{n\times m}$ 进行处理, 得到规范化效果测度矩阵 $R=(r_{ij}(\otimes))_{n\times m}$.

定义 4.2.18 设$r_j^+=\max\limits_{1\leqslant i\leqslant n}\{\widetilde{r}_{ij}+(\underline{r}_{ij}+\bar{r}_{ij})/2\}$ 和 $r_j^+=\min\limits_{1\leqslant i\leqslant n}\{\widetilde{r}_{ij}+(\underline{r}_{ij}+\overline{r}_{ij})/2\}$ 分别为方案集 A 在属性 b_j 下的最优和最劣效果测度, 记为$r_j^+(\otimes)=[\underline{r}_j^+,\widetilde{r}_j^+,\overline{r}_j^+]$, $r_j^-(\otimes)=[\underline{r}_j^-,\widetilde{r}_j^-,\overline{r}_j^-]$, $j=1,2,\cdots,m$, 称 $r^+=(r_1^+,r_2^+,\cdots,r_m^+)$ 为三参数区间灰数信息下多属性灰靶决策的最优效果向量, 即正靶心, $r^-=(r_1^-,r_2^-,\cdots,r_m^-)$ 为三参数区间灰数信息下多属性灰靶决策的最劣效果向量, 即负靶心.

定义 4.2.19 设方案 A_i 在属性集 B 下的效果评价向量 $r_i=(r_{i1},r_{i2},\cdots,r_{im})$, 称 $d^0=d(r^+,r^-)$ 为正负靶心间距,

$$\begin{aligned} d(r_i,r^+) = {} & \omega_1[|\widetilde{r}_{i1}-\widetilde{r}_1^+|+(1-\lambda)|\underline{r}_{i1}-\underline{r}_1^+|+\lambda|\overline{r}_{i1}-\overline{r}_1^+|]+\cdots \\ & +\omega_m[|\widetilde{r}_{im}-\widetilde{r}_m^+|+(1-\lambda)|\underline{r}_{im}-\underline{r}_m^+|+\lambda|\overline{r}_{im}-\overline{r}_m^+|] \end{aligned} \tag{4.2.24}$$

$$d(r_i,r^-)=\omega_1[|\widetilde{r}_{i1}-\widetilde{r}_1^-|+(1-\lambda)|\underline{r}_{i1}-\underline{r}_1^-|+\lambda|\overline{r}_{i1}-\overline{r}_1^-|]+\cdots$$
$$+\omega_m[|\widetilde{r}_{im}-\widetilde{r}_m^-|+(1-\lambda)|\underline{r}_{im}-\underline{r}_m^-|+\lambda|\overline{r}_{im}-\overline{r}_m^-|] \quad (4.2.25)$$

$$d(r^+,r^-)=\omega_1[|\widetilde{r}_1^+-\widetilde{r}_1^-|+(1-\lambda)|\underline{r}_1^+-\underline{r}_1^-|+\lambda|\overline{r}_1^+-\overline{r}_1^-|]+\cdots$$
$$+\omega_m[|\widetilde{r}_m^+-\widetilde{r}_m^-|+(1-\lambda)|\underline{r}_m^+-\underline{r}_m^-|+\lambda|\overline{r}_m^+-\overline{r}_m^-|] \quad (4.2.26)$$

其中 λ 为决策偏好系数, $0\leqslant\lambda\leqslant 1$, 与定义 4.2.15 中的 λ 意义相同.

方案 A_i 在属性集 B 下评价效果向量介于正负靶心之间, 显然, 各评价向量离正靶心越近且离负靶心越远, 方案越优. 为了更明显区分方案 A_i 在属性集 B 下的优势, 利用奖优罚劣原则, 将小于正负靶心间距平均值的方案的靶心距赋予到 [0,1] 区间, 将大于正负靶心间距平均值的靶心距赋予到 $[1,+\infty]$ 区间, 设方案 A_i 在属性集 B 下评价效果向量到正负靶心的综合距离为 d_i, 则

$$d_i=d_i^+\bigg/\frac{1}{2}d_0+\frac{1}{2}d_0\bigg/d_i^- \quad (4.2.27)$$

可根据 d_i 大小对方案排序, d_i 越小, 方案越优.

2) 确定指标权重

如果属性权重已知, 将属性权重序列直接代入式 (4.2.27) 计算各方案的综合靶心距, 并依此对方案排序. 若指标权重未知, 建立如下两个优化模型:

$$\min H(\omega)=\sum_{i=1}^{n}d_i^+=\sum_{i=1}^{n}d(r_i,r^+)$$
$$\text{s.t.}\begin{cases}\sum_{j=1}^{m}\omega_j^2=1\\0\leqslant\omega_j\leqslant 1\end{cases} \quad (4.2.28)$$

$$\max H(\omega)=\sum_{i=1}^{n}d_i^-=\sum_{i=1}^{n}d(r_i,r^-)$$
$$\text{s.t.}\begin{cases}\sum_{j=1}^{m}\omega_j^2=1\\0\leqslant\omega_j\leqslant 1\end{cases} \quad (4.2.29)$$

其中

$$d(r_i,r^+)=w_1[|\widetilde{r}_{i1}-\widetilde{r}_1^+|+(1-\lambda)|\underline{r}_{i1}-\underline{r}_1^+|+\lambda|\overline{r}_{i1}-\overline{r}_1^+|]+\cdots$$
$$+w_m[|\widetilde{r}_{im}-\widetilde{r}_m^+|+(1-\lambda)|\underline{r}_{im}-\underline{r}_m^+|+\lambda|\overline{r}_{im}-\overline{r}_m^+|]$$
$$d(r_i,r^-)=\omega_1[|\widetilde{r}_{i1}-\widetilde{r}_1^-|+(1-\lambda)|\underline{r}_{i1}-\underline{r}_1^-|+\lambda|\overline{r}_{i1}-\overline{r}_1^-|]+\cdots$$

$$+\omega_m[|\widetilde{r}_{im}-\widetilde{r}_m^-|+(1-\lambda)|\underline{r}_{im}-\underline{r}_m^-|+\lambda|\overline{r}_{im}-\overline{r}_m^-|]$$

这里取 $\lambda=0.5$, 表示决策者为风险中立的, 建立拉格朗日函数

$$L(w,\lambda)=\sum_{i=1}^{n}d(r_i,r^+)+\tau\left(1-\sum_{j=1}^{m}w_j^2\right) \tag{4.2.30}$$

对优化模型 (4.2.28) 求解, 得最优解

$$w_j^*=\sum_{i=1}^{n}d\left(r_{ij},r_j^+\right)\Bigg/\left[\sum_{j=1}^{m}\left[\sum_{i=1}^{n}d\left(r_{ij},r_j^+\right)\right]^2\right]^{\frac{1}{2}} \tag{4.2.31}$$

同理, 可对优化模型 (4.2.29) 进行求解, 得最优解 w_j^-, $j=1,2,\cdots,m$, 根据 w_j^* 和 w_j^- 确定综合指标权重,

$$\omega_j=\frac{1}{2}(w_j^*+\omega_j^-)\Bigg/\sum_{j=1}^{m}\frac{1}{2}(w_j^*+\omega_j^-) \tag{4.2.32}$$

3) 模型算法步骤

步骤 1 由式 (4.2.22) 和 (4.2.23) 将方案集关于属性集的效果测度矩阵进行规范化;

步骤 2 由式 (4.2.24) ~ (4.2.26) 构建方案的正负靶心、正负靶心距以及正负靶心间距;

步骤 3 由式 (4.2.28) ~ (4.2.32) 分别求解两个优化模型, 得到决策属性权重;

步骤 4 再由式 (4.2.27) 计算各方案的综合靶心距, 并据此对方案进行优劣排序.

算例 4.2.3

黄河地处我国冰凌现象的过渡地带, 冰凌生消演变规律较为复杂, 加之其特殊的地理走向, 冰凌灾害频繁发生. 本节根据头道拐、三湖河口、巴彦高勒这三个河段流凌期和初封期的数据, 来判断三个河段发生冰塞灾害的可能性程度, 从而提前做好防凌防汛的工作. 选取 2010 ~ 2013 年的各河段流凌期和初封期的险情属性数据如表 4-2-2 所示, 试对三个河段发生冰塞险情的可能性程度进行排序.

表 4-2-2 三个河段流凌期和初封期的险情属性数据

	流量/(m^3/s)	流凌密度/%	气温/°C	水温/°C
头道拐 A_1	[335,520,900]	[10,10,40]	[−19.2,−10,4.1]	[0,3,4.4]
三湖河口 A_2	[203,770,940]	[5,30,70]	[−19.5,−9.8,2.8]	[0,0.2,0.9]
巴彦高勒 A_3	[126,650,820]	[10,30,60]	[−22.4,−14,0.2]	[0,0,0.9]

(1) 用三参数非线性极差变换对 A_1, A_2, A_3 三个方案关于属性集的原始效果测度矩阵进行处理, 得到规范化效果测度矩阵 R:

$$R = \begin{bmatrix} [0.2217, 0.7183, 0.8621] & [0.68, 0.96, 0.96] & [0.3475, 0.6841, 1] & [0, 0.8257, 1] \\ [0, 0.4570, 0.9515] & [0, 0.78, 1] & [0.3308, 0.6895, 0.9752] & [0, 0.2132, 0.4523] \\ [0.3840, 0.5969, 1] & [0.39, 0.78, 0.96] & [0, 0.5630, 0.9235] & [0, 0, 0.4523] \end{bmatrix}$$

(2) 确定方案的正负靶心以及各属性的权重:

$$r^+ = ([0.3840, 0.5969, 1], [0.68, 0.96, 0.96], [0.3475, 0.6841, 1], [0, 0.8257, 1])$$
$$r^- = ([0, 0.4570, 0.9515], [0, 0.78, 1], [0, 0.5630, 0.9235], [0, 0, 0.4523])$$
$$\omega = (0.1858, 0.2219, 0.1294, 0.4630)$$

(3) 确定各方案的正负靶心距和正负靶心间距:

$$d_1^+ = 0.0505, \quad d_2^+ = 0.5997, \quad d_3^+ = 0.6242, \quad d_1^- = 0.7494$$
$$d_2^- = 0.1398, \quad d_3^- = 0.1139, \quad d_0 = 2.3287$$

(4) 确定各方案的综合靶心距:

$$d_1 = 1.5970, \quad d_2 = 8.8431, \quad d_3 = 10.7616$$

则方案的优劣排序为 $d_1 \succ d_2 \succ d_3$, 即 A_3 河段更容易发生冰塞现象.

为了进一步说明本节方法的有效性和合理性, 利用罗党所提的三参数灰色区间关联度方法对上述问题进行求解 (罗党，2009), 各属性权重可以用本节提供的客观赋权法确定, 即各属性的权重为 $\omega = (0.1858, 0.2219, 0.1294, 0.4630)$, 得各方案的线性关联度 (取 $\lambda = 0.5, \xi = 0.5, \beta_1 = \beta_2 = 0.5$) 分别为 $G(A_1(\otimes)) = 0.6726$, $G(A_2(\otimes)) = 0.3613$, $G(A_3(\otimes)) = 0.3412$, 按照关联度大小得到方案的优劣顺序为 $A_1 \succ A_2 \succ A_3$, 与本节方法得出的结果一致. 但本节最终得出的各方案之间的差异度明显比文献 (罗党，2009) 得到的差异度要大, 而且本节方法计算上也简便许多.

从实际情况来看, 巴彦高勒的初封期的水温和三湖河口与头道拐的水温相比差距较大, 流凌密度也较大, 由于水温较低, 流凌多, 很容易形成冰花和碎冰封冻冰层下面的河道, 造成冰塞灾害. 黄河冰凌生消演变规律复杂, 为了更有效地预防和控制严重灾害的发生, 工作人员可以对往年数据进行分析, 从而提前做好防凌防汛的工作.

4.2.3 考虑灰数取值分布信息的多尺度灰靶决策方法

目前区间灰数信息下的决策模型大多仅考虑属性评价信息在某一区间范围内等可能地取值这一理想情况, 其灰信息的处理方式大多借鉴区间数的处理方式, 没有抓住区间灰数的内涵. 然而通常情况下, 区间灰数对其范围内每一个位置的取值可能性并非均等, 而可能是满足某种特定的分布规律. 因此, 在进行决策时, 有必要考虑区间灰数在其取值范围内的取值分布信息, 研究一般意义下, 灰数取值分布信息为非均匀、非对称分布情况下的多属性决策问题, 如此不仅突出了区间灰数的内涵, 而且更加符合实际决策信息的表现形式.

1. 基本概念

定义 4.2.20 设 $f(x)\in[0,1]$, 如果对于任意 x 满足:

(1) $f(x)=L(x)$ 单调增, $x\in[a^l,b^l]$;

(2) $f(x)=R(x)$ 单调减, $x\in[b^u,a^u]$;

(3) $f(x)=\max$(峰值), $x\in[b^l,b^u]$,

则 $f(x)$ 称为典型白化权函数, 简称白化权函数, 且 $L(x)$ 称为左支函数, $R(x)$ 称为右支函数, $[b^l,b^u]$ 称为峰区, b^l,b^u 为转折点. 如图 4-2-1 所示 (L iu S F，2017), 且有表达式

$$f(x)=\begin{cases}L(x)=\dfrac{x-a^l}{b^l-a^l}, & x\in[a^l,b^l]\\ 1, & x\in[b^l,b^u]\\ R(x)=\dfrac{a^u-x}{a^u-b^u}, & x\in[b^u,a^u]\end{cases} \tag{4.2.33}$$

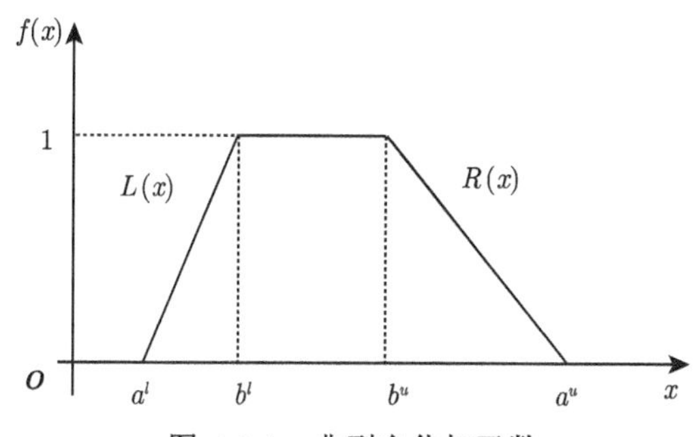

图 4-2-1 典型白化权函数

定义 4.2.21 设灰数 $\otimes\in[a^l,a^u]$, 在缺乏灰数 $\otimes$ 取值分布信息的情况下, 设 $\otimes$ 为连续灰数, 则称 $\hat{\otimes}=\dfrac{1}{2}(a^l+a^u)$ 为灰数的核. 设灰数 $\otimes$ 产生的背景或论域为 Ω, $\mu(\otimes)$ 为灰数 $\otimes$ 取数域的测度, 则称 $g^\circ(\otimes)=\dfrac{\mu(\otimes)}{\mu(\Omega)}$ 为灰数 $\otimes$ 的灰度, 简记为 g°, 则基于核和灰度的区间灰数可以简记为 $\hat{\otimes}_{(g^\circ)}$(L iu S F，2017).

定义 4.2.22　设 $R(\otimes)$ 是论域为 $\Omega = [e^l, e^u](-\infty \leqslant e^l, e^u \leqslant +\infty)$ 上的区间灰数集, $\bar{R}(\bar{\otimes})$ 是论域为 $D = [0,1]$ 上的区间灰数集, 映射 $f: R(\otimes) \to \bar{R}(\bar{\otimes})$ 将 $\otimes \in [a^l, a^u] \in R(\otimes)$ 对应为 $[0,1]$ 上的 $\bar{\otimes} \in \bar{R}(\bar{\otimes})$, 记 $\bar{\otimes} = f(\otimes) \in \left[\dfrac{a^l - e^l}{\mu(\Omega)}, \dfrac{a^u - e^l}{\mu(\Omega)}\right] \subset [0,1]$ 为 $\otimes$ 的标准灰数 (闫书丽等, 2014).

定义 4.2.23　设某标准灰数 $\bar{\otimes} \subset [0,1]$, $\hat{\bar{\otimes}}$ 为标准灰数 $\bar{\otimes}$ 的核, $g^{\circ}(\bar{\otimes})$ 为 $\bar{\otimes}$ 灰数的灰度, 称 $\delta(\bar{\otimes}) = \dfrac{\hat{\bar{\otimes}}}{1 + g^{\circ}(\bar{\otimes})}$ 为 $\bar{\otimes}$ 的相对核 (闫书丽等, 2014).

定义 4.2.24　设论域为 $\Omega = [e^l, e^u](-\infty \leqslant e^l, e^u \leqslant +\infty)$, 若区间灰数 $\otimes \in [a^l, a^u]$ 取值分布的白化权函数已知, 将此类白化权函数已知的区间灰数记为 $\otimes \in ([a^l, a^u]; b^l, b^u)$, 其中 b^l, b^u 分别代表典型白化权函数的两个转折点, 称

$$\bar{\otimes} = f(\otimes) \in ([c^l, c^u]; d^l, d^u)$$

为白化权函数已知的标准区间灰数, 其中,

$$c^l = \frac{a^l - e^l}{\mu(\Omega)}, \quad c^u = \frac{a^u - e^l}{\mu(\Omega)}, \quad d^l = \frac{b^l - e^l}{\mu(\Omega)}, \quad d^u = \frac{b^u - e^l}{\mu(\Omega)}$$

2. *多尺度灰靶决策方法*

1) 问题描述

设某个多属性决策问题有 m 个决策方案, 组成决策方案集 $A = \{A_1, A_2, \cdots, A_m\}$; n 个评价属性组成属性集 $C = \{C_1, C_2, \cdots, C_n\}$; 方案 i 在属性 j 下的评价值矩阵为 $(a_{ij}(\otimes))_{m\times n}$, 其中 $a_{ij}(\otimes) \in ([x_{ij}^l, x_{ij}^u]; y_{ij}^l, y_{ij}^u)$ 为白化权函数已知的区间灰数, $\omega = \{\omega_1, \omega_2, \cdots, \omega_n\}$ 为属性权重向量.

根据实际问题, 由于在不同的属性下灰数取值的论域以及属性量纲不同, 所以为了消除属性值之间的差异性以及增加其可比性, 需要对属性评价值矩阵作标准化处理.

针对效益型属性

$$u_{ij}^l = \frac{x_{ij}^l - r_{ij}^l}{r_{ij}^u - r_{ij}^l}, \quad u_{ij}^u = \frac{x_{ij}^u - r_{ij}^l}{r_{ij}^u - r_{ij}^l}, \quad v_{ij}^l = \frac{y_{ij}^l - r_{ij}^l}{r_{ij}^u - r_{ij}^l}, \quad v_{ij}^u = \frac{y_{ij}^u - r_{ij}^l}{r_{ij}^u - r_{ij}^l} \tag{4.2.34}$$

针对成本型属性

$$u_{ij}^l = \frac{r_{ij}^u - x_{ij}^u}{r_{ij}^u - r_{ij}^l}, \quad u_{ij}^u = \frac{r_{ij}^u - x_{ij}^l}{r_{ij}^u - r_{ij}^l}, \quad v_{ij}^l = \frac{r_{ij}^u - y_{ij}^u}{r_{ij}^u - r_{ij}^l}, \quad v_{ij}^u = \frac{r_{ij}^u - y_{ij}^l}{r_{ij}^u - r_{ij}^l} \tag{4.2.35}$$

其中 $r_{ij}^l = \min\limits_{1\leqslant i\leqslant m}\{x_{ij}^l\}$, $r_{ij}^u = \max\limits_{1\leqslant i\leqslant m}\{x_{ij}^u\}$. 得到标准化评价矩阵 $(u_{ij}(\otimes))_{m\times n}$, 其中 $u_{ij}(\otimes) \in ([u_{ij}^l, u_{ij}^u]; v_{ij}^l, v_{ij}^u)$ 为白化权函数已知的标准区间灰数.

2) 基于白化权函数的区间灰数的核、灰度与白化标准差

根据区间灰数取值的论域, 由定义 4.2.24 可将白化权函数已知的一般区间灰数转化为白化权函数已知的标准区间灰数, 且有如下定义.

定义 4.2.25 设白化权函数已知的标准区间灰数 $\bar{\otimes} \in ([a^l, a^u]; b^l, b^u) \subset [0,1]$, 其对应的白化权函数为 $f(x)$, 称

$$\hat{\bar{\otimes}} = E(\bar{\otimes}) = \frac{\int_{a^l}^{a^u} x f(x) dx}{\int_{a^l}^{a^u} f(x) dx}$$

为白化权函数已知的标准区间灰数的核, 称

$$g^\circ(\bar{\otimes}) = \frac{\mu(\bar{\otimes})}{\mu(\Omega)} = \int_{a^l}^{a^u} f(x) dx$$

为白化权函数已知的标准区间灰数的灰度.

由定义 4.2.25 可知, 标准区间灰数的灰度等于其白化权函数与 x 轴所围成的图形的面积. 特别地, 当标准区间灰数 $[a^l, a^u]$ 的取值分布信息完全未知时, 一般认为灰数的取值在区间内等可能分布, 其白化权函数 $f(x) = 1$, 相对于白化权函数已知的情况, 此时灰数的灰度最大, 由定义 4.2.25 知其灰度为 $a^u - a^l$, 核为 $\frac{1}{2}(a^u + a^l)$. 并且, 当 $a^u = a^l$ 时, 标准区间灰数退化为实数, 此时灰度为 0, 核为灰数本身.

定理 4.2.3 $g^\circ(\bar{\otimes})$ 满足以下灰度四公理:

(1) $0 \leqslant g^\circ(\bar{\otimes}) \leqslant 1$;

(2) 当 $a^l = a^u$ 时, $g^\circ(\bar{\otimes}) = 0$;

(3) $g^\circ(\Omega) = 1$;

(4) $g^\circ(\bar{\otimes})$ 与 $\mu(\bar{\otimes})$ 成正比, 与 $\mu(\Omega)$ 成反比.

证明 (1) 设 $g^\circ(\bar{\otimes})$ 为标准区间灰数 $\bar{\otimes} \in ([a^l, a^u]; b^l, b^u)$ 的灰度, 可知

$$g^\circ(\bar{\otimes}) = \int_{a^l}^{a^u} f(x) dx \leqslant \int_{a^l}^{a^u} dx = a^u - a^l \leqslant 1$$

(2) 当 $a^l = a^u$ 时, 显然有 $g^\circ(\bar{\otimes}) = 0$.

(3) 由定义 4.2.22 与定义 4.2.24, 论域 Ω 相当于起点为 0、终点为 1 的以 $f(x) = 1$ 为白化权函数的标准区间灰数, 因此 $g^\circ(\Omega) = \int_0^1 dx = 1$.

(4) 当灰数取数域的测度 $\mu(\bar{\otimes})$ 增加, 由定义 4.2.25 易知标准区间灰数对应的白化权函数与 x 轴围成图形的面积相应增加, $g^\circ(\bar{\otimes})$ 增加, $g^\circ(\bar{\otimes})$ 与 $\mu(\bar{\otimes})$ 成正比. 假设灰数的论域增加为 Ω', 且 $\mu(\Omega') > \mu(\Omega)$. 设在新的论域 Ω' 下得到标准区间灰

数为 $\bar{\otimes}' \in ([a^{l'}, a^{u'}]; b^{l'}, b^{u'})$, 由定义 4.2.24 可知 $a^{l'} < a^l$, $a^{u'} < a^u$, $b^{l'} < b^l$, $b^{u'} < b^u$, 此时由定义 4.2.25, 不难证明 $g^\circ(\bar{\otimes}') < g^\circ(\bar{\otimes})$. $g^\circ(\bar{\otimes})$ 与 $\mu(\Omega)$ 成反比. 证毕.

定义 4.2.26　设白化权函数已知的标准区间灰数 $\bar{\otimes} \in ([a^l, a^u]; b^l, b^u)$, 其对应的白化权函数为 $f(x)$, 称

$$\delta(\bar{\otimes}) = \frac{\hat{\bar{\otimes}}}{1 + g^\circ(\bar{\otimes})} = \frac{\displaystyle\int_{a^l}^{a^u} x f(x) dx}{\displaystyle\int_{a^l}^{a^u} f(x) dx + \left(\int_{a^l}^{a^u} f(x) dx\right)^2}$$

为白化权函数已知的标准区间灰数的相对核.

区间灰数的相对核类似于反映灰数序关系的一个打分函数, 能综合反映区间灰数的核与灰度对区间灰数间序关系的影响, 相对核越大的灰数, 其排序越靠前 (闫书丽, 2014).

定义 4.2.27　设白化权函数已知的标准区间灰数 $\bar{\otimes} \in ([a^l, a^u]; b^l, b^u)$, 其白化权函数为 $f(x)$, 称

$$D(\bar{\otimes}) = E(\bar{\otimes} - E(\bar{\otimes}))^2 = \frac{\displaystyle\int_{a^l}^{a^u} (x - E(\bar{\otimes}))^2 f(x) dx}{\displaystyle\int_{a^l}^{a^u} f(x) dx}$$

为灰数 $\bar{\otimes}$ 取值分布的白化方差. 相应地, 称

$$\sigma(\bar{\otimes}) = \sqrt{D(\bar{\otimes})}$$

为灰数 $\bar{\otimes}$ 取值分布的白化标准差.

灰数取值分布的白化方差与白化标准差反映灰数取值相对于核的集中或者分散程度. 通常, 在收益一定时, 决策者更倾向于选择白化标准差更小的灰数, 以减少不确定性带来的损失.

3) 多尺度灰靶的构建

经典灰靶决策仅考虑决策者对高效益的追求, 本节将投资组合理论中均值 - 方差分析法的思想引入传统的灰靶决策, 并根据灰色系统理论中最少信息原理, 充分开发利用已占有的 “最少信息”, 深度挖掘影响决策结果的多方面因素. 从多个尺度分别构建相对核灰靶与白化标准差灰靶, 并由此定义相对靶心系数, 这能够综合反映决策信息的平均水平和分散程度对决策结果的影响, 使得决策者在获得高收益的同时具有更低的风险损失.

由标准化评价矩阵 $(u_{ij}(\otimes))_{m\times n}$, 可分别建立相对核矩阵与白化标准差矩阵:

$$\tilde{\delta}=[\delta_{ij}(\otimes)]_{m\times n}=\begin{bmatrix}\delta(u_{11}(\otimes)) & \delta(u_{12}(\otimes)) & \cdots & \delta(u_{1n}(\otimes))\\ \delta(u_{21}(\otimes)) & \delta(u_{22}(\otimes)) & \cdots & \delta(u_{2n}(\otimes))\\ \vdots & \vdots & \ddots & \vdots\\ \delta(u_{m1}(\otimes)) & \delta(u_{m2}(\otimes)) & \cdots & \delta(u_{mn}(\otimes))\end{bmatrix} \tag{4.2.36}$$

其中, $\delta(u_{ij}(\otimes)), i=1,2,\cdots,m; j=1,2,\cdots,n$ 表示白化权函数已知的标准区间灰数 $u_{ij}(\otimes)$ 的相对核.

$$\tilde{\sigma}=[\sigma_{ij}(\otimes)]_{m\times n}=\begin{bmatrix}\sigma(u_{11}(\otimes)) & \sigma(u_{12}(\otimes)) & \cdots & \sigma(u_{1n}(\otimes))\\ \sigma(u_{21}(\otimes)) & \sigma(u_{22}(\otimes)) & \cdots & \sigma(u_{2n}(\otimes))\\ \vdots & \vdots & \ddots & \vdots\\ \sigma(u_{m1}(\otimes)) & \sigma(u_{m2}(\otimes)) & \cdots & \sigma(u_{mn}(\otimes))\end{bmatrix} \tag{4.2.37}$$

其中, $\sigma(u_{ij}(\otimes)), i=1,2,\cdots,m; j=1,2,\cdots,n$ 表示白化权函数已知的标准区间灰数 $u_{ij}(\otimes)$ 的白化标准差.

定义 4.2.28 称 $\tilde{\delta}^+=(\tilde{\delta}_1^+,\tilde{\delta}_2^+,\cdots,\tilde{\delta}_n^+)$ 与 $\tilde{\delta}^-=(\tilde{\delta}_1^-,\tilde{\delta}_2^-,\cdots,\tilde{\delta}_n^-)$ 分别为相对核灰靶的最优效果向量与最劣效果向量, 也即相对核灰靶的正靶心与负靶心, 其中

$$\tilde{\delta}_j^+=\max_{1\leqslant i\leqslant m}\{\delta_{ij}(\otimes)\},\quad \tilde{\delta}_j^-=\min_{1\leqslant i\leqslant m}\{\delta_{ij}(\otimes)\}$$

定义 4.2.29 称 $\tilde{\sigma}^+=(\tilde{\sigma}_1^+,\tilde{\sigma}_2^+,\cdots,\tilde{\sigma}_n^+)$ 与 $\tilde{\sigma}^-=(\tilde{\sigma}_1^-,\tilde{\sigma}_2^-,\cdots,\tilde{\sigma}_n^-)$ 分别为白化标准差灰靶的最优效果向量与最劣效果向量, 也即白化标准差灰靶的正靶心与负靶心, 其中

$$\tilde{\sigma}_j^+=\min_{1\leqslant i\leqslant m}\{\sigma_{ij}(\otimes)\},\quad \tilde{\sigma}_j^-=\max_{1\leqslant i\leqslant m}\{\sigma_{ij}(\otimes)\}$$

针对相对核灰靶, 可以得到各个方案与其正、负靶心的靶心距分别为

$$d_\delta^+=d_i(\delta_{ij},\tilde{\delta}^+)=\sqrt{\sum_{j=1}^n((\tilde{\delta}_j^+-\delta_{ij})\omega_j)^2} \tag{4.2.38}$$

$$d_\delta^-=d_i(\delta_{ij},\tilde{\delta}^-)=\sqrt{\sum_{j=1}^n((\tilde{\delta}_j^--\delta_{ij})\omega_j)^2} \tag{4.2.39}$$

针对白化标准差灰靶, 可以得到各个方案与其正、负靶心的靶心距分别为

$$d_\sigma^+=d_i(\sigma_{ij},\tilde{\sigma}^+)=\sqrt{\sum_{j=1}^n((\tilde{\sigma}_j^+-\sigma_{ij})\omega_j)^2} \tag{4.2.40}$$

$$d_{\sigma}^{-}=d_i(\sigma_{ij},\tilde{\sigma}^{-})=\sqrt{\sum_{j=1}^{n}((\tilde{\sigma}_j^{-}-\sigma_{ij})\omega_j)^2} \tag{4.2.41}$$

针对相对核灰靶与白化标准差灰靶, 可以得到两灰靶的正、负靶心间距分别为

$$d_{\delta}^{0}=d_i(\tilde{\delta}^{+},\tilde{\delta}^{-})=\sqrt{\sum_{j=1}^{n}((\tilde{\delta}_j^{+}-\tilde{\delta}_j^{-})\omega_j)^2} \tag{4.2.42}$$

$$d_{\sigma}^{0}=d_i(\tilde{\sigma}^{+},\tilde{\sigma}^{-})=\sqrt{\sum_{j=1}^{n}((\tilde{\sigma}_j^{+}-\tilde{\sigma}_j^{-})\omega_j)^2} \tag{4.2.43}$$

方案点与正、负靶心为空间内的 3 个点, 其共线或组成三角形, 利用方案到正靶心的连线在正、负靶心间距上的投影作为综合靶心距 (宋捷, 2010).

由余弦定理得到相对核综合靶心距与白化标准差综合靶心距分别为

$$d_{\delta}=\frac{(d_{\delta}^{+})^2+(d_{\delta}^{0})^2-(d_{\delta}^{-})^2}{2d_{\delta}^{0}} \tag{4.2.44}$$

$$d_{\sigma}=\frac{(d_{\sigma}^{+})^2+(d_{\sigma}^{0})^2-(d_{\sigma}^{-})^2}{2d_{\sigma}^{0}} \tag{4.2.45}$$

为了从多个尺度反映决策信息的平均水平、分散程度对决策结果的综合影响, 保证决策者在获得高收益的同时具有更低的风险损失, 定义相对靶心系数

$$\varepsilon_i=\alpha d_{\delta}+(1-\alpha)d_{\sigma} \tag{4.2.46}$$

其中, $\alpha\in[0,1]$ 代表决策者的收益与风险调节系数.

当决策更加倾向于高收益时, 取更大的 α 值计算相对靶心系数; 相应地, 当决策在倾向于低风险时, 取更小的 α 值计算相对靶心系数. 在属性权重已知的情况下, 可以直接根据相对靶心系数对对象进行排序, 相对靶心系数越小, 对象越优.

4) 属性权重确定

考虑属性权重未知的情况. 由于客观属性权重 $\omega'=(\omega_1',\omega_2',\cdots,\omega_n')$ 为灰内涵序列 (宋捷等, 2010), 定义灰熵 $H(\omega')=-\sum\limits_{j=1}^{n}\omega_j'\ln\omega_j'$, 根据极大熵原理, 为了尽量减小 w' 的不确定性, 应使灰熵最大化. 同时考虑到在确保高收益的同时希望更低的风险, 令相对靶心系数最小化. 综合以上两个单目标优化问题, 建立如下优化模型

$$\begin{aligned}&\min\ \lambda\sum_{i=1}^{m}\varepsilon_i+(1-\lambda)\sum_{j=1}^{n}\omega_j'\ln\omega_j'\\&\text{s.t.}\begin{cases}\sum\limits_{j=1}^{n}w_j'=1\\ \omega_j'\geqslant 0, j=1,2,\cdots,n\end{cases}\end{aligned} \tag{4.2.47}$$

其中 $0 < \lambda < 1$. 考虑到目标函数的公平性, 一般取 $\lambda = 0.5$. 用 MATLAB 编程求解, 可得客观属性权重 $\omega' = (\omega_1', \omega_2', \cdots, \omega_n')$.

在多属性决策中, 客观权重能反映数据自身信息, 但忽略了决策过程中决策者的主导作用. 主观权重能充分利用决策者的主观意见, 但却很难排除人为因素带来的偏差. 为了解决决策者给出的主观权重与评价信息所含客观权重信息的冲突, 体现决策结果的最优性与公正性, 根据最小相对熵原理 (Sun P, 2015), 考虑了决策者主观偏好与评价矩阵所含权重信息的综合影响, 构建如下优化模型可得到组合权重 $\omega = (\omega_1, \omega_2, \cdots, \omega_n)$.

$$\min H = \sum_{j=1}^{n} \omega_j \ln \frac{\omega_j}{\omega_j} + \sum_{j=1}^{n} \omega_j \ln \frac{\omega_j}{\omega_j'}$$
$$\text{s.t.} \begin{cases} \sum_{j=1}^{n} \omega_j = 1 \\ \omega_j \geqslant 0,\ j = 1, 2, \cdots, n \end{cases} \tag{4.2.48}$$

其中 $\omega_j'', \omega_j', \omega_j$ 分别表示决策者主观权重、客观权重以及组合权重, 解优化模型得

$$\omega_j = \frac{\sqrt{\omega_j' \omega_j''}}{\sum_{j=1}^{n} \sqrt{\omega_j' \omega_j''}} \tag{4.2.49}$$

5) 决策步骤

步骤 1 由式 (4.2.34) 和 (4.2.35), 对决策矩阵进行标准化处理, 得到标准化评价矩阵 $(u_{ij}(\otimes))_{m\times n}$;

步骤 2 由定义 4.2.25 ~ 定义 4.2.27, 构建相对核矩阵与白化标准差矩阵;

步骤 3 由定义 4.2.28 和定义 4.2.29 确定相对核灰靶与白化标准差灰靶的正负靶心;

步骤 4 由式 (4.2.38)~(4.2.26) 确定相对靶心系数, 由式 (4.2.47) 求解优化模型得到客观权重, 并由 (4.2.49) 得到组合权重;

步骤 5 依据相对靶心系数对方案优劣进行排序.

4.3 混合信息下的多目标灰靶决策方法

由于实际生活的复杂性和不确定性, 人们往往会遇到 “内涵明确, 外延不明确” 的对象与 “内涵不明确, 外延明确” 的对象都存在, 即灰性与模糊性共存的情况. 针对属性值为三参数区间灰数与模糊语言的混合多属性决策问题, 在认真研究决策灰靶内涵的基础上, 基于 “离合” 思想, 将不同类型的信息先暂时分离处理再集结,

定义 S 维模糊球形灰靶和 S 维混合型球形灰靶, 讨论正负靶心的情形. 为有效区分优劣方案, 利用奖优罚劣原则构建综合靶心距, 提出混合正负靶心灰靶决策方法, 实例分析验证了该方法的有效性和合理性.

1. 基本概念

定义 4.3.1 三参数区间灰数是指取值可能性最大的"重心"点已知的区间灰数, 可表示为 $a(\otimes)\in[\underline{a},\tilde{a},\bar{a}],\underline{a}\leqslant\tilde{a}\leqslant\bar{a}$, 其中 a 为 $a(\otimes)$ 取值可能性最大的数. "重心"未知时, 称为通常的区间灰数 (Luo D and Wang X, 2012).

定义 4.3.2 设有两个三参数区间灰数 $a(\otimes)\in[\underline{a},\tilde{a},\bar{a}]$, $b(\otimes)\in[\underline{b},\tilde{b},\bar{b}]$, 则它们之间的距离为

$$d(a(\otimes),b(\otimes))=\frac{1}{2}|a-\tilde{b}|+\frac{1-\lambda}{2}|\underline{a}-\underline{b}|+\frac{\lambda}{2}|\bar{a}-\bar{b}|$$

其中, $0\leqslant\lambda\leqslant 1$, λ 表示决策者的风险偏好, λ 越大表示决策者对风险的规避程度越小, 越偏好用右侧端点值度量. 当 $\underline{a}=a=\bar{a},\underline{b}=\tilde{b}=\bar{b}$, 即 $a(\otimes)$ 和 $b(\otimes)$ 为实数时, $d(a(\otimes),b(\otimes))=|a-\bar{b}|$ 转化为了实数间的距离.

命题 4.3.1 设有两个三参数区间灰数 $a(\otimes)\in[\underline{a},\tilde{a},\bar{a}]$, $b(\otimes)\in[\underline{b},\tilde{b},\bar{b}]$, 则它们之间的距离满足:

(1) $d(a(\otimes),b(\otimes))\geqslant 0$ 当且仅当 $\underline{a}=\underline{b},\tilde{a}=\tilde{b},\bar{a}=\bar{b}$ 时, 等号成立;

(2) $d(a(\otimes),b(\otimes))=d(b(\otimes),a(\otimes))$;

(3) 对任意三参数区间灰数 $c(\otimes)\in[\underline{c},\tilde{c},\bar{c}]$, 都有

$$d(a(\otimes),b(\otimes))\leqslant d(a(\otimes),c(\otimes))+d(c(\otimes),b(\otimes))$$

(4) $d(ka(\otimes),kb(\otimes))=kd(a(\otimes),b(\otimes)),k\geqslant 0$.

证明 (1), (2) 显然成立. 对 (3) 式证明如下:

$$\begin{aligned}
d(a(\otimes),b(\otimes))=&\frac{1}{2}|\tilde{a}-\tilde{b}|+\frac{1-\lambda}{2}|\underline{a}-\underline{b}|+\frac{\lambda}{2}|\bar{a}-\bar{b}|\\
=&\frac{1}{2}|\tilde{a}-\tilde{c}+\tilde{c}-\tilde{b}|+\frac{1-\lambda}{2}|\underline{a}-\underline{c}+\underline{c}-\underline{b}|+\frac{\lambda}{2}|\bar{a}-\bar{c}+\bar{c}-\bar{b}|\\
\leqslant&\frac{1}{2}|\tilde{a}-\tilde{c}|+|\tilde{c}-\tilde{b}|+\frac{1-\lambda}{2}(|\underline{a}-\underline{c}|+|\underline{c}-\underline{b}|)+\frac{\lambda}{2}(|\bar{a}-\bar{c}|+|\bar{c}-\bar{b}|)\\
=&d(a(\otimes),c(\otimes))+d(c(\otimes),b(\otimes))
\end{aligned}$$

对 (4) 式证明如下:

$$\begin{aligned}
&d(ka(\otimes),kb(\otimes))\\
=&\frac{1}{2}|k\tilde{a}-k\tilde{b}|+\frac{1-\lambda}{2}|k\underline{a}-k\underline{b}|+\frac{\lambda}{2}|k\bar{a}-k\bar{b}|
\end{aligned}$$

$$=\frac{k}{2}|\tilde{a}-\tilde{b}|+\frac{1-\lambda k}{2}|\underline{a}-\underline{b}|+\frac{\lambda k}{2}|\bar{a}-\bar{b}|$$
$$=kd(a(\otimes),b(\otimes))$$

定义 4.3.3 设 $a(\otimes)\in[\underline{a},\tilde{a},\bar{a}]$, $b(\otimes)\in[\underline{b},\tilde{b},\bar{b}]$ 是两个三参数区间灰数, $m_\theta(a(\otimes))=\tilde{a}+(1-\theta)\underline{a}+\theta\bar{a}$, $\theta\in[0,1]$, 如果 $m_\theta(a(\otimes))<m_\theta(b(\otimes))$, 则称对于 θ, $a(\otimes)<b(\otimes)$. θ 同样表示决策者风险偏好, θ 越大表示决策者对风险的规避程度越小, 越偏好用右侧端点值度量.

定义 4.3.4 称 $a=(a^l,a^m,a^u)$ 为三角模糊数, 若它的隶属函数 $\mu_a(x):R\to[0,1]$ 表示为

$$\mu_a(x)=\begin{cases}\dfrac{x-a^l}{a^m-a^l}, & a^l\leqslant x\leqslant a^m\\ \dfrac{x-a^u}{a^m-a^u}, & a^m\leqslant x\leqslant a^u\\ 0, & \text{其他}\end{cases}$$

其中 $0<a^l\leqslant a^m\leqslant a^u$, 若三角模糊数 $a=(a^l,a^m,a^u)$ 还满足 $0<a^l\leqslant a^m\leqslant a^u\leqslant 1$, 则称 a 为一个规范三角模糊数 (van Laarhoven P J M, 1983).

模糊语言变量是指将人类自然语言中使用的词语或短语以模糊集合表示, 并利用隶属函数来表示其隶属程度. 三角形模糊数十分直观且使用简便易于理解, 能够很好地表达多种模糊语言变量. Chen 和 Hwang 于 1992 年给出了多种语言变量的三角模糊数表示形式 (Chen S J and Hwang, 1992), 分别适用于 2~11 个等级的语言短语集, 提供了语言变量与模糊数之间的配对方法. 例如, 对定性指标的评价采用含有 7 个语言等级的语言短语集 S={“特低 (EL)”, “很低 (VL)”, “低 (L)”, “一般 (M)”, “高 (H)”, “很高 (VH)”, “特高 (EH)”}, 则它们可分别记为 EL = (0,0,0.1), L = (0.1,0.2,0.3), L = (0.2,0.3,0.4), M =(0.4,0.5,0.6), H = (0.6,0.7,0.8), VH = (0.8,0.9,1), EH = (0.9,1,1).

定义 4.3.5 设 $a=(a^l,a^m,a^u)$, $b=(b^l,b^m,b^u)$ 为任意两个三角模糊数, 则

$$L(a,b)=\max\left\{|a^l-b^l|,|a^m-b^m|,|a^u-b^u|\right\}$$

为三角模糊数 $a=(a^l,a^m,a^u)$ 到三角模糊数 $b=(b^l,b^m,b^u)$ 的距离 (林军, 2007).

2. *混合灰靶基本概念*

在同一决策系统中, 既有灰信息又有模糊信息, 灰性与模糊性是不确定性的两个不同方面, 为避免将二者相互转化, 减少信息损失, 基于 “离合” 思想构造一个决策灰靶, 靶心暂时分离灰信息与模糊信息, 靶心距集结分离的信息, 该灰靶就像汽车中的 “离合器”, 有效避免了灰性与模糊性的转化, 解决了二者的共存问题, 所以, 有如下定义.

定义 4.3.6 称

$$R^s=\{[r^{(1)},r^{(2)},\cdots,r^{(s)}]|L(r^{(1)},r_0^{(1)})^2+L(r^{(2)},r_0^{(2)})^2+\cdots+L(r^{(s)},r_0^{(s)})^2\leqslant R^2\}$$

为以 R 为半径, 以$r_0=[r_0^{(1)},r_0^{(2)},\cdots,r_0^{(s)}]$ 为靶心的 S 维模糊球形灰靶, 其中, $r^{(i)}$ 和 $r_0^{(i)}$ 是模糊数, $L(r^{(i)},r_0^{(i)})$ 是 $r^{(i)}$ 与 $r_0^{(i)}$ 的距离, $i=1,2,\cdots,s$, $r_0=[r_0^{(1)},r_0^{(2)},\cdots,r_0^{(s)}]$ 是最优效果向量. 设$r_1=[r_1^{(1)},r_1^{(2)},\cdots,r_1^{(s)}]\in R^S$, 称

$$|r_1-r_0|=[L(r_1^{(1)},r_0^{(1)})^2+\cdots+L(r_1^{(s)},r_0^{(s)})^2]^{1/2}$$

为向量 r_1 的靶心距, 其数值大小反映了效果向量的优劣.

定义 4.3.7 称

$$R^s=\{[r^{(1)}(\otimes),\cdots,r^{(k)}(\otimes),r^{(k+1)},\cdots,r^{(s)}]|d(r^{(1)}(\otimes),r_0^{(1)}(\otimes))^2+\cdots$$
$$+d(r^{(k)}(\otimes),r_0^{(k)}(\otimes))^2+L(r^{(k+1)},r_0^{(k+1)})^2+\cdots+L(r^{(s)},r_0^{(s)})^2\leqslant R^2\}$$

为以$r_0=[r_0^{(1)}(\otimes),\cdots,r_0^{(k)}(\otimes),r_0^{(k+1)},\cdots,r_0^{(s)}]$ 为靶心, 以 R 为半径的 S 维混合球形灰靶, 其中, $r^{(i)}(\otimes)$ 和 $r_0^{(i)}(\otimes)$ 是灰数, $i=1,2,\cdots,k$, $1\leqslant k\leqslant s$, $r^{(j)}$ 和 $r_0^{(j)}$ 是模糊数, $j=k,k+1,\cdots,s$, $d(r^{(i)}(\otimes),r_0^{(i)}(\otimes))$ 是灰数 $r^{(i)}(\otimes)$ 与灰数 $r_0^{(i)}(\otimes)$ 的距离, $L(r^{(j)},r_0^{(j)})$ 是模糊数 $r^{(j)}$ 与 $r_0^{(j)}$ 的距离. 称$r_0=[r_0^{(1)}(\otimes),\cdots,r_0^{(k)}(\otimes),r_0^{(k+1)},\cdots,r_0^{(s)}]$ 为最优效果向量. 设 $r_1=[r_1^{(1)}(\otimes),\cdots,r_1^{(k)}(\otimes),r_1^{(k+1)},\cdots,r_1^{(s)}]\in R^S$, 称

$$|r_1-r_0|=[d(r^{(1)}(\otimes),r_0^{(1)}(\otimes))^2+\cdots+L(r^{(s)},r_0^{(s)})^2]^{1/2}$$

为向量 r_1 的靶心距.

在定义 4.3.7 中, 靶心是最优效果向量, 离最优效果向量越近时效果向量越优. 如果把最优效果向量设为正靶心, 最劣效果向量设为负靶心, 考虑离正靶心越近同时离负靶心越远的情况, 此时效果向量也是优的 (决策者可以根据情况选择只有一个靶心的灰靶或者正负靶心灰靶). 所以, 考虑最劣效果向量, 有如下定义.

定义 4.3.8 设$r_0^+=[r_0^{(1)+}(\otimes),\cdots,r_0^{(k)+}(\otimes),r_0^{(k+1)+},\cdots,r_0^{(s)+}]$ 和 $r_0^-=[r_0^{(1)-}(\otimes),\cdots,r_0^{(k)-}(\otimes),r_0^{(k+1)-},\cdots,r_0^{(s)-}]$分别为最优效果向量和最劣效果向量, 称 r_0^+ 为 S 维混合椭球形灰靶 D^S 的正靶心, r_0^- 为负靶心. 设$r_1=[r_1^{(1)}(\otimes),\cdots,r_1^{(k)}(\otimes),r_1^{(k+1)},\cdots,r_1^{(s)}]\in D^S$, 称 $D^+=D(r_1-r_0^+)$ 为向量 r_1 的正靶心距, $D^-=D(r_1-r_0^-)$ 为向量 r_1 的负靶心距. 为突出 r_1 的优势, 利用 “奖优罚劣” 原则构造向量 r_1 的综合靶心距 D, 设 $D=D^+/D^-$, “奖励” 离正靶心近的, “惩罚” 离负靶心近的. 综合靶心距 D 的数值反映了效果向量的优劣.

3. 混合正负靶心灰靶决策模型

设某个混合型多属性决策问题的方案集为 $A=\{A_1,A_2,\cdots,A_n\}$, 属性集为 $B=\{B_1,B_2\}$, 其中 $B_1=\{b_1,b_2,\cdots,b_p\}$ 为定量属性集, $B_2=\{b_{p+1},\cdots,b_m\}$ 为定性属性集. 方案 $A_i(i=1,2,\cdots,n)$ 在定量指标 $b_j(j=1,2,\cdots,p)$ 下的效果值为三参数区间灰数 $x_{ij}(\otimes)$, 记为 $x_{ij}(\otimes)\in[\underline{x}_{ij},\tilde{x}_{ij},\bar{x}_{ij}]$, 组成决策者的定量决策矩阵 $U_1=(a_{ij}(\otimes))_{n\times p}$, 方案 A_i 在定性指标 $b_j(j=p+1,p+2,\cdots,m)$ 下的效果值为 s_{ij}, s_{ij} 是决策者从预先定义的语言短语集 S 中选择的一个语言评价短语, 组成决策者的定性决策矩阵 $W_2=(s_{ij})_{n\times(m-p)}$, $\omega=(\omega_1,\cdots,\omega_p,\omega_{p+1},\cdots,\omega_m)$ 是属性集 B 的权重序列.

首先, 根据语言短语的语义信息对应的三角模糊数, 将决策者给出的语言评价短语转换成相应的三角模糊数, 定性决策矩阵 $W_2=(s_{ij})_{n\times(m-p)}$ 转化为定量决策矩阵 $U_2=(u_{ij})_{n\times(m-p)}$, u_{ij} 是一个三角模糊数, $u_{ij}=(u_{ij}^l,u_{ij}^m,u_{ij}^u)$.

其次, 为了消除不同属性在量纲上的差异性与增加可比性, 需把决策矩阵规范化处理. 针对三参数区间灰数, 为体现属性的非线性变化规律, 根据经济学中边际效用递减原理, 如果规范化后属性值越大则其变化速率应该越小, 构建如下非线性极差变换:

设$\bar{x}_j^*=\max\limits_{1\leqslant i\leqslant n}\{\bar{x}_{ij}\},\underline{x}_j^{\nabla}=\min\limits_{1\leqslant i\leqslant n}\{\underline{x}_{ij}\},j=1,2,\cdots,m$, 对决策矩阵 $U_1=(a_{ij}(\otimes))_{n\times p}$ 进行规范化后得到的决策矩阵为 $R_1=(r_{ij}(\otimes))_{n\times p}$, 常见的属性有成本型和效益型, 对效益型指标:

$$\underline{r}_{ij}=\frac{\left(\underline{x}_{ij}-\underline{x}_j^{\nabla}\right)^{1/2}}{\left(\bar{x}_j^*-\underline{x}_j^{\nabla}\right)^{1/2}},\quad \tilde{r}_{ij}=\frac{\left(\tilde{x}_{ij}-\underline{x}_j^{\nabla}\right)^{1/2}}{\left(\bar{x}_j^*-\underline{x}_j^{\nabla}\right)^{1/2}},\quad \bar{r}_{ij}=\frac{\left(\bar{x}_{ij}-\underline{x}_j^{\nabla}\right)^{1/2}}{\left(\bar{x}_j^*-\underline{x}_j^{\nabla}\right)^{1/2}}\tag{4.3.1}$$

对成本型指标:

$$\underline{r}_{ij}=\frac{\left(\bar{x}_j^*-\bar{x}_{ij}\right)^{1/2}}{\left(\bar{x}_j^*-\underline{x}_j^{\nabla}\right)^{1/2}},\quad \tilde{r}_{ij}=\frac{\left(\bar{x}_j^*-\tilde{x}_{ij}\right)^{1/2}}{\left(\bar{x}_j^*-\underline{x}_j^{\nabla}\right)^{1/2}},\quad \bar{r}_{ij}=\frac{\left(\bar{x}_j^*-\underline{x}_{ij}\right)^{1/2}}{\left(\bar{x}_j^*-\underline{x}_j^{\nabla}\right)^{1/2}}\tag{4.3.2}$$

针对三角模糊数，采用夏勇其和吴祈宗所提的方法对决策矩阵 U_2 进行规范化, 得到矩阵 $R_2=(r_{ij}(\otimes))_{n\times(m-p)}$(夏勇其和吴祈宗; 2004),

对效益型指标:

$$r_{ij}^l=\frac{u_{ij}^l}{\sqrt{\sum\limits_{i=1}^n(u_{ij}^u)^2}},\quad r_{ij}^m=\frac{u_{ij}^m}{\sqrt{\sum\limits_{i=1}^n(u_{ij}^m)^2}},\quad r_{ij}^u=\frac{u_{ij}^u}{\sqrt{\sum\limits_{i=1}^n(u_{ij}^l)^2}}\tag{4.3.3}$$

对成本型指标:

$$r_{ij}^l=\frac{(1/u_{ij}^u)}{\sqrt{\sum_{i=1}^{n}\left(\frac{1}{u_{ij}^l}\right)^2}},\quad r_{ij}^m=\frac{(1/u_{ij}^m)}{\sqrt{\sum_{i=1}^{n}\left(\frac{1}{u_{ij}^m}\right)^2}},\quad r_{ij}^u=\frac{(1/u_{ij}^l)}{\sqrt{\sum_{i=1}^{n}\left(\frac{1}{u_{ij}^u}\right)^2}} \tag{4.3.4}$$

然后, 确定混合评价向量的正负靶心, 计算各方案的正负靶心距和综合靶心距, 如下.

定义 4.3.9 设方案 A_i 在定量属性 b_j 下的最优评价值为

$$r_j^+=\max_{1\leqslant i\leqslant n}\{\tilde{r}_{ij}+\frac{\underline{r}_{ij}+\bar{r}_{ij}}{2}\},$$

记为 $r_j^+(\otimes)=[\underline{r}_j^+,\tilde{r}_j^+,\bar{r}_j^+]$, $j=1,2,\cdots,p$;

$$r_j^-=\min_{1\leqslant i\leqslant n}\{\tilde{r}_{ij}+\frac{\underline{r}_{ij}+\bar{r}_{ij}}{2}\}$$

为最劣评价值, 记为$r_j^-(\otimes)=[\underline{r}_j^-,\tilde{r}_j^-,\bar{r}_j^-]$. 设 $r_j^+=\max\limits_{1\leqslant i\leqslant n}\{r_{ij}^m\}$ 和 $r_j^-=\min\limits_{1\leqslant i\leqslant n}\{r_{ij}^m\}$ 分别为方案 A_i 在定性属性 b_j, $j=p+1,p+2,\cdots,m$ 下的最优评价值和最劣评价值, 记为 $r_j^+=[r_{ij}^l,r_{ij}^m,r_{ij}^u]$, $r_j^-=[r_{ij}^l,r_{ij}^m,r_{ij}^u]$, 则

$$r^+=[r_1^+(\otimes),\cdots,r_p^+(\otimes),r_{p+1}^+,\cdots,r_m^+]$$

为正靶心,

$$r^-=[r_1^-(\otimes),\cdots,r_p^-(\otimes),r_{p+1}^-,\cdots,r_m^-]$$

为负靶心.

定义 4.3.10 设方案 A_i 在属性集 B 下的效果评价向量为 $r_i=(r_{i1},\cdots,r_{im})$, $D_i^+=D(r_i,r^+)$ 为向量 r_i 的正靶心距, $D_i^-=D(r_i,r^-)$ 为向量 r_i 的负靶心距, D 为向量 r_i 的综合靶心距, 则

$$\begin{aligned}D(r_i,r^+)=&\omega_1 d(r_{i1}(\otimes),r_1^+(\otimes))+\cdots+\omega_p d(r_{ip}(\otimes),r_p^+(\otimes))\\&+\omega_{p+1}L(r_{i(p+1)},r_{p+1}^+)+\cdots+\omega_m L(r_{im},r_m^+)\end{aligned} \tag{4.3.5}$$

$$\begin{aligned}D(r_i,r^-)=&\omega_1 d(r_{i1}(\otimes),r_1^-(\otimes))+\cdots+\omega_p d(r_{ip}(\otimes),r_p^-(\otimes))\\&+\omega_{p+1}L(r_{i(p+1)},r_{p+1}^-)+\cdots+\omega_m L(r_{im},r_m^-)\end{aligned} \tag{4.3.6}$$

$$D_i=\frac{D_i^+}{D_i^-} \tag{4.3.7}$$

最后, 若属性权重序列 $\omega=(\omega_1,\cdots,\omega_p,\omega_{p+1},\cdots,\omega_m)$ 已知, 则直接代入上式便可计算方案 A_i 的综合靶心距 D_i, 并依此对方案排序, 综合靶心距 D_i 越大, 对应的方案越优.

算例 4.3.1

我国黄河地处北回归线以北, 冰凌灾害问题严重, 尤其是宁蒙段, 几乎每年都会发生不同程度的凌洪, 造成的损失也越来越大. 为了提前做好防凌防汛的工作, 考虑流量、气温、流凌密度、河道状况、工程影响五个因素, 选取 2012~ 2014 年头道拐 A_1、三湖河口 A_2、巴彦高勒 A_3 三个河段开河期数据, 如表 4-3-1 所示. 试确定更易发生冰坝灾害的河段, 具体步骤如下.

表 4-3-1 三个河段开河期险情指标数据

	头道拐	三湖河口	巴彦高勒
流量/(m^3/s)	[335,520,900]	[203,770,940]	[126,650,820]
气温/°C	[−19.2,−10,4.1]	[−19.5,−9.8,2.8]	[−22.4,−14,0.2]
流凌密度/%	[10%,10%,40%]	[5%,30%,70%]	[10%,30%,60%]
河道状况	差	很差	差
工程影响	大	一般	一般

(1) 根据三角模糊数与语言变量的对应关系, 用三角模糊数表示决策矩阵中的定性指标, 得到定量混合决策矩阵:

$$U=\begin{bmatrix} (335,520,900) & (-19.2,-10,4.1) & (10\%,10\%,40\%) & (0.2,0.3,0.4) & (0.6,0.7,0.8) \\ (203,770,940) & (-19.5,-9.8,2.8) & (5\%,30\%,70\%) & (0.1,0.2,0.3) & (0.4,0.5,0.6) \\ (126.650,820) & (-22.4,-14,0.2) & (10\%,30\%,60\%) & (0.2,0.3,0.4) & (0.4,0.5,0.6) \end{bmatrix}$$

(2) 利用公式 (4.3.1)~(4.3.4) 将决策矩阵 U 规范化, 得到规范化混合决策矩阵 R:

$$R=\begin{bmatrix} (0.22,0.72,0.86) & (0.35,0.68,1) & (0.68,0.96,0.96) & (0.20,0.49,1.03) & (0.32,0.45,0.62) \\ (0,0.46,0.95) & (0.33,0.69,0.98) & (0,0.78,1) & (0.27,0.73,2.06) & (0.43,0.63,0.94) \\ (0.38,0.60,1) & (0,0.56,0.92) & (0.39,0.78,0.96) & (0.20,0.49,1.03) & (0.43,0.63,0.94) \end{bmatrix}$$

(3) 确定混合评价向量的正负靶心, 计算方案 $A_i(i=1,2,3)$ 的正靶心距 D_i^+、负靶心距 D_i^- 和综合靶心距 D_i(取 $\lambda=0.5$, 评价指标的重要程度一样):

$$D_1^+=0.271,\quad D_2^+=0.087,\quad D_3^+=0.272$$
$$D_1^-=0.129,\quad D_2^-=0.301,\quad D_3^-=0.119$$
$$D_1=2.104,\quad D_2=0.287,\quad D_3=2.277$$

(4) 由 D_i 越小方案越优, 得方案的优劣顺序为 $D_2\succ D_1\succ D_3$, 即 A_2 发生冰坝灾害的可能性最低.

在实际情况中, 黄河冰凌生消演变规律复杂, 为更有效预防和控制严重灾害的发生, 工作人员可对往年数据进行分析, 从而提前做好防凌防汛的工作. 为了观察属性权重序列 w 和靶心距公式中 λ 的选取对方案的排序是否有影响, 在步骤 3 选取不同 λ 值和属性权重序列 w, 对方案重新排序, 结果如表 4-3-2 所示. 从表 4-3-2 可以看出, 在计算靶心距时选取不同的 λ 值和不同的属性权重序列 w, 得到的方案排序是不一样的, 尤其是属性权重 w 的选取, 属性重要程度不同, 所得的最优方案可能不一样. 因此, 决策者可以根据实际情况需要选取不同的参数.

表 4-3-2　靶心距公式中不同 w 和 λ 值的方案排序

$w=(0.2,0.2,0.2,0.2,0.2)$	$\lambda=0.1$	$A_2\succ A_1\succ A_3$
	$\lambda=0.5$	$A_2\succ A_1\succ A_3$
	$\lambda=0.9$	$A_2\succ A_3\succ A_1$
$w=(0.35,0.1,0.35,0.1,0.1)$	$\lambda=0.1$	$A_1\succ A_3\succ A_2$
	$\lambda=0.5$	$A_1\succ A_2\succ A_3$
	$\lambda=0.9$	$A_2\succ A_1\succ A_3$
$w=(0.2,0.3,0.1,0.3,0.1)$	$\lambda=0.1$	$A_2\succ A_1\succ A_3$
	$\lambda=0.5$	$A_2\succ A_1\succ A_3$
	$\lambda=0.9$	$A_2\succ A_1\succ A_3$

4.4 本章小结

本章在对灰靶决策基本原理分析的基础上, 分别对决策信息为灰数和混合评价信息两种情况进行了研究, 并提出了相应的灰靶决策方法.

(1) 本章研究了灰数信息下的多目标灰靶决策方法, 分别提出了基于正负靶心的多目标灰靶决策方法、基于灰信息的多目标灰靶决策方法、三参数区间灰数信息下的灰靶决策方法以及考虑灰数取值分布信息的多尺度灰靶决策方法, 并给出了所提各灰靶决策方法的决策步骤, 为解决灰数信息下的多目标灰靶决策方法提供了多种思路.

(2) 针对方案属性值为三参数区间灰数和模糊语言的混合型灰色多属性决策问题, 提出一种基于 “离合” 思想的混合灰靶决策方法, 使经典灰靶决策具备了对新增混合决策信息的兼容能力, 扩大了灰靶决策的适用范围, 应用实例说明本章所提混合评价信息下的多目标灰靶决策方法的合理性和有效性. 同时, 该方法对凌汛防灾物资管理和决策也具有重要意义.

第5章 灰色局势决策方法

灰色局势决策是根据被决策事件, 列出不同的对策来应对, 并根据预定的目标来评价对策效果的优劣, 从中挑选出效果最好的对策来应对被决策事件的量化评价过程. 自邓聚龙教授提出灰色局势决策以来, 其已经成为灰色决策方法的重要组成部分, 目前已在军事决策、股票市场、医疗绩效评价等领域得到了广泛的应用. 本章主要介绍灰色局势决策的基本原理, 在此基础上, 重点讨论了目标权重未知的灰色局势决策方法和多目标灰色局势群决策方法.

5.1 灰色局势决策基本原理

灰色局势决策包括局势、目标和局势的效果样本三个基本要素, 其中局势由对象 (事件) 和对策方案组成, 目标是评价局势优劣的依据, 局势的效果样本是在一定的目标下局势的量化值. 因此, 灰色局势决策的基础是效果测度极性一致性空间, 而决策过程就是通过一定目标来评价对策方案效果的优劣, 从而实现多目标下的方案优选. 所谓多目标局势决策, 是指当局势有多个目标时, 对各种目标综合考虑的决策. 灰色多目标局势决策的基本原理如下.

定义 5.1.1 设 $A=\{a_1,a_2,\cdots,a_n\}$ 为事件集, $B=\{b_1,b_2,\cdots,b_m\}$ 为对策集:

(1) A 与 B 的笛卡儿积 $S=A\times B=\{s_{ij}=(a_i,b_j)|a_i\in A,b_j\in B\}$ 为局势空间 $(i=1,2,\cdots,n;\ j=1,2,\cdots,m)$;

(2) $S_i=a_i\times B$ 为事件 a_i 的局面;

(3) $u_{ij}^{(k)}$ 为局势 s_{ij} 在目标 $k\in\{1,2,\cdots,l\}$ 的效果样本, $\omega_k(k=1,2,\cdots,l)$ 为目标 k 的权重, $\sum\limits_{k=1}^{l}\omega_k=1$;

(4) $D^{(k)}$ 为局势集 S 在目标 k 下的一致效果测度矩阵, 即

$$D^{(k)}=\left[\frac{r_{ij}^{(k)}}{s_{ij}}\right]_{n\times m}=\begin{bmatrix}\dfrac{r_{11}^{(k)}}{s_{11}} & \dfrac{r_{12}^{(k)}}{s_{12}} & \cdots & \dfrac{r_{1m}^{(k)}}{s_{1m}}\\ \dfrac{r_{21}^{(k)}}{s_{21}} & \dfrac{r_{22}^{(k)}}{s_{22}} & \cdots & \dfrac{r_{2m}^{(k)}}{s_{2m}}\\ \vdots & \vdots & & \vdots\\ \dfrac{r_{n1}^{(k)}}{s_{n1}} & \dfrac{r_{n2}^{(k)}}{s_{n2}} & \cdots & \dfrac{r_{nm}^{(k)}}{s_{nm}}\end{bmatrix}$$

(5) $D^{(Z)}$ 为多目标局势决策的综合效果测度矩阵, 即

$$D^{(Z)}=\left[\frac{r_{ij}^{(Z)}}{s_{ij}}\right]_{n\times m}=\begin{bmatrix}\dfrac{r_{11}^{(Z)}}{s_{11}} & \dfrac{r_{12}^{(Z)}}{s_{12}} & \cdots & \dfrac{r_{1m}^{(Z)}}{s_{1m}}\\ \dfrac{r_{21}^{(Z)}}{s_{21}} & \dfrac{r_{22}^{(Z)}}{s_{22}} & \cdots & \dfrac{r_{2m}^{(Z)}}{s_{2m}}\\ \vdots & \vdots & & \vdots\\ \dfrac{r_{n1}^{(Z)}}{s_{n1}} & \dfrac{r_{n2}^{(Z)}}{s_{n2}} & \cdots & \dfrac{r_{nm}^{(Z)}}{s_{nm}}\end{bmatrix}$$

若满足

$$M_{\text{eff}}:u_{ij}^{(k)}\mapsto r_{ij}^{(k)},\ r_{ij}^{(Z)}=\sum_{k=1}^{l}\omega_k r_{ij}^{(k)},\ r_{ij^*}^{(Z)}=\max r_{ij}^{(Z)}$$

则

(1) 称 M_{eff} 为效果测度值变换;

(2) 称 $r_{ij}^{(k)}$ 为局势 s_{ij} 在目标 $k\in\{1,2,\cdots,l\}$ 下的效果测度;

(3) 称 $r_{ij}^{(Z)}$ 为局势 s_{ij} 的统一效果测度;

(4) 若 $\max\limits_{1\leqslant j\leqslant m}\left\{r_{ij}^{(Z)}\right\}=r_{ij_0}^{(Z)}$, 则称对策 b_{j_0} 为事件 a_i 的满意对策, 称 s_{ij_0} 为行满意局势; 若 $\max\limits_{1\leqslant i\leqslant n}\left\{r_{ij}^{(Z)}\right\}=r_{i_0j}^{(Z)}$, 则称事件 a_{i_0} 为匹配对策 b_j 的满意事件, 称 s_{i_0j} 为列满意局势, 若 $\max\limits_{1\leqslant i\leqslant n}\max\limits_{1\leqslant j\leqslant m}\left\{r_{ij}^{(Z)}\right\}=r_{i_0j_0}^{(Z)}$, 则称 $s_{i_0j_0}$ 为满意局势.

一般地, 当 $u_{ij}^{(k)}$ 为正极性时 (效果值越大越好), M_{eff} 为上限效果测度变换, 且

$$M_{\text{eff}}(u_{ij}^{(k)})=r_{ij}^{(k)}=\frac{u_{ij}^{(k)}}{\max\limits_{i}\max\limits_{j}u_{ij}^{(k)}}\tag{5.1.1}$$

当 $u_{ij}^{(k)}$ 为负极性时 (效果值越小越好), M_{eff} 为上限效果测度变换, 且

$$M_{\text{eff}}(u_{ij}^{(k)})=r_{ij}^{(k)}=\frac{\max\limits_{i}\max\limits_{j}u_{ij}^{(k)}}{u_{ij}^{(k)}}\tag{5.1.2}$$

当 $u_{ij}^{(k)}$ 为中极性时 (效果值适中最好), M_{eff} 为上限效果测度变换, 且

$$M_{\text{eff}}(u_{ij}^{(k)})=r_{ij}^{(k)}=\frac{\min\left\{u_0,u_{ij}^{(k)}\right\}}{\max\left\{u_0,u_{ij}^{(k)}\right\}}\tag{5.1.3}$$

其中 u_0 为适中值.

上限效果测度反映效果样本值之间的偏离程度, 下限效果测度反映效果样本值与最小效果样本值的偏离程度, 适中效果测度反映效果样本值与指定效果适中值的偏离程度. 在实际应用中, 究竟采用哪种测度, 主要依具目标的性质而定, 如对产量、产值等效益型指标, 通常希望越大越好, 则采用上限效果测度; 对投资、费用等成本型指标, 大多希望越小越好, 则采用下限效果测度; 对人员结构、设备维修等指标, 以适量为宜, 则采用适中效果测度.

此外, 对于局势的效益时间序列, 也可采用系统的稳态效果测度, 即对时间序列建立 GM(1,1) 预测模型, 求出模型参数 a, 则称 $1/a$ 为系统的稳态效果测度, 记为 $r_{ij}=1/a$. 实际应用中, 可根据研究问题的实际需求, 采用其他的效果测度公式.

定理 5.1.1 上限效果测度、下限效果测度和适中效果测度 $r_{ij}(i=1,2,\cdots,n;\ j=1,2,\cdots,m)$ 满足以下条件:

(1) r_{ij} 无量纲; (2) $r_{ij}\in[0,1]$; (3) 效果越理想, r_{ij} 越大.

证明 略.

综上, 灰色局势决策的步骤如下:

步骤 1 分析研究问题, 给出事件集 $A=\{a_1,a_2,\cdots,a_n\}$ 和对策集 $B=\{b_1,b_2,\cdots,b_m\}$;

步骤 2 构造局势空间 $S=A\times B=\{s_{ij}=(a_i,b_j)|a_i\in A,b_j\in B\}$;

步骤 3 确定研究问题需达到的目标, 构造目标集 $P=\{p_1,p_2,\cdots,p_l\}$, $p_k(k=1,2,\cdots,l)$ 为第 k 个目标;

步骤 4 给出局势 $s_{ij}(i=1,2,\cdots,n;j=1,2,\cdots,m)$ 在不同目标 p_k 时的效果值 $u_{ij}^{(k)}$;

步骤 5 分析各目标的极性, 选择合适的效果测度公式, 计算各局势在不同目标的效果测度 $r_{ij}^{(k)}$;

步骤 6 确定各目标的权重 $\omega=(\omega_1,\omega_2,\cdots,\omega_l)$, $\omega_k(k=1,2,\cdots,l)$ 为目标 p_k 的权重, 且 $\sum\limits_{k=1}^{l}\omega_k=1$;

步骤 7 计算多目标综合效果测度, 并据以选择满意局势.

例 5.1.1(康健等, 2008) 国内某煤矿公司下属三个矿区 (以下简称一矿、二矿和三矿) 拟采用综采、高档普采、普采及炮采四种采煤工艺中的一种, 现用灰色局势决策对每一种采煤工艺的多项评价指标进行综合技术经济效果评价. 解决步骤如下:

(1) 给出事件集合对策集. 分析问题可知, 事件集 $A=\{a_1,a_2,a_3\}$={一矿, 二矿, 三矿}, 对策集 $B=\{b_1,b_2,b_3,b_4\}=\{$ 炮采, 普采, 高档普采, 综采 $\}$;

(2) 构造局势, 如表 5-1-1 所示.

表 5-1-1 三个矿区的采矿工艺效果评价局势空间

矿区	炮采 b_1	普采 b_2	高档普采 b_3	综采 b_4
一矿 a_1	s_{11}	s_{12}	s_{13}	s_{14}
二矿 a_2	s_{21}	s_{22}	s_{23}	s_{24}
三矿 a_3	s_{31}	s_{32}	s_{33}	s_{34}

(3) 确定决策目标, 分析各目标极性. 本决策问题主要考虑如下四个目标: p_1: 采煤工作面单产量尽可能大; p_2: 回采工效尽可能大; p_3: 设备投资尽可能小; p_4: 回采成本尽可能小.

(4) 确定各局势在不同目标下的效果值及其白化值. 搜集整理相关数据可得该三个矿区各主采层的采煤工作面单产量 (万 t/月 · 面)、回采工效 (t/工)、设备投资 (万元) 和回采成本 (元/t) 的效果样本白化值如表 5-1-2 所示.

表 5-1-2 某煤矿公司各矿区主要技术经济指标

矿区	单产量 p_1				回采工效 p_2				设备投资 p_3				回采成本 p_4			
	b_1	b_2	b_3	b_4	b_1	b_2	b_3	b_4	b_1	b_2	b_3	b_4	b_1	b_2	b_3	b_4
a_1	1.44	1.08	1.76	4.34	4.81	6.32	11.83	16.37	250	523	1090	2046	9.43	13.72	18.67	10.20
a_2	3.56	4.03	5.85	11.22	5.01	6.56	12.89	44.95	340	690	1435	5913	10.54	17.67	23.76	16.47
a_3	4.85	6.98	9.23	18.65	7.88	8.46	22.57	57.65	390	725	1800	7126	12.86	19.32	29.87	17.22

(5) 计算各目标的效果测度, 写出决策矩阵. 对于目标 p_1, 按上限效果测度公式计算, 得到决策矩阵

$$D^{(1)} = \left[\frac{r_{ij}^{(1)}}{s_{ij}}\right]_{3\times 4} = \begin{bmatrix} \dfrac{0.0772}{s_{11}} & \dfrac{0.0579}{s_{12}} & \dfrac{0.0944}{s_{13}} & \dfrac{0.2327}{s_{14}} \\ \dfrac{0.1909}{s_{21}} & \dfrac{0.2161}{s_{22}} & \dfrac{0.3137}{s_{23}} & \dfrac{0.6016}{s_{24}} \\ \dfrac{0.2601}{s_{31}} & \dfrac{0.3743}{s_{32}} & \dfrac{0.4949}{s_{33}} & \dfrac{1}{s_{34}} \end{bmatrix}$$

对于目标 p_2, 按上限效果测度公式计算, 得到决策矩阵

$$D^{(2)} = \left[\frac{r_{ij}^{(2)}}{s_{ij}}\right]_{3\times 4} = \begin{bmatrix} \dfrac{0.0834}{s_{11}} & \dfrac{0.1069}{s_{12}} & \dfrac{0.2052}{s_{13}} & \dfrac{0.2840}{s_{14}} \\ \dfrac{0.0869}{s_{21}} & \dfrac{0.1138}{s_{22}} & \dfrac{0.2236}{s_{23}} & \dfrac{0.7797}{s_{24}} \\ \dfrac{0.1367}{s_{31}} & \dfrac{0.1467}{s_{32}} & \dfrac{0.3915}{s_{33}} & \dfrac{1}{s_{34}} \end{bmatrix}$$

对于目标 p_3, 按下限效果测度公式计算, 得到决策矩阵

$$D^{(3)}=\left[\frac{r_{ij}^{(3)}}{s_{ij}}\right]_{3\times 4}=\begin{bmatrix}\dfrac{1}{s_{11}} & \dfrac{0.4780}{s_{12}} & \dfrac{0.2294}{s_{13}} & \dfrac{0.1222}{s_{14}}\\ \dfrac{0.7353}{s_{21}} & \dfrac{0.3623}{s_{22}} & \dfrac{0.1742}{s_{23}} & \dfrac{0.0423}{s_{24}}\\ \dfrac{0.6410}{s_{31}} & \dfrac{0.3448}{s_{32}} & \dfrac{0.1389}{s_{33}} & \dfrac{0.0351}{s_{34}}\end{bmatrix}$$

对于目标 p_4, 按下限效果测度公式计算, 得到决策矩阵

$$D^{(4)}=\left[\frac{r_{ij}^{(4)}}{s_{ij}}\right]_{3\times 4}=\begin{bmatrix}\dfrac{1}{s_{11}} & \dfrac{0.6873}{s_{12}} & \dfrac{0.5051}{s_{13}} & \dfrac{0.9245}{s_{14}}\\ \dfrac{0.8947}{s_{21}} & \dfrac{0.5337}{s_{22}} & \dfrac{0.3969}{s_{23}} & \dfrac{0.5726}{s_{24}}\\ \dfrac{0.7333}{s_{31}} & \dfrac{0.4881}{s_{32}} & \dfrac{0.3157}{s_{33}} & \dfrac{0.5476}{s_{34}}\end{bmatrix}$$

(6) 确定各目标的权重 $\omega=(\omega_1,\omega_2,\omega_3,\omega_4)=(0.30,0.10,0.25,0.35)$. 由此可以计算得到多目标的局势统一效果测度 $r_{ij}^{(Z)}(i=1,2,3;j=1,2,3,4)$, 相应的综合决策矩阵为

$$D^{(Z)}=\left[\frac{r_{ij}^{(Z)}}{s_{ij}}\right]_{3\times 4}=\begin{bmatrix}\dfrac{0.6315}{s_{11}} & \dfrac{0.3881}{s_{12}} & \dfrac{0.2830}{s_{13}} & \dfrac{0.4523}{s_{14}}\\ \dfrac{0.5065}{s_{21}} & \dfrac{0.3536}{s_{22}} & \dfrac{0.2989}{s_{23}} & \dfrac{0.4694}{s_{24}}\\ \dfrac{0.5086}{s_{31}} & \dfrac{0.3840}{s_{32}} & \dfrac{0.3328}{s_{33}} & \dfrac{0.6004}{s_{34}}\end{bmatrix}$$

(7) 根据 $D^{(Z)}$ 进行决策. 按行决策, 可得最优局势: s_{11},s_{21},s_{34}. 这说明, 对于一矿和二矿来说, 首选炮采, 对三矿来说首选综采. 按列决策, 可得最优局势: $s_{11},s_{12},s_{33},s_{34}$. 这说明, 若将四种采煤工艺在三个矿区来推广的话, 最适合炮采工艺的是一矿, 最适合普采工艺的也是一矿, 最适合高档普采工艺的是三矿, 最适合综采工艺的是三矿.

5.2 目标权重未知的灰色局势决策方法

运用传统的灰色局势决策方法解决实际问题时, 通常会遇到如下问题:

第一, 传统的灰色局势决策在确定目标权重时往往主观给定, 或直接做等权处理. 然而, 目标权重的合理性直接影响决策结果的准确性, 传统的决策目标赋权方法无法正确反映各目标在决策过程中的不同作用, 使决策结果与理性目标之间存在不同程度的偏差.

第二, 当确定各局势在目标下的效果评价值时, 传统的灰色局势决策方法中的效果评价值通常为确定的具体数值. 然而, 由于客观事物的复杂性、不确定性以及人们认知能力有限性等条件限制, 决策者给出的局势效果测度值往往表现出 "部分信息已知、部分信息未知" 的 "少数据、贫信息" 不确定性特征, 用灰数来表征局势效果测度值会更加符合实际.

第三, 在当前科技进步日新月异、数学基础理论不断完善、统计技术手段日趋先进和多元化、人类认知水平不断提高的复杂变化环境下, 传统灰色局势决策方法已经不能适应现代化决策需求. 然而, 目前依然没有形成统一有效的决策方法.

本节着重研究了灰数信息下, 基于二次规划法、熵权法和综合偏差–关联测度法计算目标权重的灰色局势决策方法.

5.2.1 目标权重计算的二次规划法

由于客观事物的复杂性、不确定性及人们认知能力的条件限制, 决策者往往不能给出局势效果测度的具体数值, 而是给出区间灰数. 传统的决策模型将决策目标进行等权处理, 无法反映决策者的偏好和决策问题的实际情况. 因此, 本小节在传统灰色局势决策的基础上, 探讨了评价信息为区间灰数的情况, 从全局考虑建立二次规划模型, 通过协调权向量获得灰色局势决策各目标的最佳综合权重向量. 利用区间灰数可能度公式对每个事件的局势进行排序, 获得最优局势, 从而进一步完善了传统的灰色局势决策理论和分析方法.

定义 5.2.1 设区间灰数 $a(\otimes)\in[\underline{a},\bar{a}], b(\otimes)\in[\underline{b},\bar{b}]$, 则称 $d(a(\otimes),b(\otimes))=|\underline{a}-\underline{b}|+|\bar{a}-\bar{b}|$ 为区间灰数 $a(\otimes)$ 与 $b(\otimes)$ 的距离.

定义 5.2.2 对于区间灰数$a(\otimes)\in[\underline{a},\bar{a}], b(\otimes)\in[\underline{b},\bar{b}]$, 记 $l_a=\bar{a}-\underline{a}, l_b=\bar{b}-\underline{b}$, 则称 $p(a(\otimes)\geqslant b(\otimes))=\dfrac{\min\{l_a+l_b,\max\{\bar{a}-\underline{b},0\}\}}{l_a+l_b}$ 为 $a(\otimes)\geqslant b(\otimes)$ 的可能度.

设事件集 $A=\{a_1,a_2,\cdots,a_n\}$, 对策集 $B=\{b_1,b_2,\cdots,b_m\}$ 及局势集 $S=\{s_{ij}=(a_i,b_j)|a_i\in A,b_j\in B\}$; $u_{ij}^{(k)}(\otimes)(i=1,2,\cdots,n;j=1,2,\cdots,m)$ 为局势 $s_{ij}\in S$ 在 k 目标下的效果样本值, 是一个区间灰数, 记为 $u_{ij}^{(k)}(\otimes)=[\underline{u}_{ij}^{(k)},\bar{u}_{ij}^{(k)}]$, 其中 $\underline{u}_{ij}^{(k)}\leqslant\bar{u}_{ij}^{(k)}$, 且 $\underline{u}_{ij}^{(k)}$, $\bar{u}_{ij}^{(k)}$ 分别表示区间灰数取值的上下限.

为消除不同目标下效果样本值量纲上的差异性和增加可比性, 可定义区间灰数的极差变化公式.

(1) 对于希望效果样本值 "越大越好" "越多越好" 的这类目标, 可采用上限效果测度:

$$\underline{r}_{ij}^{(k)}=\frac{\underline{u}_{ij}^{(k)}-\underline{r}^{(k)}}{\bar{r}^{(k)}-\underline{r}^{(k)}},\quad \bar{r}_{ij}^{(k)}=\frac{\bar{u}_{ij}^{(k)}-\underline{r}^{(k)}}{\bar{r}^{(k)}-\underline{r}^{(k)}} \tag{5.2.1}$$

(2) 对于希望效果样本值 "越小越好" "越少越好" 的这类目标, 采用下限效果测度:

$$\underline{r}_{ij}^{(k)} = \frac{\bar{r}^{(k)} - \bar{u}_{ij}^{(k)}}{\bar{r}^{(k)} - \underline{r}^{(k)}}, \quad \bar{r}_{ij}^{(k)} = \frac{\bar{r}^{(k)} - \underline{u}_{ij}^{(k)}}{\bar{r}^{(k)} - \underline{r}^{(k)}} \tag{5.2.2}$$

其中, $\bar{r}^{(k)} = \max\limits_{1\leqslant i\leqslant n}\{\bar{u}_{ij}^{(k)}\}, \underline{r}^{(k)} = \min\limits_{1\leqslant i\leqslant n}\{\underline{u}_{ij}^{(k)}\}(i = 1, 2, \cdots, n; j = 1, 2, \cdots, m)$.

以上两种效果测度 $r_{ij}^{(k)}(\otimes) \in [\underline{r}_{ij}^{(k)}, \bar{r}_{ij}^{(k)}]$ 满足: ① 无量纲; ② $\underline{r}_{ij}^{(k)}, \bar{r}_{ij}^{(k)} \in [0, 1]$; ③ 效果越理想, $r_{ij}^{(k)}(\otimes)$ 越大. 局势集 S 在目标 k 下的一致效果测度矩阵为

$$R^{(k)}(\otimes) = \begin{pmatrix} r_{11}^{(k)}(\otimes) & r_{12}^{(k)}(\otimes) & \cdots & r_{1m}^{(k)}(\otimes) \\ r_{21}^{(k)}(\otimes) & r_{22}^{(k)}(\otimes) & \cdots & r_{2m}^{(k)}(\otimes) \\ \vdots & \vdots & & \vdots \\ r_{n1}^{(k)}(\otimes) & r_{n2}^{(k)}(\otimes) & \cdots & r_{nm}^{(k)}(\otimes) \end{pmatrix}$$

根据局势集 S 在目标下的一致效果测度矩阵, 确定正、负理想效果测度. 在目标 k 下, 对于事件 a_i 而言, 定义 $v_i^{(k)+}(\otimes) \in [\underline{v}_i^{(k)+}, \bar{v}_i^{(k)+}]$、$v_i^{(k)-}(\otimes) \in [\underline{v}_i^{(k)-}, \bar{v}_i^{(k)-}]$ 分别为事件 a_i 在目标 k 下的正、负理想效果测度, 其中: $\underline{v}_i^{(k)+} = \max\limits_{1\leqslant j\leqslant m} \underline{r}_i^{(k)}, \bar{v}_i^{(k)+} = \max\limits_{1\leqslant j\leqslant m} \bar{r}_i^{(k)}; \underline{v}_i^{(k)-} = \max\limits_{1\leqslant j\leqslant m} \underline{r}_i^{(k)}, \bar{v}_i^{(k)-} = \max\limits_{1\leqslant j\leqslant m} \bar{r}_i^{(k)}$.

局势 (a_i, b_j) 在目标 k 下的效果测度 $r_{ij}^{(k)}(\otimes)$ 与其对应的正、负理想效果测度 $v_{ij}^{(k)+}, v_{ij}^{(k)-}$ 的偏差分别记为

$$d_{ij}^{(k)+} = \left|\underline{r}_{ij}^{(k)} - \underline{v}_i^{(k)+}\right| + \left|\bar{r}_{ij}^{(k)} - \bar{v}_i^{(k)+}\right|, \quad d_{ij}^{(k)-} = \left|\underline{r}_{ij}^{(k)} - \underline{v}_i^{(k)-}\right| + \left|\bar{r}_{ij}^{(k)} - \bar{v}_i^{(k)-}\right| \tag{5.2.3}$$

$d_{ij}^{(k)+}$ 越小或 $d_{ij}^{(k)-}$ 越大, 在目标 k 下局势 (a_i, b_j) 的一致效果测度越逼近正理想效果测度.

对于事件 a_i, 各单个局势 (a_i, b_j) 成为最优局势的模型为

$$\begin{cases} \min \sum\limits_{k=1}^{l} \omega_k^{(i)}(d_{ij}^{(k)+} - d_{ij}^{(k)-}) \\ \text{s.t.} \sum\limits_{k=1}^{l} \omega_k^{(i)} = 1 \end{cases} \tag{5.2.4}$$

利用软件解此模型, 得到单个局势 (a_i, b_j) 的理想最优目标权重向量

$$\omega^{(ij)*} = (\omega_1^{(ij)*}, \omega_2^{(ij)*}, \cdots, \omega_l^{(ij)*})$$

由于事件 a_i 的各个对策 $(a_i, b_1), (a_i, b_2), \cdots, (a_i, b_m)$ 的理想最优目标权重向量并不完全相同, 因此要全局考虑关于事件 a_i 采用统一的权重 $\omega_k^{(i)}(k = 1, 2, \cdots, l)$ 才能进行综合评判, 为此寻找关于事件 a_i 的最佳协调权重, 显然希望各局势 (a_i, b_j)

的全局综合效果测度 $r_{ij}(\otimes)=\sum\limits_{k=1}^{l}\omega_k^{(i)}r_{ij}^{(k)}(\otimes)$, 局部综合效果测度

$$r_{ij}^*(\otimes)=\sum_{k=1}^{l}\omega_k^{(i)}r_{ij}^{(k)}(\otimes)$$

的离差和最小, 建立二次规划模型

$$\begin{aligned}\min\sum_{k=1}^{l}\left\|r_{ij}(\otimes)-r_{ij}^*(\otimes)\right\|= & \sum_{j=1}^{m}\left(\left|\sum_{k=1}^{l}\omega_k^{(i)}\underline{r}_{ij}^{(k)}-\sum_{k=1}^{l}\omega_k^{(ij)*}\underline{r}_{ij}^{(k)}\right|^2\right.\\ & \left.+\left|\sum_{k=1}^{l}\omega_k^{(i)}\bar{r}_{ij}^{(k)}-\sum_{k=1}^{l}\omega_k^{(ij)*}\bar{r}_{ij}^{(k)}\right|^2\right)\\ \text{s.t.}\sum_{k=1}^{l}\omega_k^{(i)}=1 &\end{aligned}$$

为方便求解, 将上述模型变形为

$$\begin{aligned}&\min\sum_{j=1}^{m}\sum_{k=1}^{l}(\omega_k^{(i)}-\omega_k^{(ij)*})^2\left[(\underline{r}_{ij}^{(k)})^2+(\bar{r}_{ij}^{(k)})^2\right]\\&\text{s.t.}\sum_{k=1}^{l}\omega_k^{(i)}=1\end{aligned}\tag{5.2.5}$$

令 $(\underline{r}_{ij}^{(k)})^2+(\bar{r}_{ij}^{(k)})^2=t_{ij}^{(k)}$, 通过构造拉格朗日函数, 解此模型得

$$w_{l\times 1}^{(i)}=(\omega_1^{(i)},\omega_2^{(i)},\cdots,\omega_l^{(i)})^{\mathrm{T}}=A_{l\times l}^{-1}\left[B_{l\times 1}+\frac{1-E_{l\times 1}^{\mathrm{T}}A_{l\times l}^{-1}B_{l\times 1}}{E_{l\times 1}^{\mathrm{T}}A_{l\times l}^{-1}E_{l\times 1}}E_{l\times 1}\right]$$

$$A_{l\times l}=\mathrm{diag}\left(\sum_{j=1}^{m}t_{ij}^{1},\sum_{j=1}^{m}t_{ij}^{2},\cdots,\sum_{j=1}^{m}t_{ij}^{l}\right)$$

$$E_{l\times 1}=(1,1,\cdots,1)^{\mathrm{T}}$$

$$B_{l\times l}=\left(\sum_{j=1}^{m}\omega_1^{(ij)*}t_{ij}^{1},\sum_{j=1}^{m}\omega_2^{(ij)*}t_{ij}^{2},\cdots,\sum_{j=1}^{m}\omega_m^{(ij)*}t_{ij}^{l}\right)^{\mathrm{T}}$$

设权重向量 $\omega_{s\times 1}^{(i)}$ 组成的矩阵为

$$W=\begin{bmatrix}\omega_1^{(1)} & \omega_1^{(2)} & \cdots & \omega_1^{(n)}\\ \omega_2^{(1)} & \omega_2^{(2)} & \cdots & \omega_2^{(n)}\\ \vdots & \vdots & & \vdots\\ \omega_l^{(1)} & \omega_l^{(2)} & \cdots & \omega_l^{(n)}\end{bmatrix}$$

则最佳综合权重向量 $\omega = Wu$, 式中: ω 为最佳综合权重向量; u 为待定的 l 阶向量且满足 $\sum_{k=1}^{l} u_k = 1$. 各局势 s_{ij} 的综合效果测度

$$r_{ij}(\otimes) = \sum_{k=1}^{l} \omega_k r_{ij}^{(k)}(\otimes) \in [\underline{r}_{ij}, \bar{r}_{ij}] \tag{5.2.6}$$

则 $\bar{r}_{ij} = \sum_{k=1}^{l} \omega_k \bar{r}_{ij}^{(k)} = (\bar{r}_{ij}^{(1)}, \bar{r}_{ij}^{(2)}, \cdots, \bar{r}_{ij}^{(l)})(\omega_1, \omega_2, \cdots, \omega_l)^{\mathrm{T}} = \bar{r}_{ij}^{*} W u$, $\underline{r}_{ij}^{*} = \sum_{k=1}^{l} \omega_k \underline{r}_{ij}^{(k)} = \underline{r}_{ij}^{*} W u$, 记

$$\underline{r}_{ij}^{*} = (\underline{r}_{ij}^{(1)},\quad \underline{r}_{ij}^{(2)}, \cdots, \underline{r}_{ij}^{(l)}), \quad \bar{r}_{ij}^{*} = (\bar{r}_{ij}^{(1)},\quad \bar{r}_{ij}^{(2)}, \cdots, \bar{r}_{ij}^{(l)})$$

在选择协调权向量 u 时, 应使所有局势的综合测度值都尽可能大, 为此构造两个多目标模型:

$$M_1: \begin{cases} \max \{\underline{r}_{11}, \underline{r}_{12}, \cdots, \underline{r}_{nm}\} \\ \text{s.t.} \sum_{k=1}^{l} u_k = 1 \end{cases} \qquad M_2: \begin{cases} \max \{\bar{r}_{11}, \bar{r}_{12}, \cdots, \bar{r}_{nm}\} \\ \text{s.t.} \sum_{k=1}^{l} u_k = 1 \end{cases} \tag{5.2.7}$$

由于不同局势的综合效果测度值事先并不存在任何偏好, 因而上述决策模型可转化为等权的单目标决策模型:

$$M_1: \begin{cases} \max\ \underline{r}(u)(\underline{r}(u))^{\mathrm{T}} \\ \text{s.t.} \sum_{k=1}^{l} u_k = 1 \end{cases} \qquad M_2: \begin{cases} \max\ \bar{r}(u)(\bar{r}(u))^{\mathrm{T}} \\ \text{s.t.} \sum_{k=1}^{l} u_k = 1 \end{cases} \tag{5.2.8}$$

$$\underline{r}(u) = (\underline{r}_{11}, \underline{r}_{12}, \cdots, \underline{r}_{nm}) = (\underline{r} W u)^{\mathrm{T}}, \quad \underline{r} = (\underline{r}_{11}, \underline{r}_{12}, \cdots, \underline{r}_{nm})^{\mathrm{T}}$$
$$\bar{r}(u) = (\bar{r}_{11}, \bar{r}_{12}, \cdots, \bar{r}_{nm}) = (\bar{r} W u)^{\mathrm{T}}, \quad \bar{r} = (\bar{r}_{11}, \bar{r}_{12}, \cdots, \bar{r}_{nm})^{\mathrm{T}}$$

通过构造拉格朗日函数求得上述两个模型的解, 模型 M_1 所确定的协调权向量记为

$$\underline{u} = (\underline{u}_1, \underline{u}_2, \cdots, \underline{u}_L), \quad \underline{u}_1 = \left(1 + \sum_{k=1}^{l} \frac{\underline{d}_1}{\underline{d}_k}\right)^{-1}, \quad \underline{u}_k = \underline{d}_1 (\underline{d}_k)^{-1} \underline{u}_1 \tag{5.2.9}$$

模型 M_2 所确定的协调权向量记为

$$\bar{u} = (\bar{u}_1, \bar{u}_2, \cdots, \bar{u}_L), \quad \bar{u}_1 = \left(1 + \sum_{k=1}^{l} \frac{\bar{d}_1}{\bar{d}_k}\right)^{-1}, \quad \bar{u}_k = \bar{d}_1 (\bar{d}_k)^{-1} \bar{u}_1 \tag{5.2.10}$$

证明过程略, 其中 $\underline{d}_k$ 为 $(\underline{r}W)^{\mathrm{T}}(\underline{r}W)$ 中第 k 行元素的和; $\bar{d}_k$ 为 $(\bar{r}W)^{\mathrm{T}}(\bar{r}W)$ 中第 k 行元素的和.

由于各个局势的综合效果测度值的上界和下界地位是相同的, 故可得到协调权向量: $u=(u_1,u_2,\cdots,u_l), u_k=\dfrac{1}{2}(\underline{u}_k+\bar{u}_k)$. 通过协调权向量可以计算出各局势的最佳综合权向量 $\omega=(\omega_1,\omega_2,\cdots,\omega_l)$.

综上, 给出多目标灰色局势决策权重确定的步骤如下:

步骤 1 建立事件集 $A=\{a_1,a_2,\cdots,a_n\}$, 对策集 $B=\{b_1,b_2,\cdots,b_m\}$ 及局势集 $S=\{s_{ij}=(a_i,b_j)|a_i\in A,b_j\in B\}$;

步骤 2 确定决策目标;

步骤 3 确定各局势在各目标下的效果样本值 $u_{ij}^{(k)}(\otimes)$, 建立相应的效果样本矩阵;

步骤 4 利用式 (5.2.1) 和 (5.2.2) 对效果样本矩阵进行规范化得到一致效果测度矩阵 $R^{(k)}(\otimes)$;

步骤 5 由式 (5.2.4) 和 (5.2.5) 计算各目标的权重;

步骤 6 由式 (5.2.6)~(5.2.10) 计算综合效果测度矩阵 $R(\otimes)$;

步骤 7 建立可能度矩阵, 并利用区间灰数的排序方法确定最优局势.

5.2.2 目标权重计算的熵理论法

熵是对各分量的均衡程度的一种度量, 且熵权法能够很好地克服各目标的突出性. 因此, 本小节利用熵理论, 研究了基于“拆分”思想的熵权计算法和计算目标权重的关联熵法.

1. 基于“拆分”思想的熵权计算法

在实际问题中, 对于不同的事件而言, 目标的权重也应该不同. 因此, 本小节通过分析最优事件的选取与其他事件无关这一原则, 基于“拆分”思想构建多目标灰色局势决策模型.

对于事件 a_i, 不同对策在不同目标下的一致效果测度矩阵为

$$R_i=\begin{bmatrix} r_{i1}^{(1)} & r_{i1}^{(2)} & \cdots & r_{i1}^{(l)} \\ r_{i2}^{(1)} & d_{i2}^{(2)} & \cdots & r_{i2}^{(l)} \\ \vdots & \vdots & & \vdots \\ r_{im}^{(1)} & r_{im}^{(2)} & \cdots & r_{im}^{(l)} \end{bmatrix}$$

事件 a_i 中, 在目标 k 下, 各个对策间的偏差表示为 $d_{ij}^{(k)}=\sum\limits_{j=1,t\neq j}^{m}\sqrt{(r_{it}^{(k)}-r_{ij}^{(k)})^{(2)}}$. 同理, 计算出对于事件 a_i, 目标 k 下所有对策间的偏差向量为 $d_i^{(k)}=(d_{i1}^{(k)},d_{i2}^{(k)},$

$\cdots, d_{im}^{(k)})$, 以及所有目标下各对策的偏差矩阵:

$$D_i = (d_i^{(k)}) = \begin{bmatrix} d_{i1}^{(1)} & d_{i1}^{(2)} & \cdots & d_{i1}^{(l)} \\ d_{i2}^{(1)} & d_{i2}^{(2)} & \cdots & d_{i2}^{(l)} \\ \vdots & \vdots & & \vdots \\ d_{im}^{(1)} & d_{im}^{(2)} & \cdots & d_{im}^{(l)} \end{bmatrix}$$

事件 a_i 中, 各个目标偏差向量 $d_i^{(k)}$ 中各分量越趋于一致, 则该目标对区分事件 a_i 中各对策的优劣程度能力越低, 赋予的权重应越小; 反之, 偏差向量中各分量差异越大, 则该目标对区分事件 a_i 中各对策的优劣程度能力越高, 赋予的权重应越大. 即可利用熵理论来衡量事件 a_i 中某一目标对对策优劣的影响程度.

定义 5.2.3　$I_k^i = -\ln m \sum\limits_{j=1}^{m} d_{ij}^{(k)} \ln d_{ij}^{(k)}$ 为事件 a_i 在目标 k 下所有对策间的偏差向量$d_i^{(k)} = (d_{i1}^{(k)}, d_{i2}^{(k)}, \cdots, d_{im}^{(k)})$的熵. 熵值 I_k^i 度量了事件 a_i 在目标 k 下所有对策间的偏差向量$d_i^{(k)} = (d_{i1}^{(k)}, d_{i2}^{(k)}, \cdots, d_{im}^{(k)})$ 中各分量的均衡程度, $d_i^{(k)}$ 各分量越趋于一致, I_k^i 的取值也越大, 反之则越小.

称 $\eta_k^i = 1 - I_k^i$ 为事件 a_i 中目标 k 的权重, 可见, $d_i^{(k)}$ 各分量越趋于一致, 目标 k 的权重也越小. 对权重进行归一化处理, $\omega_k^i = \eta_k^i \Big/ \sum\limits_{k=1}^{l} \eta_k^i$, 即可得到各目标的权重 $\omega_k^i (k = 1, 2, \cdots, l)$, $\sum\limits_{k=1}^{l} \omega_k^i = 1$.

定义 5.2.4　设 $\omega_k^i (k = 1, 2, \cdots, l)$ 为事件 a_i 的各个目标的权重, R_i 中的元素为 r_{ij}^k, 则称 $r_{ij} = \sum\limits_{k=1}^{l} \omega_k^i r_{ij}^{(k)}$ 为事件 a_i 的局势 s_{ij} 的综合效果测度. 事件 a_i 的综合效果测度向量可表示为 $r_i = (r_{i1}, r_{i2}, \cdots, r_{im})$, 此向量为 m 维向量.

定义 5.2.5　若 $\max\limits_{1 \leqslant j \leqslant m} \{r_{ij}\} = r_{ij_0}$, 称 b_{j_0} 为事件 a_i 的最优对策.

最优事件的确定方法类似最优对策的确定方法, 因此过程略.

综上, 基于 “拆分” 思想的多目标灰色局势决策模型的步骤如下:

步骤 1　确定事件集 $A = \{a_1, a_2, \cdots, a_n\}$, 对策集 $B = \{b_1, b_2, \cdots, b_m\}$ 及局势集 $S = \{s_{ij} = (a_i, b_j) | a_i \in A, b_j \in B\}$;

步骤 2　确定各局势在各目标的效果样值, 并对其进行规范化处理得到一致效果测度矩阵;

步骤 3　利用 MATLAB 程序计算每个事件的所有对策的综合效果测度向量;

步骤 4　利用 MATLAB 程序计算每个对策的所有事件的综合效果测度向量;

步骤 5　分析所有综合效果测度向量, 并确定最优局势.

2. 计算目标权重的关联熵法

设 $\omega_k(k=1,2,\cdots,l)$ 为 k 目标决策权重, 且 $\sum\limits_{k=1}^{l}\omega_k=1$. 传统的局势决策采用等权处理的思想对各目标的权重进行赋权, 但在客观情况下各评价目标的重要性通常具有不确定性. 因此, 对于多目标灰色局势决策来说, 熵权法能够很好地克服各目标的突出性, 得出各目标指标的客观权重.

定义 5.2.6 $S=\{s_{ij}=(a_i,b_j)|\,a_i\in A,b_j\in B\}$ 为局势集, $u_{i_0j_0}=\left(u_{i_0j_0}^{(1)},u_{i_0j_0}^{(2)},\cdots,u_{i_0j_0}^{(l)}\right)$ 为理想效果向量, 对应的局势为理想效果局势.

命题 5.2.1 $S=\{s_{ij}=(a_i,b_j)|\,a_i\in A,b_j\in B\}$ 为局势集, $r_{ij}=\left(r_{ij}^{(1)},r_{ij}^{(2)},\cdots,r_{ij}^{(l)}\right)$ 为局势 $s_{ij}\in S$ 的一致效果测度向量.

(1) 当 k 目标的效果值越大越好时, 取 $u_{i_0j_0}^{(k)}=\max\limits_{i,j}\left\{u_{ij}^{(k)}\right\}$.

(2) 当 k 目标的效果值越小越好时, 取 $u_{i_0j_0}^{(k)}=\min\limits_{i,j}\left\{u_{ij}^{(k)}\right\}$.

设参考指标序列为理想最优效果向量 $u_{i_0j_0}=\left(u_{i_0j_0}^{(1)},u_{i_0j_0}^{(2)},\cdots,u_{i_0j_0}^{(l)}\right)$, 比较指标序列为局势中每一对策关于所有目标的效果向量 $u_{ij}=\left(u_{ij}^{(1)},u_{ij}^{(2)},\cdots,u_{ij}^{(l)}\right)$, 则比较序列与参考序列的灰色关联系数为 $\xi_{ij}^{(k)}=\dfrac{\Delta_{\min}+\lambda\Delta_{\max}}{\Delta_{ij}^{k}+\lambda\Delta_{\max}}$, 其中 $\lambda\in[0,1]$, 一般取 0.5, 可得局势集 S 在 k 目标下的灰关联矩阵为

$$R^{(k)}=\begin{bmatrix}\xi_{11}^{(k)} & \xi_{12}^{(k)} & \cdots & \xi_{1m}^{(k)}\\ \xi_{21}^{(k)} & \xi_{22}^{(k)} & \cdots & \xi_{2m}^{(k)}\\ \vdots & \vdots & & \vdots\\ \xi_{n1}^{(k)} & \xi_{n2}^{(k)} & \cdots & \xi_{nm}^{(k)}\end{bmatrix}.$$

定义 5.2.7 称

$$I_k=-\beta\sum_{i=1}^{n}\sum_{j=1}^{m}\xi_{nm}^{(k)}\ln(\xi_{nm}^{(k)}),\quad \beta=\frac{1}{\ln(nmk)} \tag{5.2.11}$$

为事件在 k 目标下的关联熵值.

定义 5.2.8 称

$$\omega_k=1-I_k \tag{5.2.12}$$

为 k 目标的权重.

对权重 ω_k 进行归一化计算 $\omega_k=\omega_k\left(\sum\limits_{k=1}^{l}\omega_k\right)^{-1}$, 可得各目标的权重 ω_k, 且 $\sum\limits_{k=1}^{l}\omega_k=1$. 由此可得局势 s_{ij} 的综合效果测度, 仍记为 $r_{ij}=\sum\limits_{k=1}^{l}\omega_k r_{ij}^{(k)}$, 则综合效

果测度矩阵为

$$R = \begin{bmatrix} r_{11} & r_{12} & \cdots & r_{1m} \\ r_{21} & r_{22} & \cdots & r_{2m} \\ \vdots & \vdots & & \vdots \\ r_{n1} & r_{n2} & \cdots & r_{nm} \end{bmatrix}$$

若 $\max\limits_{1\leqslant j\leqslant m}\{r_{ij}\} = r_{ij_0}$, 则称 b_{j_0} 为事件 a_i 的最优对策; 若 $\max\limits_{1\leqslant j\leqslant m}\{r_{ij}\} = r_{i_0 j}$, 则称 a_{i_0} 为与对策 b_j 相对应的最优事件; 若 $\max\limits_{1\leqslant j\leqslant m}\{r_{ij}\} = r_{i_0 j_0}$, 则称 $s_{i_0 j_0}$ 为最优局势.

综上, 给出灰色局势决策多目标权重确定的关联熵算法如下:

步骤 1　建立事件集 $A = \{a_1, a_2, \cdots, a_n\}$, 对策集 $B = \{b_1, b_2, \cdots, b_m\}$ 及局势集 $S = \{s_{ij} = (a_i, b_j) | a_i \in A, b_j \in B\}$;

步骤 2　确定决策目标;

步骤 3　确定各局势在各目标下的效果样本值 $u_{ij}^{(k)}$, 建立相应的效果样本矩阵, 并对其进行规范化处理, 得到一致效果测度矩阵;

步骤 4　按照命题 5.2.1 确定理想最优效果向量 $u_{i_0 j_0}$ 和局势中每一对策关于所有目标的效果向量 u_{ij}, 并计算比较序列与参考序列的灰色关联系数, 从而确定灰关联矩阵 $R^{(k)}$;

步骤 5　由式 (5.2.11) 计算目标下的熵, 并由式 (5.2.12) 计算目标下的权重 ω_k 及归一化处理, 得到各目标的权 $w_k(k = 1, 2, \cdots, l)$;

步骤 6　计算各局势综合效果测度, 建立综合效果测度矩阵 R;

步骤 7　确定最优局势.

5.2.3　目标权重计算的综合偏差–关联测度矩阵法

已有的灰色局势决策方法大多是决策效果样本值为实数或区间灰数, 但是对于灰元为三参数区间灰数的灰色局势决策研究相对较少. 因此, 本小节针对三参数区间灰数信息下的多目标局势决策问题, 通过定义综合偏差–关联测度矩阵, 给出了两种方法求目标的权重.

设事件集 $A = \{a_1, a_2, \cdots, a_n\}$, 对策集 $B = \{b_1, b_2, \cdots, b_m\}$, 局势集 $S = \{s_{ij} = (a_i, b_j) | a_i \in A, b_j \in B\}$; $u_{ij}^{(k)}(\otimes)(i = 1, 2, \cdots, n; j = 1, 2, \cdots, m)$ 为局势 $s_{ij} \in S$ 在 k 目标下的效果样本值, 是一个三参数区间灰数, 记为 $u_{ij}^{(k)}(\otimes) = [\underline{u}_{ij}^{(k)}, \tilde{u}_{ij}^{(k)}, \bar{u}_{ij}^{(k)}]$, 其中 $\underline{u}_{ij}^{(k)} \leqslant \tilde{u}_{ij}^{(k)} \leqslant \bar{u}_{ij}^{(k)}$, 且 $\underline{u}_{ij}^{(k)}$, $\bar{u}_{ij}^{(k)}$ 分别表示区间灰数取值的上、下限, $\tilde{u}_{ij}^{(k)}$ 表示在此区间中取值可能性最大的数, 成为区间灰数的重心, 重心的取值机会最大. 为消除不同目标下效果样本值量纲上的差异性和增加可比性, 可定义区间灰数的极差变化公式, 进而得到局势集 S 在目标 k 下的一致效果测度矩阵 $R^{(k)}(\otimes)$.

设 $w_k(k=1,2,\cdots,l)$ 为目标 k 的决策权重, $\sum\limits_{k=1}^{l} w_k=1$. 对于多目标局势决策来说, 研究客观赋权十分必要. 因而, 给出两种目标权重确定方法.

1. **方法 1: 熵理论法**

在目标 k 下, 事件 a_i 与其他事件的偏差和可以表示为

$$d_i^{(k)}=\sum_{t=1,t\neq i}^{n}\sum_{j=1}^{m} d(r_{tj}^{(k)}(\otimes),r_{ij}^{(k)}(\otimes)) \tag{5.2.13}$$

其中, $d(r_{tj}^{(k)}(\otimes),r_{ij}^{(k)}(\otimes))=\left|\underline{r}_{tj}^{(k)}-\underline{r}_{ij}^{(k)}\right|+\left|\tilde{r}_{tj}^{(k)}-\tilde{r}_{ij}^{(k)}\right|+\left|\bar{r}_{tj}^{(k)}-\bar{r}_{ij}^{(k)}\right|$.

同理, 我们可以计算出目标 k 下事件的偏差向量 $d^{(k)}=(d_1^{(k)},d_2^{(k)},\cdots,d_n^{(k)})$, 以及全部目标下的事件偏差测度矩阵 D,

$$D=(d_i^{(k)})=\begin{pmatrix} d_1^{(1)} & d_1^{(2)} & \cdots & d_1^{(l)} \\ d_2^{(1)} & d_2^{(2)} & \cdots & d_2^{(l)} \\ \vdots & \vdots & & \vdots \\ d_n^{(1)} & d_n^{(2)} & \cdots & d_n^{(l)} \end{pmatrix} \tag{5.2.14}$$

目标 k 下事件的偏差向量 $d^{(k)}$ 的各分量 $d_i^{(k)}$ 越趋于一致, 说明该目标对区分各事件优劣程度的能力越低, 原则上, 赋予的权重应越小; 反之, 偏差向量 $d^{(k)}$ 各事件优劣程度的能力越低, 原则上, 赋予的权重应越小; 反之, 偏差向量 $d^{(k)}$ 各分量 $d_i^{(k)}$ 差异越大, 则赋予的权重应越大.

定义 5.2.9 设 $\rho(r_{tj}^{(k)}(\otimes),r_{ij}^{(k)}(\otimes))$ 为 $r_{tj}^{(k)}(\otimes)$ 与 $r_{ij}^{(k)}(\otimes)$ 的关联系数, 则有

$$\begin{aligned}\rho(r_{tj}^{(k)}(\otimes),r_{ij}^{(k)}(\otimes))=&\frac{1}{2}\left[(1-\alpha)\frac{\min\limits_{1\leqslant i\leqslant n}\min\limits_{1\leqslant j\leqslant m}\left|\underline{r}_{tj}^{(k)}-\underline{r}_{ij}^{(k)}\right|+\lambda\max\limits_{1\leqslant i\leqslant n}\max\limits_{1\leqslant j\leqslant m}\left|\underline{r}_{tj}^{(k)}-\underline{r}_{ij}^{(k)}\right|}{\left|\underline{r}_{tj}^{(k)}-\underline{r}_{ij}^{(k)}\right|+\lambda\max\limits_{1\leqslant i\leqslant n}\max\limits_{1\leqslant j\leqslant m}\left|\underline{r}_{tj}^{(k)}-\underline{r}_{ij}^{(k)}\right|}\right.\\&+\frac{\min\limits_{1\leqslant i\leqslant n}\min\limits_{1\leqslant j\leqslant m}\left|\tilde{r}_{tj}^{(k)}-\tilde{r}_{ij}^{(k)}\right|+\lambda\max\limits_{1\leqslant i\leqslant n}\max\limits_{1\leqslant j\leqslant m}\left|\tilde{r}_{tj}^{(k)}-\tilde{r}_{ij}^{(k)}\right|}{\left|\tilde{r}_{tj}^{(k)}-\tilde{r}_{ij}^{(k)}\right|+\lambda\max\limits_{1\leqslant i\leqslant n}\max\limits_{1\leqslant j\leqslant m}\left|\tilde{r}_{tj}^{(k)}-\tilde{r}_{ij}^{(k)}\right|}\\&\left.+\alpha\frac{\min\limits_{1\leqslant i\leqslant n}\min\limits_{1\leqslant j\leqslant m}\left|\bar{r}_{tj}^{(k)}-\bar{r}_{ij}^{(k)}\right|+\lambda\max\limits_{1\leqslant i\leqslant n}\max\limits_{1\leqslant j\leqslant m}\left|\bar{r}_{tj}^{(k)}-\bar{r}_{ij}^{(k)}\right|}{\left|\bar{r}_{tj}^{(k)}-\bar{r}_{ij}^{(k)}\right|+\lambda\max\limits_{1\leqslant i\leqslant n}\max\limits_{1\leqslant j\leqslant m}\left|\bar{r}_{tj}^{(k)}-\bar{r}_{ij}^{(k)}\right|}\right]\end{aligned} \tag{5.2.15}$$

其中, $\alpha\in[0,1]$ 为决策偏好系数, $\lambda\in[0,1]$ 为分辨系数或比较环境调节因子.

在目标 k 下, 事件 a_i 与其他事件的灰色关联度和可以表示为

$$\rho_i^{(k)}=\sum_{t=1,t\neq i}^{n}\left[\frac{1}{m}\sum_{j=1}^{m}\rho(r_{tj}^{(k)}(\otimes),r_{ij}^{(k)}(\otimes))\right] \tag{5.2.16}$$

其中, $\rho(r_{tj}^{(k)}(\otimes), r_{ij}^{(k)}(\otimes))$ 为 $r_{tj}^{(k)}(\otimes)$ 与 $r_{ij}^{k}(\otimes)$ 的关联系数.

同理, 我们可以计算出目标 k 下事件的灰关联度向量 $\rho^{(k)} = (\rho_1^{(k)}, \rho_2^{(k)}, \cdots, \rho_n^{(k)})$, 以及全部目标下的事件灰关联测度矩阵 ρ,

$$\rho = (\rho_i^{(k)}) = \begin{pmatrix} \rho_1^{(1)} & \rho_1^{(2)} & \cdots & \rho_1^{(l)} \\ r_2^{(1)} & r_2^{(2)} & \cdots & \rho_2^{(l)} \\ \vdots & \vdots & & \vdots \\ \rho_n^{(1)} & \rho_n^{(2)} & \cdots & \rho_n^{(l)} \end{pmatrix} \tag{5.2.17}$$

目标 k 下事件的偏差向量 $\rho^{(k)}$ 的各分量 $\rho_i^{(k)}$ 越趋于一致, 说明该目标对区分各事件优劣程度的能力越低, 原则上, 赋予的权重应越小; 反之, 偏差向量 $\rho^{(k)}$ 各分量 $\rho_i^{(k)}$ 差异越大, 则赋予的权重应越大.

偏差测度矩阵反映的是各个事件之间的距离, 而灰关联度测度矩阵反映的是各个事件之间的关联程度, 因此, 将两者结合起来, 更具实际意义.

定义 5.2.10　设全部目标下的事件综合偏差–关联测度矩阵为 H,

$$H = (h_i^{(k)}) = \begin{pmatrix} h_1^{(1)} & h_1^{(2)} & \cdots & h_1^{(l)} \\ h_2^{(1)} & h_2^{(2)} & \cdots & h_2^{(l)} \\ \vdots & \vdots & & \vdots \\ h_n^{(1)} & h_n^{(2)} & \cdots & h_n^{(l)} \end{pmatrix} \tag{5.2.18}$$

其中, $h_i^{(k)} = \beta d_i^{(k)} + (1-\beta)\rho_i^{(k)}$. β 反映了决策者对位置和形状的偏好程度, 决策者可根据自己的偏好确定 β 的数值.

此定义相当于偏差测度矩阵 D 与灰关联测度矩阵 ρ 作加权叠加. 即

$$H = \beta D + (1-\beta)\rho \tag{5.2.19}$$

特别地, 当 $\beta = 1$ 时, 决策者只考虑事件之间的偏差情况. 当 $\beta = 0$ 时, 决策者只考虑事件之间的关联程度.

定义 5.2.11

$$I_k = -\ln n \sum_{i=1}^{n} h_i^{(k)} \ln h_i^{(k)} \tag{5.2.20}$$

为目标 k 下事件综合偏差–关联度向量 $h^{(k)} = (h_1^{(k)}, h_2^{(k)}, \cdots, h_n^{(k)})$ 的熵. 熵值 I_k 可以作为事件综合偏差–关联度向量 $h^{(k)}$ 各分量均衡程度的一种度量, $h^{(k)}$ 的各分量 $h_i^{(k)}$ 越趋于一致, I_k 的取值也越大, 反之则越小.

我们称

$$\eta_k = 1 - I_k \tag{5.2.21}$$

为目标 k 的权重, 可见, $h^{(k)}$ 各分量 $h_i^{(k)}$ 越趋于一致, 目标 k 的权重也越小. 我们对权重进行归一化计算, $w_k = \eta_k \Big/ \sum\limits_{k=1}^{l} \eta_k$, 即可得到各目标的权重 $w_k(k=1,2,\cdots,l)$, $\sum\limits_{k=1}^{l} w_k = 1$.

2. *方法 2: 多目标优化法*

根据局势集 S 的各个目标下一致效果测度矩阵, 确定正、负理想效果测度. 在目标 k 下, 对于事件 a_i 而言, 定义 $v_i^{(k)+}(\otimes) \in [\underline{v}_i^{(k)+}, \tilde{v}_i^{(k)+}, \bar{v}_i^{(k)+}]$ 和 $v_i^{(k)-}(\otimes) \in [\underline{v}_i^{(k)-}, \tilde{v}_i^{(k)-}, \bar{v}_i^{(k)-}]$ 分别为事件 a_i 在目标 k 下的正负理想效果测度, 其中

$$\underline{v}_i^{(k)+} = \max_{1\leqslant j\leqslant m} \underline{r}_{ij}^{(k)}, \quad \tilde{v}_i^{(k)+} = \max_{1\leqslant j\leqslant m} \tilde{r}_{ij}^{(k)}, \quad \bar{v}_i^{(k)+} = \max_{1\leqslant j\leqslant m} \bar{r}_{ij}^{(k)}$$

$$\underline{v}_i^{(k)-} = \min_{1\leqslant j\leqslant m} \underline{r}_{ij}^{(k)}, \quad \tilde{v}_i^{(k)+} = \min_{1\leqslant j\leqslant m} \tilde{r}_{ij}^{(k)}, \quad \bar{v}_i^{(k)-} = \min_{1\leqslant j\leqslant m} \bar{r}_{ij}^{(k)}$$

定义 5.2.12 设事件集 $A=\{a_1,a_2,\cdots,a_n\}$, 对策集 $B=\{b_1,b_2,\cdots,b_m\}$, 目标集 $P=\{p_1,p_2,\cdots,p_l\}$, 局势集

$$S=\{s_{ij}=(a_i,b_j)|a_i\in A, b_j\in B\}$$

$x_{ij}^{(k)}(\otimes)(i=1,2,\cdots,n;j=1,2,\cdots,m)$ 为局势 $s_{ij}\in S$ 在 k 目标下的一致效果测度样本值, 则可得到每个局势与正、负理想效果测度的偏差测度矩阵

$$D^{(k)+} = \begin{pmatrix} d_{11}^{(k)+} & d_{12}^{(k)+} & \cdots & d_{1m}^{(k)+} \\ d_{21}^{(k)+} & d_{22}^{(k)+} & \cdots & d_{2m}^{(k)+} \\ \vdots & \vdots & & \vdots \\ d_{n1}^{(k)+} & d_{n2}^{(k)+} & \cdots & d_{nm}^{(k)+}, \end{pmatrix}, \quad D^{(k)-} = \begin{pmatrix} d_{11}^{(k)-} & d_{12}^{(k)-} & \cdots & d_{1m}^{(k)-} \\ d_{21}^{(k)-} & d_{22}^{(k)-} & \cdots & d_{2m}^{(k)-} \\ \vdots & \vdots & & \vdots \\ d_{n1}^{(k)-} & d_{n2}^{(k)-} & \cdots & d_{nm}^{(k)-} \end{pmatrix} \tag{5.2.22}$$

其中, $r_{ij}^{(k)}(\otimes)$ 与其对应的正、负理想效果测度 $v_i^{(k)+}(\otimes)$, $v_i^{(k)-}(\otimes)$ 偏差分别为

$$d(r_{ij}^{(k)}(\otimes), v_i^{(k)+}(\otimes)) = d_{ij}^{(k)+} = \left|\underline{r}_{ij}^{(k)} - \underline{v}_i^{(k)+}\right| + \left|\tilde{r}_{ij}^{(k)} - \tilde{v}_i^{(k)+}\right| + \left|\bar{r}_{ij}^{(k)} - \bar{v}_i^{(k)+}\right|$$

$$d(r_{ij}^{(k)}(\otimes), v_i^{(k)-}(\otimes)) = d_{ij}^{(k)-} = \left|\underline{r}_{ij}^{(k)} - \underline{v}_i^{(k)-}\right| + \left|\tilde{r}_{ij}^{(k)} - \tilde{v}_i^{(k)-}\right| + \left|\bar{r}_{ij}^{(k)} - \bar{v}_i^{(k)-}\right|$$

定义 5.2.13 设事件集 $A=\{a_1,a_2,\cdots,a_n\}$, 对策集 $B=\{b_1,b_2,\cdots,b_m\}$, 目标集 $P=\{p_1,p_2,\cdots,p_l\}$, 局势集 $S=\{s_{ij}=(a_i,b_j)|a_i\in A, b_j\in B\}$, $\xi_{ij}^{(k)+}$ 和 $\xi_{ij}^{(k)-}$ 分别为 $r_{ij}^{(k)}(\otimes)$ 与 $v_i^{(k)+}(\otimes)v_i^{(k)-}(\otimes)$ 的关联系数, 局势集 S 在 k 目标下灰关联测度

矩阵为

$$\xi^{(k)+}=\begin{pmatrix}\xi_{11}^{(k)+} & \xi_{12}^{(k)+} & \cdots & \xi_{1m}^{(k)+}\\ \xi_{21}^{(k)+} & \xi_{22}^{(k)+} & \cdots & \xi_{2m}^{(k)+}\\ \vdots & \vdots & & \vdots\\ \xi_{n1}^{(k)+} & \xi_{n2}^{(k)+} & \cdots & \xi_{nm}^{(k)+}\end{pmatrix},\quad \xi^{(k)-}=\begin{pmatrix}\xi_{11}^{(k)-} & \xi_{12}^{(k)-} & \cdots & \xi_{1m}^{(k)-}\\ \xi_{21}^{(k)-} & \xi_{22}^{(k)-} & \cdots & \xi_{2m}^{(k)-}\\ \vdots & \vdots & & \vdots\\ \xi_{n1}^{(k)-} & \xi_{n2}^{(k)-} & \cdots & \xi_{nm}^{(k)-}\end{pmatrix} \tag{5.2.23}$$

其中, $\xi_{ij}^{(k)+}=\xi(r_{ij}^{(k)}(\otimes),v_i^{(k)+}(\otimes))$ 为 $r_{ij}^{(k)}(\otimes)$ 和 $v_i^{(k)+}(\otimes)$ 的关联系数, $\xi_{ij}^{(k)-}=\xi(r_{ij}^{(k)}(\otimes),v_i^{(k)-}(\otimes))$ 为 $r_{ij}^{(k)}(\otimes)$ 和 $v_i^{(k)-}(\otimes)$ 的关联系数.

偏差测度矩阵反映的是各个局势与正、负理想效果测度之间的距离, 而灰关联系数矩阵反映的是各个局势与正、负理想效果测度之间的关联程度, 因此, 将两者结合起来, 更具实际意义.

定义 5.2.14　设事件集 $A=\{a_1,a_2,\cdots,a_n\}$, 对策集 $B=\{b_1,b_2,\cdots,b_m\}$, 目标集 $P=\{p_1,p_2,\cdots,p_l\}$, 局势集 $S=\{s_{ij}=(a_i,b_j)|a_i\in A,b_j\in B\}$, $h_{ij}^{(k)+}$ 和 $h_{ij}^{(k)-}$ 分别为 $r_{ij}^{(k)}(\otimes)$ 与 $v_i^{(k)+}(\otimes)$, $v_i^{(k)-}(\otimes)$ 的综合偏差-关联度, 局势集 S 在 k 目标下综合偏差–关联测度矩阵为

$$H^{(k)+}=\begin{pmatrix}h_{11}^{(k)+} & h_{12}^{(k)+} & \cdots & h_{1m}^{(k)+}\\ h_{21}^{(k)+} & h_{22}^{(k)+} & \cdots & h_{2m}^{(k)+}\\ \vdots & \vdots & & \vdots\\ h_{n1}^{(k)+} & h_{n2}^{(k)+} & \cdots & h_{nm}^{(k)+}\end{pmatrix},\quad H^{(k)-}=\begin{pmatrix}h_{11}^{(k)-} & h_{12}^{(k)-} & \cdots & h_{1m}^{(k)-}\\ h_{21}^{(k)-} & h_{22}^{(k)-} & \cdots & h_{2m}^{(k)-}\\ \vdots & \vdots & & \vdots\\ h_{n1}^{(k)-} & h_{n2}^{(k)-} & \cdots & h_{nm}^{(k)-}\end{pmatrix} \tag{5.2.24}$$

其中, $h_{ij}^{(k)+}=\beta d_{ij}^{(k)+}+(1-\beta)\xi_{ij}^{(k)-}$, $h_{ij}^{(k)-}=\beta d_{ij}^{(k)-}+(1-\beta)\xi_{ij}^{(k)+}$. β 反映了决策者对位置和形状的偏好程度, 决策者可根据自己的偏好确定 β 的数值.

此定义相当于偏差测度矩阵 $D^{(k)+}$, $D^{(k)-}$ 与灰关联测度矩阵 $R^{(k)+}$, $R^{(k)-}$ 作加权叠加, 即

$$H^{(k)+}=\beta D^{(k)+}+(1-\beta)\xi^{(k)-} \tag{5.2.25}$$

$$H^{(k)-}=\beta D^{(k)-}+(1-\beta)\xi^{(k)+} \tag{5.2.26}$$

特别地, 当 $\beta=1$ 时, 决策者只考虑事件之间的偏差情况. 当 $\beta=0$ 时, 决策者只考虑事件之间的关联程度.

设目标 k 的权重为 $\omega_k(k=1,2,\cdots,s)$, 全部 n 个事件在所有对策与目标下的一致效果测度与正、负理想效果测度的综合偏差–关联度可以表示为

$$H^+(\omega_k)=\sum_{i=1}^{n}\sum_{j=1}^{m}\sum_{k=1}^{l}h_{ij}^{(k)+}\omega_k \tag{5.2.27}$$

$$H^{-}(\omega_k)=\sum_{i=1}^{n}\sum_{j=1}^{m}\sum_{k=1}^{l}h_{ij}^{(k)-}\omega_k \tag{5.2.28}$$

这里, 确定权重 ω_k 使得每种局势的一致效果测度与正理想效果测度的综合偏差–关联度最小, 同时与负理想效果测度的综合偏差–关联度最大, 可以归结为以下多目标优化问题 $(\bar{P})$

$$(\bar{P})\begin{cases}\min H^{+}(\omega_k)=\sum_{i=1}^{n}\sum_{j=1}^{m}\sum_{k=1}^{l}h_{ij}^{(k)+}\omega_k\\ \max H^{-}(\omega_k)=\sum_{i=1}^{n}\sum_{j=1}^{m}\sum_{k=1}^{l}h_{ij}^{(k)-}\omega_k\\ \text{s.t. } \sum_{k=1}^{l}\omega_k=1,\omega_k\geqslant 0,k=1,2,\cdots,l\end{cases} \tag{5.2.29}$$

同时, 由于信息不完全的决策系统的权重本身具有一定的不确定, 确定目标权重应使得权重序列 ω_k 的不确定性尽量减少. 目标权重序列 $\omega=(\omega_1,\omega_2,\cdots,\omega_l)$ 为灰内涵序列, 它的灰熵可以定义为

$$H_{\otimes}(\omega)=-\sum_{k=1}^{l}\omega_k\ln\omega_k \tag{5.2.30}$$

灰熵 $H_{\otimes}(w)$ 是一种非概率熵, 灰熵的灰性由序列的灰性决定. 但由灰熵函数的上凸性和极值性可知, 这种区别并不影响灰熵的极值性. 根据极大熵原理, 确定目标权重应使得权重序列 ω_k 的不确定性尽量减少, 因此, 施加灰熵 $H_{\otimes}(w)$ 的极大化约束

$$(\bar{P}')\begin{cases}\max H_{\otimes}(w)=-\sum_{k=1}^{l}\omega_k\ln\omega_k\\ \text{s.t. } \sum_{k=1}^{l}\omega_k=1,\omega_k\geqslant 0,k=1,2,\cdots,l\end{cases} \tag{5.2.31}$$

$(\bar{P})$ 和 $(\bar{P'})$ 可以转化为以下单目标优化问题

$$\min\left\{\mu\sum_{i=1}^{n}\sum_{j=1}^{m}\sum_{k=1}^{l}h_{ij}^{(k)+}\omega_k-\mu\sum_{i=1}^{n}\sum_{j=1}^{m}\sum_{k=1}^{l}h_{ij}^{(k)-}\omega_k+(1-2\mu)\sum_{k=1}^{l}\omega_k\ln\omega_k\right\}$$

$$\text{s.t. } \sum_{k=1}^{l}\omega_k=1,\omega_k\geqslant 0,k=1,2,\cdots,l$$

其中, $0<\mu<\dfrac{1}{2}$, 表示三个目标之间的平衡系数, 可根据实际情况实现给定, 一般地取 $\mu=\dfrac{1}{3}$.

利用拉格朗日乘子法求解模型, 求得

$$w_k = \frac{\exp\left\{\left[\mu\sum_{i=1}^{n}\sum_{j=1}^{m}h_{ij}^{(k)-} - \mu\sum_{i=1}^{n}\sum_{j=1}^{m}h_{ij}^{(k)+}\right]\Big/(1-2\mu)-1\right\}}{\sum_{k=1}^{l}\exp\left\{\left[\mu\sum_{i=1}^{n}\sum_{j=1}^{m}h_{ij}^{(k)-} - \mu\sum_{i=1}^{n}\sum_{j=1}^{m}h_{ij}^{(k)+}\right]\Big/(1-2\mu)-1\right\}} \tag{5.2.32}$$

综上, 给出基于熵理论的灰色局势决策算法如下:

步骤 1　建立事件集 $A=\{a_1,a_2,\cdots,a_n\}$, 对策集 $B=\{b_1,b_2,\cdots,b_m\}$ 及局势集 $S=\{s_{ij}=(a_i,b_j)|a_i\in A,b_j\in B\}$, 并确定决策目标;

步骤 2　确定各局势在各目标的效果样本值 $u_{ij}^{(k)}(\otimes)$, 建立相应的效果样本矩阵, 并对其进行规范化处理, 得到一致效果测度矩阵 $R^{(k)}(\otimes)$;

步骤 3　由式 (5.2.13)~(5.2.17) 计算全部目标下的事件偏差测度矩阵 D 及灰关联测度矩阵 ρ;

步骤 4　由式 (5.2.18) 和 (5.2.19) 构建全部目标下的事件综合偏差–关联测度矩阵 H, 并由式 (5.2.20) 和 (5.2.21) 求得目标下事件综合偏差–关联度的熵, 确定各目标权重;

步骤 5　计算综合效果测度矩阵, 并确定最优局势;

类似地, 可给出基于多目标优化的权重确定法的灰色局势决策算法.

算例 5.2.1

设某企业拥有 4 个工厂 (事件集记为 $A=\{a_1,a_2,a_3,a_4\}$), 现欲对 3 种产品 (对策集记为 $B=\{b_1,b_2,b_3\}$) 的生产进行决策, 则局势集记为 $S=\{s_{ij}=(a_i,b_j)|a_i\in A,b_j\in B\}(i=1,2,3,4;j=1,2,3)$. 确定决策目标为 $k(k=1,2,3)$, 分别以产值、产销率、管理费用为决策目标, 则各个目标下的效果样本矩阵分别为

$$U^{(1)}(\otimes)=\begin{pmatrix} [1000,1050,1200] & [480,500,560] & [200,240,250] \\ [940,950,960] & [450,520,550] & [150,180,200] \\ [670,700,720] & [400,430,450] & [260,270,300] \\ [400,440,500] & [370,400,430] & [300,330,350] \end{pmatrix}$$

$$U^{(2)}(\otimes)=\begin{pmatrix} [0.95,0.96,0.98] & [0.86,0.90,0.91] & [0.82,0.84,0.84] \\ [0.87,0.88,0.9] & [0.81,0.82,0.83] & [0.83,0.85,0.86] \\ [0.92,0.92,0.93] & [0.94,0.95,0.96] & [0.90,0.91,0.92] \\ [0.90,0.91,0.92] & [0.97,0.98,0.99] & [0.93,0.93,0.94] \end{pmatrix}$$

$$U^{(3)}(\otimes)=\begin{pmatrix}[80,95,100] & [40,45,50] & [15,17,18]\\ [50,50,60] & [50,60,60] & [12,13,14]\\ [20,25,30] & [50,55,60] & [20,23,24]\\ [70,70,80] & [25,25,30] & [14,15,16]\end{pmatrix}$$

利用极差变换公式求一致效果测度矩阵. 产值、产销率均采用上限效果测度; 对管理费用采用下限效果测度. 经过对样本数据规范化处理后, 得到一致效果测度矩阵.

运用方法 1, 得到目标权重分别为

$$\omega_1=0.1683,\quad \omega_2=0.5458,\quad \omega_3=0.2859$$

计算出综合效果测度矩阵. 由三参数区间灰数的相对优势度

$$p(a(\otimes)\succ M)=\int_{\underline{a}}^{\bar{a}}f(x)g(x,M)dx$$

其中

$$p(a\succ b)=g(a,b)=\begin{cases}e^{a-b}-1, & a\leqslant b\\ 1-e^{b-a}, & a\geqslant b\end{cases}$$

大小确定最优局势. 即事件 a_1 的最优对策是 b_1, 事件 a_2 的最优对策是 b_1, 事件 a_3 的最优对策是 b_1, 事件 a_4 的最优对策是 b_2. 对策 b_1 的最优事件是 a_3, 对策 b_2 的最优事件是 a_4, 对策 b_3 的最优事件是 a_4. 最优局势为 $s_{42}=a_4b_2$.

运用方法 2, 得到目标权重分别为

$$\omega_1=0.2937,\quad \omega_2=0.3194,\quad \omega_3=0.3869$$

同理可确定最优局势. 即事件 a_1 的最优对策是 b_1, 事件 a_2 的最优对策是 b_1, 事件 a_3 的最优对策是 b_1, 事件 a_4 的最优对策是 b_2. 对策 b_1 的最优事件是 a_3, 对策 b_2 的最优事件是 a_4, 对策 b_3 的最优事件是 a_4. 最优局势为 $s_{42}=a_4b_2$.

5.3 多目标灰色局势群决策方法

在多个专家共同决策时, 由于每个专家对某一特定问题的熟悉程度不同, 资历、偏好以及对各决策指标重要性的认识也不尽相同, 因此需要集结多个专家的偏好以形成群体偏好, 以确保决策结果更为科学、客观和公正, 这一决策过程即为群决策. 本节主要讨论四种多目标灰色局势群决策方法.

5.3.1 基于 AHP 判断矩阵的灰色局势群决策方法

在评价方案优劣时, 决策者权重和目标的权重均会直接影响着群决策的结果. 由于每个专家对某一特定问题具有不同的认知程度, 因此需要集结多个专家的偏爱信息, 进而计算目标权重. 基于 AHP 判断矩阵的灰色局势群决策步骤表述如下 (邱林等, 2005):

首先, 计算决策者权重. 决策者的权重 β 直接影响着群决策的结果, 因此, 首先计算每一个决策者的客观权重. 假设有 s 个决策者参与决策, 分别为 $D_1, D_2, \cdots, D_s$, 给出 n 阶 AHP 判断矩阵分别为 $A^{(k)}(k=1,2,\cdots,s)$. 决策者 D_k 的权重通过 $A^{(k)}$ 的一致性程度及 $A^{(k)}$ 与 $A^{(l)}(k \neq l)$ 的相似程度来表示, 分别记为 $\beta_k^{(1)}$, $\beta_k^{(2)}$.

$A^{(k)}$ 为一致性矩阵的充要条件是 $\lambda_{\max}^{(k)}=n$, $\lambda^{(k)}$ 为矩阵 $A^{(k)}$ 的特征值. 若记 $\mu_k = n/\lambda_{\max}^{(k)}$, 则 $0<\mu_k \leqslant 1$, 且 μ_k 越大, $A^{(k)}$ 的一致性程度越高, 所以可以将 μ_k 的归一化结果作为决策者的权重 $\beta_k^{(1)}$, 即

$$\beta_k^{(1)} = \mu_k \Big/ \sum_{k=1}^{s} \mu_k = \frac{1/\lambda_{\max}^{(k)}}{\sum\limits_{k=1}^{s} 1/\lambda_{\max}^{(k)}} \tag{5.3.1}$$

在所有 s 个判断矩阵中, 若 $A^{(k)}$ 与其他判断矩阵间的相似程度高, 则 $A^{(k)}$ 的可信度也应该较高, 且 $A^{(k)}$ 在群决策中的作用也应该比较大. 因此可用反映 $A^{(k)}$ 与其他判断矩阵间的相似程度的指标来确定 $\beta_k^{(2)}$.

对于 $A^{(k)}$ 的向量化运算

$$\mathrm{vec}(A^{(k)}) = (a_{11}^{(k)}, a_{21}^{(k)}, \cdots, a_{n1}^{(k)}, a_{12}^{(k)}, a_{22}^{(k)}, \cdots, a_{n2}^{(k)}, \cdots, a_{1n}^{(k)}, a_{2n}^{(k)}, \cdots, a_{nn}^{(k)})^{\mathrm{T}},$$
$$k=1,2,\cdots,s$$

令

$$v_{ij} = (\mathrm{vec}(A^{(i)}), \mathrm{vec}(A^{(j)}))\Big/\Big|\left|\mathrm{vec}(A^{(i)})\right| \cdot \left|\mathrm{vec}(A^{(j)})\right|\Big|, \quad i,j=1,2,\cdots,s$$

v_{ij} 表示 $\mathrm{vec}(A^{(i)})$ 与 $\mathrm{vec}(A^{(j)})$ 夹角的余弦. 由于 A 为 n 阶 AHP 判断矩阵, $a_{ij}>0$, 显然有 $0<v_{ij} \leqslant 1$, 当且仅当 $\mathrm{vec}(A^{(i)}) = \mathrm{vec}(A^{(j)})$ 时, $r_{ij}=1$. v_{ij} 反映了 $\mathrm{vec}(A^{(i)})$ 与 $\mathrm{vec}(A^{(j)})$ 的相似程度, 也就是反映了 $A^{(k)}$ 与 $A^{(l)}(k \neq l)$ 的相似程度. 令

$$v_k = \sum_{j=1, j=k}^{s} u_{ij}, \quad k=1,2,\cdots,s \tag{5.3.2}$$

v_k 反映了 $A^{(k)}$ 与其他判断矩阵的相似程度, 显然 v_k 越大, $A^{(k)}$ 的可信度越高. 因此, 可将 v_k 的归一化结果作为决策者 D_k 权重的 $\beta_k^{(2)}$, 即

$$\beta_k^{(2)} = v_k \Big/ \sum_{k=1}^{s} v_k, \quad k=1,2,\cdots,s \tag{5.3.3}$$

因此, 决策者 D_k 的最终权重, 即

$$\beta_k = t\beta_k^{(1)} + (1-t)\beta_k^{(2)}, \quad k = 1, 2, \cdots, s \tag{5.3.4}$$

其中, 可取 $t = 0.5$.

进而, 根据式 (5.3.1)~(5.3.4) 得到的决策者权重, 集结决策者信息得到群体效果样本值.

其次, 计算目标权重. 目标权重的计算采用特征向量法, 这种方法是将目标的重要性作成对比较, 即把第 i 个目标对第 j 个目标的相对重要性的估计值记作 a_{ij}, 并将其近似地认为是第 i 个目标的权重 w_i 和第 j 个目标的权重 w_j 的比值, 于是可得矩阵 A. 求解 $|A - \lambda_{\max} I| = 0$ 可得 $\lambda_{\max}$, 再由约束条件 $\sum\limits_{i=1}^{n} w_i = 1$ 可求得一组权重 $\omega^{(k)} = (\omega_1^{(k)}, \omega_2^{(k)}, \cdots, \omega_n^{(k)})$.

在多个决策者共同决策的条件下, 目标权重的计算需要综合考虑各个决策者给出的决策矩阵, 通过计算得到决策者 D_k 的权重 $w_i = \sum\limits_{k=1}^{s} w_i^{(k)} \beta_k, i = 1, 2, \cdots, n$. 从而得到综合效果测度值.

最后, 依据综合效果测度值对备选方案进行排序.

5.3.2 基于 Orness 测度约束的多阶段灰色局势群决策方法

在实际生产实践中, 很多决策问题往往不是静态的, 而是多阶段动态的过程, 多阶段灰色局势群决策方法研究具有理论和现实意义. 然而, 研究多阶段灰色局势群决策的难点在于: ① 如何对多阶段评价信息进行充分的挖掘并确定阶段权重, 对各阶段评价信息进行集结; ② 如何确定多阶段评价信息下决策专家权重模型, 最终对多阶段灰色局势效果样本值进行集结. 本节着重介绍一种基于 Orness 测度约束的多阶段灰色局势群决策方法: 首先, 对决策专家各阶段的评价信息质量进行分析, 构建评价阶段质变和量变的测度指标; 然后, 基于各阶段的评价信息和 Orness 测度构建非线性规划模型以确定各阶段的时间权重; 最后, 基于决策专家意见的一致性, 构建决策专家赋权模型, 并对专家意见进行集结, 进而对每个时间的局势进行排序, 得到最优局势. 该模型的基本思想和解决思路如下 (张娜等, 2015).

1. 问题描述

在多阶段灰色局势群决策问题中, 令 $A = \{a_1, a_2, \cdots, a_n\}$ 表示事件集; $B = \{b_1, b_2, \cdots, b_m\}$ 表示对策集; $D = \{d_1, d_2, \cdots, d_p\}$ 表示决策专家集; $T = \{t_1, t_2, \cdots, t_r\}$ 表示阶段集; $S = \{s_{ij}^{kt} = (a_i^{kt}, b_j^{kt}) \big| a_i^{kt} \in A, b_j^{kt} \in B\}$ 表示第 k 个决策专家在第 t 个阶段的局势集, $u_{ij}^{kt(l)}(\otimes)(i = 1, 2, \cdots, n; j = 1, 2, \cdots, m; l = 1, 2, \cdots, s; k = 1, 2, \cdots, p; t = 1, 2, \cdots, r)$ 表示第 k 个决策专家在第 t 个阶段给出的局势 $s_{ij}^{kt} \in S$ 在目标 l 下的效果样本值, 效果值为区间灰数的形式; $W^{kt} = \left(w_1^{kt}, w_2^{kt}, \cdots, w_s^{kt}\right)$ 表

示第 k 个决策专家在第 t 个阶段的局势 $s_{ij}^{kt} \in S$ 的目标权重向量, 满足 $\sum\limits_{l=1}^{s} w_l^{kt} = 1$; $\vartheta^k = \left(\vartheta_1^k, \vartheta_2^k, \cdots, \vartheta_r^k\right)$ 表示第 k 个决策专家阶段权重向量, 满足 $\sum\limits_{t=1}^{r} \vartheta_t^k = 1$; $\lambda = (\lambda_1, \lambda_2, \cdots, \lambda_p)$ 表示决策专家的权重向量, 满足 $\sum\limits_{k=1}^{p} \lambda_k = 1$.

定义 5.3.1 设 $A = [\underline{\mu}_1, \bar{\mu}_1](\underline{\mu}_1 \leqslant \bar{\mu}_1)$ 和 $B = [\underline{\mu}_2, \bar{\mu}_2](\underline{\mu}_2 \leqslant \bar{\mu}_2)$ 为两个灰色局势效果样本值, 则 A 与 B 之间的距离为 $d(A, B) = \sqrt{(\underline{\mu}_1 - \bar{\mu}_2)^2 + (\bar{\mu}_1 - \underline{\mu}_2)^2}$.

定义 5.3.2 设 $A = [\underline{\mu}_1, \bar{\mu}_1](\underline{\mu}_1 \leqslant \bar{\mu}_1)$ 和 $B = [\underline{\mu}_2, \bar{\mu}_2](\underline{\mu}_2 \leqslant \bar{\mu}_2)$ 为两个灰色局势效果样本值, 若 $\hat{\otimes}_A/(1 + l(\otimes_A)) > \hat{\otimes}_B/(1 + l(\otimes_B))$, 则 $A > B$, 其中 $\hat{\otimes}, l(\otimes)$ 分别为区间灰数的核和区间长度.

2. **模型构建**

由于不同类型属性具有不同的量纲, 因此对不同属性下的属性值进行比较是没有意义的 (相同量纲的除外). 为了消除不同物理量纲对决策结果的影响, 对于多专家区间数的决策问题进行如下处理：

(1) 对于希望效果样本值 “越大越好”“越多越好” 的这类目标, 可采用上限效果测度：

$$\underline{r}_{ij}^{kt(l)} = \frac{\underline{u}_{ij}^{kt(l)}}{\sum\limits_{i=1}^{n} \bar{u}_{ij}^{kt(l)}}, \quad \bar{r}_{ij}^{kt(l)} = \frac{\bar{u}_{ij}^{kt(l)}}{\sum\limits_{i=1}^{n} \underline{u}_{ij}^{kt(l)}} \tag{5.3.5}$$

(2) 对于希望效果样本值 “越小越好”“越少越好” 的这类目标, 采用下限效果测度：

$$\underline{r}_{ij}^{kt(l)} = \frac{(\underline{u}_{ij}^{kt(l)})^{-1}}{\left(\sum\limits_{i=1}^{n} \bar{u}_{ij}^{kt(l)}\right)^{-1}}, \quad \bar{r}_{ij}^{kt(l)} = \frac{(\bar{u}_{ij}^{kt(l)})^{-1}}{\left(\sum\limits_{i=1}^{n} \underline{u}_{ij}^{kt(l)}\right)^{-1}} \tag{5.3.6}$$

其中, $i = 1, 2, \cdots, n, j = 1, 2, \cdots, m, k = 1, 2, \cdots, p, t = 1, 2, \cdots, r$.

在规范化处理的基础上, 首先对决策专家各阶段的评价信息质量进行分析, 构建评价阶段质变和量变的测度指标.

定义 5.3.3 (决策专家阶段间不稳定评价) 假设第 k 个决策专家第 t 个阶段在目标 l 下的效果样本值为 $U_{ij}^{kt(l)}(\otimes)$, 如果

$$\begin{aligned} u_{ij}^{k(l)} &= \max_t d(U_{ij}^{kt(l)}(\otimes), U_{ij}^{k(t-1)(l)}(\otimes)) > \tau, \\ u_{ij}^{k} &= \left(\max_t \sum_{l=1}^{s} d(U_{ij}^{kt(l)}(\otimes), U_{ij}^{k(t-1)(l)}(\otimes))\right) \Big/ s > \tau \end{aligned} \tag{5.3.7}$$

则表明决策专家在阶段间的评价有明显的震荡, 具有不稳定性, 其中 τ 为事先给定的阈值, 可以根据不同的情况对其进行调整. 一般当决策精度要求提高时, 阈值 τ 可适当减小; 精度要求降低时, 阈值 τ 可适当增大.

定义 5.3.4 (决策专家存在严重分歧的评价) 第 k 个决策专家在目标 l 下的评价与全体决策专家评价的偏离程度记为

$$\zeta_{ij}^{kt(l)} = d\left(U_{ij}^{kt(l)}(\otimes), \sum_{k=1}^{p} U_{ij}^{kt(l)}(\otimes) \Big/ p\right) \tag{5.3.8}$$

如果 $\zeta_{ij}^{kt(l)} > \tau$, 则称其为第 k 个决策专家存在严重分歧的评价.

定义 5.3.5 (评价存在严重分歧的决策专家) 第 k 个决策专家的评价与全体决策专家评价平均偏离程度记为

$$\rho^{kt} = \frac{\displaystyle\sum_{i=1}^{n}\sum_{j=1}^{m}\sum_{l=1}^{s} d\left(U_{ij}^{kt(l)}(\otimes), \sum_{k=1}^{p} U_{ij}^{kt(l)}(\otimes) \Big/ p\right)}{nms} \tag{5.3.9}$$

如果 $\rho^{kt} > \varphi$, 则称第 k 个决策专家为存在严重分歧的决策专家, 其中 φ 为事先给定的阈值, 可根据不同的情况对其进行调整.

定义 5.3.6 (决策专家的评价信息量变阶段) 如果某事件或某对策在第 t 个阶段的评价信息与其在第 $t-1$ 个阶段的评价信息相比发生了一定程度的变化, 即

$$\frac{\displaystyle\sum_{k=1}^{p}\sum_{j=1}^{m}\sum_{l=1}^{s} d\left(U_{ij}^{kt(l)}(\otimes), U_{ij}^{k(t-1)(l)}(\otimes)\right)}{pms} \leqslant \eta \tag{5.3.10}$$

或

$$\frac{\displaystyle\sum_{i=1}^{n}\sum_{k=1}^{p}\sum_{l=1}^{s} d\left(U_{ij}^{kt(l)}(\otimes), U_{ij}^{k(t-1)(l)}(\otimes)\right)}{nps} \leqslant \eta \tag{5.3.11}$$

则称第 t 个阶段为决策专家的评价信息的量变阶段, 其中 η 为事先给定的阈值, 可以根据不同的情况对其进行调整.

定义 5.3.7 (决策专家的评价信息质变阶段) 如果某事件或某对策在第 t 个阶段的评价信息与其第 $t-1$ 个阶段的评价信息相比发生了较大程度的变化, 即

$$\frac{\displaystyle\sum_{k=1}^{p}\sum_{j=1}^{m}\sum_{l=1}^{s} d\left(U_{ij}^{kt(l)}(\otimes), U_{ij}^{k(t-1)(l)}(\otimes)\right)}{pms} > \Psi \tag{5.3.12}$$

或

$$\frac{\sum_{i=1}^{n}\sum_{k=1}^{p}\sum_{l=1}^{s} d\left(U_{ij}^{kt(l)}(\otimes), U_{ij}^{k(t-1)(l)}(\otimes)\right)}{nps} > \Psi \tag{5.3.13}$$

则称第 t 个阶段为决策专家的评价信息的质变阶段, 其中 Ψ 为事先给定的阈值, 可以根据不同的情况对其进行调整.

其次, 对于评价信息的量变阶段应根据阶段的重要性对其权重进行衡量.

定义 5.3.8　在多阶段灰色局势群决策过程中, $\vartheta^k = (\vartheta_1^k, \vartheta_2^k, \cdots, \vartheta_r^k)$ 表示第 k 个决策专家阶段权重向量, 满足 $\sum\limits_{t=1}^{r} \vartheta_t^k = 1, 0 \leqslant \text{Orness}(\vartheta_t^k) \leqslant 1$, 则将 ϑ_t^k 的 Orness 测度记为 $\text{Orness}(\vartheta_t^k) = \dfrac{1}{r-1}\sum\limits_{t=1}^{r}(r-l)\vartheta_t^k$.

为了有效地控制阶段间差异, 最大化各个阶段评价信息对整体评价的贡献, 构建基于相邻阶段信息偏差最小的规划模型:

$$\min D_k = \sum_{t=2}^{r}\sum_{i=1}^{n}\sum_{j=1}^{m}\sum_{l=1}^{s} d\left(U_{ij}^{kt(l)}(\otimes)\vartheta_t^k, U_{ij}^{k(t-1)(l)}(\otimes)\vartheta_{t-1}^k\right)$$

$$\text{s.t.}\begin{cases} \vartheta > \zeta \\ \dfrac{\left|\vartheta_t^k - \vartheta_{t-1}^k\right|}{\vartheta_t^k} \leqslant \sigma \\ \sum\limits_{t=1}^{r} \vartheta_t^k = 1, 0 \leqslant \vartheta_t^k \leqslant 1 \\ \text{Orness}(\vartheta_t^k) = \dfrac{1}{r-1}\sum\limits_{t=1}^{r}(r-l)\vartheta_t^k, 0 \leqslant \text{Orness}(\vartheta_t^k) \leqslant 1 \end{cases} \tag{5.3.14}$$

其中, ϑ_t^k 和 ϑ_{t-1}^k 为第 k 个决策专家在第 t 个阶段和第 $t-1$ 个阶段的时间权重.

然而, 在实际决策过程中, 仅凭决策专家的主观评价确定 $\text{Orness}(\vartheta_t^k)$ 的值会增加决策的风险. 为此, 本节对 $\text{Orness}(\vartheta_t^k)$ 取值的灵敏度进行分析, 构建了保持最优局势不变的规划模型.

然后, 为了能够充分考虑大多数决策专家的评价信息, 按照各个局势的效果样本值矩阵在引入决策专家权重后的综合效果样本值与决策专家群体综合效果样本均值偏差最小的原则, 可建立决策专家权重模型, 又因决策专家权重的不确定性, 为了使其不确定性尽量减少, 则构建决策专家权重模型为

$$\min\left\{\theta_1 \sum_{k=1}^{p}\sum_{i=1}^{n}\sum_{j=1}^{m}\sum_{l=1}^{s} d\left(U_{ij}^{k(l)}(\otimes)\lambda_k, \sum_{k=1}^{p} U_{ij}^{k(l)}(\otimes)\Big/p\right) + \theta_1 \sum_{k=1}^{p}\lambda_k \ln \lambda_k\right\}$$

$$\text{s.t.} \begin{cases} \lambda_k \geqslant \zeta \\ \sum_{k=1}^{p} \lambda_k = 1, 0 \leqslant \lambda_k \leqslant 1, k = 1, 2, \cdots, p \end{cases} \tag{5.3.15}$$

其中：λ_k 表示第 k 个决策专家的权重，$\lambda_k \geqslant \zeta$ 保证充分考虑各个决策专家的评价信息，ζ 为临界值，可根据具体情况确定，θ_1，θ_2 为平衡系数，满足 $\theta_1 + \theta_2 = 1$，可根据实际情况确定.

由式 (5.3.13) 求解得到决策专家权重向量为 $\lambda^* = \left(\lambda_1^*, \lambda_2^*, \cdots, \lambda_p^*\right)$. 设各目标对局势选择的影响均等，则局势的综合效果样本值为 $U_{ij}(\otimes) = \sum_{l=1}^{s}\sum_{k=1}^{p} U_{ij}^{k(l)}(\otimes) \cdot \lambda_k / s$.

定义 5.3.9 若 $\max\limits_{1\leqslant j\leqslant m}\{x_{ij}(\otimes)\} = x_{ij_0}(\otimes)$，称 b_{j_0} 为事件 a_i 的最优对策；若 $\max\limits_{1\leqslant i\leqslant n}\{x_{ij}(\otimes)\} = x_{i_0 j}(\otimes)$，称 a_{i_0} 为对策 b_j 相对应的最优事件；若 $\max\limits_{\substack{1\leqslant i\leqslant n \\ 1\leqslant j\leqslant m}}\{x_{ij}(\otimes)\} = x_{i_0 j_0}(\otimes)$，称 $s_{i_0 j_0}$ 为最优对策.

综上，给出基于 Orness 测度的多阶段灰色局势群决策方法的步骤如下：

步骤 1 根据事件集 $A = \{a_1, a_2, \cdots, a_n\}$，对策集 $B = \{b_1, b_2, \cdots, b_m\}$，决策专家集 $D = \{d_1, d_2, \cdots, d_p\}$，阶段集 $T = \{t_1, t_2, \cdots, t_r\}$ 构造多阶段灰色群决策局势集 $S = \left\{s_{ij}^{kt} = (a_i^{kt}, b_j^{kt}) \middle| a_i^{kt} \in A, b_j^{kt} \in B\right\}$；

步骤 2 确定决策目标并由式 (5.3.5) 和 (5.3.6) 对效果样本矩阵进行规范化处理；

步骤 3 根据式 (5.3.7) 和 (5.3.13) 进行阶段间评价信息质量分析，判断是否存在严重分歧的评价或决策专家；

步骤 4 通过决策专家给定的 Orness(ϑ_t^k) 值确定各决策专家各阶段的时间权重，并对 Orness(ϑ_t^k) 值进行灵敏度分析，确保最优局势的稳定性；然后，基于时间权重信息将多阶段灰色局势评价信息集结为单阶段评价信息；

步骤 5 由式 (5.3.14) 和 (5.3.15) 确定决策专家权重，并将各个决策专家单阶段的评价信息集结为群体评价信息，进而确定最优局势.

5.3.3 基于模糊测度和 Choquet 积分的灰色局势群决策方法

在实际决策的过程中，尤其是方案集定性指标较多的情况下必然会出现多个决策专家参与决策的情况，而且决策专家的专业背景、社会地位、知识等因素会导致其评价信息存在一定的关联性，如果对专家评价信息进行简单的加权平均必然会影响最终的评价结果. 本小节主要介绍采用模糊测度和 Choquet 积分来处理决策专家偏好关联的灰色局势群决策问题，其基本思路和解决方法如下 (张娜和李波, 2016).

1. 基础知识

定义 5.3.10 设非空有限集 X 上的集函数 $\eta : P(X) \to [0, 1]$ 是模糊测度，如

果满足:

(1) $\eta(\phi)=0, \eta(X)=1$;

(2) 如果对 $\forall A, B \in P(X), A \subseteq B$, 有 $\eta(A) \leqslant \eta(B)$, 其中 $P(X)$ 表示有限集 X 的幂集.

定义 5.3.11 设非空有限集 X 上的任意一个集函数 η, 它的 Mobius 变换是 X 上的一个集合函数, 其形式为: $\forall A \in X, m(A)=\sum\limits_{B \subset A}(-1)^{|A \backslash B|} \eta(B)$.

定义 5.3.12 设 $k \in\{1,2, \cdots, n\}$, 非空有限集 X 上的模糊测度 η 是 k-可加的, 若 $\forall A \subset X,|A|>k, m(A)=0$, 则至少存在一个子集 $T,|T|=k$, 使得 $m(T) \neq 0$.

定义 5.3.13 设有非空有限集 X 上的模糊测度 η, 对于 $\forall i \in X$ 的重要程度用 Shapley 值定义为

$$v_{i}=\sum_{S \subset X \backslash i} \frac{(n-|S|-1)!\,|S|!}{n!}[\eta(S \cup\{i\}-\eta(S)]$$

其中, $n=|X|$. 显然 v_{i} 是有限集 X 上的一个概率分布, 满足 $\sum\limits_{i=1}^{n} v_{i}=1$.

定理 5.3.1 如果有非空有限集 X 上的模糊测度 η, 则 η 的 Shapley 值与 Mobius 变换有以下关系:

$$v_{i}=\sum_{t=0}^{n-|T|} \frac{1}{t+1} \sum_{T \subset X \backslash i} m(T \cup\{i\}),$$

那么, 对于 2-可加模糊测度, 有以下结果:

(1) $v(\phi)=m(\phi)+\dfrac{1}{2} \sum\limits_{i \in X} m(i)+\dfrac{1}{3} \sum\limits_{\{i j\} \in X} m(i j)$;

(2) $v(i)=m(i)+\dfrac{1}{2} \sum\limits_{j \in X \backslash i} m(i j)$;

(3) $v(i j)=m(i j)$;

(4) $v(C)=0,|C|>2$.

定义 5.3.14 设如果有非空有限集 X 上的模糊测度 η, X 的元素为 $x_{1}, x_{2}, \cdots, x_{n}$, 则函数 $f: X$ 关于模糊测度 η 的 Choquet 积分表示为

$$C_{\eta}(f)=\sum_{i=1}^{n}\left(f\left(x_{(i)}\right)-f\left(x_{(i-1)}\right)\right) \eta\left(A_{(i)}\right)$$

式中 (i) 表示集合 X 中所有元素的一个置换, 使得 $f\left(x_{(1)}\right) \leqslant f\left(x_{(2)}\right) \leqslant \cdots \leqslant f\left(x_{(n)}\right)$, $A_{(i)}=\left(x_{(1)}, x_{(2)}, \cdots, x_{(n)}\right)$, 其中 $f\left(x_{(0)}\right)=0$.

2. 问题描述

在灰色局势群决策问题中, 令 $A=\{a_1,a_2,\cdots,a_n\}$ 表示事件集, $B=\{b_1,b_2,\cdots,b_m\}$ 表示对策集, $D=\{d_1,d_2,\cdots,d_p\}$ 表示决策专家; $S=\{s_{ij}^k=(a_i^k,b_j^k)\big|\,a_i^k\in A,b_j^k\in B\}$ 表示第 k 个决策专家的局势,

$$u_{ij}^{k(l)}(\otimes)\quad(i=1,2,\cdots,n;j=1,2,\cdots,m;l=1,2,\cdots,s;k=1,2,\cdots,p)$$

表示第 k 个决策专家给出的局势 $s_{ij}^k\in S$ 在目标 l 下的效果样本值, 效果值为区间灰数的形式; $\omega^k=\left(\omega_1^k,\omega_2^k,\cdots,\omega_s^k\right)$ 表示第 k 个决策专家局势 $s_{ij}^k\in S$ 的目标权重向量, 满足 $\sum\limits_{l=1}^{s}w_l^k=1$; $\lambda^k=\left(\lambda_1^k,\lambda_2^k,\cdots,\lambda_r^k\right)$ 表示决策专家的权重向量, 满足 $\sum\limits_{k=1}^{p}w_k=1$. 本小节主要研究多个专家决策参与决策情况下如何确定灰色决策问题最优局势问题.

3. 决策专家权重的确定

在灰色局势群决策的过程中, 决策专家的评价信息受其专业背景、知识结构等多种因素的影响，其中知识结构的影响较为显著. 对决策专家重要度的评价, 是保证最终决策质量的基础. 因此, 基于 2-可加模糊测度, 从决策专家评价信息的相似性和决策专家知识结构的相似性出发, 研究两个决策专家作为一个决策者联盟时应该被赋予的重要程度.

假设第 k 个决策专家局势 s_{ij}^k 在 l 目标下的效果样本值矩阵 U 为参考序列, 第 q 个决策专家局势 s_{ij}^q 在 l 目标下的效果样本值矩阵 $U_{ij}^{q(l)}(\otimes)(i=1,2,\cdots,n)$ 为行为序列, 则其灰色关联系数矩阵为

$$\xi_{ij}^{kq(l)}=\frac{\min\limits_j\left|U_{ij}^{k(l)}(\otimes)-\xi_{ij}^{q(l)}(\otimes)\right|+\rho\max\limits_j\left|U_{ij}^{k(l)}(\otimes)-\xi_{ij}^{q(l)}(\otimes)\right|}{\left|U_{ij}^{k(l)}(\otimes)-\xi_{ij}^{q(l)}(\otimes)\right|+\rho\max\limits_j\left|U_{ij}^{k(l)}(\otimes)-\xi_{ij}^{q(l)}(\otimes)\right|}\tag{5.3.16}$$

根据灰色关联度的计算公式, 将决策专家 k 与决策专家 q 给出目标 l 下的效果样本值矩阵进行灰色关联分析, 可以得到在目标 l 下决策专家 k 与决策专家 q 的平均综合灰色关联度

$$\gamma^{kq(l)}=\frac{1}{n}\sum_{i=1}^{n}\gamma_i^{kq(l)}\tag{5.3.17}$$

决策专家 k 与决策专家 q 在各个目标下的平均综合灰色关联度为

$$\gamma^{kq}=\frac{1}{l}\sum_{l=1}^{s}\gamma^{kq(l)}\tag{5.3.18}$$

决策专家知识结构的相似性可以由决策专家组组长或专家研究方向、工作履历等来确定. 假设定义决策专家的知识结构相似性最大为 $+1$, 差异性最大为 -1, 那么决策专家知识结构的相似性用 e^{kq} 来表示, 显然 e^{kq} 的取值范围为 $[-1, 1]$, 并且有 $e^{kq} = e^{qk}$ 成立.

若决策专家的主观权重为 $\lambda = (\lambda_1, \lambda_2, \cdots, \lambda_p)$, 那么 η_k 应该由主观权重以及决策专家群体之间相互作用确定, 有

$$\eta_k = \frac{1}{1 - \sum\limits_{k,q \in P, q \neq k} e^{kq}\gamma^{kq}\lambda^k\lambda^q}\lambda_1 \tag{5.3.19}$$

其中 $\sum\limits_{k,q \in P, q \neq k} e^{kq}\gamma^{kq}\lambda^k\lambda^q$ 表示决策专家群体之间信息冗余与互补衡量测度指标.

考虑决策专家 k 与其他专家之间的相互关联程度, 那么决策专家 k 的总体重要程度为: $\lambda'^k = \lambda^k - \frac{1}{2}\sum\limits_{q=1, q\neq k}^{p} e^{kq}\gamma^{kq}\lambda^k\lambda^q$. 对其进行归一化为 $\bar{\lambda}^k = \lambda'^k \Big/ \sum\limits_{k=1}^{p} \lambda'^k$.

归一化后得到的 $\bar{\lambda}^k$ 实际上是综合考虑了决策专家 k 与其他专家关联关系后综合重要程度指标, 可以看作是决策专家 k 的 Shapley 指标值, 所以两个决策专家整体的模糊测度 η_{kq} 为

$$\eta_{kq} = \eta_k + \eta_q + m_{kq} = \frac{\bar{\lambda}^k + \bar{\lambda}^q - e^{kq}\gamma^{kq}\bar{\lambda}^k\bar{\lambda}^q}{1 - \sum\limits_{k,q \in P, q \neq k} e^{kq}\gamma^{kq}\bar{\lambda}^k\bar{\lambda}^q} \tag{5.3.20}$$

其中: $m_{kq} = -\dfrac{e^{kq}\gamma^{kq}\bar{\lambda}^k\bar{\lambda}^q}{1 - \sum\limits_{k,q \in P, q \neq k} e^{kq}\gamma^{kq}\bar{\lambda}^k\bar{\lambda}^q}$, 表示专家 k 和专家 q 之间信息冗余与互补的模糊测度.

因此, 利用 Choquet 积分融合决策专家评价信息:

$$\begin{aligned} U_{ij}^{(l)}(\otimes) &= \sum_{\breve{k}=1}^{p}\left(U_{ij}^{\breve{k}(l)}(\otimes) - U_{ij}^{(\breve{k}-1)(l)}(\otimes)\right)\eta(E_{(\breve{k})}) \\ &= \sum_{\breve{k}=1}^{p}\left(\eta(E_{(\breve{k})}) - \eta(E_{(\breve{k}-1)})\right)U_{ij}^{\breve{k}}(l)(\otimes) \end{aligned} \tag{5.3.21}$$

其中: $U_{ij}^{\breve{k}(l)}(\otimes)$ 表示对集合 $U_{ij}^{k(l)}(\otimes)$ 中的元素按其大小重新进行排序后的第 $\breve{k}$ 个元素.

4. 目标权重向量的确定

在多目标灰色局势群决策情景下, 目标权重向量的确定并非易事. 一般有主观赋权、客观赋权以及主客观相结合的赋权方法. 本节给出的赋权方法属于客观赋权法, 减少了决策专家赋权带来的不确定性.

定义 5.3.15 设

$$\mu_{ij}^{+(l)} = \max\max\left\{\frac{\underline{\mu}_{ij}^{(l)} + \bar{\mu}_{ij}^{(l)}}{2}\right\} \quad (1 \leqslant i \leqslant n; 1 \leqslant j \leqslant m; l = 1, 2, \cdots, s)$$

其对应的值记为 $[\underline{\mu}_{ij}^{+(l)}, \bar{\mu}_{ij}^{+(l)}]$, 称 $\mu_{ij}^{+(l)}$ 为决策专家评价信息融合后的局势 s_{ij} 在 l 目标下的正理想效果测度值; 设

$$\mu_{ij}^{-(l)} = \min\min\left\{\frac{\underline{\mu}_{ij}^{(l)} + \bar{\mu}_{ij}^{(l)}}{2}\right\} \quad (1 \leqslant i \leqslant n; 1 \leqslant j \leqslant m; l = 1, 2, \cdots, s)$$

其对应的值记为 $[\underline{\mu}_{ij}^{-(l)}, \bar{\mu}_{ij}^{-(l)}]$, 称 $\mu_{ij}^{+(l)}$ 为决策专家评价信息融合后的局势 s_{ij} 在 l 目标下的负理想效果测度值.

定义 5.3.16 设决策专家评价信息融合后的局势 s_{ij} 在 l 目标下的效果测度值与正、负理想效果测度值分别为灰数 $\mu_{ij}^{(l)}$, $\mu_{ij}^{+(l)}$, $\mu_{ij}^{-(l)}$, 则

$$\begin{aligned} d(\mu_{ij}^{(l)}, \mu_{ij}^{+(l)}) &= \sqrt{[\underline{\mu}_{ij}^{+(l)} - \bar{\mu}_{ij}^{(l)}]^2 + [\bar{\mu}_{ij}^{+(l)} - \underline{\mu}_{ij}^{(l)}]^2} \\ d(\mu_{ij}^{(l)}, \mu_{ij}^{-(l)}) &= \sqrt{[\underline{\mu}_{ij}^{-(l)} - \bar{\mu}_{ij}^{(l)}]^2 + [\bar{\mu}_{ij}^{-(l)} - \underline{\mu}_{ij}^{(l)}]^2} \end{aligned} \tag{5.3.22}$$

称为决策专家评价信息融合后的局势 s_{ij} 在 l 下的正、负理想局势距离.

目标权重的确定应该使得综合正理想局势距离最小, 综合负理想局势距离最大, 考虑各个对策之间是属于公平竞争的关系, 且由于目标权重的不确定性, 为了使其不确定性尽量减少, 可构建如下模型:

$$\begin{aligned} &\min\left\{\sigma_1 \sum_{l=1}^{s}\sum_{j=1}^{m}\sum_{i=1}^{n} d(\mu_{ij}^{(l)}, \mu_{ij}^{+(l)})\omega_l - \sigma_2 \sum_{l=1}^{s}\sum_{j=1}^{m}\sum_{i=1}^{n} d(\mu_{ij}^{(l)}, \mu_{ij}^{-(l)})\omega_l + \sigma_3 w_l \ln w_l\right\} \\ &\text{s.t.} \ \sum_{l=1}^{s} w_l = 1, w_l > 0, l = 1, 2, \cdots, s \end{aligned} \tag{5.3.23}$$

其中, $\sigma_1, \sigma_2, \sigma_3$ 为平衡系数, 满足 $\sigma_1 + \sigma_2 + \sigma_3 = 1$, 可根据实际情况进行确定.

综上, 考虑专家偏好关联的灰色局势群决策方法的步骤如下 (张娜和李波, 2016):

步骤 1 根据事件集 $A = \{a_1, a_2, \cdots, a_n\}$, 对策集 $B = \{b_1, b_2, \cdots, b_m\}$, 决策专家集 $D = \{d_1, d_2, \cdots, d_p\}$, 构造灰色群决策局势集 $S = \{s_{ij}^k = (a_i^k, b_j^k) | a_i^k \in A, b_j^k \in B\}$;

步骤 2 确定决策目标并对效果样本矩阵进行规范化处理;

步骤 3 由式 (5.3.16)~(5.3.20) 计算决策专家权重, 并利用式 (5.3.21) 融合决策专家评价信息;

步骤 4 根据定义 5.3.15 和式 (5.3.22) 确定决策专家评价信息融合后的局势 s_{ij} 在目标 l 下的正、负理想局势距离, 并根据式 (5.3.23) 计算目标权重向量;

步骤 5　对局势 s_{ij} 的综合效果样本值进行融合, 并确定最优局势.

算例 5.3.1 (张娜和李波, 2016)

我国商用大飞机项目采用 “主制造商–供应商” 的管理模式, 大量关键组件需要国际供应商的协作与配合, 对于某个关键组件制造的供应商选择一般通过 “招标投标” 的方式完成. 假设在某 3 个关键组件 (具有替代性) 国际供应商选择的过程中, 有 3 家供应商入围, 决策专家组中有 4 位专家.

(1) 选择某 3 个关键组件国际供应商为事件, 事件集 $A=\{a_1,a_2,a_3\}$, 选择供应商 1、供应商 2、供应商 3 构成对策集 $B=\{b_1,b_2,b_3\}$, 选择专家 1、专家 2、专家 3、专家 4 构成决策专家集 $D=\{d_1,d_2,d_3,d_4\}$. 由事件集、对策集以及决策专家级构造决策专家局势集

$$S=\{\, s_{ij}^k=(a_i^k,b_j^k)\,|\, a_i^k\in A, b_j^k\in B, k\in D, i=1,2,3, j=1,2,3, k=1,2,3,4\}.$$

(2) 确定决策目标, 通过数轮的专家调研, 把质量、竞争力和价格作为进行供应商选择的决策目标, 其中质量和竞争力是定性指标, 由决策专家通过专家打分法进行评价, 这两个都是效益型指标, 评分越高越好, 由于指标的不确定性, 决策专家以 $0\sim 10$ 的区间数进行打分; 价格是成本型指标, 数据越低越好, 数据取供应商提供的报价数据. 对于决策目标质量和竞争力, 各个专家给出的效果样本值矩阵分别为

$$U_{ij}^{1(1)}=\begin{bmatrix}[5,7] & [6,7] & [7,9]\\ [3,5] & [4,6] & [3,4]\\ [5,6] & [6,8] & [5,7]\end{bmatrix};\quad U_{ij}^{1(2)}=\begin{bmatrix}[4,5] & [5,7] & [4,6]\\ [5,6] & [4,7] & [4,6]\\ [3,6] & [4,5] & [7,9]\end{bmatrix}$$

$$U_{ij}^{1(1)}=\begin{bmatrix}[5,6] & [6,8] & [8,9]\\ [3,4] & [4,6] & [4,5]\\ [4,6] & [7,9] & [5,6]\end{bmatrix};\quad U_{ij}^{1(1)}=\begin{bmatrix}[4,6] & [6,7] & [3,6]\\ [5,7] & [4,6] & [4,7]\\ [5,8] & [4,7] & [5,8]\end{bmatrix}$$

$$U_{ij}^{1(1)}=\begin{bmatrix}[4,5] & [6,7] & [8,9]\\ [5,7] & [4,5] & [3,4]\\ [4,5] & [5,6] & [7,8]\end{bmatrix};\quad U_{ij}^{1(2)}=\begin{bmatrix}[3,4] & [5,6] & [4,6]\\ [5,6] & [4,6] & [5,7]\\ [7,8] & [4,7] & [6,8]\end{bmatrix}$$

$$U_{ij}^{1(1)}=\begin{bmatrix}[3,6] & [6,7] & [7,8]\\ [5,7] & [3,5] & [6,8]\\ [3,4] & [4,6] & [5,7]\end{bmatrix};\quad U_{ij}^{1(1)}=\begin{bmatrix}[3,5] & [6,7] & [4,5]\\ [6,8] & [5,7] & [3,5]\\ [3,6] & [4,5] & [7,8]\end{bmatrix}$$

对于决策目标价格是由各个供应商报价的效果样本值矩阵, 由于这个不是决策

专家评价的, 因此对于各个决策专家, 此目标效果样本矩阵是相同的, 为

$$U_1^{1,2,3,4(3)} = \begin{bmatrix} 8 & 7 & 9 \\ 15 & 12 & 14 \\ 11 & 13 & 10 \end{bmatrix}$$

在此基础上, 对质量、竞争力和价格的效果样本值矩阵进行规范化处理.

(3) 首先确定决策专家的评价信息的相似性, 根据式 (5.3.16)~(5.3.18) 可以得到决策专家评价信息的相似性为

$$\gamma^{12} = 0.8888, \quad \gamma^{13} = 0.9216, \quad \gamma^{14} = 0.9348$$
$$\gamma^{23} = 0.9468, \quad \gamma^{24} = 0.9457, \quad \gamma^{34} = 0.9463$$

假设决策专家知识结构的相似性为

$$e^{12} = +1, \quad e^{13} = +1, \quad e^{14} = +1, \quad e^{23} = -1, \quad e^{24} = -1, \quad e^{34} = -1$$

决策专家的主观权重为: $\lambda = (0.3, 0.3, 0.2, 0.2)$. 根据式 (5.3.19) 得到单个决策专家的模糊测度为: $\eta_1 = 0.3123, \eta_2 = 0.3123, \eta_3 = 0.2082, \eta_4 = 0.2082$; 根据步骤 4 以及 Mobius 变换计算 2-可加模糊测度取值为

$$\eta_{12} = 0.462, \quad \eta_{13} = 0.3823, \quad \eta_{14} = 0.3807, \quad \eta_{23} = 0.6062, \quad \eta_{24} = 0.6052$$
$$\eta_{34} = 0.4873, \quad \eta_{123} = 0.6159, \quad \eta_{124} = 0.6151, \quad \eta_{134} = 0.5216, \quad \eta_{234} = 0.97$$

利用 Choquet 积分融合决策专家评价信息为

$$U_{ij}^{(1)}(\otimes) = \begin{bmatrix} [0.1956, 0.3331] & [0.2751, 0.4118] & [0.3453, 0.4871] \\ [0.2374, 0.4508] & [0.2193, 0.4703] & [0.2494, 0.4168] \\ [0.2031, 0.3494] & [0.2842, 0.4714] & [0.2861, 0.4548] \end{bmatrix}$$

$$U_{ij}^{(2)}(\otimes) = \begin{bmatrix} [0.2432, 0.4417] & [0.3212, 0.5244] & [0.1983, 0.4596] \\ [0.2656, 0.5023] & [0.2163, 0.4701] & [0.1940, 0.3898] \\ [0.2158, 0.4942] & [0.1905, 0.3955] & [0.2882, 0.5036] \end{bmatrix}$$

$$U_{ij}^{(3)}(\otimes) = \begin{bmatrix} 0.333 & 0.2917 & 0.375 \\ 0.3659 & 0.2927 & 0.3415 \\ 0.3235 & 0.3824 & 0.2941 \end{bmatrix}.$$

(4) 根据定义 5.3.15 和定义 5.3.16 确定决策专家评价信息融合后的局势 s_{ij} 在目标 l 下的正、负理想局势距离, 并利用 Lingo13.0 计算目标权重向量为

$$w_1 = 0.3467, \quad w_2 = 0.3322, \quad w_3 = 0.3311$$

(5) 根据目标权重向量的取值对局势 s_{ij} 的综合效果样本值矩阵融合为

$$U_{ij}(\otimes)=\begin{bmatrix}[0.2590,0.3726] & [0.2986,0.4136] & [0.3097,0.4457]\\ [0.2917,0.4443] & [0.2448,0.4161] & [0.2640,0.3871]\\ [0.2492,0.3924] & [0.2884,0.4214] & [0.2923,0.4223]\end{bmatrix}$$

根据综合效果样本值矩阵可以得到：对于关键组件 1 来说, 选择供应商 3 是最优策略; 而对于关键组件 2 来说, 选择供应商 1 是最优策略; 对于关键组件 3 来说, 选择供应商 3 是最优策略; 对于供应商 1 来说, 提供关键组件 2 是最合适的; 对于供应商 2 来说, 提供关键组件 1 是最合适的; 对于供应商 3 来说, 提供关键组件 1 是最合适的. 因此, 最优局势为 S_{13}.

5.3.4 基于灰色不确定语言变量的灰色局势群决策方法

在实际决策问题中, 由于客观事物的复杂性、不确定性和人类思维的模糊性, 大部分多属性决策问题是不确定的、模糊的; 同时，由于决策者自身知识的局限性和决策信息的非完整性, 人们对研究对象的认知往往具有 “部分信息已知、部分信息未知” 的 “少数据”“贫信息” 不确定特征, 即决策问题又表现出灰性. 因此, 实际决策问题往往既存在模糊性又存在灰性, 由此便形成了一类灰色模糊多属性决策问题, 针对该问题取得了一些研究成果. 实际决策时, 决策者往往难以给出精确的定量评判, 反而运用语言评价信息更能准确表达其判断偏好. 因此, 本小节针对灰色模糊多属性群决策问题, 对区间灰色语言变量信息下的多属性群决策方法 (刘培德，2011) 进行改进, 定义了灰色不确定语言变量的概念: 运用不确定语言变量表示其模部, 表征决策者对决策问题评价的模糊性; 运用确定语言变量表示其灰部, 表征决策者对其评价信息的充分性和可靠性的自我判断, 即用确定语言变量表示其评价信息的灰性. 在此基础上, 本小节研究了局势效果样本值为灰色不确定语言变量的灰色局势群决策方法.

1. 灰色不确定语言变量

1) 语言评价集及其扩展

语言评价集 $Z=\{z_0,z_1,\cdots,z_{h-1}\}$ 由奇数个元素组成, 即 h 应为奇数. 在实用中 h 一般取 3, 5, 7, 9 等. 对于任意语言标度 $Z=\{z_0,z_1,\cdots,z_{h-1}\}$, 元素 z_i 与其下标 i 之间存在严格单调递增关系, 因此, 可以定义函数 $f:z_i=f(i)$. 显然, 函数 $f(i)$ 是属于下标 i 的严格单调递增函数. 为了尽量减少语言决策信息的丢失, 把原有的离散型语言标度 $Z=\{z_0,z_1,\cdots,z_{h-1}\}$ 拓展成连续型语言标度 $z=\{z_\alpha|\alpha\in\mathbf{R}\}$, 拓展后的连续型语言标度仍然满足上面的严格单调递增关系.

设 z_α,z_β 为 Z 中的语言变量, 且 $\alpha\leqslant\beta$, 则称 $[z_\alpha,z_\beta]$ 为不确定语言变量, 区间的两端点分别为不确定语言变量的下限和上限, 当 $\alpha=\beta$ 时, 不确定语言变量退化

为语言评价集 Z 中的语言变量.

相对于上述不确定语言变量的定义, 不论 Z 为离散型语言标度或连续性语言标度，$z_\alpha \in Z$ 皆被统称为确定语言变量.

定义 5.3.17 设 $[z_{\alpha_1}, z_{\beta_1}], [z_{\alpha_2}, z_{\beta_2}]$ 为两个不确定语言变量, 则两者之间的距离定义为

$$d\left([z_{\alpha_1}, z_{\beta_1}], [z_{\alpha_2}, z_{\beta_2}]\right) = \frac{|\alpha_1 - \alpha_2| + |\beta_1 - \beta_2|}{2(h-1)} \tag{5.3.24}$$

显然, $0 \leqslant d\left([z_{\alpha_1}, z_{\beta_1}], [z_{\alpha_2}, z_{\beta_2}]\right) \leqslant 1$, 且满足距离的 3 个条件.

设 $\tilde{A}$ 是空间 $X = \{x\}$ 的模糊子集, 若 x 对于 $\tilde{A}$ 的隶属度 $\mu_A(x)$ 为 $[0,1]$ 上的一个灰度, 其点灰度为 $v_A(x)$, 则称 $\tilde{A}$ 为 X 的灰色模糊集合, 记为 $\tilde{A} = \{x, \mu_A(x), v_A(x) | x \in X\}$, 用集偶表示为 $\underset{\cdot}{\tilde{A}} = (\tilde{A}, \underset{\cdot}{A})$, 其中: $\tilde{A} = \{(x, \mu_A(x)) | x \in X\}$ 称为 $\underset{\cdot}{\tilde{A}}$ 的模糊部分 (简称模部), $\underset{\cdot}{A} = \{(x, v_A(x)) | x \in X\}$ 称为 $\underset{\cdot}{\tilde{A}}$ 的灰色部分 (简称灰部). 模部反映评价信息的模糊性及不确定性, 灰部反映贫信息所导致的灰性, 灰部的灰度越大表示决策者给出的评价信息的可信度越低, 可利用的信息量越少; 反之, 灰度越小表示信息可利用价值越大, 信息可靠性越高. 因此, 灰度可以理解为对决策者信息量的反向度量. 在此基础上, 给出灰色不确定语言变量的定义.

定义 5.3.18 设 $\underset{\cdot}{\tilde{A}} = (\tilde{A}, \underset{\cdot}{A})$ 是一个灰色模糊数, 若它的模部 $\tilde{A}$ 是一不确定语言变量 $[z_\alpha, z_\beta]$, 它的灰部 $\underset{\cdot}{A}$ 是一确定语言变量 $z'_\theta, z'_\theta \in Z'$($Z'$ 为语言评价集) 表征决策者对其评价信息充分性和可靠性的语言型自我判断, 则称 $\underset{\cdot}{\tilde{A}}$ 为灰色不确定语言变量, 记为 $\underset{\cdot}{\tilde{A}} = ([z_\alpha, z_\beta], z'_\theta)$.

设有灰色不确定语言变量 $\underset{\cdot}{\tilde{A}} = ([z_{\alpha_1}, z_{\beta_1}], z'_{\theta_1})$ 和 $\underset{\cdot}{\tilde{B}} = ([z_{\alpha_2}, z_{\beta_2}], z'_{\theta_2})$. 根据灰色不确定语言变量的定义、语言变量的运算法则、灰度合成公理和灰数的运算法则等知, 灰色不确定语言变量的运算规则如下:

(1) $\underset{\cdot}{\tilde{A}} + \underset{\cdot}{\tilde{B}} = \left([z_{\alpha_1+\alpha_2}, z_{\beta_1+\beta_2}], z'_{\max(\theta_1,\theta_2)}\right)$;

(2) $\underset{\cdot}{\tilde{A}} \times \underset{\cdot}{\tilde{B}} = \left([z_{\alpha_1\times\alpha_2}, z_{\beta_1\times\beta_2}], z'_{\max(\theta_1,\theta_2)}\right)$;

(3) $k\,\underset{\cdot}{\tilde{A}} = \left([z_{k\alpha_1}, z_{k\beta_1}], z'_{\theta_1}\right)$;

(4) $(\underset{\cdot}{\tilde{A}})^k = \left([z_{(\alpha_1)^k}, z_{(\beta_1)^k}], z'_{\theta_1}\right)$;

(5) $(\underset{\cdot}{\tilde{A}})^{\tilde{B}} = \left([z_{(\alpha_1)^{\alpha_2}}, z_{(\beta_1)^{\beta_2}}], z'_{\max(\theta_1,\theta_2)}\right)$.

设反映决策者信息掌握情况的自然语言术语集为 $Z' = \{z'_1, z'_2, \cdots, z'_h\}$, 其中 $z'_1 \succ z'_2 \succ \cdots \succ z'_h$, h 为奇数. 又知灰度可以表示信息的不确定程度, 信息量越多, 灰度越低, 反之, 灰度越高, 因此, 灰度可以理解为对决策者信息量的反向度量. 在此基础上, 给出语言变量的信息灰度的定义方式, 用量化的数值方式测定决策者判断的可靠性数值大小.

定义 5.3.19　设 $Z' = \{z_1', z_2', \cdots, z_h'\}$ 是表征决策者信息量的一个预先定义好的自然语言术语集, $\{[\alpha_0, \alpha_1), [\alpha_1, \alpha_2), \cdots, [\alpha_{h-1}, \alpha_h]\}$ 是对应 Z' 个语言变量反向度量的区间形式, 称 $v_t = (\alpha_{t-1} + \alpha_t)/2(t = 1, 2, \cdots, h)$ 是对应 Z' 各语言变量的语言信息灰度. 其中: $\alpha_0, \alpha_1, \cdots, \alpha_h$ 为各区间分割点, $\alpha_0 = 0, \alpha_t = 1, 0 < \alpha_1 < \alpha_2 < \cdots < \alpha_{t-1} < 1$, 因此 $v_k \in [0, 1]$.

定义 5.3.20　设两个灰色不确定语言变量为 $\underset{\cdot}{\tilde{A}} = ([z_{\alpha_1}, z_{\beta_1}], z'_{\theta_1})$ 和 $\underset{\cdot}{\tilde{B}} = ([z_{\alpha_2}, z_{\beta_2}], z'_{\theta_2})$, v_1, v_2 分别为 $\underset{\cdot}{\tilde{A}}$ 与 $\underset{\cdot}{\tilde{B}}$ 的语言信息灰度, 则不确定语言变量 $\underset{\cdot}{\tilde{A}}$ 与 $\underset{\cdot}{\tilde{B}}$ 之间的距离为

$$d(\underset{\cdot}{\tilde{A}}, \underset{\cdot}{\tilde{B}}) = \frac{1}{2(h-1)} \left(|\alpha_1(1 - v_1) - \alpha_2(1 - v_2)| + |\beta_1(1 - v_1) - \beta_2(1 - v_2)| \right) \quad (5.3.25)$$

令 $\underset{\cdot}{\tilde{C}} = ([z_{\alpha_3}, z_{\beta_3}], z'_{\theta_3})$ 也为灰色不确定语言变量, 易知上述公式满足性质:

(1) $0 \leqslant d(\underset{\cdot}{\tilde{A}}, \underset{\cdot}{\tilde{B}}) \leqslant 1$, 且 $d(\underset{\cdot}{\tilde{A}}, \underset{\cdot}{\tilde{A}}) = 0$;

(2) $d(\underset{\cdot}{\tilde{A}}, \underset{\cdot}{\tilde{B}}) = d(\underset{\cdot}{\tilde{B}}, \underset{\cdot}{\tilde{A}})$;

(3) $d(\underset{\cdot}{\tilde{A}}, \underset{\cdot}{\tilde{B}}) + d(\underset{\cdot}{\tilde{A}}, \underset{\cdot}{\tilde{C}}) \geqslant d(\underset{\cdot}{\tilde{A}}, \underset{\cdot}{\tilde{C}})$.

特别地, 当决策者对评价对象掌握的信息量完全时, 即灰色不确定语言变量灰部为 z_n', 此时语言信息灰度为 0, 则灰色不确定语言变量退化为语言变量, 于是式 (5.3.25) 变成了式 (5.3.24), 即式 (5.3.24) 是式 (5.3.25) 的特例.

2) 灰色不确定语言变量大小比较

定义 5.3.21　设 $[z_\alpha, z_\beta]$ 为不确定语言变量, 则连续区间二元语义的加权平均算子 (即 ITC-OWA 算子) 定义为

$$\begin{aligned} f_\rho([z_\alpha, z_\beta]) &= \Delta \left(\int_0^1 \frac{d\rho(y)}{dy} [\beta - y(\beta - \alpha)] dy \right) \\ &= \Delta \left(\beta - (\beta - \alpha) \int_0^1 y d\rho(y) \right) \end{aligned} \quad (5.3.26)$$

其中 ρ 为基本的单位区间单调 BUM(Basic Unit-interval Monotonic) 函数, 满足 $\rho(0) = 0, \rho(1) = 1$, 当 $y_1 < y_2$ 时, 有 $\rho(y_1) < \rho(y_2)$. 如果 $\rho(y) = y^\delta (\delta \geqslant 0)$, 则有 $f_\rho([z_\alpha, z_\beta]) = (\beta + \delta\alpha)/(\delta + 1)$.

设有灰色不确定语言变量 $\underset{\cdot}{\tilde{A}} = ([z_{\alpha_1}, z_{\beta_1}], z'_{\theta_1})$ 和 $\underset{\cdot}{\tilde{B}} = ([z_{\alpha_2}, z_{\beta_2}], z'_{\theta_2})$, v_1, v_2 分别为 $\underset{\cdot}{\tilde{A}}$ 和 $\underset{\cdot}{\tilde{B}}$ 的灰度, 利用 ITC-OWA 算子对 $\underset{\cdot}{\tilde{A}}$ 和 $\underset{\cdot}{\tilde{B}}$ 的模部进行集结, 将模部的不确定语言变量转化为二元语义, 从而整合模部与灰部得到

$$\begin{aligned} D_1 &= \Delta^{-1} \left(f_\rho([z_{\alpha_1}, z_{\beta_1}]) \right) \cdot (1 - v_1) \\ D_2 &= \Delta^{-1} \left(f_\rho([z_{\alpha_2}, z_{\beta_2}]) \right) \cdot (1 - v_2) \end{aligned} \quad (5.3.27)$$

于是,

(1) 若 $D_1 > D_2$, 则 $\underset{\cdot}{\tilde{A}} \succ \underset{\cdot}{\tilde{B}}$;

(2) 若 $D_1 < D_2$, 则 $\underset{\cdot}{\tilde{A}} \prec \underset{\cdot}{\tilde{B}}$;

(3) 若 $D_1 = D_2$, 则:

(i) 当 $1-v_A > 1-v_B$ 时, $\underset{\cdot}{\tilde{A}} \succ \underset{\cdot}{\tilde{B}}$;

(ii) 当 $1-v_A < 1-v_B$ 时, $\underset{\cdot}{\tilde{A}} \prec \underset{\cdot}{\tilde{B}}$;

(iii) 当 $1-v_A = 1-v_B$ 时, $\underset{\cdot}{\tilde{A}} = \underset{\cdot}{\tilde{B}}$.

2. 主要方法和模型

1) 问题描述

在灰色局势群决策问题中, 令 $A=\{a_1,a_2,\cdots,a_n\}$ 表示事件集, $B=\{b_1,b_2,\cdots,b_m\}$ 表示对策集, $D=\{d_1,d_2,\cdots,d_p\}$ 表示决策专家; $S=\{s_{ij}^k=(a_i^k,b_j^k)\big|\, a_i^k\in A, b_j^k\in B\}$ 表示第 k 个决策专家的局势,

$$\underset{\cdot}{\tilde{A}}_{ij}^{k(l)} = \left(\left[z_{\alpha_{ij}}^{k(l)}, z_{\beta_{ij}}^{k(l)}\right], z_{ij}^{\prime k(l)}\right)$$

$$(i=1,2,\cdots,n;\ j=1,2,\cdots,m;\ l=1,2,\cdots,s;\ k=1,2,\cdots,p)$$

表示第 k 个决策专家给出的局势 $s_{ij}^k\in S$ 在目标 l 下的效果样本值, 以灰色不确定语言变量的形式表示; $\omega=\left(\omega^{(1)},\omega^{(2)},\cdots,\omega^{(s)}\right)$ 表示各目标权重向量, 满足 $\sum\limits_{l=1}^{s}\omega^{(l)}=1$; $\omega=\left(\omega^1,\omega^2,\cdots,\omega^p\right)$ 表示决策专家的权重向量, 满足 $\sum\limits_{k=1}^{p}\omega^k=1$. 本节主要研究多个专家参与决策时如何确定灰色群决策问题的最优局势问题.

2) 语言信息灰度的确定

语言信息灰度反映了决策者对决策对象认识的不确定程度, 决策者对该对象掌握的信息量越多, 其语言信息灰度越低; 反之, 语言信息灰度越高. 根据定义 5.3.19, 确定语言信息灰度的关键是确定其各区间的分割点. 为了避免各区间长度分布过于不均, 或者相邻分割点极度接近, 可限定各区间长度的大致范围. 设最大值为 τ_g, 最小值为 τ_1, 具体根据专家经验和实际情况而定, 通常可以根据区间均匀分布情况下各分割点的上下波动范围进行调整.

信息的作用是消除人们对事物了解的不确定性, 因此在确定分割点时尽量保证信息充分利用, 以减少不确定性. 考虑到熵是对系统状态不确定性的一种度量, 兼顾了决策信息的客观信息, 并且在区间分割点概率具体分布未知, 但取值范围可知的情况下, 确定分割点的实质是如何利用部分已知、部分未知的有限信息将信息不确定性降到最低. 根据熵权法的思想, 确定各区间分割点, 可使所确定的语言信息灰度体现的信息不确定性得到最大化降低 (马珍珍等, 2017). 因此, 构建如下优化

模型

$$
\max\left\{-\sum_{t=1}^{h}\left[\frac{\alpha_{t-1}+\alpha_t}{\sum\limits_{t=1}^{h}(\alpha_{t-1}+\alpha_t)}\ln\frac{\alpha_{t-1}+\alpha_t}{\sum\limits_{t=1}^{h}(\alpha_{t-1}+\alpha_t)}\right]\right\}
$$

$$
\text{s.t.}\begin{cases}\sum\limits_{t=1}^{h}\dfrac{\alpha_{t-1}+\alpha_t}{\sum\limits_{t=1}^{h}(\alpha_{t-1}+\alpha_t)}=1\\ \tau_1<\alpha_1<\tau_g,\tau_1<\alpha_2-\alpha_1<\tau_g,\cdots,\tau_1<1-\alpha_{h-1}<\tau_g\\ \alpha_0=0,\alpha_h=1\\ 0<\alpha_1<\alpha_2<\cdots<\alpha_{h-1}<1\end{cases} \tag{5.3.28}
$$

至此, 可以确定各区间分割点 $\alpha_1,\alpha_2,\cdots,\alpha_{h-1}$, 进而确定各区间所对应的语言信息灰度值 $v_1,v_2,\cdots,v_h$.

3) 专家权重的确定

在实际决策过程中, 由于主客观因素的限制 (如偏好、规避敏感问题等), 只有决策者自身最清楚所给决策信息的把握程度, 决策者对信息的自我可靠性判断, 在很大程度上影响决策者权重的设定. 在群决策中, 若只是事先给出专家权重而忽略群体一致性和语言信息灰度性指标涉及的影响效果, 可能导致决策结果具有较大的主观随意性. 因此, 综合考虑先验主观权重、专家一致性和信息可靠性计算专家综合权重.

定义 5.3.22　设专家与其他专家的距离为

$$
d^k=\sum_{k=1,k\neq k'}^{p}\sum_{l=1}^{s}\sum_{i=1}^{n}\sum_{j=1}^{m}d\left([z_{\alpha_{ij}}^{k(l)},z_{\beta_{ij}}^{k(l)}],[z_{\alpha_{ij}}^{k'(l)},z_{\beta_{ij}}^{k'(l)}]\right) \tag{5.3.29}
$$

则称

$$
\omega^{kd}=\frac{1}{d^k}\Big/\sum_{k=1}^{p}\frac{1}{d^k} \tag{5.3.30}
$$

为专家 e^k 的一致性权重, $0\leqslant\omega^{kd}\leqslant1,\sum\limits_{k=1}^{p}\omega^{kd}=1$.

定义 5.3.23　设 $v_{ij}^{k(l)}$ 为灰色不确定语言变量 $\tilde{A}_{\cdot ij}^{k(l)}$ 相应的语言信息灰度, 称

$$
\omega^{kg}=\frac{1}{v^k}\Big/\sum_{k=1}^{p}\frac{1}{v^k} \tag{5.3.31}
$$

为专家 e^k 的信息权重, 其中: $v^k=\frac{1}{nms}\sum\limits_{l=1}^{s}\sum\limits_{i=1}^{n}\sum\limits_{j=1}^{m}v_{ij}^{k(l)}$, $0\leqslant\omega^{kg}\leqslant1,\sum\limits_{k=1}^{p}\omega^{kg}=1$.

定义 5.3.24 设事先给出的专家 e^k 的主观权重为 $\omega^{k1}, 0 \leqslant \omega^{k1} \leqslant 1, \sum\limits_{k=1}^{p} \omega^{k1} = 1$. 称

$$\omega^k = \mu_1 \omega^{k1} + \mu_2 \omega^{kd} + \mu_3 \omega^{kg} \tag{5.3.32}$$

为专家 $e^k(k=1,2,\cdots,p)$ 的综合权重, 其中, $\mu_1+\mu_2+\mu_3=1$, $0 \leqslant \mu_1,\mu_2,\mu_3 \leqslant 1$, μ_1,μ_2,μ_3 表示权重的侧重系数, 具体由决策者根据实际情况而定.

4) 目标权重的确定

根据所有局势对某目标的评价偏差大小确定目标权重, 即偏差越大的目标应赋予越大的权重. 决策评价信息融合后的局势 s_{ij} 在目标 l 下的效果样本值 $\tilde{A}_{ij}^{(l)} = ([z_{\alpha_{ij}}^{(l)}, z_{\beta_{ij}}^{(l)}], z_{ij}^{\prime(l)})$, 那么, 局势 s_{ij} 在各目标下的偏差定义为

$$Y_{ij}^{(l)} = \sum_{l' \neq l, l'=1}^{s} d\left(\tilde{A}_{ij}^{(l)}, \tilde{A}_{ij}^{(l)\prime}\right) \tag{5.3.33}$$

则局势 s_{ij} 在各目标下的综合偏差为

$$Y^{(l)} = \sum_{j=1}^{m}\sum_{i=1}^{n}\sum_{l'=1}^{s} d(\tilde{A}_{ij}^{(l)}, \tilde{A}_{ij}^{(l')}) \tag{5.3.34}$$

定义 5.3.25 设局势 s_{ij} 在各目标与其他目标的综合偏差为 $Y^{(l)}$, 则称

$$w^{(l)} = Y^{(l)} \Big/ \sum_{l=1}^{s} Y^{(l)} \tag{5.3.35}$$

为局势 s_{ij} 的目标权重, $0 \leqslant w^{(l)} \leqslant 1, \sum\limits_{l=1}^{s} w^{(l)} = 1$.

由此得到目标权重为 $W = \left(\omega^{(1)}, \omega^{(2)}, \cdots, \omega^{(s)}\right)$. 因此可得到局势 s_{ij} 的综合效果样本值为 $\tilde{A}_{ij} = ([z_{\alpha_{ij}}, z_{\beta_{ij}}], z'_{ij})(i=1,2,\cdots,n; j=1,2,\cdots,m)$.

定义 5.3.26 若 $\max\limits_{1 \leqslant j \leqslant m}\{D_{ij}\} = D_{ij_0}$, 则称对策 b_{j_0} 为事件 a_i 的满意对策, 称 s_{ij_0} 为行满意局势; 若 $\max\limits_{1 \leqslant I \leqslant N}\{D_{ij}\} = D_{i_0 j}$, 则称事件 a_{i_0} 为匹配对策 b_j 的满意事件, 称 $s_{i_0 j}$ 为列满意局势; 若 $\max\limits_{1 \leqslant i \leqslant n}\max\limits_{1 \leqslant j \leqslant m}\{D_{ij}\} = D_{i_0 j_0}$, 则称 $s_{i_0 j_0}$ 为满意局势.

综上, 给出灰色不确定语言信息下的灰色群局势决策方法的步骤如下:

步骤 1 根据事件集 $A = \{a_1, a_2, \cdots, a_n\}$, 对策集 $B = \{b_1, b_2, \cdots, b_m\}$, 决策专家集 $D = \{d_1, d_2, \cdots, d_p\}$, 构造灰色群决策局势集 $S = \{s_{ij}^k = (a_i^k, b_j^k) \big| a_i^k \in A, b_j^k \in B\}$;

步骤 2 确定决策目标;

步骤 3 由式 (5.3.28) 确定各区间分割点, 进而确定各区间所对应的语言信息灰度值;

步骤 4 由式 (5.3.29)~(5.3.32) 确定决策专家综合权重;

步骤 5 根据式 (5.3.33)~(5.3.35) 计算目标权重向量, 进而计算局势 s_{ij} 的综合效果样本值;

步骤 6 由定义 5.3.26 确定最优局势.

算例 5.3.2

黄河防汛物资是进行黄河防汛抢险的重要物质基础, 是确保黄河防汛抢险顺利进行的重要保证. 黄河防汛物资储备与管理具有一定的特殊性. 洪水冰凌等灾害事件发生时, 需要大量的抢险物资. 因此, 高度重视黄河防汛物资的储备与管理工作, 确保足够数量的防汛物资, 是做好防汛工作的基本要求. 现有 3 个专家 (以 e_1, e_2, e_3 表示) 欲对 4 家企业 (以 a_1, a_2, a_3, a_4 表示) 按照 3 种防汛物资 (以 b_1, b_2, b_3 表示) 的生产和管理情况进行决策评估, 分别以产值、产销率、管理费用为决策目标, 假设 3 个专家的主观权重为 $\omega^{k1}=(0.28, 0.32, 0.4)$. 发现灾情后由于时间紧迫, 专家不能准确给出评价效果值, 反而用语言信息更能准确表达专家的评价偏好, 因此, 专家评价效果值采用语言信息的形式表示, 且语言评价集为 $Z=\{z_0=$ 很差, $z_1=$ 差, $z_2=$ 一般, $z_3=$ 好, $z_4=$ 很好$\}$, $Z'=\{z'_1=$ 很充分, $z'_2=$ 比较充分, $z'_3=$ 一般, $z'_4=$ 比较贫乏, $z'_5=$ 很贫乏, $\}$. 需给出 4 家企业与 3 种防汛物资最佳的匹配结果.

决策步骤如下:

(1) 以 4 个企业为事件, 事件集 $A=\{a_1,a_2,a_3,a_4\}$, 选择 3 种防汛物资构成对策集 $B=\{b_1,b_2,b_3\}$, 选择 3 个专家构成决策专家集 $D=\{d_1,d_2,d_3\}$, 由事件集、对策集以及决策专家级构造决策专家局势集

$$S=\{\,s_{ij}^k=(a_i^k,b_j^k)\big|\,a_i^k\in A,b_j^k\in B,k\in D,i=1,2,3,4;j=1,2,3;k=1,2,3\}$$

(2) 确定决策目标, 通过专家调研, 分别以产值、产销率、管理费用为决策目标. 对于决策目标产值和产销率各个专家给出的效果样本值矩阵分别为

$$\tilde{A}_{ij}^{1(1)}=\begin{bmatrix}([z_1,z_2],z'_2) & ([z_0,z_1],z'_3) & ([z_1,z_2],z'_4)\\ ([z_2,z_3],z'_3) & ([z_3,z_4],z'_4) & ([z_1,z_2],z'_1)\\ ([z_1,z_2],z'_2) & ([z_1,z_2],z'_2) & ([z_2,z_3],z'_2)\\ ([z_3,z_4],z'_4) & ([z_0,z_1],z'_1) & ([z_0,z_1],z'_3)\end{bmatrix}$$

$$\tilde{A}_{ij}^{1(2)}=\begin{bmatrix}([z_2,z_3],z'_1) & ([z_2,z_3],z'_3) & ([z_0,z_1],z'_3)\\ ([z_2,z_3],z'_4) & ([z_1,z_2],z'_3) & ([z_3,z_4],z'_2)\\ ([z_1,z_2],z'_2) & ([z_2,z_3],z'_4) & ([z_2,z_3],z'_4)\\ ([z_1,z_2],z'_3) & ([z_3,z_4],z'_1) & ([z_1,z_2],z'_3)\end{bmatrix}$$

$$\tilde{\underset{\cdot}{A}}_{ij}^{1(3)} = \begin{bmatrix} ([z_0,z_1],z'_1) & ([z_2,z_3],z'_2) & ([z_1,z_2],z'_1) \\ ([z_3,z_4],z'_4) & ([z_0,z_1],z'_1) & ([z_3,z_4],z'_2) \\ ([z_1,z_2],z'_1) & ([z_1,z_2],z'_3) & ([z_2,z_3],z'_1) \\ ([z_2,z_3],z'_4) & ([z_2,z_3],z'_1) & ([z_1,z_2],z'_3) \end{bmatrix}$$

$$\tilde{\underset{\cdot}{A}}_{ij}^{2(1)} = \begin{bmatrix} ([z_2,z_3],z'_2) & ([z_1,z_2],z'_2) & ([z_1,z_2],z'_3) \\ ([z_2,z_3],z'_1) & ([z_3,z_4],z'_3) & ([z_0,z_1],z'_2) \\ ([z_3,z_4],z'_1) & ([z_2,z_3],z'_2) & ([z_2,z_3],z'_3) \\ ([z_3,z_4],z'_4) & ([z_0,z_1],z'_4) & ([z_3,z_4],z'_1) \end{bmatrix}$$

$$\tilde{\underset{\cdot}{A}}_{ij}^{2(2)} = \begin{bmatrix} ([z_3,z_4],z'_1) & ([z_1,z_2],z'_2) & ([z_1,z_2],z'_4) \\ ([z_2,z_3],z'_4) & ([z_2,z_3],z'_3) & ([z_0,z_1],z'_3) \\ ([z_0,z_1],z'_2) & ([z_2,z_3],z'_2) & ([z_2,z_3],z'_2) \\ ([z_3,z_4],z'_3) & ([z_0,z_1],z'_1) & ([z_3,z_4],z'_4) \end{bmatrix}$$

$$\tilde{\underset{\cdot}{A}}_{ij}^{2(3)} = \begin{bmatrix} ([z_1,z_2],z'_2) & ([z_1,z_2],z'_3) & ([z_1,z_2],z'_4) \\ ([z_3,z_4],z'_3) & ([z_2,z_3],z'_4) & ([z_2,z_3],z'_3) \\ ([z_0,z_1],z'_1) & ([z_3,z_4],z'_4) & ([z_2,z_3],z'_2) \\ ([z_3,z_4],z'_3) & ([z_0,z_1],z'_1) & ([z_3,z_4],z'_1) \end{bmatrix}$$

$$\tilde{\underset{\cdot}{A}}_{ij}^{3(1)} = \begin{bmatrix} ([z_2,z_3],z'_2) & ([z_1,z_2],z'_2) & ([z_1,z_2],z'_2) \\ ([z_2,z_3],z'_1) & ([z_3,z_4],z'_3) & ([z_2,z_3],z'_2) \\ ([z_3,z_4],z'_1) & ([z_3,z_4],z'_2) & ([z_2,z_3],z'_3) \\ ([z_1,z_2],z'_2) & ([z_2,z_3],z'_1) & ([z_3,z_4],z'_1) \end{bmatrix}$$

$$\tilde{\underset{\cdot}{A}}_{ij}^{3(2)} = \begin{bmatrix} ([z_3,z_4],z'_1) & ([z_1,z_2],z'_2) & ([z_1,z_2],z'_1) \\ ([z_1,z_2],z'_2) & ([z_3,z_4],z'_1) & ([z_3,z_4],z'_1) \\ ([z_2,z_3],z'_1) & ([z_2,z_3],z'_2) & ([z_2,z_3],z'_2) \\ ([z_1,z_2],z'_3) & ([z_1,z_2],z'_1) & ([z_3,z_4],z'_2) \end{bmatrix}$$

$$\tilde{\underset{\cdot}{A}}_{ij}^{3(3)} = \begin{bmatrix} ([z_2,z_3],z'_2) & ([z_2,z_3],z'_2) & ([z_3,z_4],z'_1) \\ ([z_3,z_4],z'_1) & ([z_1,z_2],z'_3) & ([z_2,z_3],z'_2) \\ ([z_1,z_2],z'_1) & ([z_3,z_4],z'_2) & ([z_1,z_2],z'_2) \\ ([z_3,z_4],z'_2) & ([z_1,z_2],z'_1) & ([z_3,z_4],z'_1) \end{bmatrix}$$

(3) 由式 (5.3.28) 确定各区间分割点. 为了避免区间分布过于不均, 以区间均匀分布时区间长度为依据, 区间长度临界值可以根据其上下波动进行设定, $\tau_1 = 0.1, \tau_g = 0.3$. 根据所提出方法计算得 $\alpha_1 = 0.3, \alpha_2 = 0.5, \alpha_3 = 0.6, \alpha_4 = 0.7$, 各区间信息灰度为 $v_1 = 0.15, v_2 = 0.4, v_3 = 0.55, v_4 = 0.65, v_5 = 0.85$.

(4) 由式 (5.3.29) 和 (5.3.30) 得到专家的一致性权重

$$\omega^{1d}=0.2941,\quad \omega^{2d}=0.3558,\quad \omega^{3d}=0.3501$$

由式 (5.3.31) 得到专家的信息权重

$$\omega^{1g}=0.2996,\quad \omega^{2g}=0.2902,\quad \omega^{3g}=0.4102$$

由此结合专家主观权重

$$\omega^{11}=0.28,\quad \omega^{21}=0.32,\quad \omega^{31}=0.4$$

根据式 (5.3.32) 可得到决策专家综合权重 $\omega^1=0.2912, \omega^2=0.3220, \omega^3=0.3868$. 进而融合专家评价信息得到

$$\tilde{\underset{\cdot}{A}}_{ij}^{(1)}=\begin{bmatrix} ([z_{1.7088},z_{2.7088}],z_2') & ([z_{0.7088},z_{1.7088}],z_3') & ([z_1,z_2],z_4') \\ ([z_2,z_3],z_3') & ([z_3,z_4],z_4') & ([z_{1.0648},z_{2.0648}],z_2') \\ ([z_{2.4175},z_{3.4175}],z_2') & ([z_{2.0956},z_{3.0956}],z_2') & ([z_2,z_3],z_3') \\ ([z_{2.2265},z_{3.2265}],z_4') & ([z_{0.7735},z_{1.7735}],z_4') & ([z_{2.1263},z_{3.1263}],z_3') \end{bmatrix}$$

$$\tilde{\underset{\cdot}{A}}_{ij}^{(2)}=\begin{bmatrix} ([z_{2.7088},z_{3.7088}],z_1') & ([z_{1.2912},z_{2.2912}],z_3') & ([z_{0.7088},z_{1.7088}],z_4') \\ ([z_{1.6132},z_{2.6132}],z_4') & ([z_{2.0955},z_{3.0955}],z_3') & ([z_{2.0340},z_{3.0340}],z_3') \\ ([z_{1.0648},z_3],z_{2.0648}') & ([z_2,z_3],z_4') & ([z_2,z_3],z_4') \\ ([z_{1.64401},z_{2.6440}],z_3') & ([z_{1.2605},z_{2.2605}],z_1') & ([z_{2.4175},z_{3.4175}],z_4') \end{bmatrix}$$

$$\tilde{\underset{\cdot}{A}}_{ij}^{(3)}=\begin{bmatrix} ([z_{1.0955},z_{2.0955}],z_2') & ([z_{1.678},z_{2.678}],z_3') & ([z_{1.7735},z_{4.7735}],z_4') \\ ([z_3,z_4],z_4') & ([z_{1.0307},z_{2.0307}],z_4') & ([z_{2.2912},z_{3.2912}],z_3') \\ ([z_{0.678},z_{1.678}],z_1') & ([z_{2.4175},z_{3.4175}],z_4') & ([z_{1.6132},z_{2.6132}],z_2') \\ ([z_{2.7088},z_{3.7088}],z_4') & ([z_{0.9693},z_{1.9693}],z_1') & ([z_{2.4175},z_{3.4175}],z_3') \end{bmatrix}$$

(5) 根据式 (5.3.33)~(5.3.35) 计算, 得到目标权重为

$$\omega^{(1)}=0.3283,\quad \omega^{(2)}=0.3400,\quad \omega^{(3)}=0.3316$$

因此可求得局势 s_{ij} 的综合效果样本值为

$$\tilde{\underset{\cdot}{A}}_{ij}=\begin{bmatrix} ([z_{1.8454},z_{2.8454}],z_2') & ([z_{1.2283},z_{2.2283}],z_3') & ([z_{2.2283},z_{3.2283}],z_4') \\ ([z_{2.2},z_{3.2}],z_4') & ([z_{2.0394},z_{3.0394}],z_4') & ([z_{3.0394},z_{4.0394}],z_3') \\ ([z_{1.3807},z_{2.3807}],z_2') & ([z_{2.1698},z_{3.1698}],z_4') & ([z_{1.8717},z_{2.8717}],z_4') \\ ([z_{2.1883},z_{3.1883}],z_4') & ([z_{1.004},z_{2.004}],z_4') & ([z_{2.3219},z_{3.3219}],z_4') \end{bmatrix}$$

(6) 设 BUM 函数为 $\rho(y)=y^2$, 则 $f_\rho([z_\alpha,z_\beta])=(\beta+2\alpha)/3$. 根据式 (5.3.25) 和 (5.3.26), 对局势 s_{ij} 的综合效果样本值中灰色不确定语言变量的灰部与模部进行整合, 得到综合效果样本值的代表数值为

$$D_{ij}=\begin{bmatrix}1.3072 & 0.7027 & 0.5218\\ 0.8867 & 0.8304 & 0.9605\\ 1.0284 & 0.8761 & 0.7718\\ 0.8826 & 0.4681 & 0.9793\end{bmatrix}$$

根据综合效果样本值矩阵可以得到: 对于企业 a_1 而言, 选择防汛物资 b_1 是最优策略; 而对于企业 a_2 而言, 选择防汛物资 b_3 是最优策略; 对于企业 a_3 而言, 选择防汛物资 b_3 是最优策略; 对于防汛物资 b_1 而言, 选择企业 a_1 是合适的; 对于防汛物资 b_2 而言, 选择企业 a_3 是合适的; 对于防汛物资 b_3 而言, 选择企业 a_4 是合适的. 由此可见, 最优局势为 s_{11}.

5.4 本章小结

本章在介绍了多目标灰色局势决策基本原理的基础上, 着重研究了目标权重不确定的灰色局势决策方法和多目标灰色局势群决策方法. 本章的研究具有以下特色:

(1) 本章提出了灰色局势决策中目标权重确定的二次规划法, 探讨了评价信息为区间灰数的情况, 从全局考虑建立二次规划模型, 通过协调权向量获得灰色局势决策各目标的最佳综合权重向量, 利用区间灰数可能度公式对每个事件的局势进行排序, 获得最优局势; 考虑到熵是对各分量均衡程度的一种度量, 且熵权法能够很好地克服各目标的突出性, 本章提出了目标权重确定的灰关联熵法, 通过分析最优事件的选取与其他事件无关这一原则, 基于 "拆分" 思想构建了目标权重确定的熵权法; 本章进一步研究了灰元为三参数区间灰数情况下的灰色局势决策方法, 通过定义综合偏差–关联测度矩阵, 并基于此给出了目标权重确定的熵理论法和多目标优化法. 实例分析验证了运用上述方法求取目标权重的合理性和可行性, 而且基于灰数信息表征效果样本值更加符合决策信息不完全的客观实际, 使得上述决策方法具有较好的解释性和推广价值. 但是, 目前仍未有统一合理的目标权重确定方法, 这方面工作有待于今后继续研究.

(2) 本章基于群体决策理论, 介绍了基于 AHP 判断矩阵的灰色局势群决策方法、基于 Orness 测度约束的多阶段的灰色局势群决策方法, 以及基于模糊测度和 Choquet 积分的灰色局势群决策方法. 基于一类灰色模糊多属性决策问题, 考虑到运用语言评价信息更能准确表达决策者的评判偏好, 本章针对灰色模糊多目标灰色

局势群决策问题, 在传统区间灰色语言变量信息下的多属性群决策方法基础上, 研究了局势效果样本值为灰色不确定语言变量的灰色局势群决策方法. 该方法特别适用于应急救援方案决策问题, 该类问题中, 由于时间紧迫, 决策者无法精确给出效果样本值, 但对其自身语言评判信息的充分程度有一定自判. 灰色局势群决策尤其是语言评价信息下的灰色局势群决策方法等方面的研究成果还相对较少, 基于理论和实际应用需求, 这方面也将有待于今后继续研究.

第 6 章　灰色风险型决策方法

本章对灰色风险型决策方法进行了研究, 主要包括灰色风险型动态决策方法、灰色风险型群决策方法以及灰色随机决策方法. 其中, 对于灰色风险型群决策方法, 分别介绍了灰色风险型多属性群决策方法和灰色多阶段多属性风险群决策方法; 对于灰色随机决策方法, 分别讨论了融合前景理论和集对分析的灰色随机决策方法、基于前景熵的灰色随机决策方法, 充分考虑到了决策者的风险偏好因素, 使决策结果更加贴近实际.

6.1　灰色风险型动态决策方法

目前, 针对系统所具有的灰色不确定性和随机不确定性特征, 建立起来的灰色随机风险型决策方法, 主要可以分为以下四类: 灰色事件–精确概率、灰色事件–区间概率、灰色事件–灰色概率以及清晰事件–灰色概率. 其中, 第一、二类研究成果相对较多, 如罗党和刘思峰 (2004)、饶从军和肖新平 (2006) 研究了以决策属性值为区间灰数 (或属性值可转化为区间灰数)、状态概率为精确数的风险型决策问题, 王坚强和周玲研究了以概率为区间数、属性值为区间灰数的灰色随机多准则决策方法 (王坚强和周玲, 2010). 由于灰信息表征及灰代数系统相对仍不完善, 灰色概率及其相关概念被提出以来, 其理论和应用没能得到较快的发展 (胡国华和夏军, 2001). 王坚强和周玲研究了以概率和属性值均为区间灰数的灰色随机多准则决策方法 (王坚强和周玲, 2010); 李存斌等针对概率和属性值均为三参数区间灰数的情况, 研究了风险型多准则决策方法 (李存斌等, 2015). 但是, 上述研究大多仅考虑单时点的风险决策信息, 较少关注决策问题的风险动态发展特性. 实际上, 在经济、管理、工程等众多领域中, 动态多属性决策一直是令人关注的课题, 关于 “不同自然状态下决策属性值的灰色不确定性特征, 以及随时间动态推移时各自然状态出现及其转移的随机不确定性特征” 的灰色风险型动态多属性决策研究尚不多见. 实际应用中, 特别是对风险投资项目进行决策时, 投资者往往更关心投资项目自评估基准年起未来若干时期内, 投资项目的风险效益状况. 由于研究资料短缺、人们认识水平不足等因素制约, 上述决策问题的属性信息、自然状态随机出现及状态间随机转移概率均呈现出 “部分信息已知、部分信息未知” 的 “少数据”“贫信息” 灰色不确定性特征, 灰色风险动态多属性决策方法成为解决该类问题的亟需.

因此, 本节针对概率和属性值均为三参数区间灰数的情况, 提出一种基于灰色

Markov 链的灰色随机风险型动态多属性决策方法. 以三参数区间灰数表征决策方案在各时点、各自然状态下的属性信息, 构建风险决策矩阵; 鉴于决策问题在时序上的差异性和波动性, 建立基于方差和时间度的优化模型, 以确定时间权重; 根据行业发展状况和历史统计资料, 分析得出决策方案评价基准年时, 各自然状态随机出现的三参数区间灰数概率 (本文中简称灰色概率, 下同) 和状态间随机转移的三参数区间灰数概率矩阵 (本文中简称灰色概率矩阵, 下同), 基于 Markov 链的转移预测法求得未来不同时点时各自然状态出现的灰色概率分布, 由此将风险型动态决策矩阵, 集结为无风险静态决策矩阵; 最后, 以邓氏灰关联为基础, 构造理想最优、临界方案, 通过求解各方案从属于最优方案的优属度, 实现对决策方案的优选排序.

1. 三参数区间灰数的距离定义

定义 6.1.1 设 $a(\otimes)\in[\underline{a},\tilde{a},\bar{a}]$, $b(\otimes)\in[\underline{b},\tilde{b},\bar{b}]$ 为任意两个三参数区间灰数, 则

$$d(a(\otimes),b(\otimes))=\sqrt{\frac{2}{3}(\tilde{a}-\tilde{b})^2+\frac{1}{3}[\alpha\cdot(\underline{a}-\underline{b})^2+\beta\cdot(\bar{a}-\bar{b})^2]} \tag{6.1.1}$$

是三参数区间灰数 $a(\otimes)$ 与 $b(\otimes)$ 的距离, 其中, $\alpha,\beta(\alpha,\beta\in[0,1],\alpha+\beta=1)$ 为决策者的风险态度系数. 若 $\alpha<\beta$, 表示决策者更倾向于用区间的右端点来衡量二者之间的距离, 为风险爱好者; 若 $\alpha>\beta$, 表示决策者更倾向于用区间的左端点来衡量二者之间的距离, 为风险规避者; 若 $\alpha=\beta$, 则表示决策者综合考虑区间的左右端点来衡量二者之间的距离, 为风险中立者.

2. 灰色 Markov 链

Markov 链是一个研究随机过程的数学模型. Markov 性用数学语言表示为：确切知道系统在 t 时刻所处状态 $X(t)$ 的条件下, $t+1$ 时刻的状态 $X(t+1)$ 只与 $X(t)$ 有关, 与过去时刻的 $X(0),X(1),\cdots,X(t-1)$ 无关, Markov 链的统计特征完全由条件概率 $P(X_{t+1}=i_{t+1}|X_t=i_t)$ 决定, $P(X_{t+1}=i_{t+1}|X_t=i_t)$ 叫做转移概率. 如果对于每一状态 i 和 j 都满足 $P(X_{t+1}=j|X_t=i)=P(X_1=j|X_0=i),i,j=1,2,\cdots,n$, 则称转移概率 P_{ij} 是定型的, 也称存在一阶稳定的状态转移概率矩阵, 其中 P_{ij} 表示在 t 时刻处于状态的条件下, $t+1$ 时刻出现状态 j 的概率. 一阶稳定的状态转移概率的存在也意味着, 对于每一个 i,j 和 $n(n=1,2,\cdots)$, 条件概率 $P_{ij}^{(n)}=P(X_{t+n}=j|X_t=i)=P(X_n=j|X_0=i)$ 成立, 称为 n 阶状态转移概率 (一般称为 n 阶状态转移概率矩阵). 由 Chapman-Kolmogorow 方程 (C-K 方程), 可以求出系统未来第 l 时刻的状态概率向量 $P(t+l)=P(t)\cdot P_{ij}^{(l)}=P(t)\cdot P_{ij}^{l}$. 因此, 通过研究 t 时刻不同状态的初始概率 $P(t)$ 及一阶稳定的状态转移概率矩阵 P_{ij}, 可以预测未来 $t+l,l=1,2,\cdots$ 时刻事件的发展态势及可能出现的结果.

在实际决策时, 由于信息不完备、人们认识水平不足等因素制约, 决策者无法确切预知事件发生或各自然状态出现的可能性, 对于自然状态的初始概率 $P(t)$ 和

状态转移概率矩阵 P_{ij}, 普遍的做法是根据研究问题的历史资料, 用各自然状态出现及其相互转移的频率来近似估计, 其实这是不够严谨的. 实际上, $P(t)$ 和 P_{ij} 均具有 "部分信息已知、部分信息未知" 的 "少数据""贫信息" 灰色不确定性特征, 根据已经掌握的信息, 用灰数来表征状态概率及其相互间转移规律, 更能准确描述系统发展特征.

定义 6.1.2 转移概率为灰元的 Markov 链称为灰色 Markov 链.

定义 6.1.3 若系统发展的每个时刻均面临有限个自然状态 (下称随机变量), 各随机变量出现的概率能够被确知, 且为三参数区间灰数, 则称该随机变量为离散型三参数区间灰数概率随机变量 (本文中称灰色随机变量), 用 $H(\theta)=\{\theta_1,\theta_2,\cdots,\theta_n\}$ 表示, n 为随机变量个数. 则 $H(\theta)$ 取值的概率分布如表 6-1-1 所示.

表 6-1-1 离散型随机变量 θ_j 的灰色概率分布

$H(\theta)$	θ_1	θ_2	$\cdots$	θ_i	$\cdots$	θ_j	$\cdots$	θ_n
$p(\otimes)$	$p_1(\otimes)$	$p_2(\otimes)$	$\cdots$	$p_i(\otimes)$	$\cdots$	$p_j(\otimes)$	$\cdots$	$p_n(\otimes)$

表 6-1-1 中, $p_j(\otimes)$ 为第 $j(j=1,2,\cdots,n)$ 个随机变量 θ_j 出现时的概率, $p_j(\otimes)\in[\underline{p}_j,\tilde{p}_j,\bar{p}_j]$ 为三参数区间灰数, 且满足三个条件:

(1) $0\leqslant\underline{p}_j\leqslant\tilde{p}_j\leqslant\bar{p}_j\leqslant 1$;

(2) 存在一组正实数 $p_1,p_2,\cdots,p_n$, 且有 $\sum\limits_{j=1}^{n}p_j=1$, $\underline{p}_j\leqslant p_j\leqslant\bar{p}_j$;

(3) $0\leqslant\sum\limits_{j=1}^{n}\underline{p}_j\leqslant 1\leqslant\sum\limits_{j=1}^{n}\bar{p}_j$.

定义 6.1.4 若系统发展过程中各随机变量之间的转移概率是定型的, 且为三参数区间灰数, 即 $p_{ij}(\otimes)\in[\underline{p}_{ij},\tilde{p}_{ij},\bar{p}_{ij}](i,j=1,2,\cdots,n)$, 满足:

(1) $0\leqslant\underline{p}_{ij}\leqslant\tilde{p}_{ij}\leqslant\bar{p}_{ij}\leqslant 1$;

(2) 存在 $p_{i1},p_{i2},\cdots,p_{in}$, 有 $\sum\limits_{j=1}^{n}p_{ij}=1$, $\underline{p}_{ij}\leqslant p_{ij}\leqslant\bar{p}_{ij}$;

(3) $0\leqslant\sum\limits_{j=1}^{n}\underline{p}_{ij}\leqslant 1\leqslant\sum\limits_{j=1}^{n}\bar{p}_{ij}$,

则称 $p_{ij}(\otimes)$ 为 t 时刻 θ_i 条件下 $t+1$ 时刻 θ_j 出现的灰色概率, 称

$$P(\otimes)=P_{ij}(\otimes)=\begin{bmatrix}p_{11}(\otimes) & p_{12}(\otimes) & \cdots & p_{1n}(\otimes)\\ p_{21}(\otimes) & p_{22}(\otimes) & \cdots & p_{2n}(\otimes)\\ \vdots & \vdots & & \vdots\\ p_{n1}(\otimes) & p_{n2}(\otimes) & \cdots & p_{nn}(\otimes)\end{bmatrix} \tag{6.1.2}$$

为一阶稳定的状态转移灰色概率矩阵.

定义 6.1.5 若 $P(\otimes)$ 为一阶稳定的状态转移灰色概率矩阵, 则对于每一个 i, j 和 $n(n=1,2,\cdots)$, 都有

$$p_{ij}^{(l)}(\otimes)=p_{ij}(\otimes)\{H(\theta)_{t+l}=\theta_j|H(\theta)_t=\theta_i\}=p_{ij}(\otimes)\{H(\theta)_l=\theta_j|H(\theta)_0=\theta_i\}$$

则称这个条件概率为 l 阶状态转移灰色概率, 其中 $l=1,2,\cdots$, 表示随机变量 $H(\theta)$ 初始为 θ_i 时, 经过 l 个时间阶段变成 θ_j 的灰色概率. 称 $P^{(l)}(\otimes)=(p_{ij}^{(l)}(\otimes))_{n\times n}$ 为 l 阶状态转移灰色概率矩阵, 根据 C-K 方程和灰色矩阵乘积计算办法, 有

$$P^{(l)}(\otimes)=P(\otimes)\cdot P(\otimes)\cdot\cdots\cdot P(\otimes)=P^l(\otimes)=P(\otimes)\cdot P^{n-1}(\otimes)=P^{(l-1)}(\otimes)\cdot P(\otimes)$$

因此, 已知初始时刻各自然状态的灰色概率分布 $P^{(0)}(\otimes)$ 和一阶稳定的状态转移灰色概率矩阵 $P(\otimes)$, 预测第 $l(l=1,2,\cdots)$ 时刻各自然状态的灰色概率分布

$$p^{(l)}(\otimes)=p^0(\otimes)\cdot P^l(\otimes) \tag{6.1.3}$$

3. 决策问题与方法

设决策问题的方案集为 $A=\{a_1,a_2,\cdots,a_m\}$, 属性集为 $B=\{b_1,b_2,\cdots,b_r\}$, 属性 b_k 的权重记为 $w_k\left(w_k\in[0,1],\sum\limits_{k=1}^{r}w_k=1\right)$, 属性权重信息部分已知; 决策问题研究的时间范畴为 $T=[t_1,t_2,\cdots t_h]$, 时间权重记为 $\lambda_l\left(\lambda_l\in[0,1],\sum\limits_{l=1}^{h}\lambda_l=1\right)$, 时间权重信息未知; 该决策问题在每个时间点 $t_l(l=1,2,\cdots,h)$ 上均将面临 n 种可能的自然状态, 状态集记为 $H=\{\theta_1,\theta_2,\cdots,\theta_n\}$; 在时间点 t_l 时, 自然状态 $\theta_j(j=1,2,\cdots,n)$ 出现的概率为三参数区间灰数 $p_j^l(\otimes)$, 即 $p_j^l(\otimes)\in[\underline{p}_j^l,\tilde{p}_j^l,\bar{p}_j^l]$, 则记时间点 t_l 时各自然状态可能出现的概率向量为 $p^l(\otimes)=[p_1^l(\otimes),p_2^l(\otimes),\cdots,p_n^l(\otimes)]$; 在时间点 t_l 时, 方案 $a_s(s=1,2,\cdots,m)$ 在属性 b_k 状态 θ_j 下的属性值为 $x_{skj}^l(\otimes)\in[\underline{x}_{skj}^l,\tilde{x}_{skj}^l,\bar{x}_{skj}^l]$, 同样为三参数区间灰数. 综上, 该决策问题在时间点 t_l 时决策矩阵 (表 6-1-2). 在已知各时间点的风险决策信息、尽量不丢失决策信息的前提下, 确定最佳方案.

表 6-1-2 时间点 t_l 时各方案的风险决策矩阵

方案	b_1				b_2				$\cdots$	b_r			
	θ_1	θ_2	$\cdots$	θ_n	θ_1	θ_2	$\cdots$	θ_n	$\cdots$	θ_1	θ_2	$\cdots$	θ_n
	$p_1^l(\otimes)$	$p_2^l(\otimes)$	$\cdots$	$p_n^l(\otimes)$	$p_1^l(\otimes)$	$p_2^l(\otimes)$	$\cdots$	$p_n^l(\otimes)$	$\cdots$	$p_1^l(\otimes)$	$p_2^l(\otimes)$	$\cdots$	$p_n^l(\otimes)$
a_1	$x_{111}^l(\otimes)$	$x_{112}^l(\otimes)$	$\cdots$	$x_{11n}^l(\otimes)$	$x_{121}^l(\otimes)$	$x_{122}^l(\otimes)$	$\cdots$	$x_{12n}^l(\otimes)$	$\cdots$	$x_{1r1}^l(\otimes)$	$x_{1r2}^l(\otimes)$	$\cdots$	$x_{1rn}^l(\otimes)$
a_2	$x_{211}^l(\otimes)$	$x_{212}^l(\otimes)$	$\cdots$	$x_{21n}^l(\otimes)$	$x_{221}^l(\otimes)$	$x_{222}^l(\otimes)$	$\cdots$	$x_{22n}^l(\otimes)$	$\cdots$	$x_{2r1}^l(\otimes)$	$x_{2r2}^l(\otimes)$	$\cdots$	$x_{2rn}^l(\otimes)$
$\vdots$	$\vdots$	$\vdots$		$\vdots$	$\vdots$	$\vdots$		$\vdots$		$\vdots$	$\vdots$		$\vdots$
a_m	$x_{m11}^l(\otimes)$	$x_{m12}^l(\otimes)$	$\cdots$	$x_{m1n}^l(\otimes)$	$x_{m21}^l(\otimes)$	$x_{m22}^l(\otimes)$	$\cdots$	$x_{m2n}^l(\otimes)$	$\cdots$	$x_{mr1}^l(\otimes)$	$x_{mr2}^l(\otimes)$	$\cdots$	$x_{mrn}^l(\otimes)$

1) 无风险动态决策矩阵

根据决策问题的行业发展状况和历史统计资料, 分析得出初始时刻 $t(l=0)$ 时各自然状态出现的灰色概率分布 $p^0(\otimes)=(p_1^0(\otimes),p_2^0(\otimes),\cdots,p_n^0(\otimes))$ 和一阶稳定的状态转移灰色概率矩阵 $P(\otimes)$; 然后, 根据式 (6.1.3) 预测未来第 $l(l=1,2,\cdots,h)$ 时刻时各自然状态出现的灰色概率分布 $p^l(\otimes)$, 即

$$p^l(\otimes)=p^0(\otimes)\cdot P^{(l)}(\otimes)=p^0(\otimes)\cdot P^l(\otimes)=(p_1^l(\otimes),p_2^l(\otimes),\cdots,p_n^l(\otimes))$$

式中 $p_j^l(\otimes)$ 是未来第 l 时点自然状态 θ_j 出现的灰色概率. 根据计算得到 $p^l(\otimes)$, 基于三参数区间灰数运算法则, 对表 6-1-2 中时间点 t_l 的风险决策表中各状态下的属性值求期望, 集结为一个无风险灰色决策矩阵 $E^l(\otimes)=(e_{sk}^l(\otimes))_{m\times r}, l=1,2,\cdots,h$, 如表 6-1-3 所示, 其中,

$$e_{sk}^l(\otimes)=\sum_{j=1}^{n}x_{skj}^l(\otimes)\cdot p_j^l(\otimes)\in[\underline{e}_{sk}^l,\tilde{e}_{sk}^l,\bar{e}_{sk}^l] \tag{6.1.4}$$

表 6-1-3 决策矩阵 $E^l(\otimes)$

方案	b_1	b_2	$\cdots$	b_r
a_1	$e_{11}^l(\otimes)$	$e_{12}^l(\otimes)$	$\cdots$	$e_{1r}^l(\otimes)$
a_2	$e_{21}^l(\otimes)$	$e_{22}^l(\otimes)$	$\cdots$	$e_{2r}^l(\otimes)$
$\vdots$	$\vdots$	$\vdots$		$\vdots$
a_m	$e_{m1}^l(\otimes)$	$e_{m2}^l(\otimes)$	$\cdots$	$e_{mr}^l(\otimes)$

为了消除量纲和增加可比性, 引入如下灰色极差变换, 将无风险灰色决策矩阵 $E^l(\otimes)$ 转化为规范化矩阵 $Y^l(\otimes)=(y_{sk}^l(\otimes))_{m\times r}$.

对于效益型属性值, 有

$$\underline{y}_{sk}^l=\frac{\underline{e}_{sk}^l-\underline{e}_k^{l\nabla}}{\bar{e}_k^{l*}-\underline{e}_k^{l\nabla}},\quad \tilde{y}_{sk}^l=\frac{\tilde{e}_{sk}^l-\underline{e}_k^{l\nabla}}{\bar{e}_k^{l*}-\underline{e}_k^{l\nabla}},\quad \bar{y}_{sk}^l=\frac{\bar{e}_{sk}^l-\underline{e}_k^{l\nabla}}{\bar{e}_k^{l*}-\underline{e}_k^{l\nabla}}$$

对于成本性属性值, 有

$$\underline{y}_{sk}^l=\frac{\bar{e}_k^{l*}-\bar{e}_{sk}^l}{\bar{e}_k^{l*}-\underline{e}_k^{l\nabla}},\quad \tilde{y}_{sk}^l=\frac{\bar{e}_k^{l*}-\tilde{e}_{sk}^l}{\bar{e}_k^{l*}-\underline{e}_k^{l\nabla}},\quad \bar{y}_{sk}^l=\frac{\bar{e}_k^{l*}-\underline{e}_{sk}^l}{\bar{e}_k^{l*}-\underline{e}_k^{l\nabla}}$$

其中, $\bar{e}_k^{l*}=\max\limits_{1\leqslant s\leqslant m}\{\bar{e}_{sk}^l\}$, $\underline{e}_k^{l\nabla}=\min\limits_{1\leqslant s\leqslant m}\{\underline{e}_{sk}^l\}$, $y_{sk}^l(\otimes)\in[\underline{y}_{sk}^l,\tilde{y}_{sk}^l,\bar{y}_{sk}^l]$ 为 $[0,1]$ 上的三参数区间灰数.

2) 时间权重的确定

对于动态决策问题, 时间权重是决策人对决策对象在不同时刻的重视程度的体现. 对投资项目进行决策、评估、经济效益评价时, 由于资金时间价值、投资回收期

等因素的影响, 投资人往往希望投资项目越早回收投入越好, 以及早实现盈利, 所以距离投资方案评价基准年越近时刻的投资效益, 投资人越给予重视, 赋予的时间权重就应该越大; 反之, 距离投资方案评价基准年越远时刻的投资效益, 其重要性程度就可能被弱化.

定义 6.1.6　若决策问题的时间范围是 $T=[t_1,t_2,\cdots,t_l,\cdots,t_h]$, 则称 $\tau=\sum_{l=1}^{h}\frac{h-l}{h-1}\lambda_l$ 为时间度, 其中 λ_l 为时间点 t_l 的权重, 记时间权重向量为 $\lambda=(\lambda_1,\lambda_2,\cdots,\lambda_h)$.

特别地, 当 $\lambda=(1,0,\cdots,0)$ 时, $\tau=1$; 当 $\lambda=(0,0,\cdots,1)$ 时, $\tau=0$; 当 $\lambda=\left(\frac{1}{h},\frac{1}{h},\cdots,\frac{1}{h}\right)$ 时, $\tau=0.5$. 时间度 τ 的大小反映了决策者对时序的偏好程度, τ 越大, 反映决策者越重视与投资方案评价基准年距离近的投资效益; τ 越小, 反映决策者越重视与投资方案评价基准年距离远的投资效益. 时间度的标度参考如表 6-1-4 所示. 根据事先给定的时间度 τ, 充分挖掘决策方案的属性信息, 同时考虑被评价决策方案在时序上的差异信息, 以寻找一组最稳定的时间权重系数来集结样本值, 使其波动性最小.

表 6-1-4　时间度 τ 的标度参考表

序号	标度赋值	标度含义
1	0.1	非常重视与方案评价基准年距离远的投资效益
2	0.3	较重视与方案评价基准年距离远的投资效益
3	0.5	同等重视所有时期的投资效益
4	0.7	较重视与方案评价基准年距离近的投资效益
5	0.9	非常重视与方案评价基准年距离近的投资效益
6	0.2,0.4,0.6,0.8	表示上述判断的中间值

在时间 t_l 下, 考虑被评价对象在时序上的差异信息, 记

$$d_l=\sum_{s=1}^{m}\sum_{s'=s+1}^{m}\sum_{k=1}^{r}d(y_{sk}^{l}(\otimes),y_{s'k}^{l}(\otimes)) \tag{6.1.5}$$

为时间 t_l 下各方案两两之间的距离和, 其中 $d(y_{sk}^{l}(\otimes),y_{s'k}^{l}(\otimes))$ 可根据定义 6.1.1 算得; 同时考虑时间权重的波动性可以用方差来计量, 则记

$$D^2(d_l\lambda_l)=\sum_{l=1}^{h}[d_l\lambda_l-E(d_l\lambda_l)]^2=\frac{1}{h}\sum_{l=1}^{h}(d_l\lambda_l)^2-\frac{1}{h^2}\left(\sum_{l=1}^{h}d_l\lambda_l\right)^2 \tag{6.1.6}$$

为了寻找一组最稳定的时间权重系数来集结决策属性值, 可以建立优化模型

$$\min Z=D^2(d_l\lambda_l) \tag{6.1.7}$$

$$\text{s.t.}\begin{cases}\tau=\sum_{l=1}^{h}\dfrac{h-l}{h-1}\lambda_l\\ \sum_{l=1}^{h}\lambda_l=1,\lambda_l\in[0,1],l=1,2,\cdots,h\end{cases}\tag{6.1.8}$$

根据给定的时间度 τ 求解该模型, 得到时间权重向量 $\lambda=(\lambda_1,\lambda_2,\cdots,\lambda_h)$. 对各时间点的无风险规范化决策矩阵 $Y^l(\otimes)$ 进行集结, 可以得到静态下的规范化决策矩阵 $Z(\otimes)=[z_{sk}(\otimes)]_{m\times r}$, 其中

$$z_{sk}(\otimes)=\sum_{l=1}^{h}y_{sk}^l(\otimes)\cdot\lambda^l\in[\underline{z}_{sk},\tilde{z}_{sk},\bar{z}_{sk}]\tag{6.1.9}$$

3) 决策属性权重的确定

决策属性赋权是多属性决策理论中的重要问题之一. 基于偏差最大化思想构造偏差函数, 通过建立属性权重向量的多 (单) 目标最优化问题来求解属性权重, 是多属性决策研究中重要的属性赋权方法. 该方法的提出基于以下两点：第一, 所有决策方案在某个属性下的属性值差异越小, 说明该属性对方案决策与排序所起的作用越小, 反之, 说明该属性对方案决策与排序有着重要作用; 第二, 属性权重向量的选择应使所有属性对所有方案的总偏差最大. 从对决策方案进行优选排序的角度考虑 (而不关心属性本身的重要性程度), 这种方法能确保求解出的属性权重是最稳定的、风险最小的, 也是最客观的. 但是, 这种赋权方法弱化了决策属性本身的重要性程度, 在解决实际问题时, 可能会导致决策结果偏离预期需求. 如对工程项目进行评标时, 评标指标体系中 “投标报价” 指标是最为重要的指标之一, 如果所有投标方案的报价相差不大, 若根据上述多 (单) 目标最优化法来赋权, 则会对 “投标报价” 指标赋予较小的权重, 以至于在计算最后的评标综合得分时, 弱化了 “投标报价” 指标的影响. 因此, 在多属性决策时, 根据决策问题的实际涵义, 在考虑决策属性客观偏差的同时, 也要充分考虑决策人对决策属性的主观判断. 基于上述思想, 首先由决策者主观给出决策属性权重需满足的取值范围, 并以此作为约束条件, 构造偏差函数并建立单目标最优化问题来求解属性权重, 具体如下：

根据静态下的规范化决策矩阵 $Z(\otimes)=[z_{sk}(\otimes)]_{m\times r}$, 运用定义 6.1.1 给出的三参数区间灰数的距离确定办法构造偏差函数, 建立如下最优化问题

$$\max\ V(W)=\sum_{s=1}^{m}\sum_{s'=s+1}^{m}\sum_{k=1}^{r}d(z_{sk}(\otimes),z_{s'k}(\otimes))\cdot\omega_k\tag{6.1.10}$$

$$\text{s.t.}\begin{cases}\omega_k\geqslant 0,\sum_{k=1}^{r}\omega_k=1\\ a_k\leqslant\omega_k\leqslant b_k,k=1,2,\cdots,r\end{cases}\tag{6.1.11}$$

公式 (6.1.11) 中, $\underline{\omega}_k \leqslant \omega_k \leqslant \bar{\omega}_k$ 是决策者给出的决策属性 b_k 需满足的主观条件. 求解上述单目标规划模型, 可得最优权重向量 $W=(\omega_1,\omega_2,\cdots,\omega_r)$.

4) 决策步骤

步骤 1 将静态下的规范化决策矩阵 $Z(\otimes)=[z_{sk}(\otimes)]_{m\times r}$ 展开为矩阵形式

$$Z(\otimes)=\begin{bmatrix} [\underline{z}_{11},\tilde{z}_{11},\bar{z}_{11}] & [\underline{z}_{12},\tilde{z}_{12},\bar{z}_{12}] & \cdots & [\underline{z}_{1r},\tilde{z}_{1r},\bar{z}_{1r}] \\ [\underline{z}_{21},\tilde{z}_{21},\bar{z}_{21}] & [\underline{z}_{22},\tilde{z}_{22},\bar{z}_{22}] & \cdots & [\underline{z}_{2r},\tilde{z}_{2r},\bar{z}_{2r}] \\ \vdots & \vdots & & \vdots \\ [\underline{z}_{m1},\tilde{z}_{m1},\bar{z}_{m1}] & [\underline{z}_{m2},\tilde{z}_{m2},\bar{z}_{m2}] & \cdots & [\underline{z}_{mr},\tilde{z}_{mr},\bar{z}_{mr}] \end{bmatrix}$$

步骤 2 为了论述方便, 记 $\underline{z}_k^+=\max\limits_{1\leqslant s\leqslant m}\{\underline{z}_{sk}\}$, $\tilde{z}_k^+=\max\limits_{1\leqslant s\leqslant m}\{\tilde{z}_{sk}\}$, $\bar{z}_k^+=\max\limits_{1\leqslant s\leqslant m}\{\bar{z}_{sk}\}$, $\underline{z}_k^-=\min\limits_{1\leqslant s\leqslant m}\{\underline{z}_{sk}\}$, $\tilde{z}_k^-=\min\limits_{1\leqslant s\leqslant m}\{\tilde{z}_{sk}\}$, $\bar{z}_k^+=\min\limits_{1\leqslant s\leqslant m}\{\bar{z}_{sk}\}$, $k=1,2,\cdots,r$. 构造决策问题的理想最优方案效果评价向量$z^+(\otimes)$ 和临界方案效果评价向量$z^-(\otimes)$:

$$z^+(\otimes)=(z_1^+(\otimes),z_2^+(\otimes),\cdots,z_r^+(\otimes)),\quad z^-(\otimes)=(z_1^-(\otimes),z_2^-(\otimes),\cdots,z_r^-(\otimes))$$

其中, $z_k^+(\otimes)\in[\underline{z}_k^+,\tilde{z}_k^+,\bar{z}_k^+]$, $z_k^-(\otimes)\in[\underline{z}_k^-,\tilde{z}_k^-,\bar{z}_k^-]$, $k=1,2,\cdots,r$.

步骤 3 根据定义 6.1.1, 给定 α,β, 计算各方案各属性值与对应 $z^+(\otimes)$, $z^-(\otimes)$ 之间的差异信息, 记为

$$\Delta_{sk}^+=d(z_{sk}(\otimes),z_k^+(\otimes))=\sqrt{\frac{2}{3}(\tilde{z}_{sk}-\tilde{z}_k^+)^2+\frac{1}{3}[\alpha\cdot(\underline{z}_{sk}-\underline{z}_k^+)^2+\beta\cdot(\bar{z}_{sk}-\bar{z}_k^+)^2]}$$

$$\Delta_{sk}^-=d(z_{sk}(\otimes),z_k^-(\otimes))=\sqrt{\frac{2}{3}(\tilde{z}_{sk}-\tilde{z}_k^-)^2+\frac{1}{3}[\alpha\cdot(\underline{z}_{sk}-\underline{z}_k^-)^2+\beta\cdot(\bar{z}_{sk}-\bar{z}_k^-)^2]}$$

根据邓氏灰色关联度计算方法, 计算每个方案与对应 $z^+(\otimes)$, $z^-(\otimes)$ 之间的关联系数

$$r_{sk}^+=\frac{\min\limits_s\min\limits_k\Delta_{sk}^++\rho\cdot\max\limits_s\max\limits_k\Delta_{sk}^+}{\Delta_{sk}^++\rho\cdot\max\limits_s\max\limits_k\Delta_{sk}^+},\quad r_{sk}^-=\frac{\min\limits_s\min\limits_k\Delta_{sk}^-+\rho\cdot\max\limits_s\max\limits_k\Delta_{sk}^-}{\Delta_{sk}^-+\rho\cdot\max\limits_s\max\limits_k\Delta_{sk}^-}$$

ρ 为分辨系数, 通常取 $\rho=0.5$ 为宜. 然后, 计算每个方案与理想最优、临界方案效果评价向量属性值之间的灰色关联度为

$$R_s^+(z_s(\otimes),z^+(\otimes))=\sum_{k=1}^r\omega_k\cdot r_{sk}^+,\quad R_s^-(z_s(\otimes),z^-(\otimes))=\sum_{k=1}^r\omega_k\cdot r_{sk}^-$$

步骤 4 优属度计算和方案排序. $R_s^+(z_s(\otimes),z^+(\otimes))$ 越大, 表明备择方案与理想最优方案的关联度越大, 方案越好; 反之, $R_s^-(z_s(\otimes),z^-(\otimes))$ 越小, 方案越佳. 因

此, 最优决策方案应该是与理想最优方案的关联度最大, 同时与临界方案的关联度最小. 为此, 可以假定备择方案 A_s 以优属度 u_s 从属于最优理想方案效果评价向量 $z^+(\otimes)$, 那么 A_s 即以 $1-u_s$ 从属于临界方案评价向量 $z^-(\otimes)$. 为确定最优从属度 u_s, 建立如下目标函数

$$\min F(u)=\sum_{s=1}^{m}[(1-u_s)\cdot R_s^+(z_s(\otimes),z^+(\otimes))]^2+\sum_{s=1}^{m}[u_s\cdot R_s^-(z_s(\otimes),z^+(\otimes))]^2 \tag{6.1.12}$$

其中, $u=(u_1,u_2,\cdots,u_m)$ 为系统的最优解向量, 即 m 个方案的加权最优关联差异度的平方和与加权最劣关联差异度的平方和为最小. 由 $\dfrac{\partial F(u)}{\partial u_s}=0$, 可计算得

$$u_s=1/(1+[R_s^-(z_s(\otimes),z^+(\otimes))/R_s^+(z_s(\otimes),z^+(\otimes))]^2),\quad s=1,2,\cdots,m \tag{6.1.13}$$

u_s 越大则方案 A_s 越优, 根据 u_s 的大小, 即可排除各备择方案的优劣次序, 从而得到决策结果.

例 6.1.1 (Li H T et al., 2017) 某财团现有一笔资金拟选定一个盈利性项目用以短期风险投资. 现有 3 套备择方案 a_1,a_2,a_3, 抽取三项主要决策属性: b_1——年产值 (单位: 千万元), 决策者给出的主观权重条件为 $0.3\leqslant w_1\leqslant 0.5$; b_2——社会效益 (单位: 千万元), 决策者给出的主观权重条件为 $0.35\leqslant w_2\leqslant 0.4$; b_3——环境污染程度, 决策者给出的主观权重条件为 $0.25\leqslant w_3\leqslant 0.3$. 评估专家根据各备择方案的行业发展状况, 测算它们在未来 3 个年度 (2016~2018 年, 分别记为 t_1,t_2,t_3) 各决策属性下的具体情况, 各属性值由三参数区间灰数表征. 评估年度内各方案均将面临 3 种自然状态 (记为 $\theta_1,\theta_2,\theta_3$, 各状态在各年度出现的概率未知). 评估年度内各方案的风险决策信息如表 6-1-5~表 6-1-7 所示. 备择方案的 3 个决策属性中, 年产值和社会效益值是效益型指标, 环境污染程度是成本型指标, 试确定最佳投资方案.

(1) 已知, 2015 年 3 种自然状态出现的灰色概率为

$$p^0(\otimes)=([0.35,0.40,0.45],[0.20,0.30,0.40],[0.25,0.30,0.35])$$

即为初始概率; 根据多年的统计资料, 分析得出一阶稳定的状态转移灰色概率矩阵

$$P(\otimes)=P_{ij}(\otimes)=\begin{pmatrix}[0.68,0.72,0.80] & [0.09,0.12,0.16] & [0.14,0.16,0.19]\\ [0.06,0.08,0.09] & [0.75,0.80,0.85] & [0.10,0.12,0.15]\\ [0.08,0.10,0.11] & [0.04,0.05,0.06] & [0.80,0.85,0.89]\end{pmatrix}$$

分别计算 2016 年、2017 年和 2018 年各自然状态出现的灰色概率:

$$p^1(\otimes)=([0.270,0.342,0.435],[0.192,0.303,0.429],[0.089,0.355,0.457])$$
$$p^2(\otimes)=([0.202,0.306,0.436],[0.171,0.301,0.457],[0.064,0.393,0.554])$$
$$p^3(\otimes)=([0.153,0.284,0.451],[0.149,0.297,0.487],[0.051,0.419,0.644])$$

表 6-1-5　2016 年各方案的风险决策表

方案	b_1			b_2			b_3		
	θ_1	θ_2	θ_3	θ_1	θ_2	θ_3	θ_1	θ_2	θ_3
	$p_1^1(\otimes)$	$p_2^1(\otimes)$	$p_3^1(\otimes)$	$p_1^1(\otimes)$	$p_2^1(\otimes)$	$p_3^1(\otimes)$	$p_1^1(\otimes)$	$p_2^1(\otimes)$	$p_3^1(\otimes)$
a_1	[2.7,2.74,2.8]	[3.0,3.12,3.2]	[2.8,2.9,3.0]	[3.5,3.75,4.0]	[3.9,4.2,4.4]	[3.3,3.6,3.8]	[0.25,0.35,0.4]	[0.3,0.45,0.5]	[0.45,0.6,0.7]
a_2	[2.5,2.56,2.6]	[2.1,2.14,2.3]	[2.7,2.88,3.0]	[3.1,3.25,3.3]	[4.0,4.25,4.4]	[3.3,3.4,3.5]	[0.4,0.55,0.6]	[0.6,0.7,0.75]	[0.25,0.35,0.4]
a_3	[2.8,2.9,2.95]	[3.2,3.25,3.4]	[2.6,2.65,2.7]	[3.0,3.28,3.5]	[2.6,2.88,3.1]	[3.2,3.5,3.7]	[0.4,0.5,0.6]	[0.25,0.3,0.4]	[0.6,0.7,0.75]

表 6-1-6　2017 年各方案的风险决策表

方案	b_1			b_2			b_3		
	θ_1	θ_2	θ_3	θ_1	θ_2	θ_3	θ_1	θ_2	θ_3
	$p_1^2(\otimes)$	$p_2^2(\otimes)$	$p_3^2(\otimes)$	$p_1^2(\otimes)$	$p_2^2(\otimes)$	$p_3^2(\otimes)$	$p_1^2(\otimes)$	$p_2^2(\otimes)$	$p_3^2(\otimes)$
a_1	[2.4,2.46,2.5]	[3.5,3.54,3.6]	[3.0,3.3,3.4]	[3.1,3.18,3.3]	[3.7,3.8,4.0]	[2.9,3.0,3.1]	[0.6,0.7,0.75]	[0.4,0.5,0.7]	[0.25,0.3,0.4]
a_2	[2.8,2.83,2.9]	[3.3,3.36,3.4]	[3.1,3.15,3.2]	[3.5,3.58,3.7]	[3.3,3.45,3.6]	[3.5,3.65,3.9]	[0.4,0.5,0.55]	[0.3,0.35,0.4]	[0.6,0.7,0.8]
a_3	[2.5,2.62,2.7]	[2.9,2.95,3.0]	[2.8,2.85,2.9]	[3.3,3.4,3.5]	[4.0,4.2,4.3]	[2.7,2.9,3.0]	[0.5,0.55,0.65]	[0.2,0.25,0.3]	[0.3,0.4,0.5]

表 6-1-7　2018 年各方案的风险决策表

方案	b_1			b_2			b_3		
	θ_1	θ_2	θ_3	θ_1	θ_2	θ_3	θ_1	θ_2	θ_3
	$p_1^3(\otimes)$	$p_2^3(\otimes)$	$p_3^3(\otimes)$	$p_1^3(\otimes)$	$p_2^3(\otimes)$	$p_3^3(\otimes)$	$p_1^3(\otimes)$	$p_2^3(\otimes)$	$p_3^3(\otimes)$
a_1	[2.9,2.95,3.1]	[3.0,3.18,3.3]	[2.8,2.9,3.0]	[3.3,3.4,3.5]	[4.0,4.2,4.5]	[3.6,3.75,4.0]	[0.3,0.35,0.4]	[0.5,0.62,0.7]	[0.2,0.3,0.35]
a_2	[2.3,2.4,2.5]	[3.0,3.1,3.2]	[2.6,2.75,2.9]	[2.5,2.56,2.6]	[3.5,3.65,3.8]	[3.3,3.7,4.0]	[0.5,0.6,0.65]	[0.3,0.4,0.45]	[0.4,0.45,0.5]
a_3	[2.4,2.6,2.7]	[3.1,3.1,3.1]	[2.5,2.7,2.8]	[2.3,2.34,2.4]	[3.0,3.28,3.4]	[2.6,2.8,2.9]	[0.4,0.45,0.5]	[0.2,0.28,0.4]	[0.5,0.62,0.7]

(2) 对评估年度风险决策表中各状态下的指标数据求期望, 集结为无风险灰色决策矩阵 $E^l(\otimes)$, 再根据前文所述灰色极差变换方法, 将 $E^l(\otimes)$ 转化为规范化决策矩阵 $Y^l(\otimes)=(y^l_{sk}(\otimes))_{m\times r}$, 如表 6-1-8 所示.

(3) 取 $\alpha=\beta=0.5$(即决策者偏好风险中立), 计算在各年度所有决策属性下两两方案的距离和为：d_1=0.8249, d_2=0.7128, d_3=0.7596. 参考表 6-1-4 中时间度标度的含义, 经过决策者决意, 取时间度 τ=0.7(即决策者比较重视与投资基准年距离近的年度的投资效益). 案例中投资项目的计算期为 3 年, 即 h=3, 建立求解时间权重模型如下

$$\min Z=\frac{1}{3}((0.8249\lambda_1)^2+(0.7128\lambda_2)^2+(0.7596\lambda_3)^2)$$

$$-\frac{1}{9}(0.8249\lambda_1+0.7128\lambda_2+0.7596\lambda_3)^2$$

$$\text{s.t.}\ \begin{cases}\lambda_1+\dfrac{1}{2}\lambda_2=0.7;\\ \lambda_1+\lambda_2+\lambda_3=1,\lambda_l\in[0,1]\end{cases}$$

求解上述模型, 得到时间权重为：$\lambda_1=0.5151$, $\lambda_2=0.3698$, $\lambda_3=0.1151$. 然后, 计算得到静态下的规范化决策矩阵 $Z(\otimes)$,

$$Z(\otimes)=\begin{bmatrix}[0.059,0.577,0.997] & [0.062,0.539,0.960] & [0.076,0.529,0.971]\\ [0.016,0.499,0.892] & [0.050,0.524,0.924] & [0.015,0.445,0.920]\\ [0.056,0.538,0.938] & [0.007,0.451,0.822] & [0.088,0.527,0.963]\end{bmatrix}$$

建立优化模型, 计算得三个决策属性的权重为 W=(0.35,0.4,0.25).

(4) 构造决策问题的理想最优方案效果评价向量 $z^+(\otimes)$ 和临界方案效果评价向量 $z^-(\otimes)$：

$$z^+(\otimes)=([0.059,0.577,0.997],[0.062,0.539,0.960],[0.088,0.529,0.971])$$
$$z^-(\otimes)=([0.016,0.499,0.892],[0.007,0.451,0.822],[0.015,0.445,0.920])$$

取 $\alpha=\beta=0.5$, $\rho=0.5$, 计算各备择方案与理想最优、临界方案效果评价向量属性值之间的灰色关联度为：$R_1^+=0.922$, $R_2^+=0.5422$, $R_3^+=0.5711$, $R_1^-=0.3764$, $R_2^-=0.7736$, $R_3^-=0.7342$.

(5) 计算方案的优属度并排序. 建立如下目标函数

$$\min F(u)=((1-u_1)\cdot 0.9224)^2+((1-u_2)\cdot 0.5422)^2+((1-u_3)\cdot 0.5711)^2$$
$$+(u_1\cdot 0.3764)^2+(u_2\cdot 0.7736)^2+(u_3\cdot 0.7342)^2$$

求解该最优化问题, 可得各方案的优属度：$u_1=0.8573$, u_2=0.3294, $u_3=0.3769$. 显然, 方案 a_1 的优属度最大, 即为最优方案.

表 6-1-8　无风险灰色决策规范化矩阵 $Y^l(\otimes)$

方案	2006 年		
	b_1	b_2	b_3
a_1	[0.088,0.600,0.995]	[0.105,0.594,1.000]	[0.110,0.502,1.000]
a_2	[0.000,0.462,0.817]	[0.081,0.534,0.883]	[0.015,0.411,0.869]
a_3	[0.107,0.601,1.000]	[0.000,0.436,0.782]	[0.000,0.434,0.928]
方案	2007 年		
	b_1	b_2	b_3
a_1	[0.028,0.563,1.000]	[0.000,0.466,0.891]	[0.000,0.540,0.927]
a_2	[0.043,0.563,0.992]	[0.013,0.534,1.000]	[0.004,0.470,0.976]
a_3	[0.000,0.474,0.865]	[0.020,0.503,0.933]	[0.239,0.655,1.000]
方案	2008 年		
	b_1	b_2	b_3
a_1	[0.025,0.516,1.000]	[0.065,0.527,1.000]	[0.164,0.613,0.981]
a_2	[0.000,0.455,0.904]	[0.026,0.449,0.862]	[0.049,0.521,0.967]
a_3	[0.006,0.464,0.899]	[0.000,0.347,0.642]	[0.000,0.531,1.000]

本节针对状态概率和方案属性值均为三参数区间灰数的情况，提出了基于 Markov 链转移预测法的灰色随机风险型动态多属性决策方法. 运用三参数区间灰数分别表征方案属性信息、自然状态随机出现概率信息及状态间随机转移概率信息, 能够准确描述决策问题所呈现的灰色不确定性特征; 定义了灰色概率及状态间转移灰色概率矩阵, 基于 Markov 链转移预测方法, 得到各自然状态在未来各时间点的灰色概率分布, 更客观地体现了自然状态发生及其转移的随机不确定性特征; 考虑时间权重的波动性和被评价对象在时序上的差异, 以及决策者对投资项目收益状况的主观期望, 建立了基于方差和时间度的优化模型来确定时间权重, 克服了决策者直接给出时间权重的主观性; 通过建立优化模型计算方案从属于理想决策方案的优属度, 更具有可靠性及精确度. 此外, 本节方法概念清晰, 计算过程简单, 易于上机实现, 而且为风险型投资项目决策问题提供了一种更为合理的解决思路.

6.2 灰色风险型群决策方法

6.2.1 灰色多属性风险型群决策方法

多属性风险型群决策是群决策的重要类型之一，这类问题的特点是：方案的属性值是随机变量，它会随着自然状态的不同而变化，决策者无法确知其将来的真实状态，但可以给出各种可能的自然状态，针对不同的自然状态，决策者根据自己的知识、经验和偏好给出不同的偏好属性值. 近年来，众多学者对灰色多属性风险型群决策问题进行了研究. 徐玖平对多属性风险型决策问题解的定义和性质进行了研究 (徐玖平，1996)；罗党和刘思峰提出了灰色多属性风险型决策的两种方法 (罗党和刘思峰，2004)；姚升保和岳超源提出了多属性风险型决策的综合赋权法 (姚升保和岳超源，2005)；饶从军和肖新平对风险型动态混合多属性决策进行了研究，提出了灰色矩阵关联度法 (饶从军和肖新平，2006). 本节探讨了一类属性权重信息未知、属性值为区间灰数的灰色多属性风险型群决策问题，利用分析技巧对灰色区间关联度进行推广，给出了确定客观权重的优化模型，提出了基于理想矩阵的优属度决策方法，最后给出了实际例子.

1. *问题描述*

设灰色风险型群决策问题的方案集为 $A=\{A_1,A_2,\cdots,A_n\}$, 群决策集为 $E=\{e_1,e_2,\cdots,e_q\}(q\geqslant 2)$, 其中 e_s 表示第 s 个决策者, 其相应的权重为 λ_s, 满足 $0\leqslant\lambda_s\leqslant 1$, $\sum\limits_{s=1}^{q}\lambda_s=1$. 决策属性集为 $u=\{u_1,u_2,\cdots,u_m\}$, 属性 u_j 的权重为 w_j, 满足 $0\leqslant w_j\leqslant 1$, $\sum\limits_{j=1}^{m}w_j^2=1$, 权重向量 $w=(w_1,w_2,\cdots,w_m)$ 未知, 对于每个属性 u_j 都

有 l 种可能的状态 $\theta = (\theta_1, \theta_2, \cdots, \theta_l)$, 对于决策者 e_s 而言, 在属性 u_j 状态下 θ_t 发生概率为 $0 \leqslant p_{tj}^s \leqslant 1 (1 \leqslant t \leqslant l)$, $\sum\limits_{t=1}^{l} p_{tj}^s = 1$, 方案 A_i 的属性值 $a_{ijt}^s(\otimes) \in [\underline{a}_{ijt}^s, \bar{a}_{ijt}^s]$. 在已知各决策者 $e_s(s = 1, 2, \cdots, q)$ 风险决策信息的情况下, 需对决策方案进行综合评价和排序.

2. 决策原理与方法

应用区间灰数运算法则对决策者 $e_s(s = 1, 2, \cdots, q)$ 的风险决策表中的各状态下的属性数据求期望值, 即以期望收益代替不同自然状态的收益, 将几个灰色风险型决策表合并为一张灰色无风险多属性决策表, 得到无风险决策矩阵 $X^s(\otimes) = (x_{ij}^s)_{n \times m}(s = 1, 2, \cdots, q)$, 如表 6-2-1 所示. 其中

$$x_{ij}^s = \sum_{t=1}^{l} a_{ijt}^s(\otimes) p_{tj}^s \tag{6.2.1}$$

表 6-2-1　决策矩阵 $X^s(\otimes)$

方案	u_1	u_2	$\cdots$	u_m
A_1	$x_{11}^s(\otimes)$	$x_{12}^s(\otimes)$	$\cdots$	$x_{1m}^s(\otimes)$
A_2	$x_{21}^s(\otimes)$	$x_{22}^s(\otimes)$	$\cdots$	$x_{2m}^s(\otimes)$
$\vdots$	$\vdots$	$\vdots$		$\vdots$
A_n	$x_{11}^s(\otimes)$	$x_{n2}^s(\otimes)$	$\cdots$	$x_{nm}^s(\otimes)$

为了消除不同物理量纲对决策结果的影响, 需对决策矩阵进行规范化处理. 最常见的属性有效益型和成本型, 运用邓聚龙所提的方法进行规范化处理, 把决策矩阵 $X^s(\otimes)$ 转化为规范化矩阵 $Y^s(\otimes) = (y_{ij}^s(\otimes))_{n \times m}$(邓聚龙，1993), 其中

$$\begin{cases} \underline{y}_{ij}^s = \underline{x}_{ij}^s \Big/ \sum\limits_{i=1}^{n} \bar{x}_{ij}^s \\ \bar{y}_{ij}^s = \bar{x}_{ij}^s \Big/ \sum\limits_{i=1}^{n} \underline{x}_{ij}^s \end{cases} \quad (\text{效益型属性})$$

$$\begin{cases} \underline{y}_{ij}^s = 1/\bar{x}_{ij}^s \Big/ \sum\limits_{i=1}^{n} 1/\underline{x}_{ij}^s \\ \bar{y}_{ij}^s = 1/\underline{x}_{ij}^s \Big/ \sum\limits_{i=1}^{n} 1/\bar{x}_{ij}^s \end{cases} \quad (\text{成本型属性})$$

1) 权重的确定

定义 6.2.1 设系统行为区间灰数序列为

$$X_0(\otimes)=([\underline{x}_0(1),\bar{x}_0(1)],[\underline{x}_0(2),\bar{x}_0(2)],\cdots,[\underline{x}_0(m),\bar{x}_0(m)])$$
$$X_1(\otimes)=([\underline{x}_1(1),\bar{x}_1(1)],[\underline{x}_1(2),\bar{x}_1(2)],\cdots,[\underline{x}_1(m),\bar{x}_1(m)])$$
$$\cdots\cdots$$
$$X_n(\otimes)=([\underline{x}_n(1),\bar{x}_n(1)],[\underline{x}_n(2),\bar{x}_n(2)],\cdots,[\underline{x}_n(m),\bar{x}_n(m)])$$

称

$$r_{0i}(j)=\frac{\min\limits_{1\leqslant i\leqslant n}\min\limits_{1\leqslant j\leqslant m}\{l_{0i}(j)\}+\lambda\max\limits_{1\leqslant i\leqslant n}\max\limits_{1\leqslant j\leqslant m}\{l_{0i}(j)\}}{\{l_{0i}(j)\}+\lambda\max\limits_{1\leqslant i\leqslant n}\max\limits_{1\leqslant j\leqslant m}\{l_{0i}(j)\}} \tag{6.2.2}$$

为 $X_0(\otimes)$ 与 $X_i(\otimes)$ 在点 j 处的灰色区间关联系数, 其中 $l_{0j}(j)$ 为 $[\underline{x}_0(j),\bar{x}_0(j)]$ 与 $[\underline{x}_i(j),\bar{x}_i(j)]$ 的相离度 (距离), 即 $l_{0j}(j)=\sqrt{(\underline{x}_0(j)-\underline{x}_i(j))^2+(\bar{x}_0(j)-\bar{x}_i(j))^2}$, λ 为分辨系数, $\lambda\in[0,1]$, 称

$$\xi_{0i}=\frac{1}{m}\sum_{j=1}^{m}r_{0i}(j)$$

为序列 $X_0(\otimes)$ 与 $X_i(\otimes)$ 序列的灰色区间关联度.

定理 6.2.1 $r_{0i}(j)$ 满足下列性质:

(1) $0\leqslant r_{0i}(j)\leqslant 1$;

(2) 当 $l_{0i}(j)$ 越小, 则 $r_{0i}(j)$ 越大.

借助区间灰数运算法则, 称

$$r_{ik}^s(j)=\frac{\min\limits_{1\leqslant k\leqslant n}\min\limits_{1\leqslant j\leqslant m}\sqrt{(\underline{y}_{ij}^s-\underline{y}_{kj}^s)^2+(\bar{y}_{ij}^s-\bar{y}_{kj}^s)^2}+\lambda\max\limits_{1\leqslant k\leqslant n}\max\limits_{1\leqslant j\leqslant m}\sqrt{(\underline{y}_{ij}^s-\underline{y}_{kj}^s)^2+(\bar{y}_{ij}^s-\bar{y}_{kj}^s)^2}}{\sqrt{(\underline{y}_{ij}^s-\underline{y}_{kj}^s)^2+(\bar{y}_{ij}^s-\bar{y}_{kj}^s)^2}+\lambda\max\limits_{1\leqslant k\leqslant n}\max\limits_{1\leqslant j\leqslant m}\sqrt{(\underline{y}_{ij}^s-\underline{y}_{kj}^s)^2+(\bar{y}_{ij}^s-\bar{y}_{kj}^s)^2}}$$

为属性 u_j 下, 对于决策者 e_s 而言, 方案 A_k 关于 A_i 的灰色区间关联系数 $(i=1,2,\cdots,n;j=1,2,\cdots,m;s=1,2,\cdots q)$, $\lambda\in[0,1]$, 称为分辨系数, 在本节中 $\lambda=0.5$.

在属性 u_j 下, 对于决策者 e_s 而言, 方案 A_i 与其他所有方案之间的灰色区间关联度用 $v_{ij}^s(w)$ 表示, 则可定义为

$$v_{ij}^s(w)=\sum_{k=1}^{n}r_{ik}^s(j)w_j,\quad i=1,2,\cdots,n;\quad j=1,2,\cdots,m;\quad s=1,2,\cdots,q$$

且令

$$v_j^s(w) = \sum_{i=1}^{n} v_{ij}^s(w) = \sum_{i=1}^{n}\sum_{k=1}^{n} r_{ik}^s(j) w_j, \quad j = 1, 2, \cdots, m; \quad s = 1, 2, \cdots, q$$

则对属性 u_j 而言, $v_j^s(w)$ 表示第 s 个决策者评价所有方案与其他决策方案的总关联度, 权重向量 w 的选择应该使所有决策者的所有属性对所有决策方案的总关联度之和最小, 构造下列模型

$$(M_1) \quad \min v(w) = \sum_{s=1}^{q} \lambda_s \sum_{j=1}^{m}\sum_{i=1}^{n}\sum_{k=1}^{n} r_{ik}^s(j) w_j = \sum_{s=1}^{q}\sum_{j=1}^{m}\sum_{i=1}^{n}\sum_{k=1}^{n} \lambda_s r_{ik}^s(j) w_j$$

$$\text{s.t.} \sum_{j=1}^{m} w_j^2 = 1, 0 \leqslant w_j \leqslant 1, j = 1, 2, \cdots, m \tag{6.2.3}$$

构造拉格朗日函数

$$F(w, \lambda) = \sum_{s=1}^{q}\sum_{j=1}^{m}\sum_{i=1}^{n}\sum_{k=1}^{n} \lambda_s r_{ik}^s(j) w_j + \lambda \left(\sum_{j=1}^{m} w_j^2 - 1 \right)$$

对 w_j 和 λ 求偏导数, 并令其等于零, 得

$$\frac{\partial F(w, \lambda)}{\partial w_j} = \sum_{s=1}^{q}\sum_{i=1}^{n}\sum_{k=1}^{n} \lambda_s r_{ik}^s(j) + 2\lambda w_j = 0, \quad j = 1, 2, \cdots, m$$

$$\frac{\partial F(w, \lambda)}{\partial \lambda} = \sum_{j=1}^{m} w_j^2 - 1$$

求最优解

$$w_j^* = \frac{\sum_{s=1}^{q}\sum_{i=1}^{n}\sum_{k=1}^{n} \lambda_s r_{ik}^s(j)}{\sqrt{\sum_{j=1}^{m}\left[\sum_{s=1}^{q}\sum_{i=1}^{n}\sum_{k=1}^{n} \lambda_s r_{ik}^s(j)\right]^2}}, \quad j = 1, 2, \cdots, m$$

由于传统的加权向量一般都满足归一化约束条件, 因此在单位化权重向量 w_j^* 之后, 为了与人们的习惯用法相一致, 对 w_j^* 进行归一化处理, 即令

$$w_j = \frac{w_j^*}{\sum_{j=1}^{m} w_j^*}, \quad j = 1, 2, \cdots, m$$

由此得到

$$w_j = \frac{\sum_{s=1}^{q}\sum_{i=1}^{n}\sum_{k=1}^{n}\lambda_s r_{ik}^s(j)}{\sum_{s=1}^{q}\sum_{j=1}^{m}\sum_{i=1}^{n}\sum_{k=1}^{n}\lambda_s r_{ik}^s(j)}, \quad j=1,2,\cdots,m$$

2) 决策算法

步骤 1 为了综合考虑决策者的偏好, 将决策矩阵 $y^s(\otimes)(s=1,2,\cdots,q)$ 改写为关于决策方案 A_i 规范化决策矩阵 $R_i(\otimes)(i=1,2,\cdots,n)$,

$$R_i(\otimes) = \begin{bmatrix} [\underline{y}_{i1}^1, \bar{y}_{i1}^1] & [\underline{y}_{i2}^1, \bar{y}_{i2}^1] & \cdots & [\underline{y}_{im}^1, \bar{y}_{im}^1] \\ [\underline{y}_{i1}^2, \bar{y}_{i1}^2] & [\underline{y}_{i2}^2, \bar{y}_{i2}^2] & \cdots & [\underline{y}_{im}^2, \bar{y}_{im}^2] \\ \vdots & \vdots & & \vdots \\ [\underline{y}_{i1}^q, \bar{y}_{i1}^q] & [\underline{y}_{i2}^q, \bar{y}_{i2}^q] & \cdots & [\underline{y}_{im}^q, \bar{y}_{im}^q] \end{bmatrix}$$

步骤 2 构造正理想矩阵 $F(\otimes) = (f_{sj}(\otimes))_{q\times m}$ 和负理想矩阵 $G(\otimes) = (g_{sj}(\otimes))_{q\times m}$, 其中

$$f_{sj}(\otimes) \in [\underline{f}_{sj}, \bar{f}_{sj}]; \quad g_{sj}(\otimes) \in [\underline{g}_{sj}, \bar{g}_{sj}], \quad j=1,2,\cdots,m; \quad s=1,2,\cdots,q$$

记

$$\underline{f}_{sj} = \max_{1\leqslant i\leqslant n}\{\underline{y}_{ij}^s\}, \quad \bar{f}_{sj} = \max_{1\leqslant i\leqslant n}\{\bar{y}_{ij}^s\}, \quad \underline{g}_{sj} = \min_{1\leqslant i\leqslant n}\{\underline{y}_{ij}^s\}, \quad \bar{g}_{sj} = \min_{1\leqslant i\leqslant n}\{\bar{y}_{ij}^s\}$$

步骤 3 计算欧氏距离, 任一方案矩阵 $R_i(\otimes)(i=1,2,\cdots,n)$ 与正理想矩阵 $F(\otimes) = (f_{sj}(\otimes))_{q\times m}$ 和负理想矩阵 $G(\otimes) = (g_{sj}(\otimes))_{q\times m}$ 的距离分别为

$$d_i^+ = d(R_i(\otimes), F(\otimes)) = \left\{\sum_{s=1}^{q}\lambda_s\sum_{j=1}^{m}w_j\left[\left|\underline{y}_{ij}^s - \underline{f}_{sj}\right|^2 + \left|\bar{y}_{ij}^s - \bar{f}_{sj}\right|^2\right]\right\}^{\frac{1}{2}}$$

$$d_i^- = d(R_i(\otimes), G(\otimes)) = \left\{\sum_{s=1}^{q}\lambda_s\sum_{j=1}^{m}w_j\left[\left|\underline{y}_{ij}^s - \underline{g}_{sj}\right|^2 + \left|\bar{y}_{ij}^s - \bar{g}_{sj}\right|^2\right]\right\}^{\frac{1}{2}}$$

d_i^+ 越大, 表示决策方案 A_i 越接近正理想方案, 方案 A_i 越优; d_i^- 的意义恰好相反. 因此最优的决策方案应该是尽可能地接近正理想方案, 同时尽可能地远离负理想方案. 为此假定方案 A_i 相对于正理想方案的优属度为 μ_i, 则有方案 A_i 相对于负理想方案的优属度为 $1-\mu_i$.

建立下列模型建立

$$(M_2)\quad \min F(\mu_i)=\mu_i^2 d_i^{+2}+(1-\mu_i)^2 d_i^{-2},\quad i=1,2,\cdots,n \tag{6.2.4}$$

该模型的最优解为

$$\mu_i=\frac{1}{1+(d_i^{+2}/d_i^{-2})}$$

将方案按 $\mu_i(i=1,2,\cdots,n)$ 的大小进行排序, μ_i 越大表示方案越优.

算例 6.2.1

现拟对黄河宁蒙段三个河段 (石嘴山、头道拐、三湖河口) 的冰情风险状况进行评估, 抽取三项主要属性进行评估: μ_1——流量, μ_2——流凌密度, μ_3——气温. 3 位决策者 $e_s(s=1,2,3)$ 分别对每个河段给出评估数据 (表 6-2-2～表 6-2-4), 并假定其权重向量 $\lambda=(0.3,0.4,0.3)$. 试对三个河段的冰情风险状况进行排序.

表 6-2-2 决策者 e_1 的风险决策表 $E^1(\otimes)$

河段	流量/(m³/ s)			流凌密度/%			气温/℃		
	θ_1	θ_2	θ_3	θ_1	θ_2	θ_3	θ_1	θ_2	θ_3
	0.4	0.2	0.4	0.4	0.2	0.4	0.4	0.2	0.4
石嘴山N_1	[235,426]	[220,398]	[214,387]	[14,60]	[15,68]	[18,70]	[−16.7,2.6]	[−16.5,1.9]	[−15.8,1.7]
头道拐N_2	[126,857]	[117,814]	[110,809]	[10,32]	[12,40]	[15,42]	[−19.5,4.1]	[−20.1,3.8]	[−20.3,4.2]
三湖河口N_3	[274,783]	[263,759]	[257,746]	[10,51]	[13,65]	[16,67]	[−17.3,4.8]	[−17.9,3.5]	[−17.7,3.1]

表 6-2-3 决策者 e_2 的风险决策表 $E^2(\otimes)$

河段	流量/(m³/ s)			流凌密度/%			气温/℃		
	θ_1	θ_2	θ_3	θ_1	θ_2	θ_3	θ_1	θ_2	θ_3
	0.2	0.2	0.6	0.2	0.2	0.6	0.2	0.2	0.6
石嘴山 N_1	[230,430]	[225,410]	[220,405]	[14,62]	[16,70]	[18,72]	[−15.9,2.7]	[−16.3,1.7]	[−16.5,2.2]
头道拐 N_2	[130,860]	[125,825]	[117,826]	[13,35]	[11,45]	[14,40]	[−19.6,4.0]	[−20.2,3.9]	[−20.5,4.1]
三湖河口 N_3	[283,796]	[272,765]	[265,752]	[10,55]	[14,65]	[15,65]	[−17.5,4.7]	[−17.7,3.6]	[−17.8,3.2]

表 6-2-4 决策者 e_3 的风险决策表 $E^3(\otimes)$

河段	流量/(m³/ s)			流凌密度/%			气温/℃		
	θ_1	θ_2	θ_3	θ_1	θ_2	θ_3	θ_1	θ_2	θ_3
	0.2	0.4	0.4	0.2	0.4	0.4	0.2	0.4	0.4
石嘴山 N_1	[225,419]	[219,395]	[215,385]	[15,63]	[17,68]	[18,71]	[−16.6,2.5]	[−16.5,2.0]	[−15.7,1.8]
头道拐 N_2	[135,859]	[119,817]	[115,810]	[11,35]	[12,42]	[15,45]	[−19.7,4.2]	[−20.2,3.9]	[−20.3,4.3]
三湖河口 N_3	[276,795]	[260,762]	[262,757]	[10,52]	[14,65]	[16,66]	[−17.2,4.9]	[−17.9,3.4]	[−17.6,3.0]

(1) 利用期望值计算公式 (6.2.1) 把表 6-2-2～表 6-2-4 转化为无风险决策矩阵, 再进行规范化化处理后得规范化无风险决策矩阵序列 $Y^s(\otimes)(s=1,2,3)$.

$$Y^1(\otimes)=\begin{bmatrix}[0.149,0.403] & [0,0.936] & [0.152,0.918]\\ [0,1] & [0,1] & [0,1]\\ [0.207,0.908] & [0.102,0.989] & [0.098,0.991]\end{bmatrix}$$

$$Y^2(\otimes)=\begin{bmatrix}[0.143,0.407] & [0.,0.936] & [0.161,0.924]\\ [0,1] & [0.525,1] & [0,1]\\ [0.209,0.903] & [0.117,0.989] & [0.104,0.981]\end{bmatrix}$$

$$Y^3(\otimes)=\begin{bmatrix}[0.140,0.392] & [0,0.928] & [0.162,0.913]\\ [0,1] & [0.478,1] & [0,1]\\ [0.204,0.920] & [0.098,0.982] & [0.103,0.976]\end{bmatrix}$$

(2) 由模型 (M_1) 得属性权重向量为 w=(0.2,0.3,0.5).

(3) 将决策矩阵 $Y^s(\otimes)(s=1,2,3)$ 写为关于方案 A_i 的规范化决策矩阵 $R^i(\otimes)$ $(i=1,2,3)$.

$$R^1(\otimes)=\begin{bmatrix}[0.149,0.403] & [0,0.936] & [0.152,0.918]\\ [0.143,0.407] & [0,0.936] & [0.161,0.924]\\ [0.140,0.392] & [0,0.928] & [0.162,0.913]\end{bmatrix}$$

$$R^2(\otimes)=\begin{bmatrix}[0,1] & [0.526,1] & [0,1]\\ [0,1] & [0.525,1] & [0,1]\\ [0,1] & [0.478,1] & [0,1]\end{bmatrix}$$

$$R^3(\otimes)=\begin{bmatrix}[0.207,0.908] & [0.102,0.989] & [0.098,0.991]\\ [0.209,0.903] & [0.117,0.989] & [0.105,0.981]\\ [0.204,0.92] & [0.097,0.982] & [0.103,0.976]\end{bmatrix}$$

(4) 构造正理想矩阵 $F(\otimes)=(f_{sj}(\otimes))_{q\times m}$ 和负理想矩阵有 $G(\otimes)=(g_{sj}(\otimes))_{q\times m}$.

$$F(\otimes)=\begin{bmatrix}[0.207,1] & [0.526,1] & [0.152,1]\\ [0.209,1] & [0.525,1] & [0.161,1]\\ [0.204,1] & [0.478,1] & [0.162,1]\end{bmatrix}$$

$$G(\otimes)=\begin{bmatrix}[0,0.403] & [0,0.936] & [0,0.918]\\ [0,0.407] & [0,0.936] & [0,0.924]\\ [0,0.392] & [0,0.928] & [0,0.913]\end{bmatrix}$$

(5) 由模型 (M_2) 计算每个方案对正理想方案的优属度 $\mu_1 = 0.0976, \mu_1 = 0.9279, \mu_1 = 0.9388$. 方案排序为 $N_3 \succ N_2 \succ N_1$, 即三湖河口河段的冰情风险最高. 工作人员可对影响冰情变化的具体因素进行分析, 从而提前做好防凌防汛的工作.

6.2.2　灰色多阶段多属性风险型群决策方法

风险型决策研究的目标是在特定的环境下，如何更为有效地预测人们在面临决策时的风险，并且在风险下如何做出正确的决策. 它是指人们面对内心的冲突，权衡各方面的利益和各种可能出现的结果做出的最终决策. 其特点是: 方案的属性值是随机变量，它会随着自然状态的不同而变化，决策人无法确知将来的真实状态，但是可以给出各种可能的自然状态，还可以通过设定概率分布来量化这种随机性. 罗党等针对权重信息未知并且属性值为区间灰数的灰色风险型多属性群决策问题，提出了一种基于理想矩阵的相对优属度决策方法 (罗党等，2008). 刘培德和关忠良针对属性权重未知、属性值为有限区间上的连续随机变量的风险型多属性决策问题，通过计算每个方案与正、负理想解的灰色关联度及相对贴近度来确定方案排序 (刘培德和关忠良，2009). 毕文杰和陈晓红针对风险型多属性群决策问题，利用多元 Bayes 模型，将群体对属性值的估计集结成单一分布，并通过 Monte Carlo 模拟方法计算方案的排序 (毕文杰和陈晓红，2010). 刘培德针对属性值为不确定语言变量的决策问题，通过期望值对方案排序，探讨了价值函数不同参数、不同决策参考点及不同权重函数对决策的影响 (刘培德，2011). 刘培德和王娅姿针对指标权重未知的区间概率风险型决策问题，利用期望值将风险型决策转化为无风险型决策，通过熵权确定属性权重并根据投影理论对方案进行排序 (刘培德和王娅姿，2012). Xu 和 Liu 通过计算区间群偏好关系及属性权重，建立两个一致性准则实现群决策 (Xu G L and Liu F, 2013). 虽然以上成果应用效果较好，但是若将决策过程分为若干个时间段，每个时间段对决策结果的影响是不同的，则可以在各个阶段建立灰色多属性风险型群决策，进而做出有效判断.

本节首先运用期望值将风险型决策转化为无风险型决策, 再分别运用相离度理论、灰色关联分析方法和多目标优化模型, 求出阶段内决策者权重、属性权重和时间权重, 进而确定方案的综合评价值, 对其排序得到最优方案, 最后以一个实例验证方法的有效性.

1. 问题描述

设方案集为 $A = \{A_1, A_2, \cdots, A_n\}$, 决策群体集为 $E = \{e_1, e_2, \cdots, e_q\}(q \geqslant 2)$, 其中 e_s 表示第 s 个决策者, 其相应的权重为 λ_s, 满足 $0 \leqslant \lambda_s \leqslant 1, \sum\limits_{s=1}^{q} \lambda_s = 1$, λ_s 未知. 时间阶段集为 $T = \{t_1, t_2, \cdots, t_p\}(p \geqslant 2)$, 其中 t_k 表示第 k 个时间段, 其相应

的权重为 δ_k, 满足 $0 \leqslant \delta_k \leqslant 1$, $\sum\limits_{t=1}^{p} \delta_k = 1$, δ_k 未知. 属性集为 $U = \{u_1, u_2, \cdots, u_m\}$, 属性 u_j 的权重为 ω_j, 满足 $0 \leqslant \omega_j \leqslant 1$, $\sum\limits_{j=1}^{m} \omega_j = 1$, ω_j 未知. 对于每个决策属性 u_j 都有 l 种可能的状态 $\theta = (\theta_1, \theta_2, \cdots, \theta_l)$, 在时间段 t_k 下, 决策者 e_s 在属性 u_j 下状态 θ_l 发生的概率为 $0 \leqslant p_{vj}^{ks} \leqslant 1(1 \leqslant v \leqslant l)$, $\sum\limits_{v=1}^{l} p_{vj}^{ks} = 1$, 方案 A_i 的属性值为 $a_{ivj}^{ks}(\otimes) \in [\underline{a}_{ivj}^{ks}, \tilde{a}_{ivj}^{ks}, \overline{a}_{ivj}^{ks}]$. 在各个时间段各个决策者给出的各状态下风险决策信息如表 6-2-5 和表 6-2-6 所示, 需对决策方案进行综合评价和排序.

表 6-2-5 各个时间段各个决策者给出的风险型决策表

方案	t_1				t_2				$\cdots$	t_P			
	e_1	e_2	$\cdots$	e_q	e_1	e_2	$\cdots$	e_q	$\cdots$	e_1	e_2	$\cdots$	e_q
A_1	$E_1^{11}(\otimes)$	$E_1^{12}(\otimes)$	$\cdots$	$E_1^{1q}(\otimes)$	$E_1^{21}(\otimes)$	$E_1^{22}(\otimes)$	$\cdots$	$E_1^{2q}(\otimes)$	$\cdots$	$E_1^{p1}(\otimes)$	$E_1^{p2}(\otimes)$	$\cdots$	$E_1^{pq}(\otimes)$
A_2	$E_2^{11}(\otimes)$	$E_2^{12}(\otimes)$	$\cdots$	$E_2^{1q}(\otimes)$	$E_2^{21}(\otimes)$	$E_2^{22}(\otimes)$	$\cdots$	$E_2^{2q}(\otimes)$	$\cdots$	$E_2^{p1}(\otimes)$	$E_2^{p2}(\otimes)$	$\cdots$	$E_2^{pq}(\otimes)$
$\vdots$	$\vdots$	$\vdots$		$\vdots$	$\vdots$	$\vdots$		$\vdots$		$\vdots$	$\vdots$		$\vdots$
A_n	$E_n^{11}(\otimes)$	$E_n^{12}(\otimes)$	$\cdots$	$E_n^{1q}(\otimes)$	$E_n^{21}(\otimes)$	$E_n^{22}(\otimes)$	$\cdots$	$E_n^{2q}(\otimes)$	$\cdots$	$E_n^{p1}(\otimes)$	$E_n^{p2}(\otimes)$	$\cdots$	$E_n^{pq}(\otimes)$

表 6-2-6 时间段 t_k 下决策者 e_s 的风险型决策表 $E^{ks}(\otimes)$

方案	u_1				u_2				$\cdots$	u_m			
	θ_1	θ_2	$\cdots$	θ_l	θ_1	θ_2	$\cdots$	θ_l	$\cdots$	θ_1	θ_2	$\cdots$	θ_l
	p_{11}^{ks}	p_{21}^{ks}	$\cdots$	p_{l1}^{ks}	p_{12}^{ks}	p_{22}^{ks}	$\cdots$	p_{l2}^{ks}	$\cdots$	p_{1m}^{ks}	p_{2m}^{ks}	$\cdots$	p_{lm}^{ks}
A_1	a_{111}^{ks}	a_{121}^{ks}	$\cdots$	a_{1l1}^{ks}	a_{112}^{ks}	a_{122}^{ks}	$\cdots$	a_{1l2}^{ks}	$\cdots$	a_{11m}^{ks}	a_{12m}^{ks}	$\cdots$	a_{1lm}^{ks}
A_2	a_{211}^{ks}	a_{221}^{ks}	$\cdots$	a_{2l1}^{ks}	a_{212}^{ks}	a_{222}^{ks}	$\cdots$	a_{2l2}^{ks}	$\cdots$	a_{21m}^{ks}	a_{22m}^{ks}	$\cdots$	a_{2lm}^{ks}
$\vdots$	$\vdots$	$\vdots$		$\vdots$	$\vdots$	$\vdots$		$\vdots$		$\vdots$	$\vdots$		$\vdots$
A_n	a_{n11}^{ks}	a_{n21}^{ks}	$\cdots$	a_{nl1}^{ks}	a_{n12}^{ks}	a_{n22}^{ks}	$\cdots$	a_{nl2}^{ks}	$\cdots$	a_{n1m}^{ks}	a_{n2m}^{ks}	$\cdots$	a_{nlm}^{ks}

2. 决策原理与方法

1) 数据的处理

定义 6.2.2 设 $\otimes_1 \in [a, b, c]$, $a \leqslant b \leqslant c$, $\otimes_2 \in [d, e, f]$, $d \leqslant e \leqslant f$, 则 $\otimes_1$ 与 $\otimes_2$ 的和记为 $\otimes_1 + \otimes_2$, 且

$$\otimes_1 + \otimes_2 \in [a + d, b + e, c + f] \tag{6.2.5}$$

定义 6.2.3 设 $\otimes \in [a, b, c]$, $a \leqslant b \leqslant c$, k 为正实数, 则 $k \cdot \otimes \in [ka, kb, kc]$.

针对表 6-2-6 各个状态下的属性数据求期望值, 即以期望收益代替不同自然状态的收益, 将几张灰色风险型决策表合并成为一张灰色无风险型多属性决策表, 得

到无风险决策矩阵 $U^{ks}(\otimes)=(u_{ij}^{ks})_{n\times m}$ 如表 6-2-7 所示, 运用上述定义得

$$u_{ij}^{ks}=\sum_{v=1}^{l}a_{ivj}^{ks}(\otimes)p_{vj}^{ks} \tag{6.2.6}$$

表 6-2-7 决策矩阵 $X^{ks}(\otimes)$

	u_1	u_2	$\cdots$	u_m
A_1	$u_{11}^{ks}(\otimes)$	$u_{12}^{ks}(\otimes)$	$\cdots$	$u_{1m}^{ks}(\otimes)$
A_2	$u_{21}^{ks}(\otimes)$	$u_{22}^{ks}(\otimes)$	$\cdots$	$u_{2m}^{ks}(\otimes)$
$\vdots$	$\vdots$	$\vdots$		$\vdots$
A_n	$u_{n1}^{ks}(\otimes)$	$u_{n2}^{ks}(\otimes)$	$\cdots$	$u_{nm}^{ks}(\otimes)$

为消除不同目标下效果样本值量纲上的差异性和增加可比性，可定义区间灰数的极差变化公式 (罗党，2009).

对于希望效果样本值 "越大越好" "越多越好" 这类目标, 可采用上限效果测度:

$$\underline{x}_{ij}^{ks}=\frac{\underline{u}_{ij}^{ks}-\underline{x}^{ks}}{\overline{x}^{ks}-\underline{x}^{ks}},\quad \tilde{x}_{ij}^{ks}=\frac{\tilde{u}_{ij}^{ks}-\underline{x}^{ks}}{\overline{x}^{ks}-\underline{x}^{ks}},\quad \overline{x}_{ij}^{ks}=\frac{\overline{u}_{ij}^{ks}-\underline{x}^{ks}}{\overline{x}^{ks}-\underline{x}^{ks}} \tag{6.2.7}$$

对于希望效果样本值 "越小越好" "越少越好" 的这类目标, 采用下限效果测度:

$$\underline{x}_{ij}^{ks}=\frac{\overline{x}^{ks}-\overline{u}_{ij}^{ks}}{\overline{x}^{ks}-\underline{x}^{ks}},\quad \tilde{x}_{ij}^{ks}=\frac{\overline{x}^{ks}-\tilde{u}_{ij}^{ks}}{\overline{x}^{ks}-\underline{x}^{ks}},\quad \overline{x}_{ij}^{ks}=\frac{\overline{x}^{ks}-\underline{u}_{ij}^{ks}}{\overline{x}^{ks}-\underline{x}^{ks}} \tag{6.2.8}$$

其中, $\overline{x}^{ks}=\max\limits_{1\leqslant i\leqslant n}\{\overline{u}_{ij}^{ks}\},\underline{x}^{ks}=\min\limits_{1\leqslant i\leqslant n}\{\underline{u}_{ij}^{ks}\}(i=1,2,\cdots,n;\ j=1,2,\cdots,m)$.

以上两种效果测度 $x_{ij}^{ks}(\otimes)\in[\underline{x}_{ij}^{ks},\tilde{x}_{ij}^{ks},\overline{x}_{ij}^{ks}]$ 满足: ① 无量纲; ② $\underline{x}_{ij}^{ks},\tilde{x}_{ij}^{ks},\overline{x}_{ij}^{ks}\in[0,1]$; ③ 效果越理想, $x_{ij}^{ks}(\otimes)$ 越大. 因此, 得到规范化矩阵 $X^{ks}(\otimes)=(x_{ij}^{ks}(\otimes))_{n\times m}$.

2) 阶段内决策者权重的确定

定义 6.2.4 设 $A=(a_{ij})_{m\times n}=([\underline{a},\tilde{a},\overline{a}])_{m\times n}$ 和 $B=(b_{ij})_{m\times n}=([\underline{b},\tilde{b},\overline{b}])_{m\times n}$ 为任意两个正闭区间数型矩阵, 令

$$D(A,B)=\sum_{i=1}^{m}\sum_{j=1}^{n}\left(\frac{\sqrt{(\underline{a}-\underline{b})^2+(\tilde{a}-\tilde{b})^2+(\overline{a}-\overline{b})^2}}{(\overline{a}-\underline{a})+|\tilde{a}-\tilde{b}|+(\overline{b}-\underline{b})}\right) \tag{6.2.9}$$

称 $D(A,B)$ 为区间数型矩阵 A,B 的相离度. $D(A,B)$ 越大, 区间数 A,B 相离程度越大 (卢志平等，2013).

定义 6.2.5 设两个正闭区间数型向量 $A=([\underline{a}_1,\tilde{a}_1,\overline{a}_1],[\underline{a}_2,\tilde{a}_2,\overline{a}_2],\cdots,[\underline{a}_n,\tilde{a}_n,\overline{a}_n])$, $B=([\underline{b}_1,\tilde{b}_1,\overline{b}_1],[\underline{b}_2,\tilde{b}_2,\overline{b}_2],\cdots,[\underline{b}_n,\tilde{b}_n,\overline{b}_n])$, $D(A,B)$ 为这两个区间数型向量的相离度, 则称

$$T(A,B)=\frac{|1-D(A,B)|}{1+D(A,B)} \tag{6.2.10}$$

为区间数型向量 A,B 的贴近度 (卢志平等，2013).

基于相离度的阶段内决策者权重的确定方法步骤如下：

步骤 1 得到规范化矩阵 $X^{ks}(\otimes)$.

$$X^{ks}(\otimes)=(x_{ij}^{ks}(\otimes))_{n\times m}$$
$$=\begin{bmatrix}[\underline{x}_{11}^{ks},\tilde{x}_{11}^{ks},\overline{x}_{11}^{ks}] & [\underline{x}_{12}^{ks},\tilde{x}_{12}^{ks},\overline{x}_{12}^{ks}] & \cdots & [\underline{x}_{1m}^{ks},\tilde{x}_{1m}^{ks},\overline{x}_{1m}^{ks}]\\ [\underline{x}_{21}^{ks},\tilde{x}_{21}^{ks},\overline{x}_{21}^{ks}] & [\underline{x}_{22}^{ks},\tilde{x}_{22}^{ks},\overline{x}_{22}^{ks}] & \cdots & [\underline{x}_{2m}^{ks},\tilde{x}_{2m}^{ks},\overline{x}_{2m}^{ks}]\\ \vdots & \vdots & & \vdots\\ [\underline{x}_{n1}^{ks},\tilde{x}_{n1}^{ks},\overline{x}_{n1}^{ks}] & [\underline{x}_{n2}^{ks},\tilde{x}_{n2}^{ks},\overline{x}_{n2}^{ks}] & \cdots & [\underline{x}_{nm}^{ks},\tilde{x}_{nm}^{ks},\overline{x}_{nm}^{ks}]\end{bmatrix} \tag{6.2.11}$$

步骤 2 确定单一阶段内群体决策矩阵 $Y^{k\cdot}=(y_{ij}^{k\cdot}(\otimes))_{n\times m}=([\underline{y}_{ij}^{k\cdot},\tilde{y}_{ij}^{k\cdot},\overline{y}_{ij}^{k\cdot}])_{n\times m}$，可由阶段内各个决策者决策矩阵通过 WGA 算子得出, 其中

$$\underline{y}_{ij}^{k\cdot}=\sqrt[q]{\prod_{s=1}^{q}\underline{x}_{ij}^{ks}},\tilde{y}_{ij}^{k\cdot}=\sqrt[q]{\prod_{s=1}^{q}\tilde{x}_{ij}^{ks}},\overline{y}_{ij}^{k\cdot}=\sqrt[q]{\prod_{s=1}^{q}\overline{x}_{ij}^{ks}} \tag{6.2.12}$$

结合式 (6.2.12) 可得每个决策者的个体决策矩阵与群体决策矩阵的相离度, 构成相离度矩阵 $D^{ks}=(d^{ks})_{1\times q}$, 归一化可得 $\overline{d}^{ks}$, 其中

$$d^{ks}=D(X^{ks},Y^{k\cdot})=\sum_{i=1}^{n}\sum_{j=1}^{m}\frac{\sqrt{(\underline{x}_{ij}^{ks}-\underline{y}_{ij}^{k\cdot})^2+(\tilde{x}_{ij}^{ks}-\tilde{y}_{ij}^{k\cdot})^2+(\overline{x}_{ij}^{ks}-\overline{y}_{ij}^{k\cdot})^2}}{(\overline{x}_{ij}^{ks}-\underline{x}_{ij}^{ks})+|\tilde{x}_{ij}^{ks}-\tilde{y}_{ij}^{k\cdot}|+(\overline{y}_{ij}^{k\cdot}-\underline{y}_{ij}^{k\cdot})} \tag{6.2.13}$$

步骤 3 采用式 (6.2.13) 计算决策者个体偏好与群体偏好的贴近程度, 即计算出时间段 t_k 内的专家权重 $\lambda^k=(\lambda^{ks})_{1\times q}$, 其中

$$\lambda^{ks}=\frac{\overline{d}^{ks}}{\sum_{s=1}^{q}\overline{d}^{ks}} \tag{6.2.14}$$

3) 属性权重的确定

灰色关联分析是一种多因素的分析方法, 其实质是根据序列曲线形状的相关程度来判断其联系是否紧密, 两个曲线越相关, 序列之间的关联度就越大. 因此, 可用灰色关联分析方法, 求解属性权重. 步骤如下：

步骤 1 构造决策者加权集结矩阵 $X^k(\otimes)=(x_{ij}^k(\otimes))_{n\times m}=\left(\sum_{s=1}^{q}x_{ij}^{ks}(\otimes)\cdot\lambda^{ks}\right)_{n\times m}$.

步骤 2 构造正理想方案.

$$r_j^{+k}=(r_1^{+k}(\otimes),r_2^{+k}(\otimes),\cdots,r_m^{+k}(\otimes))$$

$$=([\underline{r}_1^{+k},\tilde{r}_1^{+k},\overline{r}_1^{+k}],[\underline{r}_2^{+k},\tilde{r}_2^{+k},\overline{r}_2^{+k}],\cdots,[\underline{r}_m^{+k},\tilde{r}_m^{+k},\overline{r}_m^{+k}])$$

其中, $r_j^{+k}=\max\{(\underline{x}_{ij}^{+k}+\tilde{x}_{ij}^{+k}+\overline{x}_{ij}^{+k})/3|1\leqslant i\leqslant n\}$.

步骤 3　计算方案 A_i 在时间段 t_k 下的属性测度值与正理想方案属性值的区间关联系数 (刘勇等, 2013a, 2013b) 为

$$\xi_{ij}^{+k}=\frac{\min\limits_i\min\limits_j z_{ij}^{+k}+\rho\max\limits_i\max\limits_j z_{ij}^{+k}}{z_{ij}^{+k}+\rho\max\limits_i\max\limits_j z_{ij}^{+k}} \tag{6.2.15}$$

$$z_{ij}^{+k}=\frac{\sqrt{2}}{2}[(\underline{x}_{ij}^k-\underline{r}_j^{+k})^2+(\tilde{x}_{ij}^k-\tilde{x}_j^{+k})^2+(\overline{x}_{ij}^k-\overline{r}_j^{+k})^2]^{\frac{1}{2}} \tag{6.2.16}$$

其中, z_{ij}^{+k} 为 $[\underline{x}_{ij}^k,\tilde{x}_{ij}^k,\overline{x}_{ij}^k]$ 到 $[\underline{r}_j^{+k},\tilde{r}_j^{+k},\overline{r}_j^{+k}]$ 的偏差, ρ 一般取 0.5.

步骤 4　计算属性权重:

$$\omega_j^k=\frac{\sum\limits_{i=1}^n\xi_{ij}^{+k}}{\sum\limits_{j=1}^m\sum\limits_{i=1}^n\xi_{ij}^{+k}} \tag{6.2.17}$$

4) 时间权重的确定

步骤 1　根据方案 A_i 在时间段 t_k 属性测度值 $x_{ij}^k(\otimes)\in[\underline{x}_{ij}^k,\tilde{x}_{ij}^k,\overline{x}_{ij}^k]$, 确定时间段 t_k 正、负理想方案, 分别为

$$r_j^{+k}=\{r_1^{+k}(\otimes),r_2^{+k}(\otimes),\cdots,r_m^{+k}(\otimes)\}$$

$$r_j^{-k}=\{r_1^{-k}(\otimes),r_2^{-k}(\otimes),\cdots,r_m^{-k}(\otimes)\}$$

步骤 2　计算方案 A_i 在时间段 t_k 属性测度值与正、负理想测度的偏差为

$$z_{ij}^{+k}=\frac{\sqrt{2}}{2}[(\underline{x}_{ij}^k-\underline{r}_j^{+k})^2+(\tilde{x}_{ij}^k-\tilde{x}_j^{+k})^2+(\overline{x}_{ij}^k-\overline{r}_j^{+k})^2]^{\frac{1}{2}} \tag{6.2.18}$$

$$z_{ij}^{-k}=\frac{\sqrt{2}}{2}[(\underline{x}_{ij}^k-\underline{r}_j^{-k})^2+(\tilde{x}_{ij}^k-\tilde{x}_j^{-k})^2+(\overline{x}_{ij}^k-\overline{r}_j^{-k})^2]^{\frac{1}{2}} \tag{6.2.19}$$

步骤 3　计算所有方案正、负综合偏差为

$$Z^+=\sum_{i=1}^n\sum_{k=1}^p\sum_{j=1}^m z_{ij}^{+k}\cdot\delta_k \tag{6.2.20}$$

$$Z^-=\sum_{i=1}^n\sum_{k=1}^p\sum_{j=1}^m z_{ij}^{-k}\cdot\delta_k \tag{6.2.21}$$

步骤 4 建立多目标优化模型. 时间权重的确定应使得正理想偏差总量最小, 与负理想偏差总量最大, 相应地, 其可转化为多目标规划问题

$$\begin{cases}\min Z^{+}(\delta_k)=\sum_{i=1}^{n}\sum_{k=1}^{p}\sum_{j=1}^{m}z_{ij}^{+k}\cdot\delta_k\\ \max Z^{-}(\delta_k)=\sum_{i=1}^{n}\sum_{k=1}^{p}\sum_{j=1}^{m}z_{ij}^{-k}\cdot\delta_k\\ \text{s.t. }\sum_{k=1}^{p}\delta_k=1,\delta_k\geqslant 0,k=1,2,\cdots,p\end{cases}\tag{6.2.22}$$

由于信息不全的决策系统的权重本身具有一定的不确定性, 因此, 应使时间权重序列的不确定性尽量减少. 由熵定义 (邱菀华, 2004) 可知, 可将时间权重作如下定义:

$$\mathrm{H}(\delta)=-\sum_{k=1}^{p}\delta_k\ln\delta_k\tag{6.2.23}$$

由极大熵原理, 可将时间权重序列 $\delta_k(k=1,2,\cdots,p)$ 的权重尽量减少, 因此极大熵模型为

$$\begin{cases}\max \mathrm{H}(\delta)=-\sum_{k=1}^{p}\delta_k\ln\delta_k\\ \text{s.t. }\sum_{k=1}^{p}\delta_k=1,\delta_k\geqslant 0,k=1,2,\cdots,p\end{cases}\tag{6.2.24}$$

引入协调平衡系数 μ, 在式 (6.2.22) 中, 正理想偏差总量与负理想偏差总量这两个目标是相互独立的, 其系数可分别设为 μ, 由于三个目标的系数之和为 1, 相应 $-\sum_{k=1}^{p}\delta_k\ln\delta_k$ 的系数为 $1-2\mu$, 将式 (6.2.22)、式 (6.2.24) 转化为单目标的最小化问题, 其为

$$\begin{cases}\min\left\{\mu\sum_{i=1}^{n}\sum_{k=1}^{p}\sum_{j=1}^{m}z_{ij}^{+k}\cdot\delta_k-\mu\sum_{i=1}^{n}\sum_{k=1}^{p}\sum_{j=1}^{m}z_{ij}^{-k}\cdot\delta_k+(1-2\mu)\sum_{k=1}^{p}\delta_k\ln\delta_k\right\}\\ \text{s.t. }\sum_{k=1}^{p}\delta_k=1,\delta_k\geqslant 0,k=1,2,\cdots,p\end{cases}\tag{6.2.25}$$

其中, $0<\mu<0.5$ 表示三个目标间的平衡系数. 而考虑三个目标函数是公平竞争的, 一般将协调平衡系数取为 $\mu=\dfrac{1}{3}$.

步骤 5　构造拉格朗日函数并通过求极值, 解单目标优化问题, 得

$$\delta_k = \frac{\exp\left\{\dfrac{\mu\sum\limits_{i=1}^{n}\sum\limits_{j=1}^{m} z_{ij}^{-k} - \mu\sum\limits_{i=1}^{n}\sum\limits_{j=1}^{m} z_{ij}^{+k}}{1-2\mu} - 1\right\}}{\sum\limits_{k=1}^{p}\exp\left\{\dfrac{\mu\sum\limits_{i=1}^{n}\sum\limits_{j=1}^{m} z_{ij}^{-k} - \mu\sum\limits_{i=1}^{n}\sum\limits_{j=1}^{m} z_{ij}^{+k}}{1-2\mu} - 1\right\}} \tag{6.2.26}$$

5) 综合评价值

方案 A_i 在时间段 t_k 综合评价值为 $h_i^k(\otimes) = \sum\limits_{j=1}^{m} \omega_j^k x_{ij}^k(\otimes)$, 则方案 A_i 的综合评价值为

$$h_i(\otimes) = \sum_{k=1}^{p}\sum_{j=1}^{m} \delta_k \omega_j^k x_{ij}^k(\otimes) \tag{6.2.27}$$

3. *模型算法*

步骤 1　由式 (6.2.6), 将灰色风险型决策转化为无风险型, 得到无风险决策矩阵 $U^{ks}(\otimes) = (u_{ij}^{ks})_{n\times m}$.

步骤 2　由式 (6.2.7) 和 (6.2.8), 得到规范化矩阵 $X^{ks}(\otimes)$.

步骤 3　由式 (6.2.12)~(6.2.14), 计算出时间段 t_k 内的专家权重 λ^{ks}.

步骤 4　构造决策者加权集结矩阵 $X^k(\otimes) = (x_{ij}^k(\otimes))_{n\times m} = \left(\sum\limits_{s=1}^{q} x_{ij}^{ks}(\otimes)\cdot\lambda^{ks}\right)_{n\times m}$.

步骤 5　由式 (6.2.15)~(6 .2.17), 计算属性权重 ω_j^k.

步骤 6　由式 (6.2.18)~(6.2.26), 计算时间权重 δ_k.

步骤 7　由式 (6.2.27), 计算综合评价值 $h_i(\otimes)$.

步骤 8　由王洁方和刘思峰所提的三参数区间灰数排序方法 (王洁方和刘思峰, 2011), 对综合评价值 $h_i(\otimes)$ 排序, 确定最优方案.

算例 6.2.2

现拟对黄河宁蒙段三个河段石嘴山 (A_1)、头道拐 (A_2)、三湖河口 (A_3) 进行冰情风险状况评估, 抽取两项主要属性进行评估, u_1——流量, u_2——过水断面. 2 位决策者 $e_s(s=1,2)$ 分别对每个河段给出评估数据 (表 6-2-8~ 表 6-2-11), 试对三个河段的冰情风险状况进行排序.

第一阶段决策者的决策数据如表 6-2-8 和表 6-2-9 所示.

表 6-2-8 决策者 e_1 的风险决策表

河段	u_1 流量/(m^3/s)		u_2 过水断面/m^2	
	θ_1	θ_2	θ_1	θ_2
	0.4	0.6	0.4	0.6
A_1	[225,312,430]	[229,309,426]	[2351,2516,4513]	[2412,2552,4677]
A_2	[158,680,860]	[135,670,820]	[1600,4538,5050]	[1740,3584,5100]
A_3	[295,510,640]	[290,460, 795]	[1960,2574,3260]	[2010,2615,3290]

表 6-2-9 决策者 e_2 的风险决策表

方案	u_1 流量/(m^3/s)		u_2 过水断面/m^2	
	θ_1	θ_2	θ_1	θ_2
	0.7	0.3	0.7	0.3
A_1	[205,330,427]	[215,340,420]	[2320,2487,4326]	[2375,2525,4376]
A_2	[150,505,860]	[140,755,827]	[1587,4426,4985]	[1640,3362,5007]
A_3	[310,525,810]	[325,572,620]	[1947,2564,3258]	[1885,2635,3378]

第二阶段决策者的决策数据如表 6-2-10 和表 6-2-11 所示.

表 6-2-10 决策者 e_1 的风险决策表

方案	u_1 流量/(m^3/s)		u_2 过水断面/m^2	
	θ_1	θ_2	θ_1	θ_2
	0.6	0.4	0.6	0.4
A_1	[217,315,439]	[236,355,400]	[2314,2476,4289]	[2350,2525,4310]
A_2	[135,535,860]	[129,722,815]	[1577,4413,4765]	[1620,3348,4982]
A_3	[305,575,825]	[275,490,780]	[1940,2557,3246]	[1965,2498,3289]

表 6-2-11 决策者 e_2 的风险决策表

方案	u_1 流量/(m^3/s)		u_2 过水断面/m^2	
	θ_1	θ_2	θ_1	θ_2
	0.5	0.5	0.5	0.5
A_1	[252,337,455]	[205,367,427]	[2294,2487,4305]	[2345,2510,4277]
A_2	[128,528,850]	[145,710,825]	[1605,4312,4795]	[1592,4233,4750]
A_3	[279,535,792]	[272,619,770]	[1920,2595,3276]	[1930,2600,3299]

(1) 利用期望值计算公式 (6.2.6)，把表 6-2-8~表 6-2-11 转化为无风险决策矩阵, 再进行规范化处理后得规范化无风险决策矩阵序列.

$$X^{11}(\otimes) = \begin{bmatrix} [0.120, 0.240, 0.410] & [0.207, 0.251, 0.862] \\ [0, 0.766, 1] & [0, 0.672, 1] \\ [0.214, 0.485, 0.851] & [0.090, 0.269, 0.469] \end{bmatrix}$$

$$X^{12}(\otimes)=\begin{bmatrix}[0.096,0.276,0.401] & [0.217,0.264,0.810]\\ [0,0.734,1] & [0,0.642,1]\\ [0.251,0.588,0.793] & [0.086,0.292,0.506]\end{bmatrix}$$

$$X^{21}(\otimes)=\begin{bmatrix}[0.138,0.296,0.405] & [0.223,0.274,0.820]\\ [0,0.735,1] & [0,0.660,1]\\ [0.222,0.560,0.950] & [0.107,0.280,0.507]\end{bmatrix}$$

$$X^{22}(\otimes)=\begin{bmatrix}[0.123,0.311,0.431] & [0.229,0.285,0.849]\\ [0,0.716,1] & [0,0.841,1]\\ [0.196,0.642,0.922] & [0.104,0.316,0.534]\end{bmatrix}$$

(2) 计算阶段内决策者权重为

$$\begin{cases}\lambda^1=(0.497,\ 0.503)\\ \lambda^2=(0.491,\ 0.509)\end{cases}$$

(3) 计算的属性权重为

$$\begin{cases}\omega^1=(0.517,\ 0.483)\\ \omega^2=(0.530,\ 0.470)\end{cases}$$

(4) 计算时间权重为 $\delta=(0.507,\ 0.493)$.

(5) 计算得到各个方案综合评价值：

$$\begin{aligned}h_1&=[0.1668,0.2748,0.6134]\\ h_2&=[0,0.7212,1]\\ h_3&=[0.1615,0.4356,0.7001]\end{aligned}$$

(6) 对方案综合评价值排序得到：$h_2>h_3>h_1$, 即头道拐河段的冰情风险最高. 工作人员可对影响冰情变化的具体因素进行分析, 从而提前做好防凌防汛的工作.

6.3　灰色随机决策方法

6.3.1　融合前景理论和集对分析的灰色随机决策方法

随机多准则决策 (周欢等，2015) 问题是指决策者所面临的自然状态为随机出现的一类不确定性决策问题, 主要体现为准则值为随机变量. 当属性状态概率为区间灰数时, 灰色随机多准则决策问题也称为灰色风险型决策 (Liu P，2011) 问题, 具有灰性和随机性两种特性. 由于决策问题的各指标具有很多不确定性因素, 这些特性正体现出随机多准则决策问题的灰性和随机性特性, 加之各自然状态发生的概率不同, 使得决策评估者面临一定的风险, 而人类又并非完全理性的, 因而本节引入了前景理论 (王坚强和周玲, 2010). 前景理论能很好地反映决策评估者的主观风险偏好, 将可能结果的价值转化为整体价值. 为解决整体价值的不确定性, 进而引入能很好地处理决策择优排序问题的集对分析 (王坚强和龚岚, 2009). 集对分析是一种新的处理不确定性问题的数学工具, 它将确定、不确定视为一个确定不确定系统, 在这个系统中, 确定性与不确定性相互联系、相互影响、相互制约, 并在一定条件下相互转化. 通过引入联系数来用数学表达式描述各种不确定性, 从而将不确定性转化成便于运算的数学形式. 据此, 本节提出了融合前景理论和集对分析的灰色随机决策方法.

1. 问题描述

设某灰色随机多准则决策问题中, 方案集为 $Z=\{z_1,z_2,\cdots,z_n\}$, 准则集为 $H=\{h_1,h_2,\cdots,h_m\}$, 且各准则相互独立, 准则权重向量为 $\omega=(\omega_1,\omega_2,\cdots,\omega_m)$, 并满足约束条件: $\sum\limits_{j=1}^{n}\omega_j=1,\omega_j\geqslant 0$. 由于决策环境的不确定性, 则该决策问题面临着 s 种可能的状态, 其状态集为 $Q=\{q_1,q_2,\cdots,q_s\}$, 且第 k 种状态发生的概率为区间灰数 $p_k(\otimes)$, 且 $p_k(\otimes)\in[\underline{p}_k,\bar{p}_k]$($\underline{p}_k$ 和 $\bar{p}_k$ 分别表示灰数 $\otimes_i$ 取值的上限和下限). 方案 z_i 在准则 h_j 下的值为 x_{ij}, x_{ij} 是信息完全的区间概率灰色随机变量, 方案 z_i 的准则 h_j 在 q_k 状态下的值为区间灰数 $x_{ijk}(\otimes)\in[\underline{x}_{ijk},\bar{x}_{ijk}]$, 其中: $1\leqslant i\leqslant n$, $1\leqslant j\leqslant m$, $1\leqslant k\leqslant s$, 由此可得决策矩阵 $X=(x_{ijk}(\otimes))_{m\times n\times s}$.

由于各自然状态下评估对象的准则值具有不同的量纲, 在评估时很难直接进行比较, 所以对原始数据进行规范化处理 (宋捷等, 2010), 得到规范化后的决策矩阵 $R=(r_{ijk}(\otimes))_{m\times n\times s}$.

2. 模型的建立

1) 前景价值函数和前景概率权重函数

定义 6.3.1 设 $\otimes_1\in[\underline{a},\bar{a}],\underline{a}<\bar{a}$, $\otimes_2\in[\underline{b},\bar{b}],\underline{b}<\bar{b}$ 为区间灰数, 若 $\otimes_1$ 和 $\otimes_2$ 满足 $0.5\leqslant P(\otimes_1\succeq\otimes_2)\leqslant 1$, 则称 $\otimes_1\succeq\otimes_2$, 否则 $\otimes_1\preceq\otimes_2$, 其中

$$P(\otimes_1\succeq\otimes_2)=\frac{\min\{l_a+l_b,\max\{\bar{a}-\underline{b},0\}\}}{l_a+l_b}$$

为 $\otimes_1\succeq\otimes_2$ 的可能度; $l_a=\bar{a}-\underline{a}$; $l_b=\bar{b}-\underline{b}$(罗党, 2013).

定义 6.3.2　设 $\xi(\otimes)$ 为一个灰色随机变量, 如果存在 $\sum_{i=1}^{n} p_i(\otimes) \times \otimes_i$, 则称

$$\sum_{i=1}^{n} p_i(\otimes) \times \otimes_i$$

为灰色随机变量的期望值, 记作 $E(\xi(\otimes)) = \sum_{i=1}^{n} p_i(\otimes) \times \otimes_i$(王坚强和龚岚，2009).

定义 6.3.3　前景价值是由“价值函数”和“决策权重”共同决定的. 考虑到一般的参考点确定方法会受到数据本身和决策者行为的影响, 则选取期望为参考点确定前景矩阵, 因而各准则下各方案的前景值为

$$V_{ij}(\otimes) = \sum_{k=1}^{s} \pi_{ijk}(p_k(\otimes)) v(X_{ij}^k(\otimes)) \tag{6.3.1}$$

其中, 前景价值函数为

$$v(X_{ij}^k(\otimes)) = \begin{cases} \left(d\left(E_{ij}(\otimes), \tilde{x}_{ij}^k(\otimes)\right)\right)^\alpha, & E_{ij}(\otimes) \geqslant \tilde{x}_{ij}^k(\otimes) \\ -\theta\left(d\left(E_{ij}(\otimes), \tilde{x}_{ij}^k(\otimes)\right)\right)^\beta, & E_{ij}(\otimes) < \tilde{x}_{ij}^k(\otimes) \end{cases} \tag{6.3.2}$$

式中：$d(E_{ij}(\otimes), \tilde{x}_{ij}^k(\otimes))$ 为区间灰数的距离; $E_{ij}(\otimes)$ 为灰色随机变量的期望值; $x_{ijk}(\otimes)$ 为在 k 状态下方案 i 在准则 j 的值. 前景概率权重函数为

$$\pi_{ijk}(p_k(\otimes)) = \begin{cases} \dfrac{p_k^\gamma(\otimes)}{(p_k^\gamma(\otimes) + (1 - p_k(\otimes))^\gamma)^{\frac{1}{\gamma}}}, & E_{ij}(\otimes) \geqslant \tilde{x}_{ij}^k(\otimes) \\ \dfrac{p_k^\delta(\otimes)}{(p_k^\delta(\otimes) + (1 - p_k(\otimes))^\delta)^{\frac{1}{\delta}}}, & E_{ij}(\otimes) < \tilde{x}_{ij}^k(\otimes) \end{cases} \tag{6.3.3}$$

式中：γ, δ 为控制前景概率权重函数的曲率, 分别表示人们在面临收益和损失时的值. 当 α=β= 0.88; θ= 2.25; γ= 0.61; δ= 0.69 时, 这些取值参数与经验数据较为一致 (Tversky A and Kahneman D，1992).

2) 三元联系数及联系向量距离

定义 6.3.4　给定两个集合 A 和 B, 它们的组成集对为 $H = (A, B)$, 在某一具体问题背景下, 我们对集对 H 的特性展开分析, 建立了集对 H 在问题背景下的三元联系数 $\_ = a + bi + cj$. 式中：a 为同一度, 表示集合 A 和 B 的同一程度; b 为差异度 (不确定性), 表示集合 A 和 B 的差异不确定性; c 为对立度, 表示集合 A 和 B 的对立程度; i 表示差异, j 表示对立, 两者均在 $[-1, 1]$ 中取值 (田景环等，2015).

定义 6.3.5　设集合 A_0 与 B_s 的联系向量为 $\mu_s = (a_s, b_s, c_s)$, 集合 A_0 与 B_k 的联系向量为 $\mu_k = (a_k, b_k, c_k)$, 则集合 B_s 与 B_k 的联系向量距离为

$$d = \sqrt{(a_s - a_k)^2 + (b_s - b_k)^2 + (c_s - c_k)^2}$$

对于由前景值构成的决策矩阵, 每个方案的前景值有正有负, 也有交叉项. 考虑到前景值应越大越好, 因而在不改变不确定信息的条件下将前景值进行平移或对称变换, 可得到变换后的前景决策矩阵. 并由定义 6.3.4, 得到三元联系数矩阵

$$(\_)_{n\times m}=\begin{bmatrix} a_{11}+b_{11}i+c_{11}j & a_{12}+b_{12}i+c_{12}j & \cdots & a_{1m}+b_{1m}i+c_{1m}j \\ a_{21}+b_{21}i+c_{21}j & a_{22}+b_{22}i+c_{22}j & \cdots & a_{2m}+b_{2m}i+c_{2m}j \\ \vdots & \vdots & \ddots & \vdots \\ a_{n1}+b_{n1}i+c_{n1}j & a_{n2}+b_{n2}i+c_{n2}j & \cdots & a_{nm}+b_{nm}i+c_{nm}j \end{bmatrix} \tag{6.3.4}$$

根据三元联系数中同一度和对立度的大小确定正、负理想方案. 由于区间灰数的不确定性和区间灰数之间存在着对立性, 即无关联性, 变换后的前景值应越小越好. 因而综合考虑, 定义三元联系数中同一度和对立度均最小时对应的准则值为正理想方案, 相反则为负理想方案. 即

$$\begin{aligned} v_0^+ &= \left\{v_{01}^+, v_{02}^+, \cdots, v_{0m}^+\right\} = \left\{[\underline{v}_{01}^+, \bar{v}_{01}^+], [\underline{v}_{02}^+, \bar{v}_{02}^+], \cdots, [\underline{v}_{0m}^+, \bar{v}_{0m}^+]\right\} \\ v_0^- &= \left\{v_{01}^-, v_{02}^-, \cdots, v_{0m}^-\right\} = \left\{[\underline{v}_{01}^-, \bar{v}_{01}^-], [\underline{v}_{02}^-, \bar{v}_{02}^-], \cdots, [\underline{v}_{0m}^-, \bar{v}_{0m}^-]\right\} \end{aligned} \tag{6.3.5}$$

式中：$[\underline{v}_{0j}^+, \bar{v}_{0j}^+]$, $[\underline{v}_{0j}^-, \bar{v}_{0j}^-]$ 的三元联系数分别为 $a_{0j}^+ + b_{0j}^+ i + c_{0j}^+ j$, $a_{0j}^- + b_{0j}^- i + c_{0j}^- j$, 其中

$$a_{0j}^+ + c_{0j}^+ = \min\{a_{ij}+c_{ij} | 1\leqslant i\leqslant n\} \quad (j=1,2,\cdots,m)$$

$$a_{0j}^- + c_{0j}^- = \max\{a_{ij}+c_{ij} | 1\leqslant i\leqslant n\} \quad (j=1,2,\cdots,m)$$

为所对应的决策值.

已知评估对象所对应的三元联系数为 $\{(a_{i1},b_{i1},c_{i1}),\cdots,(a_{im},b_{im},c_{im})\}$, 正、负理想方案所对应的三元联系数分别为 $\left\{(a_{01}^+,b_{01}^+,c_{01}^+),\cdots,(a_{0m}^+,b_{0m}^+,c_{0m}^+)\right\}$ 和 $\left\{(a_{01}^-,b_{01}^-,c_{01}^-),\cdots,(a_{0m}^-,b_{0m}^-,c_{0m}^-)\right\}$, 则由定义 6.3.5 可计算联系向量距离作为评估对象与正负理想方案的距离 $\tilde{d}^+$, $\tilde{d}^-$：

$$\begin{aligned} \tilde{d}_i^+ = \left|v_i - v_0^+\right| &= \omega_1\sqrt{(a_{i1}-a_{01}^+)^2+(b_{i1}-b_{01}^+)^2+(c_{i1}-c_{01}^+)^2}+\cdots \\ &\quad + \omega_m\sqrt{(a_{im}-a_{0m}^+)^2+(b_{im}-b_{0m}^+)^2+(c_{im}-c_{0m}^+)^2} \\ \tilde{d}_i^- = \left|v_i - v_0^-\right| &= \omega_1\sqrt{(a_{i1}-a_{01}^-)^2+(b_{i1}-b_{01}^-)^2+(c_{i1}-c_{01}^-)^2}+\cdots \\ &\quad + \omega_m\sqrt{(a_{im}-a_{0m}^-)^2+(b_{im}-b_{0m}^-)^2+(c_{im}-c_{0m}^-)^2} \end{aligned} \tag{6.3.6}$$

3) 决策权重的确定及排序

考虑到方案与正理想方案联系向量距离偏差越大越好，与负理想方案联系向量距离偏差越小越好, 因此将方案与正负理想方案之间的联系向量距离偏差最大作为目标函数. 由于各评估对象公平竞争, 且方案的优劣只有在相同的标准下才能分辨出来, 因而构建以下优化模型：

$$\max = \lambda\sum_{i=1}^{n}\sum_{j=1}^{m}\tilde{d}^2(v_{0j}^{+}(\otimes), v_{ij}(\otimes))\omega_j + (1-\lambda)\sum_{i=1}^{n}\sum_{j=1}^{m}\tilde{d}^2(v_{0j}^{-}(\otimes), v_{ij}(\otimes))\omega_j$$

$$\text{s.t.}\begin{cases}\displaystyle\sum_{j=1}^{m}\omega_j = 1, \omega_j \geqslant 0\\ 0 \leqslant \lambda \leqslant 1\end{cases} \tag{6.3.7}$$

一般情况下, λ 取 0.5, 利用 Lingo13.0 软件解得权重向量 $\boldsymbol{\omega}^* = (\omega_1^*, \omega_2^*, \cdots, \omega_m^*)$. 根据各方案相对正理想点的贴近度：

$$c_i = \frac{d_i^+}{d_i^+ + d_i^-} \tag{6.3.8}$$

对各评估对象进行排序, c_i 越大, 评估对象越优.

3. 评估模型的实现步骤

步骤 1 对决策矩阵进行规范化处理, 由定义 6.3.2 计算期望值并构成期望矩阵;

步骤 2 依据式 (6.3.1)~(6.3.3) 确定前景矩阵且进行平移变换;

步骤 3 根据式 (6.3.4) 计算三元联系数矩阵, 并由式 (6.3.5) 确定正、负理想方案;

步骤 4 求解式 (6.3.7), 并确定决策权重向量 $\boldsymbol{\omega}^* = (\omega_1^*, \omega_2^*, \cdots, \omega_m^*)$;

步骤 5 将准则权重系数代入式 (6.3.6), 并依据式 (6.3.8) 计算各方案相对正理想点的贴近度, 对评估对象进行排序.

算例 6.3.1

黄河冰凌灾害问题比较严重，尤其是宁蒙河段. 在宁蒙河段中，青铜峡–石嘴山河段、石嘴山–巴彦高勒河段、巴彦高勒–三湖河口河段和三湖河口–头道拐河段 4 个分河段的冰塞问题比较严重. 鉴于此，本节根据河道封冻初期的流凌情况来判断青铜峡–石嘴山河段、石嘴山–巴彦高勒河段、巴彦高勒–三湖河口河段、三湖河口–头道拐河段 4 个河段可能发生的冰塞状况，提前为防凌防汛做好准备. 现选取 2003~2016 年的 4 个河段流凌期的流量、气温、河道弯曲度和过水断面 4 个指标的决策数据进行分析，具体数据如表 6-3-1 所示.

表 6-3-1 不同状态下各分河段的准则信息

状态	河段	流量/(m^3/s)	气温/℃	河道弯度/°	过水断面/m^2
高	a_1	[351,458]	[−14.4,−5.3]	[1.00,1.45]	[1800,4000]
	a_2	[340,890]	[−12.7,−2.7]	[1.10,1.26]	[1600,5050]
	a_3	[270,940]	[−11.1,−0.2]	[1.16,1.50]	[1800,4850]
	a_4	[126,820]	[−15.5,−0.9]	[1.25,1.60]	[1950,4200]
中	a_1	[357,533]	[−11.6,−3.0]	[1.00,1.50]	[1200,3600]
	a_2	[256,582]	[−14.6,−6.5]	[1.16,1.31]	[1600,5000]
	a_3	[166,535]	[−12.5,−4.8]	[1.16,1.58]	[1740,4800]
	a_4	[156,498]	[−17.6,−8.0]	[1.25,1.75]	[1950,4000]
低	a_1	[360,510]	[−16.9, −5.9]	[1.00,1.50]	[1000,3260]
	a_2	[363,611]	[−16.4,−3.1]	[1.23,1.31]	[1200,4750]
	a_3	[198,472]	[−16.3,−0.3]	[1.20,1.60]	[1000,4300]
	a_4	[189,343]	[−13.1,−3.5]	[1.25,1.75]	[1800,3800]

运用 a_1, a_2, a_3 和 a_4 分别代表以上 4 个河段，不完全确定权重信息为 $0.10 \leqslant \omega_1 \leqslant 0.23$，$0.20 \leqslant \omega_2 \leqslant 0.31$，$0.19 \leqslant \omega_3 \leqslant 0.27$，$0.15 \leqslant \omega_4 \leqslant 0.22$. 自然状态下，凌汛发生的概率为

$$\text{高：} p_1(\otimes) \in [0.21, 0.30]$$

$$\text{中：} p_2(\otimes) \in [0.37, 0.50]$$

$$\text{低：} p_3(\otimes) \in [0.15, 0.26]$$

试确定更易发生冰塞现象的河段. 针对此案例分析的求解过程如下:

(1) 决策信息表 6-3-1 经过规范化处理得到规范化决策矩阵, 见表 6-3-2. 其中流量、气温、过水断面为效益型准则, 河道弯曲度为成本型准则. 由定义 6.3.3 得到 i 个评估对象的期望值并构成矩阵, 详见表 6-3-3.

表 6-3-2 准则信息表的规范化矩阵

状态	河段	流量	气温	河道弯度	过水断面
高	a_1	[0.11,0.31]	[0.10,1.58]	[0.19,0.36]	[0.10,0.56]
	a_2	[0.11,0.70]	[0.05,1.40]	[0.22,0.33]	[0.09,0.71]
	a_3	[0.09,0.75]	[0.00,1.22]	[0.19,0.31]	[0.10,0.68]
	a_4	[0.04,0.64]	[0.06,1.70]	[0.18,0.29]	[0.11,0.59]
中	a_1	[0.18,0.57]	[0.05,0.52]	[0.19,0.38]	[0.07,0.56]
	a_2	[0.13,0.62]	[0.12,0.65]	[0.22,0.33]	[0.09,0.77]
	a_3	[0.08,0.57]	[0.09,0.56]	[0.18,0.33]	[0.10,0.78]
	a_4	[0.08,0.40]	[0.14,0.79]	[0.16,0.30]	[0.11,0.62]
低	a_1	[0.19,0.46]	[0.09,1.37]	[0.20,0.35]	[0.06,0.65]
	a_2	[0.19,0.56]	[0.04,1.33]	[0.23,0.31]	[0.07,0.95]
	a_3	[0.10,0.43]	[0.01,1.33]	[0.19,0.32]	[0.06,0.86]
	a_4	[0.10,0.31]	[0.06,1.07]	[0.17,0.30]	[0.11,0.77]

表 6-3-3　河段的期望矩阵

河段	流量	气温	河道弯度	过水断面
a_1	[0.12,0.50]	[0.05,1.09]	[0.14,0.39]	[0.04,0.48]
a_2	[0.10,0.67]	[0.06,1.09]	[0.16,0.34]	[0.04,0.66]
a_3	[0.06,0.62]	[0.03,0.99]	[0.13,0.34]	[0.05,0.62]
a_4	[0.05,0.47]	[0.06,1.18]	[0.12,0.32]	[0.06,0.54]

(2) 以期望为参考点, 通过式 (6.3.1)~(6.3.3) 求得方案的前景矩阵, 结果见表 6-3-4. 进而对前景矩阵进行变换得到表 6-3-5.

表 6-3-4　前景矩阵

河段	流量	气温	河道弯度	过水断面
a_1	[−0.14,−0.02]	[−0.52,−0.13]	[−0.23,−0.13]	[−0.52,−0.22]
a_2	[0.00,0.06]	[−0.22,0.00]	[−0.25,−0.15]	[−0.72,−0.28]
a_3	[−0.09,0.02]	[−0.37,−0.06]	[−0.21,−0.13]	[−0.64,−0.28]
a_4	[−0.12,0.00]	[−0.34,−0.07]	[−0.20,−0.12]	[−0.56,−0.21]

(3) 根据定义 6.3.4 得到 i 个评估对象的三元联系数矩阵, 见表 6-3-6. 从而确定评估对象的正、负理想方案为

$$v_0^+ = \{[0.0239, 0.1400], [0.1291, 0.5220], [0.1449, 0.2459], [0.2786, 0.7202]\}$$

$$v_0^- = \{[0.0164, 0.1195], [0.0002, 0.2230], [0.1187, 0.1984], [0.2239, 0.5154]\}$$

表 6-3-5　变换后的前景矩阵

河段	流量	气温	河道弯度	过水断面
a_1	[0.02,0.14]	[0.13,0.52]	[0.13,0.23]	[0.22,0.52]
a_2	[0.06,0.12]	[0.00,0.22]	[0.14,0.25]	[0.28,0.72]
a_3	[0.02,0.12]	[0.06,0.37]	[0.13,0.21]	[0.28,0.64]
a_4	[0.00,0.12]	[0.07,0.34]	[0.12,0.20]	[0.21,0.56]

表 6-3-6　三元联系数矩阵

河段	流量	气温	河道弯度	过水断面
a_1	$0.02+0.12i+0.86j$	$0.13 + 0.32i + 0.48j$	$0.13 + 0.33i + 0.77j$	$0.22 + 0.29i + 0.48j$
a_2	$0.06 + 0.06i + 0.88j$	$0.00 + 0.22i + 0.78j$	$0.15 + 0.22i + 0.75j$	$0.28 + 0.44i + 0.28j$
a_3	$0.02 + 0.10i + 0.88j$	$0.06 + 0.34i + 0.60j$	$0.13 + 0.34i + 0.79j$	$0.29 + 0.35i + 0.36j$
a_4	$0.00 + 0.12i + 0.88j$	$0.07 + 0.27i + 0.66j$	$0.12 + 0.27i + 0.80j$	$0.21 + 0.36i + 0.44j$

(4) 根据式 (6.3.7), 利用 Lingo13.0 软件解得权重向量:

$$\omega^* = (0.23, 0.31, 0.24, 0.22)$$

进而分别求得评估对象与正、负理想方案之间的联系向量距离:

$$d^+ = (0.0984, 0.1299, 0.1101, 0.1371)$$

$$d^- = (0.1461, 0.0997, 0.1184, 0.0668)$$

(5) 根据式 (6.3.8) 求得评估对象相对正理想方案的贴近度:

$$C = (0.4024, 0.5943, 0.4817, 0.6723)$$

则 $c_4 > c_2 > c_3 > c_1$, 由此可知 $a_4 \succ a_2 \succ a_3 \succ a_1$, 即 a_1 河段 (青铜峡–石嘴山河段) 相对其他三处来说, 更易发生冰塞现象. 根据黄河网的历史统计资料显示, 在 2003 年至 2015 年期间, 青铜峡–石嘴山河段发生冰塞的次数较多, 巴彦高勒–三湖河口河段次之. 由此可知此案例的分析结果与实际相符, 说明此方法的可行性.

6.3.2 基于前景熵的灰色随机决策方法

在决策过程中，决策者有时无法给出决策信息的具体数值，本节便针对决策信息为三参数区间灰数的灰色风险型决策问题，考虑状态概率未知的情况，为充分挖掘决策矩阵信息，研究决策系统的不确定性，依据前景理论，提出了利用前景熵度量未知状态概率分布的方法，通过灰关联分析定义前景价值函数，根据各方案的综合前景值大小对方案进行排序，并通过算例分析说明了该方法的合理性和有效性.

1. 问题描述

三参数区间灰数信息下的状态概率未知的风险型决策问题可描述为: 设决策方案集为 $A = \{A_1, A_2, \cdots, A_n\}$，$A_i$ 表示第 i 个方案，决策属性集为 $B = \{B_1, B_2, \cdots, B_m\}$，$B_j$ 表示第 j 个属性. 属性 B_j 有 s^j 种可能的状态 $\theta = \{\theta_1, \theta_2, \cdots, \theta_{s^j}\}$，状态 $\theta_t (t = 1, 2, \cdots, s^j)$ 发生的概率为 P_{jt}，P_{jt} 是未知的，$0 \leqslant P_{jt} \leqslant 1$. 方案 A_i 在状态 θ_t 下的效果评价信息为 $r_{ijt}(\otimes)$，$r_{ijt}(\otimes)$ 是 [0,1] 上的一个三参数区间灰数，$r_{ijt}(\otimes) \in \left[\underline{r_{ijt}}, \tilde{r}_{ijt}, \overline{r_{ijt}}\right]$，$i = 1, 2, \cdots, n$，$t = 1, 2, \cdots, s^j$，组成属性 B_j 的风险决策矩阵 $R_j = (r_{ijt}(\otimes))_{n \times s^j}$，属性 B_j 的属性权重记为 w_j. 我们的目的是，在 P_{jt} 未知的条件下，如何利用给定的决策评价信息，解决备选方案的优劣排序的问题.

2. 基本概念

定义 6.3.6 设有两个三参数区间灰数 $a(\otimes) \in [\underline{a}, \tilde{a}, \bar{a}]$ 和 $b(\otimes) \in [\underline{b}, \tilde{b}, \bar{b}]$，则

$$|a(\otimes) - b(\otimes)| = 3^{-1/2}\sqrt{(\underline{a} - \underline{b})^2 + (\tilde{a} - \tilde{b})^2 + (\bar{a} - \bar{b})^2}$$

是三参数区间灰数 $a(\otimes)$ 和 $b(\otimes)$ 的距离 (罗党，2009).

信息论的创始人 Shannon 指出，如果信息 a_i 是以概率 p_i 出现的随机事件，$0 \leqslant p_i \leqslant 1$，$\sum_{i=1}^{r} p_i = 1$，则 a_i 的不确定性程度可用函数 $R(a_i)$ 予以度量，其中，

$$R(a_i) = \log\left(\frac{1}{p_i}\right) = -\log p_i$$

概率越大的事件其实现的可能性越大，不确定性就越小，事件的风险就越小.

信息熵 H 即概率空间为 $P:\{p_1, p_2, \cdots, p_r\}$ 的状态空间 $A:\{a_1, a_2, \cdots, a_r\}$ 的平均不确定性测度函数，是以概率 p_i 为权重的加权平均值

$$H(p_1, p_2, \cdots, p_r) = \frac{p_1 R(a_1) + p_2 R(a_2) + \cdots + p_r R(a_r)}{p_1 + p_2 + \cdots + p_r} = -\sum_{i=1}^{r} p_i \log p_i$$

从决策角度来看，在概率未知的风险型决策问题中，不确定性来源于两个方面：一方面，状态 a_i 是以客观概率 p_i 出现的随机事件，存在一定的不确定性；另一方面，状态 a_i 下的决策信息不一样，决策者主观感受到的风险也不一样，它与状态的结果价值有关. 对于前者，我们可以用函数 $R(a_i)$ 度量状态 a_i 的客观不确定性，对于后者，如何度量决策者主观感受到的结果价值是关键.

卡尼曼前景理论 (Kahneman D and Tversky A，1979) 中的 “S” 型价值函数 $v(x)$，

$$v(x) = \begin{cases} x^{\alpha}, & x \geqslant 0 \\ -\lambda(-x)^{\beta}, & x < 0 \end{cases}$$

将人的心理因素考虑到行为决策中，很好地弥补了预期效用理论中效用函数的不足. $v(x)$ 是相对于参考点形成的收益和损失，参考点是个体的主观评价标准，$x > 0$ 表示获得，$x < 0$ 表示失去，参数 α 和 β 为风险态度系数，其值越大表示决策者越倾向于冒险，λ 为损失规避系数，$\lambda > 1$ 表示损失厌恶. 个体进行决策实际上是对 “前景” 进行选择，所谓前景就是各种风险结果，设 $v(x_i)$ 表示决策行动方案在状态 a_i 下的前景效用价值，则我们可以定义如下前景熵的概念.

定义 6.3.7　将概率空间为 $P:\{p_1, p_2, \cdots, p_r\}$ 的状态空间 $A:\{a_1, a_2, \cdots, a_r\}$ 的前景价值平均不确定性测度函数称为前景熵 S，

$$S = \frac{-v(x_1)\cdot\log p_1 - v(x_2)\log p_2 - \cdots - v(x_r)\log p_r}{v(x_1) + v(x_2) + \cdots + v(x_3)} = -\sum_{i=1}^{r} \frac{v(x_i)}{\sum_{i=1}^{r} v(x_i)} \log p_i$$

前景熵 S 是以前景效用价值 $v(x_i)$ 为权重的加权平均值，$v(x_i)$ 与客观概率不确定性 $R(a_i)$ 的乘积表示状态 a_i 的前景价值风险.

前景熵 S 具有如下性质:

(1) 当 $v(x_1)=v(x_2)$ 且 $p_1>p_2$ 时，有 $S(v(x_1),p_1)<S(v(x_2),p_2)$，表明不确定性程度大的状态的风险较大；当 $p_1=p_2$ 且 $v(x_1)>v(x_2)$ 时，有 $S(v(x_1),p_1)<S(v(x_2),p_2)$，表明结果价值大的状态的风险较小.

(2) 当状态 a_i 的概率 $p_i=1$ 时，有 $S(v(x_i),p_i)=-v(x_i)\log 1=0$，表明如果状态 a_i 肯定发生，前景熵为 0，即不确定性最小.

(3) 当状态 a_i 的概率 $p_i=0$ 时，有 $S(v(x_i),p_i)=-v(x_i)\log 0=\infty$，表明如果状态 a_i 发生的概率为零，则其前景价值的不确定性程度无限大.

3. 基于前景熵的灰色随机决策模型

为消除不同属性在量纲上的差异性与增加可比性，运用极差变换对属性 B_j 下的决策矩阵 R_j 进行标准化，得到规范化决策矩阵 $U_j=(u_{ijt}(\otimes))_{n\times s^j}$，常见的指标类型有效益型和成本型.

对效益型指标:

$$\underline{u}_{ijt}=\frac{\underline{r}_{ijt}-\min\limits_{1\leqslant i\leqslant n}\{\bar{r}_{ijt}\}}{\max\limits_{1\leqslant i\leqslant n}\{\bar{r}_{ijt}\}-\min\limits_{1\leqslant i\leqslant n}\{\bar{r}_{ijt}\}},\quad \widetilde{u}_{ijt}=\frac{\widetilde{r}_{ijt}-\min\limits_{1\leqslant i\leqslant n}\{\bar{r}_{ijt}\}}{\max\limits_{1\leqslant i\leqslant n}\{\bar{r}_{ijt}\}-\min\limits_{1\leqslant i\leqslant n}\{\bar{r}_{ijt}\}},$$

$$\overline{u}_{ijt}=\frac{\bar{r}_{ijt}-\min\limits_{1\leqslant i\leqslant n}\{\bar{r}_{ijt}\}}{\max\limits_{1\leqslant i\leqslant n}\{\bar{r}_{ijt}\}-\min\limits_{1\leqslant i\leqslant n}\{\bar{r}_{ijt}\}} \tag{6.3.9}$$

对成本型指标:

$$\underline{u}_{ijt}=\frac{\max\limits_{1\leqslant i\leqslant n}\{\bar{r}_{ijt}\}-\bar{r}_{ijt}}{\max\limits_{1\leqslant i\leqslant n}\{\bar{r}_{ijt}\}-\min\limits_{1\leqslant i\leqslant n}\{\bar{r}_{ijt}\}},\quad \widetilde{u}_{ijt}=\frac{\max\limits_{1\leqslant i\leqslant n}\{\bar{r}_{ijt}\}-\widetilde{r}_{ijt}}{\max\limits_{1\leqslant i\leqslant n}\{\bar{r}_{ijt}\}-\min\limits_{1\leqslant i\leqslant n}\{\bar{r}_{ijt}\}},$$

$$\overline{u}_{ijt}=\frac{\max\limits_{1\leqslant i\leqslant n}\{\bar{r}_{ijt}\}-\underline{r}_{ijt}}{\max\limits_{1\leqslant i\leqslant n}\{\bar{r}_{ijt}\}-\min\limits_{1\leqslant i\leqslant n}\{\bar{r}_{ijt}\}} \tag{6.3.10}$$

为叙述方便，设 $u_j^+=(u_{j1}^+,u_{j2}^+,\cdots,u_{js^j}^+)$ 和 $u_j^-=(u_{j1}^-,u_{j2}^-,\cdots,u_{js^j}^-)$ 是属性 B_j 的最优效果序列和最劣效果序列，$j=1,2,\cdots,m$. 其中，$u_{jt}^+=\max\{(\overline{u}_{ijt}+\widetilde{u}_{ijt}+\underline{u}_{ijt})/3|1\leqslant i\leqslant n\}$，对应的效果值为 $u_{jt}^+\in[\underline{u}_{jt}^+,\widetilde{u}_{jt}^+,\overline{u}_{jt}^+]$；$u_{jt}^-=\min\{(\overline{u}_{ijt}+\widetilde{u}_{ijt}+\underline{u}_{ijt})/3|1\leqslant i\leqslant n\}$，对应的效果值为 $u_{jt}^-\in[\underline{u}_{jt}^-,\widetilde{u}_{jt}^-,\overline{u}_{jt}^-]$，$t=1,2,\cdots,s^j$.

1) 模型建立

定义 6.3.8 设 $\gamma(A_{it},u_{jt}^+)$ 为方案 A_i 与最优效果序列 u_j^+ 关于状态 $\theta_t(t=$

$1,2,\cdots,s^j$) 的正灰色关联度，$1 \leqslant i \leqslant n$，$j=1,2,\cdots,m$，

$$\gamma(A_{it},u_{jt}^{+})=\frac{\min\limits_i\min\limits_t|u_{ijt}-u_{jt}^{+}|+\dfrac{1}{2}\max\limits_i\max\limits_t|u_{ijt}-u_{jt}^{+}|}{|u_{ijt}-u_{jt}^{+}|+\dfrac{1}{2}\max\limits_i\max\limits_t|u_{ijt}-u_{jt}^{+}|} \tag{6.3.11}$$

定义 6.3.9 设 $\gamma(A_{it},u_{jt}^{-})$ 为方案 A_i 与最劣效果序列 u_j^- 关于状态 $\theta_t(t=1,2,\cdots,s^j)$ 的负灰色关联度，$1 \leqslant i \leqslant n$，$j=1,2,\cdots,m$，

$$\gamma(A_{it},u_{jt}^{-})=\frac{\min\limits_i\min\limits_t|u_{ijt}-u_{jt}^{-}|+\dfrac{1}{2}\max\limits_i\max\limits_t|u_{ijt}-u_{jt}^{-}|}{|u_{ijt}-u_{jt}^{-}|+\dfrac{1}{2}\max\limits_i\max\limits_t|u_{ijt}-u_{jt}^{-}|} \tag{6.3.12}$$

定义 6.3.10 在属性 B_j 下，设 $v(u_{ijt})$ 为方案 A_i 关于各状态对应的前景价值函数

$$v(u_{ijt})=\begin{cases}(\gamma(A_{it},u_{jt}^{+}))^{\alpha}\\-\lambda\cdot(\gamma(A_{it},u_{jt}^{-}))^{\beta}\end{cases} \tag{6.3.13}$$

$v^{+}(u_{ijt})=\gamma(A_{it},u_{jt}^{+})^{\alpha}$ 是以最优效果序列为参考点的正前景值，$v^{-}(u_{ijt})=-\lambda\cdot\gamma(A_{it},u_{jt}^{-})^{\beta}$ 是以最劣效果序列为参考点的负前景值，Tversky 和 Kahneman(Tversky A and Kahneman D，1992) 通过大量实验得到的参数取值为 $\alpha=\beta=0.88$，$\lambda=2.25$.

定义 6.3.11 设方案 A_i 关于属性 B_j 所有状态的前景熵为 S_{ij}，则

$$S_{ij}=-\sum_{t=1}^{s^j}\frac{v^{+}(u_{ijt})+v^{-}(u_{ijt})}{\sum\limits_{t=1}^{s^j}[v^{+}(u_{ijt})+v^{-}(u_{ijt})]}\log p_{jt} \tag{6.3.14}$$

由最大熵原理可知，使状态概率分布的熵最大时求出的概率分布最客观、偏差最小. 所以，建立如下优化问题，先得到每个属性下各种状态的发生概率，进而转换为较易处理的多属性决策问题.

$$\begin{cases}\max S=-\sum\limits_{i=1}^{n}\sum\limits_{t=1}^{s^j}\dfrac{\gamma(A_{it},u_{jt}^{+})^{\alpha}-\lambda\cdot\gamma(A_{it},u_{jt}^{-})^{\beta}}{\sum\limits_{t=1}^{s^j}[\gamma(A_{it},u_{jt}^{+})^{\alpha}-\lambda\cdot\gamma(A_{it},u_{jt}^{-})^{\beta}]}\log p_{jt}\\ \text{s.t. }\sum\limits_{t=1}^{s^j}p_{jt}=1, 0\leqslant p_{jt}\leqslant 1, t=1,2,\cdots,s^j\end{cases} \tag{6.3.15}$$

对上述目标优化问题进行求解，可以得到属性 B_j 各状态发生的最优概率 p_{jt}^*：

$$p_{jt}^*=\frac{\displaystyle\sum_{i=1}^{n}\frac{\gamma(A_{it},u_{jt}^+)^\alpha-\lambda\cdot\gamma(A_{it},u_{jt}^-)^\beta}{\displaystyle\sum_{t=1}^{s^j}[\gamma(A_{it},u_{jt}^+)^\alpha-\lambda\cdot\gamma(A_{it},u_{jt}^-)^\beta]}}{\displaystyle\sum_{t=1}^{s^j}\sum_{i=1}^{n}\frac{\gamma(A_{it},u_{jt}^+)^\alpha-\lambda\cdot\gamma(A_{it},u_{jt}^-)^\beta}{\displaystyle\sum_{t=1}^{s^j}[\gamma(A_{it},u_{jt}^+)^\alpha-\lambda\cdot\gamma(A_{it},u_{jt}^-)^\beta]}} \tag{6.3.16}$$

对 p_{jt}^* 进行归一化处理，得到

$$p_{jt}=\frac{p_{jt}^*}{\displaystyle\sum_{t=1}^{s^j}p_{jt}^*} \tag{6.3.17}$$

已知各属性所有可能发生状态的概率分布后，如果属性权重 $\omega_j(j=1,2,\cdots,m)$ 已知，便可依据前景理论计算每个方案的综合前景值 V_i：

$$V_i=\sum_{j=1}^{m}\omega_j\left(\sum_{t=1}^{s^j}v^+(u_{ijt})\pi^+(p_{jt})+\sum_{t=1}^{s^j}v^-(u_{ijt})\pi^-(p_{jt})\right) \tag{6.3.18}$$

其中，$\pi^+(p_{jt})$ 和 $\pi^-(p_{jt})$ 为决策权重，$\pi^+(p_{jt})=\dfrac{p_{jt}^{r^+}}{[p_{jt}^{r^+}+(1-p_{jt})^{r^+}]^{1/r^+}}$，$\pi^-(p_{jt})=\dfrac{p_{jt}^{r^-}}{[p_{jt}^{r^-}+(1-p_{jt})^{r^-}]^{1/r^-}}$，$r^+=0.61$，$r^-=0.69$，并依此对方案进行排序，综合前景值越大，方案越优.

2) 模型算法

步骤 1 由式 (6.3.9) 和 (6.3.10) 将属性 $B_j(j=1,2,\cdots,m)$ 下的决策矩阵规范化；

步骤 2 由式 (6.3.11)~(6.3.13) 计算方案 A_i 关于属性 B_j 各状态的正前景值 $v^+(u_{ijt})$ 和负前景值 $v^-(u_{ijt})$；

步骤 3 由式 (6.3.14)~(6.3.17) 构建目标优化模型，求解属性 B_j 各状态 $\theta_t(t=1,2,\cdots,s^j)$ 发生的概率 P_{jt}；

步骤 4 由式 (6.3.18) 计算方案 A_i 的综合前景值 V_i，V_i 越大，对应的方案越优.

算例 6.3.2

黄河是我国凌汛出现最为频繁的河流，尤其是宁蒙段最为严重. 为提前做好防凌防汛工作，了解开河期黄河宁蒙段的冰坝灾害风险，现对石嘴山、巴彦高勒、

三湖河口这三个河段的冰情风险进行分析. 选取流量 (B_1)、气温 (B_2) 和工程影响 (B_3) 三个指标，考察 2004~2014 年三个河段开河期的情况，在开河期每个指标对应有不同的自然状态. 指标 B_1 下有 3 种状态：文开河 (θ_1)，武开河 (θ_2)，半文半武开河 (θ_3)；指标 B_2 下有 2 种状态：气温正常 (θ_1)，气温异常 (θ_2)；指标 B_3 下有 2 种状态：管理严格 (θ_1)；管理懈怠 (θ_2). 因每个指标下的决策信息具体数值无法给出，通过整理实际数据和进行专家咨询 (十分制打分)，三个指标下的数据均用三参数区间灰数予以刻画，决策矩阵如表 6-3-7 所示，设三个指标重要性一样，试对三个河段的冰情风险状况进行排序.

表 6-3-7　三个河段各状态下的险情数据

		石嘴山	巴彦高勒	三湖河口
流量/(m^3/s)	文开河	[125,480,685]	[120,530,680]	[203,650,775]
	武开河	[620,710,803]	[650,750,825]	[770,820,940]
	半文半武开河	[602,645,715]	[580,630,720]	[675,710,815]
气温/℃	正常	[−19.8,−7.5,3.1]	[−20.0,−13.6,0.2]	[−19.7,−8.9,2.8]
	异常	[−22.1,−21.2,−20]	[−26.2,−22.4,−20.3]	[−23.1,−21.2,−20.0]
工程影响	管理严格	[8.8,9.0,9.2]	[8.6,8.8,9.0]	[9.0,9.2,9.5]
	管理懈怠	[8.6,8,8,9,1]	[8.2,8.4,8.6]	[8.8,9.0,9.3]

首先，由式 (6.3.9) 和 (6.3.10) 将三个指标下的决策矩阵规范化，得到规范化决策矩阵 $U_i(i=1,2,3)$：

$$U_1=\begin{bmatrix}[0.009,0.637,1] & [0,0.281,0.572] & [0.094,0.277,0.575]\\ [0,0.726,0.991] & [0.094,0.406,0.641] & [0,0.213,0.596]\\ [0.147,0.938,1.159] & [0.469,0.625,1] & [0.404,0.553,1]\end{bmatrix}$$

$$U_2=\begin{bmatrix}[0,0.459,0.991] & [0,0.194,0.339]\\ [0.126,0.723,1] & [0.048,0.387,1]\end{bmatrix}$$

$$U_3=\begin{bmatrix}[0.333,0.556,0.778] & [0.182,0.455,0.636]\\ [0.556,0.778,1] & [0.636,0.818,1]\end{bmatrix}$$

其次，由式 (6.3.11)~(6.3.13) 计算方案 $A_i(i=1,2,3)$ 关于属性 $B_j(j=1,2,3)$ 各个状态的正前景值和负前景值：

$$v_{11}^+=0.5392,\ v_{12}^+=0.3803,\ v_{13}^+=0.4244,\ v_{11}^-=-2.25,\ v_{12}^-=-2.25,\ v_{13}^-=-1.763$$
$$v_{21}^+=0.5809,\ v_{22}^+=0.4371,\ v_{23}^+=0.3987,\ v_{21}^-=-1.852,\ v_{22}^-=-1.6,\ v_{23}^-=-2.25$$
$$v_{31}^+=1,\ v_{32}^+=1,\ v_{33}^+=1,\ v_{31}^-=-1.2131,\ v_{32}^-=-0.8557,\ v_{33}^-=-0.897$$

然后，由式 (6.3.14)~(6.3.17) 求解优化模型，得到属性 $B_j(j=1,2,3)$ 各个状

态发生的概率：

$$
\begin{aligned}
&P_{11}=0.3598, \quad P_{12}=0.3143, \quad P_{13}=0.3259,\\
&P_{21}=0.5438, \quad P_{22}=0.4562,\\
&P_{31}=0.5027, \quad P_{32}=0.4973
\end{aligned}
$$

最后，由式 (6.3.18) 计算每个方案的综合前景值 $V_i(i=1,2,3)$：

$$
V_1=-1.3865, \quad V_2=-0.3676, \quad V_3=-0.9688
$$

由 $V_2>V_3>V_1$ 可得，巴彦高勒河段的冰情风险最高，三湖河口河段和石嘴山次之. 黄河冰凌生消演变规律复杂，从实际情况来看，巴彦高勒历年发生冰坝的次数以及成灾的次数也较三湖河口和头道拐多，工作人员可对影响冰情变化的具体因素进行分析，从而提前做好防凌防汛的工作.

由于不同决策者有时给出的属性权重不一样，表 6-3-8 给出了不同属性权重对决策结果的影响，以便决策者根据实际情况给出合理的决策意见.

表 6-3-8 不同属性权重下的方案综合前景值排序

序号	权重向量	排序方式
1	$\omega=(0.6,0.2,0.2)$	$V_3>V_2>V_1$
2	$\omega=(0.2,0.5,0.3)$	$V_2>V_3>V_1$
3	$\omega=(0.2,0.2,0.6)$	$V_2>V_1>V_3$
4	$\omega=(0.4,0.4,0.2)$	$V_2>V_3>V_1$
5	$\omega=(0.2,0.4,0.4)$	$V_2>V_3>V_1$
6	$\omega=(0.4,0.2,0.4)$	$V_2>V_3>V_1$

6.4 本 章 小 结

(1) 针对概率和属性值均为三参数区间灰数的风险型多属性决策问题，研究了基于灰色 Markov 链的灰色风险型动态多属性决策方法.

(2) 对一类权重信息未知并且属性值为区间灰数的灰色风险型多属性群决策问题进行了探讨，提出了一种基于理想矩阵的相对优属度决策方法. 该方法中，对属性权重的确定客观可靠，较好地避免了决策者主观赋权的随意性. 另外，该方法概念清晰、计算过程简单、易于上机实现，为解决灰色风险型决策问题提供了一种新思路.

(3) 针对灰色多阶段多属性风险型群决策中的一类属性权重未知，决策者权重未知，时间权重未知，且属性值为灰信息的决策问题，研究了其决策方法，分别采用相离度理论、灰色关联分析法和多目标优化模型确定决策者权重、属性权重和时间权重. 对于一个决策过程来说，不同时间段对决策结果的影响是不同的，因此研究灰色多阶段决策问题具有实际意义.

(4) 研究了融合前景理论和集对分析的灰色随机决策方法，并将其应用于黄河冰凌灾害风险评估中，结果表明了该方法不仅能提高黄河冰凌灾害风险评估的可靠性，而且还考虑到决策评估者的风险偏好因素, 实现了客观和主观的有效结合, 使决策结果更加符合实际情况.

(5) 针对一类灰性与随机性共存的决策问题，研究了基于前景熵的灰色随机决策方法. 该方法定义的前景熵不仅考虑了客观概率分布，而且能有效结合主观风险感受，合理度量状态概率的不确定性.

风险型决策是非结构化的复杂决策问题. 因此探讨将灰色系统理论的思想和方法与经典的风险型决策方法相融合的方法和技巧，构建合理和有效的灰色风险决策模型是作者对这一问题的初步尝试.

第 7 章　灰色预测方法

灰色系统理论以部分信息未知的小样本、贫信息系统为研究对象, 通过对部分已知信息的生成与挖掘, 提取有价值的信息, 从而实现对系统运行行为、演化规律的描述, 进而实现对系统未来的定量预测和演化趋势的合理分析.

灰色预测方法的研究思路大致为：首先, 运用序列算子 (缓冲算子和累加生成算子) 挖掘序列所隐藏的潜在规律; 其次, 对生成序列建立合适的灰色模型及其对应的白化方程; 然后, 求解白化方程并辨识模型系数; 最终, 将参数代入白化方程的解, 计算序列的拟合和预测值.

7.1　灰色 GM(1,1) 模型

定义 7.1.1　设原始非负序列为 $X^{(0)}=\left(x^{(0)}(1),x^{(0)}(2),\cdots,x^{(0)}(n)\right)$, 其对应累加序列为 $X^{(1)}=\left(x^{(1)}(1),x^{(1)}(2),\cdots,x^{(1)}(n)\right)$, 则称

$$x^{(0)}(k)+ax^{(1)}(k)=b \tag{7.1.1}$$

为 GM(1,1) 模型的原始形式.

定义 7.1.2　设 $Z^{(1)}=\left(z^{(1)}(2),z^{(1)}(3),\cdots,z^{(1)}(n)\right)$, $z^{(1)}(k)=\dfrac{1}{2}\left(x^{(1)}(k)+x^{(1)}(k-1)\right)$, 则称

$$x^{(0)}(k)+az^{(1)}(k)=b \tag{7.1.2}$$

为 GM(1,1) 模型的基本形式.

定理 7.1.1　设原始非负序列为 $X^{(0)}$, 其一阶累加生成及其对应紧邻均值生成分别为 $X^{(1)}$ 和 $Z^{(1)}$, 则 GM(1,1) 模型 $x^{(0)}(k)+az^{(1)}(k)=b$ 的参数辨识为

$$P=(a,b)^{\mathrm{T}}=\left(B^{\mathrm{T}}B\right)^{-1}B^{\mathrm{T}}Y \tag{7.1.3}$$

其中

$$Y=\begin{bmatrix} x^{(0)}(2)\\ x^{(0)}(3)\\ \vdots\\ x^{(0)}(n)\end{bmatrix},\quad B=\begin{bmatrix} -z^{(1)}(2) & 1\\ -z^{(1)}(3) & 1\\ \vdots & \vdots\\ -z^{(1)}(n) & 1\end{bmatrix}.$$

证明　将 $k=2,3,\cdots,n$ 代入 GM(1,1) 模型得方程组

$$\begin{cases} x^{(0)}(2)+az^{(1)}(2)=b \\ x^{(0)}(3)+az^{(1)}(3)=b \\ \quad\cdots\cdots \\ x^{(0)}(n)+az^{(1)}(n)=b \end{cases}$$

记作矩阵形式

$$Y=BP$$

由 $n-1>2$ 知, 方程个数大于变量个数, 矩阵方程为无精确解的超定方程组, 令残差为

$$\varepsilon=Y-BP$$

由最小二乘法求解知, 参数 $P=(a,b)^{\mathrm{T}}$ 满足矩阵方程

$$\min\|Y-BP\|^2=\min(Y-BP)^{\mathrm{T}}(Y-BP)$$

依据极值存在定理和矩阵求导公式知

$$B^{\mathrm{T}}BP=B^{\mathrm{T}}Y$$

由矩阵 B 为列满秩矩阵知

$$P=\begin{bmatrix} a \\ b \end{bmatrix}=\left(B^{\mathrm{T}}B\right)^{-1}B^{\mathrm{T}}Y$$

将矩阵展开可得到参数 a，b 的显式表达式, 分别为

$$a=\frac{\sum\limits_{k=2}^{n}x^{(0)}(k)\sum\limits_{k=2}^{n}z^{(1)}(k)-(n-1)\sum\limits_{k=2}^{n}\left(x^{(0)}(k)z^{(1)}(k)\right)}{(n-1)\sum\limits_{k=2}^{n}\left(z^{(1)}(k)\right)^2-\left(\sum\limits_{k=2}^{n}z^{(1)}(k)\right)^2}$$

和

$$b=\frac{\sum\limits_{k=2}^{n}x^{(0)}(k)\sum\limits_{k=2}^{n}\left(z^{(1)}(k)\right)^2-\sum\limits_{k=2}^{n}z^{(1)}(k)\sum\limits_{k=2}^{n}\left(z^{(1)}(k)x^{(0)}(k)\right)}{(n-1)\sum\limits_{k=2}^{n}\left(z^{(1)}(k)\right)^2-\left(\sum\limits_{k=2}^{n}z^{(1)}(k)\right)^2}$$

定义 7.1.3　称

$$\frac{dx^{(1)}}{dt}+ax^{(1)}=b$$

为 GM(1,1) 模型 $x^{(0)}(k)+az^{(1)}(k)=b$ 的白化方程.

白化方程是 GM(1,1) 模型的原始形式或基本形式的连续近似, 关于白化方程和 GM(1,1) 模型的解有如下结论:

(1) 称白化方程 $\dfrac{dx^{(1)}}{dt}+ax^{(1)}=b$ 的解为时间响应函数

$$x^{(1)}(t)=ce^{-at}+\frac{b}{a}. \tag{7.1.4}$$

(2) GM(1,1) 模型的时间响应序列为

$$x^{(1)}(k)=ce^{-ak}+\frac{b}{a},\quad k=1,2,\cdots,n. \tag{7.1.5}$$

(3) 取白化方程的初值条件为 $x^{(1)}(1)=x^{(0)}(1)$, 则

$$\hat{x}^{(1)}(k+1)=\left(x^{(0)}(1)-\frac{b}{a}\right)e^{-ak}+\frac{b}{a},\quad k=1,2,\cdots,n \tag{7.1.6}$$

(4) 累减还原值为

$$\hat{x}^{(0)}(k+1)=\hat{x}^{(1)}(k+1)-\hat{x}^{(1)}(k)=(1-e^{a})\left(x^{(0)}(1)-\frac{b}{a}\right)e^{-ak},\quad k=1,2,\cdots,n \tag{7.1.7}$$

GM(1,1) 模型的建模步骤如下 (肖新平和毛树华，2013):

第 1 步 级比检验: 对于给定原始序列 $X^{(0)}$, 能否对其建立高精度的 GM(1,1) 模型, 一般依据 $X^{(0)}$ 的级比 $\sigma^{(0)}(k)$ 的界区覆盖判断.

设 $X^{(0)}=\left(x^{(0)}(1),x^{(0)}(2),\cdots,x^{(0)}(n)\right)$, 若其级比满足

$$\sigma^{(0)}(k)=\frac{x^{(0)}(k-1)}{x^{(0)}(k)}\in\left(e^{-\frac{2}{n+1}},e^{\frac{2}{n+1}}\right),\quad k=2,3,\cdots,n \tag{7.1.8}$$

则可对序列 $X^{(0)}$ 建立 GM(1,1) 模型.

第 2 步 数据变换处理: 数据变换的目的是使得变换序列的级比落在可容覆盖中, 从而保证经过数据变换后的序列可进行 GM(1,1) 建模, 常用的数据变换方法有平移变换、对数变换、方根变换等.

第 3 步 GM(1,1) 建模: 辨识模型参数, 给定初值条件, 以白化方程的时间响应函数为模型的解, 计算序列的拟合值.

第 4 步 模型检验: 事前检验和事后检验是常用的模型精度等级判定策略, 事前检验包括残差检验、后验差检验、关联度检验与级比偏差检验方法, 精度等级分类准则如表 7-1-1 所示.

表 7-1-1　精度等级分类表

精度等级	绝对百分误差	精度	后验差比值	小误差频率	关联度	级比偏差
一级	1	99	0.35	0.95	0.90	1
二级	5	95	0.50	0.80	0.80	5
三级	10	90	0.65	0.70	0.70	10
四级	20	80	0.80	0.60	0.60	20

设原始序列的拟合值为 $\hat{X}^{(0)}(k)=\left(\hat{x}^{(0)}(1),\hat{x}^{(0)}(2),\cdots,\hat{x}^{(0)}(n)\right)$, 则其残差序列为 $Q^{(0)}=\left(\hat{q}^{(0)}(1),\hat{q}^{(0)}(2),\cdots,\hat{q}^{(0)}(n)\right)$, 其中

$$q(k)=x^{(0)}(k)-\hat{x}^{(0)}(k),\quad k=1,2,\cdots,n. \tag{7.1.9}$$

(1) 残差检验: 分别定义绝对百分误差、平均绝对百分误差与精度为

$$\mathrm{APE}(k)=\left|\frac{q(k)}{x^{(0)}(k)}\right|\times 100\%=\left|\frac{x^{(0)}(k)-\hat{x}^{(0)}(k)}{x^{(0)}(k)}\right|\times 100\%$$

$$\mathrm{MAPE}=\frac{1}{n-1}\sum_{k=2}^{n}\left|\frac{x^{(0)}(k)-\hat{x}^{(0)}(k)}{x^{(0)}(k)}\right|\times 100\%$$

$$\mathrm{Accuracy}=(1-\mathrm{MAPE})\times 100\%$$

(2) 后验差检验: 计算原始序列 $X^{(0)}$ 和残差序列 $Q^{(0)}$ 的均值与方差分别为

$$\bar{x}=\frac{1}{n}\sum_{k=1}^{n}x^{(0)}(k),\quad S_1^2=\frac{1}{n}\sum_{k=1}^{n}\left(x^{(0)}(k)-\bar{x}\right)^2$$

和

$$\bar{q}=\frac{1}{n'}\sum_{k=1}^{n'}q(k),\quad S_2^2=\frac{1}{n'}\sum_{k=1}^{n'}(q(k)-\bar{q})^2,\quad n'<n$$

分别定义后验差比值 C 和小误差频率 P 为

$$C=S_2/S_1\quad 和\quad P=P\left(|q(k)-\bar{q}|<0.6745S_1\right).$$

(3) 关联度检验: 计算原始序列 $X^{(0)}=\left(x^{(0)}(1),x^{(0)}(2),\cdots,x^{(0)}(n)\right)$ 与其拟合值序列 $\hat{X}^{(0)}=\left(\hat{x}^{(0)}(1),\hat{x}^{(0)}(2),\cdots,\hat{x}^{(0)}(n)\right)$ 的邓氏关联度

$$\gamma\left(X_0,\hat{X}_0\right)=\frac{1}{n}\sum_{k=1}^{n}\frac{\min\limits_i\min\limits_k|x_0(k)-\hat{x}_0(k)|+\xi\max\limits_i\max\limits_k|x_0(k)-\hat{x}_0(k)|}{|x_0(k)-\hat{x}_0(k)|+\xi\max\limits_i\max\limits_k|x_0(k)-\hat{x}_0(k)|}$$

(4) 级比偏差检验: 分析原始序列 $X^{(0)}=\left(x^{(0)}(1),x^{(0)}(2),\cdots,x^{(0)}(n)\right)$ 与其拟合值序列 $\hat{X}^{(0)}=\left(\hat{x}^{(0)}(1),\hat{x}^{(0)}(2),\cdots,\hat{x}^{(0)}(n)\right)$ 对应的级比之间的差异, 级比偏差为

$$\rho(k)=\left|\frac{\sigma^{(0)}(k)-\hat{\sigma}^{(0)}(k)}{\hat{\sigma}^{(0)}(k)}\right|\times 100\%,\quad k=1,2,\cdots,n$$

(5) 滚动检验: 滚动检验是一种事后检验方法. 其运用原始序列 $X^{(0)}=\left(x^{(0)}(1),x^{(0)}(2),\cdots,x^{(0)}(n)\right)$ 建立模型预测下一个数据, 分析其绝对百分误差, 描述模型的预测能力.

第 5 步 预测: 给定预测步长, 依据白化方程对应的时间响应式计算原始序列对应的预测值, 分析序列发展趋势.

定义 7.1.4 称 GM(1,1) 模型的参数 $-a$ 为发展系数, b 为灰色作用量.

仿真实验表明, GM(1,1) 模型的预测能力主要取决于发展系数的取值, 关于模型适应范围有如下结论 (刘思峰和邓聚龙，2000):

(1) 当 $-a\leqslant 0.3$ 时, GM(1,1) 可用于中长期预测;

(2) 当 $0.3\leqslant -a\leqslant 0.5$ 时, GM(1,1) 可用于短期预测, 中长期预测慎用;

(3) 当 $0.5\leqslant -a\leqslant 0.8$ 时, 用 GM(1,1) 作短期预测应十分谨慎;

(4) 当 $0.8\leqslant -a\leqslant 1$ 时, 应采用残差修正 GM(1,1) 模型;

(5) 当 $-a\geqslant 1$ 时, 不宜采用 GM(1,1) 模型.

算例 7.1.1

为更好地把控我国林业生产的发展趋势, 做好发展规划, 需要对其进行短期预测, 由中国统计年鉴知 2000~2007 年全国林业总产值, 如表 7-1-2 所示, 对其建立 GM(1,1) 模型进行短期预测.

表 7-1-2 2000~2007 年全国林业总产值

序号	年份	产值/亿元	序号	年份	产值/亿元
1	2000	936.5	5	2004	1327.1
2	2001	938.8	6	2005	1425.5
3	2002	1033.5	7	2006	1593.5
4	2003	1239.9	8	2007	1861.6

(1) 级比检验: 由表 7-1-2 知原始序列

$$X^{(0)}=(936.5,\ 938.8,\ 1033.5,\ 1239.9,\ 1327.1,\ 1425.5,\ 1593.5,\ 1861.6)$$

其对应的级比序列为

$$\sigma^{(0)}=(0.9976,\ 0.9084,\ 0.8335,\ 0.9343,\ 0.9310,\ 0.8946,\ 0.8560)$$

满足

$$\sigma^{(0)}(k) \in \left(e^{-\frac{2}{n+1}}, e^{\frac{2}{n+1}}\right) = (0.8007,\ 1.2488), \quad k = 2, 3, \cdots, 8$$

通过级比检验, 可对原始序列建立 GM(1,1) 模型.

(2) GM(1,1) 建模: 对原始数据 $X^{(0)}$ 作一阶累加知

$$X^{(1)} = (936.5,\ 1875.3,\ 2908.8,\ 4148.7,\ 5475.8,\ 6901.3,\ 8494.8,\ 10356)$$

其对应的数据矩阵为

$$B = \begin{bmatrix} -z^{(1)}(2) & 1 \\ -z^{(1)}(3) & 1 \\ -z^{(1)}(4) & 1 \\ -z^{(1)}(5) & 1 \\ -z^{(1)}(6) & 1 \\ -z^{(1)}(7) & 1 \\ -z^{(1)}(8) & 1 \end{bmatrix} = \begin{bmatrix} 2811.8 & 1 \\ 4784.1 & 1 \\ 7057.5 & 1 \\ 9624.5 & 1 \\ 12377 & 1 \\ 15396 & 1 \\ 18851 & 1 \end{bmatrix}, \quad Y = \begin{bmatrix} x^{(0)}(2) \\ x^{(0)}(3) \\ \vdots \\ x^{(0)}(8) \end{bmatrix} = \begin{bmatrix} 938.8 \\ 1033.5 \\ 1239.9 \\ 1327.1 \\ 1425.5 \\ 1593.5 \\ 1861.6 \end{bmatrix}$$

辨识参数为

$$P = \left(B^{\mathrm{T}}B\right)^{-1} B^{\mathrm{T}}Y = \begin{bmatrix} -0.10928 \\ 792.25 \end{bmatrix}$$

即

$$a = -0.10928, \quad b = 792.25.$$

GM(1,1) 模型的基本形式和白化方程分别为

$$x^{(0)}(k) - 0.10928z^{(1)}(k) = 792.25$$

和

$$\frac{dx^{(1)}}{dt} - 0.10928x^{(1)} = 792.25$$

取初值条件 $x^{(1)}(1) = x^{(0)}(1) = 936.5$ 得到时间响应函数

$$\hat{x}^{(1)}(k) = 818.62e^{0.10928(k-1)} - 724.97$$

故知累加序列拟合值和原始序列拟合值为

$$\hat{X}^{(1)} = (936.5,\ 1881.8,\ 2936.3,\ 4112.5,\ 5424.6,\ 6888.2,\ 8520.8,\ 10342)$$

和

$$\hat{X}^{(0)} = (936.5,\ 945.3,\ 1054.5,\ 1176.2,\ 1312.1,\ 1463.6,\ 1632.6,\ 1821.1)$$

(3) 模型检验：检验结果如表 7-1-3 所示, 表明原始序列对应的 GM(1,1) 模型精度等级为一级, 且发展系数小于 0.3, 可以进行长期预测, 满足预测需求.

表 7-1-3 模型精度分析

序号	原始值	模拟值	残差	绝对百分误差	精度
1	936.5	936.5	0	0	1
2	938.8	945.3	−6.505	0.6929	0.99307
3	1033.5	1054.5	−20.965	2.0285	0.97971
4	1239.9	1176.2	63.67	5.1351	0.94865
5	1327.1	1312.1	15.044	1.1336	0.98866
6	1425.5	1463.6	−38.066	2.6704	0.9733
7	1593.5	1632.6	−39.073	2.4520	0.97548
8	1861.6	1821.2	40.505	2.1758	0.97824
	平均精度			97.67%	
	后检验差比值			0.1113	
	小误差概率			1.0000	
	灰色关联度			0.9988	

7.2 灰色 GMP(1,1,N) 模型

定义 7.2.1 称

$$x^{(0)}(k) + \alpha z^{(1)}(k) = \beta_0 + \frac{2k-1}{2}\beta_1 + \cdots + \frac{k^{N+1}-(k-1)^{N+1}}{N+1}\beta_N \tag{7.2.1}$$

为 GMP(1,1,N) 模型的基本形式;

$$\frac{dx^{(1)}(t)}{dt} + \alpha x^{(1)}(t) = \beta_0 + \beta_1 t + \cdots + \beta_N t^N \tag{7.2.2}$$

为 GMP(1,1,N) 模型的白化方程 (Luo D and Wei B L，2017).

与 GM(1,1) 模型的处理思想类似, GMP(1,1,N) 模型的白化方程是其基本形式的连续近似. 在区间上 $[k-1,k]$ 对白化方程进行积分知

等式右边为

$$\int_{k-1}^{k} (\beta_0 + \beta_1 t + \cdots + \beta_N t^N)dt = \beta_0 + \frac{2k-1}{2}\beta_1 + \cdots + \frac{k^{N+1}-(k-1)^{N+1}}{N+1}\beta_N$$

等式左边为

$$x^{(1)}(k) - x^{(1)}(k-1) + \alpha\int_{k-1}^{k} x^{(1)}(t)dt = x^{(0)}(k) + \alpha\int_{k-1}^{k} x^{(1)}(t)dt$$

积分项 $\int_{k-1}^{k} x^{(1)}(t)dt$ 表示函数曲线 $x^{(1)}(t)$ 与横轴围成的面积, 运用 “以直代曲” 方法, 以 $\overline{AB}$ 替代 $\widehat{AB}$, 有

$$\int_{k-1}^{k} x^{(1)}(t)dt = \frac{1}{2}\left(x^{(1)}(k-1) + x^{(1)}(k)\right)$$

定理 7.2.1 设原始非负序列为 $X^{(0)}$, 其一阶累加生成及其对应紧邻均值生成分别为 $X^{(1)}$ 和 $Z^{(1)}$, 则 GMP(1,1,N) 模型的参数辨识为

$$\hat{\kappa} = (\hat{\alpha}, \hat{\beta}_0, \hat{\beta}_1, \cdots, \hat{\beta}_N)^{\mathrm{T}} = (B^{\mathrm{T}}B)^{-1}B^{\mathrm{T}}Y \tag{7.2.3}$$

其中: 样本数与多项式阶数满足 $n \geqslant N+4$,

$$Y = \begin{bmatrix} x^{(0)}(2) \\ x^{(0)}(3) \\ \vdots \\ x^{(0)}(n) \end{bmatrix}, \quad B = \begin{bmatrix} -z^{(1)}(2) & 1 & \dfrac{3}{2} & \cdots & \dfrac{2^{N+1}-1}{N+1} \\ -z^{(1)}(3) & 1 & \dfrac{5}{2} & \cdots & \dfrac{3^{N+1}-2^{N+1}}{N+1} \\ \vdots & \vdots & \vdots & & \vdots \\ -z^{(1)}(n) & 1 & \dfrac{2n-1}{2} & \cdots & \dfrac{n^{N+1}-(n-1)^{N+1}}{N+1} \end{bmatrix}$$

证明 将数据代入基本形式得方程组

$$\begin{cases} x^{(0)}(2) + z^{(1)}(2)\alpha = \beta_0 + \dfrac{3}{2}\beta_1 + \cdots + \dfrac{2^{N+1}-1^{N+1}}{N+1}\beta_N \\ x^{(0)}(3) + z^{(1)}(3)\alpha = \beta_0 + \dfrac{5}{2}\beta_1 + \cdots + \dfrac{3^{N+1}-2^{N+1}}{N+1}\beta_N \\ \qquad\qquad\qquad\cdots\cdots \\ x^{(0)}(n) + z^{(1)}(n)\alpha = \beta_0 + \dfrac{2n-1}{2}\beta_1 + \cdots + \dfrac{n^{N+1}-(n-1)^{N+1}}{N+1}\beta_N \end{cases}$$

记作矩阵形式

$$B\kappa = Y$$

由 $n \geqslant N+4$ 知, 矩阵方程为超定方程组, 不存在精确解. 由最小二乘法知, 参数 κ 的最小二乘估计为

$$\hat{\kappa} = \min_{\kappa} \left\{L(\kappa) = (Y - B\kappa)^{\mathrm{T}}(Y - B\kappa)\right\}$$

由于损失函数 $L(\kappa)$ 为二次凸函数, 故依据极值存在条件知

$$\frac{dL(\kappa)}{d\kappa} = 2B^{\mathrm{T}}B\kappa - 2B^{\mathrm{T}}Y = 0$$

即

$$B^{\mathrm{T}}B\kappa = B^{\mathrm{T}}Y$$

一般地, 矩阵 B 为列满秩矩阵, 矩阵 $B^{\mathrm{T}}B$ 非奇异, 则知参数估计值为

$$\hat{\kappa} = (B^{\mathrm{T}}B)^{-1}B^{\mathrm{T}}Y$$

定理 7.2.2 给定初值条件 $\hat{x}^{(1)}(1) = x^{(1)}(1)$, 时间响应式为

$$\begin{cases} \hat{x}^{(1)}(k) = \left(x^{(1)}(1) - \sum\limits_{j=0}^{N}\gamma_j\right)e^{-\alpha(k-1)} + \gamma_0 + \gamma_1 k + \cdots + \gamma_N k^N \\ \hat{x}^{(0)}(k) = \hat{x}^{(1)}(k) - \hat{x}^{(1)}(k-1), \quad k = 2, 3, \cdots, n, n+1, \cdots, n+p \end{cases} \tag{7.2.4}$$

其中: p 为预测步长,

$$\gamma = M^{-1}\beta$$

$$\gamma = \begin{bmatrix} \gamma_0 \\ \gamma_1 \\ \vdots \\ \gamma_N \end{bmatrix}, \quad \beta = \begin{bmatrix} \hat{\beta}_0 \\ \hat{\beta}_1 \\ \vdots \\ \hat{\beta}_N \end{bmatrix}, \quad M = \begin{bmatrix} \hat{\alpha} & 1 & \cdots & 0 & 0 \\ 0 & \hat{\alpha} & \ddots & 0 & 0 \\ \vdots & \vdots & \ddots & \ddots & \vdots \\ 0 & 0 & \cdots & \hat{\alpha} & N \\ 0 & 0 & \cdots & 0 & \hat{\alpha} \end{bmatrix}$$

证明 将参数估计值代入白化方程知

$$\frac{d\hat{x}^{(1)}(t)}{dt} + \hat{\alpha}\hat{x}^{(1)}(t) = \hat{\beta}_0 + \hat{\beta}_1 t + \cdots + \hat{\beta}_N t^N$$

设微分方程的通解为

$$\hat{x}^{(1)}(t) = x_h^{(1)}(t) + x_p^{(1)}(t)$$

其中:

$x_h^{(1)}(t) = ce^{-\hat{\alpha}t}$为齐次微分方程$\dfrac{d\hat{x}^{(1)}(t)}{dt} + \hat{\alpha}\hat{x}^{(1)}(t) = 0$ 的通解;

$x_p^{(1)}(t) = \gamma_0 + \gamma_1 t + \cdots + \gamma_N t^N$ 为微分方程的特解, 即

$$\frac{dx_p^{(1)}(t)}{dt} + \hat{\alpha}x_p^{(1)}(t) = \hat{\beta}_0 + \hat{\beta}_1 t + \cdots + \hat{\beta}_N t^N$$

得方程组

$$M\gamma = \beta$$

由发展系数 $\hat{\alpha} \neq 0$ 知, M 为非奇异矩阵, 故

$$\gamma = M^{-1}\beta$$

将初值条件 $\hat{x}^{(1)}(1) = x^{(1)}(1)$ 代入方程通解知

$$c = e^{\hat{\alpha}}\left(x^{(1)}(1) - \sum_{j=0}^{N}\gamma_j\right)$$

即得时间响应式

$$\hat{x}^{(1)}(k) = \left(x^{(1)}(1) - \sum_{j=0}^{N}\gamma_j\right)e^{-\hat{\alpha}(k-1)} + \gamma_0 + \gamma_1 k + \cdots + \gamma_N k^N$$

结合一阶累减生成算子知得结论成立.

定义 7.2.2　设原始序列 $X^{(0)} = \left(x^{(0)}(1), x^{(0)}(2), \cdots, x^{(0)}(n)\right)$ 的 r 阶差分序列为

$$D^{(r)} = \left(d^{(r)}(r+1), d^{(r)}(r+2), \cdots, d^{(r)}(n)\right)$$

其 r 阶差分级比序列为

$$\delta^{(r)} = \left(\delta^{(r)}(r+2), \delta^{(r)}(r+3), \cdots, \delta^{(r)}(n)\right)$$

其中:

$$\delta^{(r)}(k) = \frac{d^{(r)}(k)}{d^{(r)}(k-1)}, \quad k = r+2, r+3, \cdots, n \tag{7.2.5}$$

定义 7.2.3　设

$$\delta_{\max}^{(r)} = \max_{r+2<k<n} \delta^{(r)}(k), \quad \delta_{\min}^{(r)} = \min_{r+2<k<n} \delta^{(r)}(k)$$

若 $\vartheta^{(r)} = 0$, 则称原始序列具有 r 阶齐次指数规律; 若 $\vartheta^{(r)} = \delta_{\max}^{(r)} - \delta_{\min}^{(r)} > 0$, 则称原始序列具有 r 阶灰指数规律.

由定理 2.3.2 知, $\vartheta^{(r)}$ 能够在一定程度上测度原始序列的灰指数规律, 考虑到高阶多项式的波动性特征和模型的泛化能力, 辨识多项式阶数的经验准则为

$$N = \min \arg \min_{r\in\Re} \vartheta^{(r)} = \min \arg \min_{r\in\Re} \left(\delta_{\max}^{(r)} - \delta_{\min}^{(r)}\right), \quad \Re = \{0, 1, 2, 3\}$$

据此可初步确定多项式阶数的备选值, 但由于 GMP(1,1,N) 模型对 N 阶齐次指数规律序列的有偏拟合性, 需结合调试法确定多项式阶数的最终取值.

推论 7.2.1 依据 GMP(1,1,N) 模型的多项式阶数 N 或参数取值的不同, 可得如下结论:

(1) 若 $N=0$, 则 GMP(1,1,N) 模型退化为 GM(1,1) 模型, 其基本形式和白化方程分别为

$$x^{(0)}(k)+z^{(1)}(k)\alpha=\beta_0 \quad 和 \quad \frac{dx^{(1)}(t)}{dt}+\alpha x^{(1)}(t)=\beta_0$$

估计参数为

$$\hat{\kappa}=(\hat{\alpha},\hat{\beta}_0)^{\mathrm{T}}=(B_1^{\mathrm{T}}B_1)^{-1}B_1^{\mathrm{T}}Y$$

其中:

$$B_1=\begin{bmatrix} -z^{(1)}(2) & -z^{(1)}(3) & \cdots & -z^{(1)}(n) \\ 1 & 1 & \cdots & 1 \end{bmatrix}^{\mathrm{T}}=B\left(e_1,\ e_2\right).$$

(2) 若 $N=1$, 则 GMP(1,1,N) 模型退化为 NGM(1,1,k) 模型, 其基本形式和白化方程分别为

$$x^{(0)}(k)+z^{(1)}(k)\alpha=\beta_0+\frac{2k-1}{2}\beta_1 \quad 和 \quad \frac{dx^{(1)}(t)}{dt}+\alpha x^{(1)}(t)=\beta_0+\beta_1 t$$

估计参数为

$$\hat{\kappa}=(\hat{\alpha},\ \hat{\beta}_0,\ \hat{\beta}_1)^{\mathrm{T}}=(B_2^{\mathrm{T}}B_2)^{-1}B_2^{\mathrm{T}}Y$$

其中:

$$B_2=\begin{bmatrix} -z^{(1)}(2) & -z^{(1)}(3) & \cdots & -z^{(1)}(n) \\ 1 & 1 & \cdots & 1 \\ \dfrac{3}{2} & \dfrac{5}{2} & \cdots & \dfrac{2n-1}{2} \end{bmatrix}^{\mathrm{T}}=B\left(e_1,\ e_2,\ e_3\right)$$

(3) 若 $\beta_1=\beta_2=\cdots=\beta_{N-1}=0$, 则 GMP(1,1,$N$) 模型退化为 GM(1,1,$t^{\alpha}$) 模型, 其基本形式和白化方程分别为

$$x^{(0)}(k)+z^{(1)}(k)\alpha=\beta_0+\frac{k^{N+1}-(k-1)^{N+1}}{N+1}\beta_N \quad 和 \quad \frac{dx^{(1)}(t)}{dt}+\alpha x^{(1)}(t)=\beta_0+\beta_N t^N$$

估计参数为

$$\hat{\kappa}=(\hat{\alpha},\ \hat{\beta}_0,\ \hat{\beta}_N)^{\mathrm{T}}=(B_3^{\mathrm{T}}B_3)^{-1}B_3^{\mathrm{T}}Y$$

其中:

$$B_3=\begin{bmatrix} -z^{(1)}(2) & -z^{(1)}(3) & \cdots & -z^{(1)}(n) \\ 1 & 1 & \cdots & 1 \\ \dfrac{2^{N+1}-1}{N+1} & \dfrac{3^{N+1}-2^{N+1}}{N+1} & \cdots & \dfrac{n^{N+1}-(n-1)^{N+1}}{N+1} \end{bmatrix}^{\mathrm{T}}=B\left(e_1,\ e_2,\ e_{N+2}\right)$$

推论表明灰色 GM(1,1)，NGM(1,1,k) 和 GM(1,1,t^{α}) 模型均是 GMP(1,1,N) 模型的特殊形式, 且通过选择参数 β_i 的取值, 可以构建不同的灰色预测新模型.

定理 7.2.3　设累加序列 $X^{(1)}$ 的仿射变换 $Y^{(1)}=\left(y^{(1)}(1),y^{(1)}(2),\cdots,y^{(1)}(n)\right)$, 其中 $y^{(1)}(k)=\rho x^{(1)}(k)+\xi$, 则 $\hat{y}^{(1)}(k)=\rho\hat{x}^{(1)}(k)+\xi$.

证明　由 $y^{(1)}(k)=\rho x^{(1)}(k)+\xi$ 知

$$y^{(0)}(k)=\begin{cases}\rho x^{(0)}(k)+\xi, & k=1\\ \left(\rho x^{(1)}(k)+\xi\right)-\left(\rho x^{(1)}(k)+\xi\right)=\rho x^{(0)}(k), & k=2,3,\cdots,n\end{cases}$$

则知

$$Y_y=\rho(x^{(0)}(2),x^{(0)}(3),\ \cdots,\ x^{(0)}(n))^{\mathrm{T}}=\rho Y$$

和

$$B_y=\begin{bmatrix}-z^{(1)}(2) & 1 & \dfrac{3}{2} & \cdots & \dfrac{2^{N+1}-1}{N+1}\\ -z^{(1)}(3) & 1 & \dfrac{5}{2} & \cdots & \dfrac{3^{N+1}-2^{N+1}}{N+1}\\ \vdots & \vdots & \vdots & & \vdots\\ -z^{(1)}(n) & 1 & \dfrac{2n-1}{2} & \cdots & \dfrac{n^{N+1}-(n-1)^{N+1}}{N+1}\end{bmatrix}$$

$$\times\begin{bmatrix}\rho & 0 & \cdots & 0\\ 0 & 1 & \cdots & 0\\ \vdots & \vdots & \ddots & \vdots\\ 0 & 0 & \cdots & 1\end{bmatrix}\begin{bmatrix}1 & 0 & \cdots & 0\\ -\xi & 1 & \cdots & 0\\ \vdots & \vdots & \ddots & \vdots\\ 0 & 0 & \cdots & 1\end{bmatrix}=BPQ$$

其中:

$$P=\begin{bmatrix}\rho & 0 & \cdots & 0\\ 0 & 1 & \cdots & 0\\ \vdots & \vdots & \ddots & \vdots\\ 0 & 0 & \cdots & 1\end{bmatrix}_{(N+2)\times(N+2)},\quad Q=\begin{bmatrix}1 & 0 & \cdots & 0\\ -\xi & 1 & \cdots & 0\\ \vdots & \vdots & \ddots & \vdots\\ 0 & 0 & \cdots & 1\end{bmatrix}_{(N+2)\times(N+2)}$$

矩阵 P 和 Q 均非奇异, 其逆矩阵为

$$P^{-1}=\frac{1}{\rho}\begin{bmatrix}1 & 0 & \cdots & 0\\ 0 & \rho & \cdots & 0\\ \vdots & \vdots & \ddots & \vdots\\ 0 & 0 & \cdots & \rho\end{bmatrix},\quad Q^{-1}=\begin{bmatrix}1 & 0 & \cdots & 0\\ \xi & 1 & \cdots & 0\\ \vdots & \vdots & \ddots & \vdots\\ 0 & 0 & \cdots & 1\end{bmatrix}$$

设 $\hat{\kappa}_y=(\hat{\alpha}_y,\hat{\beta}_{y0},\ \hat{\beta}_{y1},\cdots,\hat{\beta}_{yN})^{\mathrm{T}}$ 为仿射变换序列 $Y^{(1)}$ 对应的估计参数, 则

$$\begin{aligned}\hat{\kappa}_y&=(B_y^{\mathrm{T}}B_y)^{-1}B_y^{\mathrm{T}}Y_y=\rho(Q^{\mathrm{T}}P^{\mathrm{T}}B^{\mathrm{T}}BPQ)^{-1}Q^{\mathrm{T}}P^{\mathrm{T}}B^{\mathrm{T}}Y\\&=\rho Q^{-1}P^{-1}(B^{\mathrm{T}}B)^{-1}B^{\mathrm{T}}Y=\rho Q^{-1}P^{-1}\hat{\kappa}\end{aligned}$$

即

$$(\hat{\alpha}_y,\ \hat{\beta}_{y0},\ \hat{\beta}_{y1},\cdots,\hat{\beta}_{yN})^{\mathrm{T}}=(\hat{\alpha},\ \xi\hat{\alpha}+\rho\hat{\beta}_0,\ \rho\hat{\beta}_1,\cdots,\rho\hat{\beta}_N)^{\mathrm{T}}$$

结合定理 7.2.2 知

$$\gamma_y=M^{-1}\beta_y=\rho M^{-1}\beta+\xi\hat{\alpha}M^{-1}e_1=\rho\gamma+\xi\hat{\alpha}M^{-1}e_1$$

即

$$(\gamma_{y0},\ \gamma_{y1},\cdots,\gamma_{yN})^{\mathrm{T}}=(\rho\gamma_0+\xi,\ \rho\gamma_1,\cdots,\rho\gamma_N)^{\mathrm{T}}$$

给定初值条件 $\hat{y}^{(1)}(1)=\rho x^{(1)}(1)+\xi$, 序列 $Y^{(1)}$ 对应时间响应式为

$$\hat{y}^{(1)}(k)=\left(\rho x^{(1)}(1)-\sum_{j=0}^{N}\rho\gamma_j\right)e^{-\alpha(k-1)}+\rho\gamma_0+\xi+\rho\gamma_1k+\cdots+\rho\gamma_Nk^N$$

结合一阶累减还原算子易知, 累加序列的仿射变换不影响模型的拟合或预测精度, 即

$$\hat{y}^{(0)}(k)=\begin{cases}\rho\hat{x}^{(0)}(1)+\xi, & k=1\\ \left(\rho\hat{x}^{(1)}(k)+\xi\right)-\left(\rho\hat{x}^{(1)}(k-1)+\xi\right)=\rho\hat{x}^{(0)}(k), & k=2,3,\cdots\end{cases}$$

定理 7.2.4 设序列 $X^{(0)}$ 的数乘变换 $Y^{(0)}=\left(y^{(0)}(1),y^{(0)}(2),\cdots,y^{(0)}(n)\right)$, 其中 $y^{(0)}(k)=\rho x^{(0)}(k)$, 则 $\hat{y}^{(1)}(k)=\rho\hat{x}^{(1)}(k)$.

证明 类似于定理 7.2.3 知

$$Y_y=\rho(x^{(0)}(2),\ x^{(0)}(3),\cdots,x^{(0)}(n))^{\mathrm{T}}=\rho Y$$

和

$$B_y=\begin{bmatrix}-z^{(1)}(2) & 1 & \dfrac{3}{2} & \cdots & \dfrac{2^{N+1}-1}{N+1}\\ -z^{(1)}(3) & 1 & \dfrac{5}{2} & \cdots & \dfrac{3^{N+1}-2^{N+1}}{N+1}\\ \vdots & \vdots & \vdots & & \vdots\\ -z^{(1)}(n) & 1 & \dfrac{2n-1}{2} & \cdots & \dfrac{n^{N+1}-(n-1)^{N+1}}{N+1}\end{bmatrix}\begin{bmatrix}\rho & 0 & \cdots & 0\\ 0 & 1 & \cdots & 0\\ \vdots & \vdots & \ddots & \vdots\\ 0 & 0 & \cdots & 1\end{bmatrix}=BP$$

设 $\hat{\kappa}_y = (\hat{\alpha}_y, \hat{\beta}_{y0}, \hat{\beta}_{y1}, \cdots, \hat{\beta}_{yN})^{\mathrm{T}}$ 为序列 $Y^{(0)}$ 对应的估计参数, 则

$$(\hat{\alpha}_y,\ \hat{\beta}_{y0},\ \hat{\beta}_{y1}, \cdots, \hat{\beta}_{yN})^{\mathrm{T}} = (\hat{\alpha},\ \rho\hat{\beta}_0,\ \rho\hat{\beta}_1, \cdots, \rho\hat{\beta}_N)^{\mathrm{T}}$$

且

$$(\gamma_{y0},\ \gamma_{y1}, \cdots, \gamma_{yN})^{\mathrm{T}} = (\rho\gamma_0 + \xi,\ \rho\gamma_1, \cdots, \rho\gamma_N)^{\mathrm{T}}$$

给定初值条件 $\hat{y}^{(1)}(1) = \rho x^{(1)}(1)$, 序列 $Y^{(0)}$ 对应时间响应式为

$$\hat{y}^{(1)}(k) = \left(\rho x^{(1)}(1) - \sum_{j=0}^{N} \rho\gamma_j\right) e^{-\alpha(k-1)} + \rho\gamma_0 + \rho\gamma_1 k + \cdots + \rho\gamma_N k^N$$

结合一阶累减还原算子证得结论成立.

定理 7.2.3 和定理 7.2.4 表明, 累加序列的仿射变换和原始序列的数乘变换均不改变模型精度, 在实际应用中, 可对累加序列或原始序列施用仿射变换或数乘变换, 避免在参数估计过程可能出现的病态性问题.

定义 7.2.4　设原始序列 $X^{(0)} = \left(x^{(0)}(1), x^{(0)}(2), \cdots, x^{(0)}(n)\right)$ 具有 N 阶齐次指数规律, $\hat{x}^{(0)}(k)$ 为其对应 GMP(1,1,N) 模型的拟合值, 若 $x^{(0)}(k) = \hat{x}^{(0)}(k)$, 则称该模型满足无偏性.

定理 7.2.5　灰色 GMP(1,1,N) 模型不满足无偏性.

证明　运用反例法即可证得结论成立, 此处仅给出 $N = 3$ 时的反例, 其他类似可证.

令 $x^{(0)}(t) = 1.2 \times (1.5)^t - 0.6t^2 + t + 4$, 在区间 $[1, 10]$ 上取采样间隔为 1, 得 8 个采样数据为

$$X^{(0)} = (6.20, 6.30, 5.65, 4.48, 3.11, 2.07, 2.10, 4.35)$$

据此建立 GMP(1,1,3) 模型, 得原始序列拟合值为

$$\hat{X}^{(0)} = (6.20, 6.31, 5.70, 4.56, 3.24, 2.22, 2.27, 4.49)$$

显然地

$$x^{(0)}(k) \neq \hat{x}^{(0)}(k), \quad k = 2, 3, \cdots, 8.$$

GMP(1,1,N) 模型的建模步骤如下:

第 1 步　模型定阶: 分析原始序列对应的差分级比特征, 初步确定多项式阶数的备选值.

第 2 步　参数辨识: 辨识模型参数, 给定初值条件, 计算原始序列对应的拟合值.

第 3 步 模型检验: 依据残差检验、后验差检验、关联度检验方法, 分析模型的精度.

第 4 步 预测: 给定预测步长, 运用通过检验的模型预测原始序列对应的预测值, 分析序列发展趋势.

算例 7.2.1(Hsu L C，2010)

以 1990~2003 年中国台湾集成电路产量为训练数据, 建立 GMP(1,1,N) 模型, 以 2004~2007 年的产量为验证数据, 如表 7-2-1 所示.

表 7-2-1 中国台湾 1990~2007 年集成电路产量

年份	产量/10^9 新台币	年份	产量/10^9 新台币	年份	产量/10^9 新台币
1990	0.64	1996	1.883	2002	6.529
1991	0.724	1997	2.413	2003	8.188
1992	0.813	1998	2.834	2004	10.99
1993	1.145	1999	4.235	2005	11.141
1994	1.509	2000	7.144	2006	13.933
1995	2.122	2001	5.269	2007	14.667

为了确定模型的阶数, 计算 1990~2003 年产量数据序列对应的差分级比序列, 如图 7-2-1 所示.

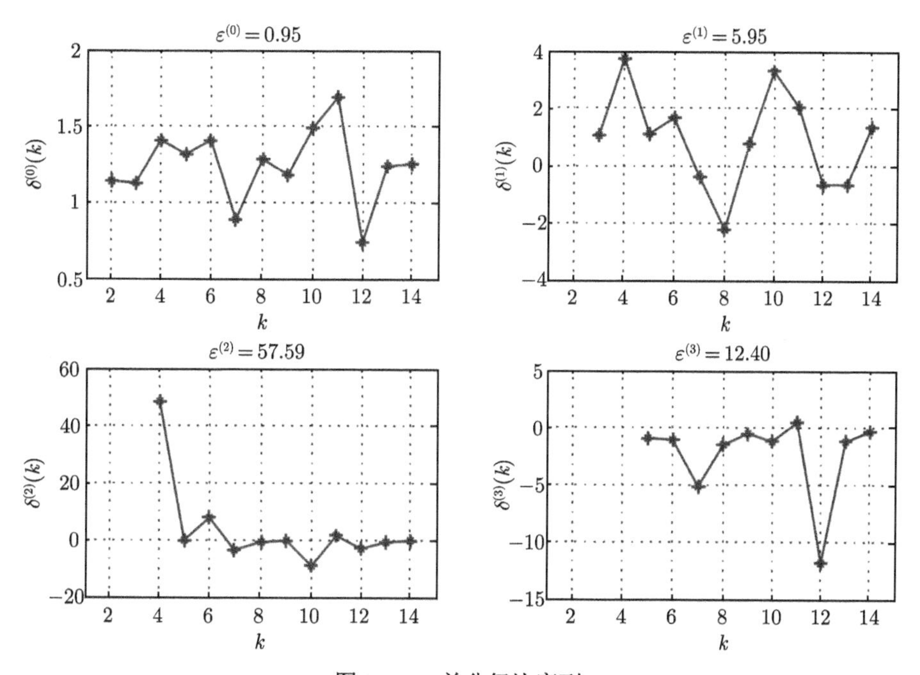

图 7-2-1 差分级比序列

由 $\vartheta^{(0)} < \vartheta^{(1)} < 10 < \vartheta^{(3)} < \vartheta^{(2)}$ 知, 多项式阶数N备选取值为 0 和 1, 为进一步说明多项式定阶准则的可行性与模型的有效性, 建立 GMP(1,1,2) 模型、GANBGM 模型和指数平滑模型 (ES), 并依据训练数据和验证数据的绝对百分误差和平均绝对百分误差, 分析模型的精度, 如表 7-2-2 所示.

表 7-2-2　不同模型的建模结果

年份	GM(1,1)		GMP(1,1,1)		GMP(1,1,2)		GANBGM		ES	
	预测值	APE	预测值	APE	预测值	APE	预测值	APE	预测值	APE
1990	0.640	0.00	0.640	0.00	0.640	0.00	0.640	0.00		
1991	0.970	33.97	0.503	30.58	0.796	9.89	0.566	21.84		
1992	1.168	43.67	0.780	4.08	0.854	5.00	0.813	0.05	0.808	0.62
1993	1.407	22.86	1.096	4.28	1.035	9.58	1.109	3.16	0.894	21.90
1994	1.694	12.27	1.457	3.47	1.332	11.73	1.458	3.39	1.092	27.62
1995	2.040	3.85	1.868	11.96	1.736	18.20	1.865	12.11	1.421	33.03
1996	2.457	30.49	2.337	24.13	2.240	18.94	2.339	24.21	1.972	4.71
1997	2.959	22.63	2.873	19.05	2.836	17.55	2.887	19.64	2.325	3.66
1998	3.564	25.75	3.483	22.90	3.520	24.20	3.518	24.12	2.737	3.41
1999	4.292	1.34	4.179	1.31	4.284	1.16	4.241	0.15	3.174	25.06
2000	5.169	27.65	4.974	30.38	5.124	28.28	5.069	29.04	4.066	43.09
2001	6.225	18.14	5.880	11.59	6.034	14.51	6.031	14.46	6.104	15.84
2002	7.496	14.82	6.913	5.88	7.009	7.35	7.087	8.55	7.074	8.34
2003	9.028	10.26	8.092	1.17	8.045	1.75	8.307	1.45	7.987	2.46
MAPE		19.12		12.20		12.01		11.58		15.81
2004	10.872	1.07	9.436	14.14	9.137	16.86	9.689	11.84	9.113	17.08
2005	13.094	17.53	10.970	1.54	10.283	7.70	11.253	1.01	10.193	8.51
2006	15.769	13.18	12.719	8.71	11.477	17.62	13.020	6.55	11.274	19.08
2007	18.991	29.48	14.714	0.32	12.718	13.29	15.014	2.36	12.355	15.77
MAPE		15.31		6.18		13.87		5.44		15.11

由表 7-2-2 知, GMP(1,1,1) 模型、GMP(1,1,2) 模型和 GANBGM 模型的平均相对误差相差不大, 分别为 12.20%, 12.01%和 11.58%, 显著优于 GM(1,1) 模型和指数平滑模型. GMP(1,1,2) 模型的拟合误差略小于 GMP(1,1,1) 模型, 但其预测误差 13.87%是 GMP(1,1,1) 模型的两倍多, 这是由 GMP(1,1,2) 模型的过拟合所导致的. GMP(1,1,1) 模型的预测误差 6.18%与 GANBGM 模型的 5.44%很接近, 但其算法复杂度较 GANBGM 模型算法复杂度低, 稳定性强.

7.3　多变量灰色 GMC(1,N) 模型

定义 7.3.1　设系统行为特征序列为 $X_1^{(0)} = (x_1^{(0)}(1), x_1^{(0)}(2), \cdots, x_1^{(0)}(n))$, 相

关因素序列为

$$X_2^{(0)}=(x_2^{(0)}(1),x_2^{(0)}(2),\cdots,x_2^{(0)}(n))$$
$$X_3^{(0)}=(x_3^{(0)}(1),x_3^{(0)}(2),\cdots,x_3^{(0)}(n))$$
$$\cdots\cdots$$
$$X_N^{(0)}=(x_N^{(0)}(1),x_N^{(0)}(2),\cdots,x_N^{(0)}(n))$$

则称

$$x_1^{(0)}(k)+az_1^{(1)}(k)=\sum_{i=2}^{N}b_ix_i^{(1)}(k) \tag{7.3.1}$$

为 GM(1,N) 模型的基本形式;

$$\frac{dx^{(1)}(t)}{dt}+ax_1^{(1)}(t)=b_2x_2^{(1)}(t)+b_3x_3^{(1)}(t)+\cdots+b_Nx_N^{(1)}(t) \tag{7.3.2}$$

为 GM(1,N) 模型的白化方程 (邓聚龙，2002；Kung L M and Yu S W，2008).

定理 7.3.1 设原始系统特征数据序列为 $X_1^{(0)}$, 相关因素数据序列为 $X_i^{(0)}$, $i=2,3,\cdots,N$, 其对应的一阶累加生成及其对应紧邻均值生成分别为 $X_1^{(1)}$ 和 $Z_i^{(1)}$, 若 $n>N+1$, 则 GM(1,N) 模型的参数辨识为

$$P=(a,b_2,b_3,\cdots,b_N)^{\mathrm{T}}=\left(B^{\mathrm{T}}B\right)^{-1}B^{\mathrm{T}}Y \tag{7.3.3}$$

其中:

$$B=\begin{bmatrix}-z_1^{(1)}(2) & x_2^{(1)}(2) & \cdots & x_N^{(1)}(2)\\ -z_1^{(1)}(3) & x_2^{(1)}(3) & \cdots & x_N^{(1)}(3)\\ \vdots & \vdots & & \vdots\\ -z_1^{(1)}(n) & x_2^{(1)}(n) & \cdots & x_N^{(1)}(n)\end{bmatrix},\quad Y=\begin{bmatrix}x_1^{(0)}(2)\\ x_1^{(0)}(3)\\ \vdots\\ x_1^{(0)}(n)\end{bmatrix}$$

证明 将数据代入基本形式得方程组

$$\begin{cases}x_1^{(0)}(2)+az_1^{(1)}(2)=b_2x_2^{(1)}(2)+b_3x_3^{(1)}(2)+\cdots+b_Nx_N^{(1)}(2)\\ x_1^{(0)}(3)+az_1^{(1)}(3)=b_2x_2^{(1)}(3)+b_3x_3^{(1)}(3)+\cdots+b_Nx_N^{(1)}(3)\\ \cdots\cdots\\ x_1^{(0)}(n)+az_1^{(1)}(n)=b_2x_2^{(1)}(n)+b_3x_3^{(1)}(n)+\cdots+b_Nx_N^{(1)}(n)\end{cases}$$

记作矩阵形式

$$BP=Y$$

由 $n>N+1$, 矩阵方程为超定方程组, 不存在精确解. 由矩阵 B 列满秩知, 参数 P 的最小二乘估计为

$$P=\left(B^{\mathrm{T}}B\right)^{-1}B^{\mathrm{T}}Y$$

事实上, 白化方程是 GM(1,N) 模型的基本形式的连续近似, 关于白化方程和 GM(1,N) 模型的解有如下结论:

(1) 白化方程 $\dfrac{dx_1^{(1)}}{dt}+ax_1^{(1)}=\sum\limits_{i=2}^{N}b_ix_i^{(1)}$ 的解为

$$
\begin{aligned}
x^{(1)}(t)&=e^{-at}\left[\sum_{i=2}^{N}\int b_ix_i^{(1)}(t)e^{at}dt+x^{(1)}(0)-\sum_{i=2}^{N}\int b_ix_i^{(1)}(0)dt\right]\\
&=e^{-at}\left[x^{(1)}(0)-t\sum_{i=2}^{N}b_ix_i^{(1)}(0)+\sum_{i=2}^{N}\int b_ix_i^{(1)}(t)e^{at}dt\right]
\end{aligned}
\tag{7.3.4}
$$

(2) 若 $X_i^{(1)}$ 变化幅度很小, 可将 $\sum\limits_{i=2}^{N}b_ix_i^{(1)}(k)$ 近似为灰常量, 给定初始条件 $x_1^{(1)}(1)=x_1^{(0)}(1)$, 则 GM(1,$N$) 模型的近似时间响应式为

$$
\hat{x}_1^{(1)}(k+1)=\left(x_1^{(1)}(0)-\frac{1}{a}\sum_{i=2}^{N}b_ix_i^{(1)}(k+1)\right)e^{-ak}+\frac{1}{a}\sum_{i=2}^{N}b_ix_i^{(1)}(k+1) \tag{7.3.5}
$$

(3) 累减还原式为

$$
\hat{x}_1^{(0)}(k+1)=\hat{x}_1^{(1)}(k+1)-\hat{x}_1^{(1)}(k) \tag{7.3.6}
$$

(4) GM(1,N) 差分模拟式为

$$
\hat{x}_1^{(0)}(k)=-az_1^{(1)}(k)+\sum_{i=2}^{N}b_i\hat{x}_i^{(1)}(k) \tag{7.3.7}
$$

由于 GM(1,N) 模型不具有全信息, 一般不用于做预测, 而是作为分析模型或因子模型, 对系统因子进行整体的、全局的、动态的分析. 为了使模型可用于多因子系统的预测中, 考虑系统因子之间的延迟效应, 改进 GM(1,N) 模型提出 GMC(1,N) 模型.

定义 7.3.2　称

$$
x_1^{(0)}(k+\tau)+b_1z_1^{(1)}(k+\tau)=b_2z_2^{(1)}(k)+b_3z_3^{(1)}(k)+\cdots+b_nz_N^{(1)}(k)+u \tag{7.3.8}
$$

为灰色 GMC(1,N) 模型的基本形式,

$$
\frac{dx_1^{(1)}(t+\tau)}{dt}+b_1x_1^{(1)}(t+\tau)=b_2x_2^{(1)}(t)+b_3x_3^{(1)}(t)+\cdots+b_nx_N^{(1)}(t)+u \tag{7.3.9}
$$

为灰色 GMC(1,N) 模型的白化方程, 其中 τ 为延迟阶数 (Tien T L，2005；Tien T L，2009；Tien T L，2012).

在区间 $[k-1,k]$ 对其进行积分知, 等式左边为

$$\int_{k-1}^{k}\frac{dx_1^{(1)}(t+\tau)}{dt}dt+\int_{k-1}^{k}b_1x_1^{(1)}(t+\tau)dt=x_1^{(0)}(k+\tau)+b_1\int_{k-1}^{k}x_1^{(1)}(t+\tau)dt$$

右边为

$$\begin{aligned}&\int_{k-1}^{k}b_2x_2^{(1)}(t)dt+\int_{k-1}^{k}b_3x_3^{(1)}(t)dt+\cdots+\int_{k-1}^{k}b_nx_N^{(1)}(t)dt+\int_{k-1}^{k}udt\\=&b_2\int_{k-1}^{k}x_2^{(1)}(t)dt+b_3\int_{k-1}^{k}x_3^{(1)}(t)dt+\cdots+b_n\int_{k-1}^{k}x_N^{(1)}(t)dt+u\end{aligned}$$

仍采用"以直代曲"方法, 有

$$\int_{k-1}^{k}x_1^{(1)}(t+\tau)dt=\frac{1}{2}(x_1^{(1)}(k+\tau)+x_1^{(1)}(k-1+\tau))=z_1^{(1)}(k+\tau)$$

和

$$\int_{k-1}^{k}x_i^{(1)}(t)dt=\frac{1}{2}(x_i^{(1)}(k-1)+x_i^{(1)}(k))=z_i^{(1)}(k),\quad i=2,3,\cdots,N$$

定理 7.3.2 设原始系统特征数据序列为 $X_1^{(0)}$, 相关因素数据序列为 $X_i^{(0)}$, $i=2,3,\cdots,N$, 其对应的一阶累加生成及其对应紧邻均值生成序列分别为 $X_1^{(1)}$ 和 $Z_i^{(1)}$, 若 $n>N+\tau+2$, 则 GMC(1,N) 模型的参数辨识为

$$P=(b_1,b_2,\cdots,b_N,u)^{\mathrm{T}}=\left(B^{\mathrm{T}}B\right)^{-1}B^{\mathrm{T}}Y \tag{7.3.10}$$

其中

$$B=\begin{bmatrix}-z_1^{(1)}(2+\tau) & z_2^{(1)}(2) & z_3^{(1)}(2) & \cdots & z_N^{(1)}(2) & 1\\ -z_1^{(1)}(3+\tau) & z_2^{(1)}(3) & z_3^{(1)}(3) & \cdots & z_N^{(1)}(3) & 1\\ \vdots & \vdots & \vdots & & \vdots & \vdots\\ -z_1^{(1)}(n) & z_2^{(1)}(n-\tau) & z_3^{(1)}(n-\tau) & \cdots & z_N^{(1)}(n-\tau) & 1\end{bmatrix},$$

$$Y=\begin{bmatrix}x_1^{(0)}(2+\tau)\\ x_1^{(0)}(3+\tau)\\ \vdots\\ x_1^{(0)}(n)\end{bmatrix}$$

证明 将数据代入式 (7.3.8) 得方程组

$$\begin{cases}x_1^{(0)}(2+\tau)+b_1z_1^{(1)}(2+\tau)=b_2z_2^{(1)}(2)+b_3z_3^{(1)}(2)+\cdots+b_nz_N^{(1)}(2)+u\\ x_1^{(0)}(3+\tau)+b_1z_1^{(1)}(3+\tau)=b_2z_2^{(1)}(3)+b_3z_3^{(1)}(3)+\cdots+b_nz_N^{(1)}(3)+u\\ \qquad\qquad\cdots\cdots\\ x_1^{(0)}(n)+b_1z_1^{(1)}(n)=b_2z_2^{(1)}(n-\tau)+b_3z_3^{(1)}(n-\tau)+\cdots+b_nz_N^{(1)}(n-\tau)+u\end{cases}$$

记作矩阵形式

$$BP = Y$$

由 $n > N+\tau+2$ 知, 矩阵方程为没有精确解的超定方程组, 参数矩阵 P 的最小二乘估计为

$$P = (b_1, b_2, \cdots, b_N, u)^{\mathrm{T}} = \left(B^{\mathrm{T}}B\right)^{-1} B^{\mathrm{T}}Y$$

定理 7.3.3 给定初值条件 $\hat{x}_1^{(1)}(1+\tau) = x_1^{(1)}(1+\tau)$, 灰色 GMC(1,$N$) 模型的白化方程的时间响应式为

$$\hat{x}_1^{(1)}(t+\tau) = x_1^{(0)}(1+\tau)e^{-b_1(t-1)} + \int_1^t e^{-b_1(t-s)} f(s)dt \tag{7.3.11}$$

其中 $\int_1^t e^{-b_1(t-s)} f(s)dt$ 为卷积项,

$$f(t) = \sum_{i=2}^{N} b_i x_i^{(1)}(t) + u$$

证明 白化方程 (7.3.9) 的单位脉冲响应函数为

$$\frac{dx_1^{(1)}(t)}{dt} + b_1 x_1^{(1)}(t) = \delta(t) \tag{7.3.12}$$

其中单位脉冲函数 $\delta(t)$ 满足

(1) $\delta(t) = 0,\ t \neq 0$;

(2) $\int_{-\infty}^{+\infty} \delta(t)dt = 1$.

将式 (7.3.12) 的两边同时乘以 $e^{b_1 t}$ 知

$$e^{b_1 t}\left[\frac{dx_1^{(1)}(t)}{dt} + b_1 x_1^{(1)}(t)\right] = e^{b_1 t}\delta(t)$$

结合链式法则知

$$\frac{d}{dt}\left[e^{b_1 t} x_1^{(1)}(t)\right] = e^{b_1 t}\delta(t) \tag{7.3.13}$$

在区间 $[0, t]$ 上由积分式 (7.3.13) 知

$$\int_0^t \frac{d}{dt}\left[e^{b_1 t} x_1^{(1)}(t)\right] dt = \int_0^t e^{b_1 t}\delta(t)dt$$

结合初始条件 $x_1^{(1)}(0) = 0$ 知

$$e^{b_1 t} x_1^{(1)}(t) = 1$$

即

$$x_1^{(1)}(t) = e^{-b_1 t} \tag{7.3.14}$$

由于灰色预测建模理论中的原始序列通常从序号 $t=1$ 开始计数, 故知

$$x_1^{(1)}(t) = e^{-b_1(t-1)}$$

由 $e^{-b_1 t}$ 和 $f(t)$ 的卷积积分可知, GMC(1,N) 模型的一阶累加序列对应的间响应式为

$$\hat{x}_1^{(1)}(t+\tau) = x_1^{(0)}(\tau+1)e^{-b_1(t-1)} + \int_1^t e^{-b_1(t-s)} f(s)dt$$

通常地, 不能够直接求解卷积 $\int_1^t e^{-b_1(t-s)} f(s)dt$ 的解析解, 常用数值计算方法计算卷积的近似数值解, 分别为

(1) 梯形公式近似求解卷积

$$\hat{x}_1^{(1)}(t+\tau) = x_1^{(0)}(\tau+1)e^{-b_1(t-1)} + u(t-2) \times \sum_{s=2}^{t} \frac{1}{2}\left[e^{-b_1(t-s)} f(s) + e^{-b_1(t-s+1)} f(s-1)\right] \tag{7.3.15}$$

(2) 高斯公式近似求解卷积

$$\hat{x}_1^{(1)}(t+\tau) = x_1^{(0)}(\tau+1)e^{-b_1(t-1)} + u(t-2) \times \sum_{s=2}^{t} \left\{\frac{1}{2} e^{-b_1(t-s+0.5)} \left[f(s) + f(s-1)\right]\right\} \tag{7.3.16}$$

其中

$$u(t-2) = \begin{cases} 0, & t<2 \\ 1, & t \geqslant 2 \end{cases}$$

为表述方便, 称式 (7.3.15) 对应的 GMC(1,N) 模型为 $\mathrm{GMC_T}(1,N)$ 模型, 式 (7.3.16) 对应的 GMC(1,N) 模型为 $\mathrm{GMC_G}(1,N)$ 模型. 结合一阶累减生成算子可得原始序列对应的拟合值与预测值.

GMC(1,N) 模型的建模步骤如下:

第 1 步 模型定阶: 定性分析各系统因素间的关系, 确定模型相关因素个数 N 和周期延迟阶数 τ.

第 2 步 参数辨识: 辨识模型参数, 给定初值条件, 分别依据梯形公式和高斯公式, 计算原始序列对应的拟合值.

第 3 步 模型检验: 采用先验样本的均方根百分误差 (RMSPEPR) 和后验样本的均方根百分误差 (RMSPEPO) 评估模型的拟合精度和预测精度.

$$\mathrm{RMSPEPR} = \sqrt{\frac{1}{n} \sum_{t=1+\tau}^{n} \left[\frac{\hat{x}^{(0)}(t) - x^{(0)}(t)}{x^{(0)}(t)}\right]^2} \times 100\% \tag{7.3.17}$$

$$\text{RMSPEPO} = \sqrt{\frac{1}{p}\sum_{t=n+1}^{n+p}\left[\frac{\hat{x}^{(0)}(t)-x^{(0)}(t)}{x^{(0)}(t)}\right]^2} \times 100\% \tag{7.3.18}$$

第 4 步 预测：给定预测步长 p, 分别运用通过检验的 $\text{GMC}_\text{T}(1,N)$ 模型和 $\text{GMC}_\text{G}(1,N)$ 模型预测原始序列对应的预测值, 分析序列发展趋势.

多变量灰色 GM(1,N) 模型与 GMC(1,N) 模型的区别与联系：

(1) 两模型的建模过程均用到了一阶累加生成算子和一阶累减还原生成算子, 它们的基本形式均是其对应白化方程的离散近似;

(2) 相较于 GMC(1,N) 模型, GMC(1,N) 模型包含灰色控制参数, 并考虑了特征因素与相关因素之间时间延迟效应;

(3) GMC(1,N) 模型抛弃了相关因素变化幅度小的假设, 运用梯形公式和高斯公式给出了白化方程的数值解, 更符合实际问题的现实情况.

算例 7.3.1(Tien T L，2012)

在实际中, 直接测量材料拉伸强度比测量布氏硬度更困难, 一般地, 测量某温度下材料的拉伸强度需要两分钟, 而测量材料的布氏硬度只需几秒钟即可, 而且布氏硬度测试机的制作成本低、价格便宜, 更易获得. 因此, 分析布氏硬度与拉伸强度之间的关系, 间接测度材料的拉伸强度, 具有一定的理论意义和工程应用价值.

不同温度下, 某材料的布氏硬度与拉伸强度如表 7-3-1 所示, 以前五组观测数据为训练数据, 分别建立 $\text{GMC}_\text{T}(1,N)$ 模型和 $\text{GMC}_\text{G}(1,N)$ 模型, 后五组数据为验证数据, 用于验证模型的精度.

表 7-3-1 某材料的布氏硬度与拉伸强度数据

温度	拉伸强度	布氏硬度	温度	拉伸强度	布氏硬度
400	897	514	900	814	293
500	897	495	1000	779	269
600	890	444	1100	738	235
700	876	401	1200	669	201
800	848	352	1300	600	187

(1) 模型定阶：由以前五组观测数据为训练数据, 后五组数据为验证数据易知, $N=2, n=5, \tau=0, p=5$, 且由材料的布氏硬度与拉伸强度具有一定的关系, 温度作为不同状态的标识知

$$t=(1,2,3,4,5,6,7,8,9,10)$$

原始系统行为序列和相关因素序列分别为

$$X_1^{(0)}=(897,897,890,876,848)$$

和

$$X_2^{(0)} = (514, 495, 444, 401, 352)$$

其对应的一阶累加生成序列分别为

$$X_1^{(1)} = (897, 1794, 2684, 3560, 4408)$$

和

$$X_2^{(1)} = (514, 1009, 1453, 1854, 2206)$$

紧邻均值序列分别为

$$Z_1^{(1)} = (1345.5, 2239.0, 3122.0, 3984.0)$$

和

$$Z_2^{(1)} = (761.5, 1231.0, 1653.5, 2030.0)$$

(2) 参数辨识：将

$$B = \begin{bmatrix} 1345.5 & 761.5 & 1 \\ 2239.0 & 1231.0 & 1 \\ 3122.0 & 1653.5 & 1 \\ 3984.0 & 2030.0 & 1 \end{bmatrix}, \quad Y = \begin{bmatrix} 897 \\ 890 \\ 876 \\ 848 \end{bmatrix}$$

代入式 (7.3.10) 知

$$P = (b_1, b_2, u)^{\mathrm{T}} = \left(B^{\mathrm{T}}B\right)^{-1} B^{\mathrm{T}}Y = (0.1506,\ 0.2753,\ 889.5613)^{\mathrm{T}}$$

即

$$b_1 = 0.1506, \quad b_2 = 0.2753, \quad u = 889.5613$$

将数据代入模型白化方程知

$$\frac{d}{dt}x_1^{(1)}(t) + 0.1506x_1^{(1)}(t) = 0.2753x_2^{(1)}(t) + 889.5613, \quad t = 1, 2, \cdots, 10$$

基于 $\mathrm{GMC_T}(1,2)$ 模型和 $\mathrm{GMC_G}(1,2)$ 模型分别计算原始序列的拟合值, 如表 7-3-2 所示.

表 7-3-2 拉伸强度的拟合值

温度	拉伸强度	$\mathrm{GMC_T}(1,2)$ 模型	APE	$\mathrm{GMC_G}(1,2)$ 模型	APE
400	897	897.00	0.00	897.00	0.00
500	897	901.72	0.53	894.06	0.33
600	890	895.38	0.60	888.94	0.12
700	876	877.97	0.22	872.54	0.39
800	848	851.15	0.37	846.68	0.16

(3) 模型检验：依据式 (7.3.17) 计算 $\mathrm{GMC_T}(1,2)$ 模型和 $\mathrm{GMC_G}(1,2)$ 模型的先验样本的均方根百分误差 (RMSPEPR) 分别为

$$\mathrm{RMSPEPR}_{\mathrm{GMC_T}(1,2)}=\sqrt{\frac{1}{5}\sum_{t=1}^{5}\left[\frac{\hat{x}^{(0)}(t)-x^{(0)}(t)}{x^{(0)}(t)}\right]^2}\times 100\%=0.41\%$$

和

$$\mathrm{RMSPEPR}_{\mathrm{GMC_G}(1,2)}=\sqrt{\frac{1}{5}\sum_{t=1}^{5}\left[\frac{\hat{x}^{(0)}(t)-x^{(0)}(t)}{x^{(0)}(t)}\right]^2}\times 100\%=0.25\%$$

这表明 $\mathrm{GMC_T}(1,2)$ 模型和 $\mathrm{GMC_G}(1,2)$ 模型的拟合精度均较高, 可以用来进行预测.

(4) 预测：给定预测步长 $p=5$, 分别运用通过检验的 $\mathrm{GMC_T}(1,2)$ 模型和 $\mathrm{GMC_G}(1,2)$ 模型预测原始序列对应的预测值, 如表 7-3-3 所示. 依据式 (7.3.18) 计算后验样本的均方根百分误差 (RMSPEPO) 分别为

$$\mathrm{RMSPEPO}_{\mathrm{GMC_T}(1,2)}=\sqrt{\frac{1}{5}\sum_{t=6}^{10}\left[\frac{\hat{x}^{(0)}(t)-x^{(0)}(t)}{x^{(0)}(t)}\right]^2}\times 100\%=2.92\%$$

和

$$\mathrm{RMSPEPO}_{\mathrm{GMC_G}(1,2)}=\sqrt{\frac{1}{5}\sum_{t=6}^{10}\left[\frac{\hat{x}^{(0)}(t)-x^{(0)}(t)}{x^{(0)}(t)}\right]^2}\times 100\%=2.84\%$$

表 7-3-3　拉伸强度的预测值

温度	拉伸强度	$\mathrm{GMC_T}(1,2)$ 模型	APE	$\mathrm{GMC_G}(1,2)$ 模型	APE
900	814	814.16	0.02	810.65	0.41
1000	779	772.06	0.89	769.07	1.28
1100	738	728.32	1.31	725.89	1.64
1200	669	681.99	1.94	680.07	1.65
1300	600	636.18	6.03	634.52	5.75

7.4　离散多变量灰色 DGMC(1,N) 模型

定义 7.4.1　称

$$x_1^{(1)}(k+\tau+1)=\beta_1 x_1^{(1)}(k+\tau)+\sum_{i=2}^{N}\beta_i z_i^{(1)}(k+1)+\mu \tag{7.4.1}$$

为 DGMC(1,N) 模型 (Ma X and Liu Z B，2016).

事实上, DGMC(1,N) 模型式 (7.4.1) 与 GMC(1,N) 模型的基本形式 (7.3.8) 是等价的, 将

$$z_1^{(1)}(k+\tau)=0.5\left(x_1^{(1)}(k+\tau-1)+x_1^{(1)}(k+\tau)\right)$$

和

$$x_1^{(0)}(k+\tau)=x_1^{(1)}(k+\tau)-x_1^{(1)}(k+\tau-1)$$

代入式 (7.3.8) 可知

$$(1+0.5b_1)\,x_1^{(1)}(k+\tau)=(1-0.5b_1)\,x_1^{(1)}(k+\tau-1)+\sum_{i=2}^{N}b_iz_i^{(1)}(k)+u$$

由 k 为计数指标, 可令 $k=k+1$, 则知

$$(1+0.5b_1)\,x_1^{(1)}(k+\tau+1)=(1-0.5b_1)\,x_1^{(1)}(k+\tau)+\sum_{i=2}^{N}b_iz_i^{(1)}(k+1)+u$$

即

$$x_1^{(1)}(k+\tau+1)=\frac{1-0.5b_1}{1+0.5b_1}x_1^{(1)}(k+\tau)+\sum_{i=2}^{N}\frac{b_i}{1+0.5b_1}z_i^{(1)}(k+1)+u$$

令

$$\beta_1=\frac{1-0.5b_1}{1+0.5b_1},\quad \beta_i=\frac{b_i}{1+0.5b_1},\quad \mu=\frac{u}{1+0.5b_1},\quad i=2,3,\cdots,N$$

则得 DGMC(1,N) 模型式 (7.4.1).

此外, 对 GMC(1,N) 模型的白化方程式 (7.3.2) 进行离散的近似变换, 也可得到 DGMC(1,N) 模型式 (7.4.1), 具体如下:

对白化方程式 (7.3.2) 在区间上 $[k,k+1]$ 积分, 知

$$\int_k^{k+1}\frac{dx_1^{(1)}(t+\tau)}{dt}dt+b_1\int_k^{k+1}x_1^{(1)}(t+\tau)dt=\sum_{i=2}^{n}b_i\int_k^{k+1}x_i^{(1)}(t)dt+\int_k^{k+1}udt$$

由一阶累加生成算子知

$$\int_k^{k+1}dx_1^{(1)}(t+\tau)=x_1^{(1)}(k+\tau+1)-x_1^{(1)}(k+\tau)=x_1^{(0)}(k+\tau+1)$$

且

$$\int_k^{k+1}udt=u\,(k+1-k)=u$$

故

$$x_1^{(0)}(k+\tau+1)+b_1\int_k^{k+1}x_1^{(1)}(t+\tau)dt=\sum_{i=2}^{n}b_i\int_k^{k+1}x_i^{(1)}(t)dt+u$$

依然运用 “以直代曲” 方法, 有

$$\int_{k}^{k+1} x_1^{(1)}(t+\tau)dt = 0.5\left[x_1^{(1)}(k+\tau+1)+x_1^{(1)}(k+\tau)\right] = z_1^{(1)}(k+\tau+1)$$

和

$$\int_{k}^{k+1} x_i^{(1)}(t)dt = 0.5\left[x_i^{(1)}(k+1)+x_i^{(1)}(k)\right] = z_i^{(1)}(k+1),\quad i=2,3,\cdots,n$$

故得 GMC(1,N) 模型的基本形式

$$x_1^{(0)}(k+\tau+1)+0.5b_1\left[x_1^{(1)}(k+\tau+1)+x_1^{(1)}(k+\tau)\right] = \sum_{i=2}^{n} b_i z_i^{(1)}(k+1)+u$$

将 $x_1^{(0)}(k+\tau+1)=x_1^{(1)}(k+\tau+1)-x_1^{(1)}(k+\tau)$ 代入并整理得

$$x_1^{(1)}(k+\tau+1)=\frac{1-0.5b_1}{1+0.5b_1}x_1^{(1)}(k+\tau)+\sum_{i=2}^{n}\frac{b_i}{1+0.5b_1}z_i^{(1)}(k+1)+\frac{u}{1+0.5b_1}$$

同样地, 令

$$\beta_1=\frac{1-0.5b_1}{1+0.5b_1},\quad \beta_i=\frac{b_i}{1+0.5b_1},\quad \mu=\frac{u}{1+0.5b_1},\quad i=2,3,\cdots,N$$

则得 DGMC(1,N) 模型式 (7.4.1).

定理 7.4.1　设原始系统特征数据序列为 $X_1^{(0)}$, 相关因素数据序列为 $X_i^{(0)}$, $i=2,3,\cdots,N$, 其对应的一阶累加生成及其对应紧邻均值生成分别为 $X_1^{(1)}$ 和 $Z_i^{(1)}$, 若 $n>N+\tau+2$, 则 DGMC(1,N) 模型的参数辨识为

$$P=(\beta_1,\beta_2,\beta_3,\cdots,\beta_N,\mu)^{\mathrm{T}}=\left(B^{\mathrm{T}}B\right)^{-1}B^{\mathrm{T}}Y \tag{7.4.2}$$

其中

$$B=\begin{bmatrix} x_1^{(1)}(\tau+1) & z_2^{(1)}(2) & z_3^{(1)}(2) & \cdots & z_N^{(1)}(2) & 1 \\ x_1^{(1)}(\tau+2) & z_2^{(1)}(3) & z_3^{(1)}(3) & \cdots & z_N^{(1)}(3) & 1 \\ \vdots & \vdots & \vdots & & \vdots & \vdots \\ x_1^{(1)}(n-1) & z_2^{(1)}(n-\tau) & z_3^{(1)}(n-\tau) & \cdots & z_N^{(1)}(n-\tau) & 1 \end{bmatrix},$$

$$Y=\begin{bmatrix} x_1^{(1)}(\tau+2) \\ x_1^{(1)}(\tau+3) \\ \vdots \\ x_1^{(1)}(n) \end{bmatrix}$$

证明 将数据代入式 (7.3.1) 得方程组

$$\begin{cases} x_1^{(1)}(\tau+2) = \beta_1 x_1^{(1)}(\tau+1) + \beta_2 z_2^{(1)}(2) + \beta_3 z_3^{(1)}(2) + \cdots + \beta_N z_N^{(1)}(2) + \mu \\ x_1^{(1)}(\tau+3) = \beta_1 x_1^{(1)}(\tau+2) + \beta_2 z_2^{(1)}(3) + \beta_3 z_3^{(1)}(3) + \cdots + \beta_N z_N^{(1)}(3) + \mu \\ \qquad\qquad \cdots\cdots \\ x_1^{(1)}(n) = \beta_1 x_1^{(1)}(n-1) + \beta_2 z_2^{(1)}(n-\tau) + \beta_3 z_3^{(1)}(n-\tau) + \cdots + \beta_N z_N^{(1)}(n-\tau) + \mu \end{cases}$$

记作矩阵形式

$$BP = Y$$

由 $n > N+\tau+2$ 知, 矩阵方程为没有精确解的超定方程组, 参数矩阵 P 的最小二乘估计为

$$P = (\beta_1, \beta_2, \beta_3, \cdots, \beta_N, \mu)^{\mathrm{T}} = \left(B^{\mathrm{T}}B\right)^{-1} B^{\mathrm{T}}Y$$

定理 7.4.2 给定初值条件 $\hat{x}_1^{(1)}(\tau+1) = \hat{x}_1^{(0)}(\tau+1) = x_1^{(0)}(\tau+1)$, DGMC(1,$N$) 模型的时间响应式为

$$\hat{x}_1^{(1)}(k+\tau+1) = \beta_1^k x_1^{(0)}(\tau+1) + \sum_{j=2}^{k+1} \beta_1^{(k-j+1)} \left(\sum_{i=2}^{N} \beta_i z_i^{(1)}(j)\right) + \frac{1-\beta_1^k}{1+\beta_1}\mu \quad (7.4.3)$$

证明 运用递归方法求解 DGMC(1,N) 模型的时间响应式, 将初值条件和辨识参数代入式 (7.4.1), 知

$$\begin{aligned} \hat{x}_1^{(1)}(k+\tau+1) &= \beta_1 \hat{x}_1^{(1)}(k+\tau) + \sum_{i=2}^{N} \beta_i z_i^{(1)}(k+1) + \mu \\ &= \beta_1 \left(\beta_1 \hat{x}_1^{(1)}(k+\tau-1) + \sum_{i=2}^{N} \beta_i z_i^{(1)}(k) + \mu\right) + \sum_{i=2}^{N} \beta_i z_i^{(1)}(k+1) + \mu \\ &= \beta_1^2 \hat{x}_1^{(1)}(k+\tau-1) + \beta_1 \sum_{i=2}^{N} \beta_i z_i^{(1)}(k) + \sum_{i=2}^{N} \beta_i z_i^{(1)}(k+1) \\ &\quad + (\beta_1+1) + \mu \\ &= \cdots \\ &= \beta_1^k \hat{x}_1^{(1)}(\tau+1) + \left(\beta_1^{k-1} \sum_{i=2}^{N} \beta_i z_i^{(1)}(2) + \cdots + \sum_{i=2}^{N} \beta_i z_i^{(1)}(k+1)\right) \\ &\quad + (\beta_1^{k-1} + \cdots + \beta_1 + 1)\mu \end{aligned}$$

将初值条件 $\hat{x}_1^{(1)}(\tau+1) = x_1^{(0)}(\tau+1)$ 代入上式可知 DGMC(1,N) 模型的时间响应式

$$\hat{x}_1^{(1)}(k+\tau+1) = \beta_1^k x_1^{(0)}(\tau+1) + \sum_{j=2}^{k+1} \beta_1^{(k-j+1)} \left(\sum_{i=2}^{N} \beta_i z_i^{(1)}(j)\right) + \frac{1-\beta_1^k}{1+\beta_1}\mu$$

结合累减还原生成算子, 可计算原始系统特征数据序列对应的拟合值和预测值为

$$\hat{x}_1^{(0)}(k+1+\tau)=\hat{x}_1^{(1)}(k+1+\tau)-\hat{x}_1^{(1)}(k+\tau)$$

推论 7.4.1　依据 DGMC(1,N) 模型的系统相关变量个数 N 和延迟阶数 τ 的取值, 可得如下结论:

(1) 若系统相关因素个数 $N=0$ 和延迟阶数 $\tau=0$, 则 DGMC(1,N) 模型退化为 DGM(1,1) 模型, 其模型递推方程为

$$x_1^{(1)}(k+1)=\beta_1 x_1^{(1)}(k)+\mu$$

参数辨识为

$$P=(\beta_1,\mu)^{\mathrm{T}}=\left(B^{\mathrm{T}}B\right)^{-1}B^{\mathrm{T}}Y$$

其中

$$B=\begin{bmatrix} x_1^{(1)}(1) & 1 \\ x_1^{(1)}(2) & 1 \\ \vdots & \vdots \\ x_1^{(1)}(n-1) & 1 \end{bmatrix},\quad Y=\begin{bmatrix} x_1^{(1)}(2) \\ x_1^{(1)}(3) \\ \vdots \\ x_1^{(1)}(n) \end{bmatrix}$$

(2) 若系统相关因素个数 $N=0$ 和延迟阶数 $\tau\neq 0$, 则 DGMC(1,N) 模型退化为 DGM(1,1,τ) 模型, 其模型递推方程为

$$x_1^{(1)}(k+\tau+1)=\beta_1 x_1^{(1)}(k+\tau)+\mu$$

参数辨识为

$$P=(\beta_1,\mu)^{\mathrm{T}}=\left(B^{\mathrm{T}}B\right)^{-1}B^{\mathrm{T}}Y$$

其中

$$B=\begin{bmatrix} x_1^{(1)}(\tau+1) & 1 \\ x_1^{(1)}(\tau+2) & 1 \\ \vdots & \vdots \\ x_1^{(1)}(n-1) & 1 \end{bmatrix},\quad Y=\begin{bmatrix} x_1^{(1)}(\tau+2) \\ x_1^{(1)}(\tau+3) \\ \vdots \\ x_1^{(1)}(n) \end{bmatrix}$$

(3) 若系统相关因素个数 $N\neq 0$ 和延迟阶数 $\tau=0$, 则 DGMC(1,N) 模型退化为 DGM(1,N) 模型, 其模型递推方程为

$$x_1^{(1)}(k+1)=\beta_1 x_1^{(1)}(k)+\sum_{i=2}^{N}\beta_i z_i^{(1)}(k+1)+\mu$$

参数辨识为

$$P=(\beta_1,\beta_2,\beta_3,\cdots,\beta_N,\mu)^{\mathrm{T}}=\left(B^{\mathrm{T}}B\right)^{-1}B^{\mathrm{T}}Y$$

其中

$$B=\begin{bmatrix} x_1^{(1)}(1) & z_2^{(1)}(2) & z_3^{(1)}(2) & \cdots & z_N^{(1)}(2) & 1 \\ x_1^{(1)}(2) & z_2^{(1)}(3) & z_3^{(1)}(3) & \cdots & z_N^{(1)}(3) & 1 \\ \vdots & \vdots & \vdots & & \vdots & \vdots \\ x_1^{(1)}(n-1) & z_2^{(1)}(n) & z_3^{(1)}(n) & \cdots & z_N^{(1)}(n) & 1 \end{bmatrix},\quad Y=\begin{bmatrix} x_1^{(1)}(2) \\ x_1^{(1)}(3) \\ \vdots \\ x_1^{(1)}(n) \end{bmatrix}$$

推论表明离散灰色 DGM(1,1) 模型、DGM(1,1,τ) 模型和 DGM(1,N) 模型均是 DGMC(1,1,N) 模型的特殊形式, 不同模型之间的联系和区别主要表现在相关因素的个数和延迟阶数的取值上.

为此, 研究离散多变量灰色 DGMC(1,N) 模型与多变量灰色 GMC(1,N) 模型之间的关系, 具有一定的普适意义.

定理 7.4.3 若 $|b_1|\to 0$, 则 GMC(1,N) 模型和 DGMC(1,N) 模型的拟合值和预测值相等.

证明 由麦克劳林公式知

$$e^{0.5b_1}=1+0.5b_1+\frac{(0.5b_1)^2}{2!}+\frac{(0.5b_1)^3}{3!}+\cdots$$

和

$$e^{-0.5b_1}=1-0.5b_1+\frac{(-0.5b_1)^2}{2!}+\frac{(0.5b_1)^3}{3!}+\cdots$$

作一阶近似, 知

$$\mu=\frac{u}{1+0.5b_1}\approx\mu e^{-0.5b_1}$$

$$\beta_1=\frac{1-0.5b_1}{1+0.5b_1}\approx\frac{e^{-0.5b_1}}{e^{0.5b_1}}=e^{-0.5b_1-0.5b_1}=e^{-b_1}$$

$$\beta_i=\frac{b_i}{1+0.5b_1}\approx b_ie^{-0.5b_1},\quad i=2,3,\cdots,N$$

代入到 DGMC(1,N) 模型的时间响应式 (7.4.3) 知

$$\hat{x}_1^{(1)}(k+\tau+1)=x_1^{(0)}(\tau+1)e^{-b_1k}+\sum_{j=2}^{k+1}e^{-b_1(k-j+1)}\cdot e^{-0.5b_1}\cdot\sum_{j=2}^{N}\left(b_1z_i^{(1)}(j)+u\right)$$

由 7.3 节中离散函数 $f(t)$ 的定义、背景值的定义和卷积公式知, 上式可整理为

$$\hat{x}_1^{(1)}(k+\tau+1)=x_1^{(0)}(\tau+1)e^{-b_1k}+\sum_{j=2}^{k+1}\left\{e^{-b_1(k-j+1.5)}\frac{f(j)+f(j-1)}{2}\right\}$$

记 $k+1=t$, 知

$$\hat{x}_1^{(1)}(t+\tau)=x_1^{(0)}(\tau+1)e^{-b_1(t-1)}+\sum_{j=2}^{t}\left\{\frac{1}{2}e^{-b_1(t-j+0.5)}\left[f(j)+f(j-1)\right]\right\}$$

上式与 GMC(1,N) 模型的高斯数值解式 (7.3.16) 等价, 表明运用麦克劳林公式的一阶近似时, DGMC(1,N) 模型与 GMC(1,N) 模型大致相同, 或可将 DGMC(1,N) 模型视为 GMC(1,N) 模型的不同的表达方式.

在运用麦克劳林公式的一阶近似时, 其 Peano 余项为 $o\left(b_1^2\right)$, 若 $|b_1|$ 的取值非常小, 即当 $|b_1|\to 0$ 时, 有 $b_1^2\to 0$, 可认为依据 GMC(1,N) 模型和 DGMC(1,N) 模型获得的拟合值与预测值相同.

定理 7.4.3 表明, 当 $|b_1|$ 的取值较小, 即 $|b_1|\to 0$ 时, 两种模型几乎相同, 值得注意的是, 当 $|b_1|$ 的取值较大时, 不能保证 Peano 余项 $o\left(b_1^2\right)\to 0$, 则此时运用一阶近似所推导的结论不再适用, 即不能保证依据 GMC(1,N) 模型和 DGMC(1,N) 模型获得的拟合值与预测值相同, 此时两模型存在一定的差异.

在实际应用中, $\mathrm{GMC_T}$(1,N) 模型、$\mathrm{GMC_G}$(1,N) 模型与 DGMC(1,N) 模型的建模精度一般具有以下关系:

$$\mathrm{GMC_T}(1,N)\text{模型}\prec\mathrm{GMC_G}(1,N)\text{模型}\prec\mathrm{DGMC}(1,N)\text{模型}$$

为辨识模型参数, 需将微分方程离散化, 并在此基础上, 将辨识参数代入微分方程的解, 进而求解拟合值和预测值. 为此, GMC(1,N) 模型的梯形离散解式 (7.3.15) 和高斯离散解式 (7.3.16) 应当收敛于微分方程的解析解, 否则, GMC(1,N) 模型的离散解将不能准确地描述系统的发展状态.

对 GMC(1,N) 模型的基本形式变形知, 等式左边为

$$\begin{aligned}L(t)&=x_1^{(0)}(t+\tau)+b_1z_1^{(1)}(t+\tau)\\&=\left[x_1^{(1)}(t+\tau)-x_1^{(1)}(t+\tau-1)\right]+\frac{b_1}{2}\left[x_1^{(1)}(t+\tau)+x_1^{(1)}(t-1+\tau)\right]\end{aligned}\tag{7.4.4}$$

等式右边为

$$\begin{aligned}R(t)&=b_2z_2^{(1)}(k)+b_3z_3^{(1)}(k)+\cdots+b_Nz_N^{(1)}(k)+u\\&=\sum_{i=2}^{N}\frac{b_i}{2}\left[x_i^{(1)}(k)+x_i^{(1)}(k-1)\right]+u\\&=\frac{1}{2}\left[\left(\sum_{i=2}^{N}b_ix_i^{(1)}(k)+u\right)+\left(\sum_{i=2}^{N}b_ix_i^{(1)}(k-1)+u\right)\right]\\&=\frac{1}{2}\left[f(t)+f(t-1)\right]\end{aligned}\tag{7.4.5}$$

首先, 分析高斯离散解式 (7.3.16) 和式 (7.3.8) 之间的差异, 将式 (7.3.16) 代入式 (7.4.4), 知

$$
\begin{aligned}
L_G(t) = &\left(1+\frac{b_1}{2}\right)\left\{x_1^{(0)}(1+\tau)e^{-b_1(t-1)}+\sum_{s=2}^{t}\frac{1}{2}e^{-b_1(t-s+0.5)}\left[f(s)+f(s-1)\right]\right\} \\
&-\left(1-\frac{b_1}{2}\right)\left\{x_1^{(0)}(1+\tau)e^{-b_1(t-1-1)}+\sum_{s=2}^{t-1}\frac{1}{2}e^{-b_1(t-1-s+0.5)}\left[f(s)+f(s-1)\right]\right\} \\
=&\left[1+\frac{b_1}{2}-\left(1-\frac{b_1}{2}\right)e^{b_1}\right] \\
&\times\left[e^{-b_1(t-1)}x_1^{(0)}(1+\tau)+\sum_{s=2}^{t-1}\frac{1}{2}e^{-b_1(t-s+0.5)}\left[f(s)+f(s-1)\right]\right] \\
&+\frac{1}{2}\left(1+\frac{b_1}{2}\right)e^{-\frac{b_1}{2}}\left[f(s)+f(s-1)\right]
\end{aligned}
$$

若 $|b_1|\to 0$, 则运用一阶近似得

$$
\left[1+\frac{b_1}{2}-\left(1-\frac{b_1}{2}\right)e^{b_1}\right]\approx e^{\frac{b_1}{2}}-e^{-\frac{b_1}{2}}e^{b_1}=e^{\frac{b_1}{2}}-e^{\frac{b_1}{2}}=0 \tag{7.4.6}
$$

且

$$
\frac{1}{2}\left(1+\frac{b_1}{2}\right)e^{-\frac{b_1}{2}}\approx\frac{1}{2}e^{\frac{b_1}{2}}e^{-\frac{b_1}{2}}=\frac{1}{2}
$$

即

$$
L_G(t)\approx 0+\frac{1}{2}\left[f(t)-f(t-1)\right]=R(t)
$$

其次, 分析梯形离散解式 (7.3.15) 和式 (7.3.8) 之间的差异, 将式 (7.3.15) 代入式 (7.4.4), 知

$$
\begin{aligned}
L_T(t) = &\left[1+\frac{b_1}{2}-\left(1-\frac{b_1}{2}\right)e^{b_1}\right] \\
&\times\left\{e^{-b_1(t-1)}x_1^{(0)}(\tau+1)+\sum_{\tau=2}^{t-1}\frac{1}{2}\left[e^{-b_1(t-s)}f(s)+e^{-b_1(t-s+1)}f(s-1)\right]\right\} \\
&+\frac{1}{2}\left(1+\frac{b_1}{2}\right)\left[f(t)+e^{-b_1}f(t-1)\right]
\end{aligned}
$$

若 $|b_1|\to 0$, 由一阶近似式 (7.4.6) 知

$$
L_T(t)=\frac{1}{2}\left(1+\frac{b_1}{2}\right)\left[f(t)+e^{-b_1}f(t-1)\right]
$$

显然地, 当且仅当 $b_1 = 0$ 时, 恒有

$$L_T(t) = R(t)$$

由此可知, GMC(1,N) 模型的高斯离散解式 (7.3.16) 较梯形近似解更加逼近于 GMC(1,N) 模型的基本形式, 而 DGMC(1,N) 模型与 GMC(1,N) 模型的基本形式完全等价, 故知三种不同形式的模型的适应范围.

由上述分析知, $|b_1|$ 的取值直接影响 GMC(1,N) 模型的精度, 仅当 $|b_1|$ 取值较小时, 梯形离散解和高斯离散解之间差异不大, 均逼近于 GMC(1,N) 模型的真实解. 但是, 当 $|b_1|$ 取值较大时, 不能保证梯形离散解和高斯离散解逼近于 GMC(1,N) 模型的真实解, 而 DGMC(1,N) 模型的递归时间响应函数恰好是 GMC(1,N) 模型的真实解, 不再局限于系统参数的取值, 具有更广泛的适用范围.

离散多变量灰色 DGMC(1,N) 模型的构建步骤如下:

第 1 步　模型定阶: 定性分析各系统因素间的关系, 确定模型相关因素个数 N 和周期延迟阶数 τ.

第 2 步　参数辨识: 辨识模型参数, 给定初值条件, 依据递归时间响应式计算原始序列对应的拟合值.

第 3 步　模型检验: 采用先验样本的均方根百分误差 (RMSPEPR) 和后验样本的均方根百分误差 (RMSPEPO) 评估模型的拟合精度和预测精度.

第 4 步　预测: 给定预测步长 p, 运用通过检验的 DGMC (1,N) 模型预测原始序列对应的预测值, 分析序列发展趋势.

算例 7.4.1

仍以例 7.3.1 的数据为例, 并对比分析 GMC(1,N) 模型与 DGMC(1,N) 模型的性能. 为方便与例 7.3.1 进行对比, 模型参数设置为 $N = 2$, $n = 5$, $\tau = 0$, $p = 5$, 故知

$$B = \begin{bmatrix} 897.0 & 761.5 & 1 \\ 1794.0 & 1231.0 & 1 \\ 2684.0 & 1653.5 & 1 \\ 3560.0 & 2030.0 & 1 \end{bmatrix}, \quad Y = \begin{bmatrix} 1794 \\ 2684 \\ 3560 \\ 4408 \end{bmatrix}$$

参数辨识为

$$P = (\beta_1, \beta_2, \mu)^{\mathrm{T}} = \left(B^{\mathrm{T}}B\right)^{-1} B^{\mathrm{T}}Y = (0.8597, 0.2566, 827.0867)^{\mathrm{T}}$$

即

$$\beta_1 = 0.8597, \quad \beta_2 = 0.2566, \quad \mu = 827.0867$$

代入时间响应式 (7.4.3) 知

$$x_1^{(1)}(k+1)=0.8597x_1^{(1)}(k)+0.2566z_2^{(1)}(k+1)+827.0867,\quad k=1,2,\cdots,9$$

由此得到拉伸强度的拟合值与预测值如表 7-4-1 所示.

表 7-4-1 拉伸强度的拟合值与预测值

温度	拉伸强度	DGMC(1,2) 模型	APE
400	897	897.00	0.00
500	897	896.61	0.04
600	890	891.27	0.14
700	876	874.62	0.16
800	848	848.51	0.06
900	814	812.20	0.22
1000	779	770.34	1.11
1100	738	726.91	1.50
1200	669	680.86	1.77
1300	600	635.11	5.85

计算 DGMC(1,2) 模型的先验样本的均方根百分误差 (RMSPEPR) 和后验样本的均方根百分误差 (RMSPEPO) 分别为

$$\mathrm{RMSPEPR}_{\mathrm{DGMC}\ (1,2)}=\sqrt{\frac{1}{5}\sum_{t=1}^{5}\left[\frac{\hat{x}^{(0)}(t)-x^{(0)}(t)}{x^{(0)}(t)}\right]^2}\times 100\%=0.10\%$$

和

$$\mathrm{RMSPEPO}_{\mathrm{DGMC}\ (1,2)}=\sqrt{\frac{1}{5}\sum_{t=1}^{5}\left[\frac{\hat{x}^{(0)}(t)-x^{(0)}(t)}{x^{(0)}(t)}\right]^2}\times 100\%=2.86\%$$

算例 7.4.2(Ma X and Liu Z B，2016)

1999~2011 年中国经济指标的工业总产值、固定资产和原始流动资产, 如表 7-4-2 所示, 分析定资产和原始流动资产对工业总产值的影响, 并据以进行预测.

(1) 模型定阶：由以前七组观测数据为训练数据, 后六组数据为验证数据易知, $N=3$, $n=7$, $\tau=0$, $p=6$, 年度作为不同状态的标识知

$$t=(1,2,3,4,5,6,7,8,9,10,11,12,13)$$

原始系统行为序列为

$$X_1^{(0)}=(72707.04,85673.66,95448.98,110776.48,142271.22,201722.19,251619.50)$$

与相关因素序列为

$$X_2^{(0)} = (49630.23, 54338.15, 57804.97, 63468.46, 76163.74, 97183.74, 111031.41)$$

和

$$X_3^{(0)} = (71847.09, 78646.30, 86293.10, 93887.95, 105557.09, 125761.85, 143143.63)$$

其对应的一阶累加生成序列和紧邻均值序列, 如表 7-4-3 所示.

表 7-4-2　1999~2011 年中国经济指标数据

年份	工业总产值	固定资产	原始流动资产
1999	72707.04	49630.23	71847.09
2000	85673.66	54338.15	78646.30
2001	95448.98	57804.97	86293.10
2002	110776.48	63468.46	93887.95
2003	142271.22	76163.74	105557.09
2004	201722.19	97183.74	125761.85
2005	251619.50	111031.41	143143.63
2006	316588.96	132310.12	168850.20
2007	405177.13	163259.62	198739.27
2008	507284.89	195681.75	245352.80
2009	548311.42	223038.68	278541.09
2010	698590.54	279227.32	334839.41
2011	844268.79	327778.65	386086.72

表 7-4-3　一阶累加生成序列和紧邻均值序列

t	$X_1^{(1)}$	$X_2^{(1)}$	$X_3^{(1)}$	$Z_1^{(1)}$	$Z_2^{(1)}$	$Z_3^{(1)}$
1	72707.04	49630.23	71847.09			
2	158380.70	103968.38	150493.39	115543.87	76799.305	111170.24
3	253829.68	161773.35	236786.49	206105.19	132870.865	193639.94
4	364606.16	225241.81	330674.44	309217.92	193507.58	283730.465
5	506877.38	301405.55	436231.53	435741.77	263323.68	383452.985
6	708599.57	398589.29	561993.38	607738.475	349997.42	499112.455
7	960219.07	509620.70	705137.01	834409.32	454104.995	633565.195

(2) 参数辨识: 分别运用 GMC(1,3) 模型和 DGMC(1,3) 模型参数辨识方法, 求解的模型参数分别为

GMC(1,3) 模型:

$$b_1 = 1.085, \quad b_2 = 8.7356, \quad b_3 = -4.4801, \quad u = 32022.5232$$

$$\frac{d}{dt}x_1^{(1)}(t)+1.085x_1^{(1)}(t)=8.7356x_2^{(1)}(t)-4.4801x_3^{(1)}(t)+32022.5232$$

DGMC(1,3) 模型：

$$\beta_1=-0.3301,\quad \beta_2=8.2056,\quad \beta_3=-3.9829,\quad \mu=-8408.6732$$

$$x_1^{(1)}(k+1)=-0.3301x_1^{(1)}(k)+8.2056z_2^{(1)}(k+1)-3.9829z_3^{(1)}(k+1)-8408.6732$$

分别依据 $\mathrm{GMC_T}(1,3)$ 模型、$\mathrm{GMC_G}(1,3)$ 模型和 DGMC (1,3) 模型, 计算原始序列的拟合值, 如表 7-4-4 所示.

表 7-4-4 工业总产值的拟合值

年份	DGMC(1,3)	APE	$\mathrm{GMC_T}(1,3)$	APE	$\mathrm{GMC_G}(1,3)$	APE
1999	72707.04	0.00	72707.04	0.00	72707.04	0.00
2000	82295.07	3.94	109149.02	27.40	70942.63	17.19
2001	104471.62	9.45	116729.62	22.30	93928.08	1.59
2002	104258.37	5.88	126343.91	14.05	105029.96	5.19
2003	141288.60	0.69	161513.58	13.53	130309.58	8.41
2004	203917.85	1.09	229853.20	13.95	182949.95	9.31
2005	251448.48	0.07	290222.90	15.34	240322.87	4.49

(3) 模型检验：依据式 (7.3.17) 计算 $\mathrm{GMC_T}(1,3)$ 模型、$\mathrm{GMC_G}(1,3)$ 模型和 DGMC(1,3) 模型的先验样本的均方根百分误差 (RMSPEPR), 分别为

$$\mathrm{RMSPEPR}_{\mathrm{GMC_T}(1,3)}=\sqrt{\frac{1}{7}\sum_{t=1}^{7}\left[\frac{\hat{x}^{(0)}(t)-x^{(0)}(t)}{x^{(0)}(t)}\right]^2}\times 100\%=17.15\%,$$

$$\mathrm{RMSPEPR}_{\mathrm{GMC_G}(1,3)}=\sqrt{\frac{1}{7}\sum_{t=1}^{7}\left[\frac{\hat{x}^{(0)}(t)-x^{(0)}(t)}{x^{(0)}(t)}\right]^2}\times 100\%=8.47\%,$$

$$\mathrm{RMSPEPR}_{\mathrm{DGMC}(1,3)}=\sqrt{\frac{1}{7}\sum_{t=1}^{7}\left[\frac{\hat{x}^{(0)}(t)-x^{(0)}(t)}{x^{(0)}(t)}\right]^2}\times 100\%=4.49\%$$

(4) 预测：给定预测步长 $p=6$, 分别运用 $\mathrm{GMC_T}(1,3)$ 模型、$\mathrm{GMC_G}(1,3)$ 模型和 DGMC(1,3) 模型进行预测, 如表 7-4-5 所示.

依据式 (7.3.18) 计算后验样本的均方根百分误差 (RMSPEPO), 分别为

$$\mathrm{RMSPEPO}_{\mathrm{GMC_T}(1,3)}=\sqrt{\frac{1}{6}\sum_{t=1}^{6}\left[\frac{\hat{x}^{(0)}(t)-x^{(0)}(t)}{x^{(0)}(t)}\right]^2}\times 100\%=14.02\%,$$

$$\text{RMSPEPO}_{\text{GMC}_\text{G}(1,3)} = \sqrt{\frac{1}{6}\sum_{t=1}^{6}\left[\frac{\hat{x}^{(0)}(t) - x^{(0)}(t)}{x^{(0)}(t)}\right]^2} \times 100\% = 6.67\%$$

$$\text{RMSPEPO}_{\text{DGMC}(1,3)} = \sqrt{\frac{1}{6}\sum_{t=1}^{6}\left[\frac{\hat{x}^{(0)}(t) - x^{(0)}(t)}{x^{(0)}(t)}\right]^2} \times 100\% = 5.84\%$$

表 7-4-5　工业总产值的预测值

年份	DGMC(1,3)	APE	$\text{GMC}_\text{T}(1,3)$	APE	$\text{GMC}_\text{G}(1,3)$	APE
2006	294068.18	7.11	353260.12	11.58	292787.74	7.52
2007	383567.34	5.33	454735.96	12.23	370729.18	8.50
2008	461676.07	8.99	549276.01	8.28	458348.54	9.65
2009	522234.97	4.76	638936.28	16.53	535820.66	2.28
2010	666810.30	4.55	803797.30	15.06	657595.69	5.87
2011	834645.02	1.14	997085.06	18.10	824637.65	2.33

这表明三模型中, DGMC(1,3) 模型的预测性能最优, $\text{GMC}_\text{G}(1,3)$ 模型次之, $\text{GMC}_\text{T}(1,3)$ 模型最差.

7.5　本 章 小 结

本章内容可以分为两个部分：首先, 探讨了单变量灰色 GM(1,1) 模型的建模机理和预测算法, 并对其进行了进一步的拓展研究, 提出了含时间多项式项的灰色 GMP(1,1,N) 模型; 其次, 探讨了多变量灰色 GM(1,N) 模型的建模机理和预测步骤, 分析了现有 GM(1,N) 模型的局限性, 进而提出了 GMC(1,N) 模型和离散多变量灰色 DGMC(1,N) 模型.

对单变量灰色 GMP(1,1,N) 模型, 本章提出了模型定阶的经验判定准则, 并揭示了判定准则的物理含义, 对模型的仿射性和无偏性等性质进行了深入系统地研究.

对多变量灰色预测模型, 分析了灰色 GM(1,N) 模型将相关因素变量近似为常量进行计算的局限性, 进而结合卷积公式提出了 GMC(1,N) 模型, 运用数值积分方法给出了模型的梯形公式解和高斯公式解.

此外, 基于离散到离散的角度, 构建了 DGMC(1,N) 模型, 从理论上分析了 DGMC(1,N) 模型与 GMC(1,N) 模型的区别与联系, 以及给出了 DGMC(1,N) 模型、$\text{GMC}_\text{T}(1,N)$ 模型和 $\text{GMC}_\text{G}(1,N)$ 模型适用范围的理论分析.

第 8 章　冰凌灾害形成机理及特征分析

冰的产生与消融现象普遍存在于许多高纬度国家与地区，是与人类的生存和发展息息相关的一种自然现象. 在我国北方地区，冬季河道中会产生冰的生消这一水文现象，次年春季伴随着冰的融化，河道断面会产生冰凌. 冰凌即为流动着的冰，在冬季的封河期和春季的开河期，江河水流受冰凌阻力而引起水位明显上涨，从而产生凌汛. 其严重程度取决于冰凌阻力对水位的影响程度，当冰凌聚集成冰塞或冰坝时，会造成水位大幅度抬高，最终导致漫滩或决堤，进而形成严重的凌洪灾害，严重影响到沿岸人民的生命财产安全和经济社会发展.

黄河是中华民族的摇篮，她以孕育了灿烂的古代文化、浇灌了辉煌的东方文明而闻名于世. 然而，也因其泥沙严重、水患频繁、治理开发困难而举世瞩目. 黄河冰凌灾害就是其中的主要难题之一. 黄河流域跨越 23 个经度、10 个纬度，地形地貌相差悬殊，再加上河道冲淤多变，冬季上、中、下游都可能产生冰凌. 冰凌的拥塞，造成水位大幅度抬高，最终造成漫滩或决堤等严重的凌汛灾害，对黄河两岸的水利、航运、水电站的运行与管理均产生严重影响，也给人民的生命财产造成重大损失.

8.1　黄河冰凌概况

8.1.1　黄河流域概况

黄河发源于青藏高原巴颜喀拉山的约古宗列盆地，自西向东流经青海、四川、甘肃、宁夏、内蒙古、陕西、山西、河南、山东九省，在山东省垦利县注入渤海. 干流河道全长 5464km，流域面积达 79.5 万 km^2. 黄河流域西部属青藏高原，北邻沙漠戈壁，南靠长江流域，东部穿越黄淮海平原 (数据来源：黄河网：http://www.yellowriver.gov.cn/)，如图 8-1-1 所示.

内蒙古托克托县河口镇以上为黄河上游，干流河道长3472km，流域面积 42.8 万 km^2. 青海省玛多以上属河源段. 在玛多至玛曲河段，黄河流经巴颜喀拉山与积石山之间的古盆地和低山丘陵，大部分河段河谷宽阔. 玛曲至龙羊峡河段，黄河流经高山峡谷，水流湍急，水力资源较为丰富. 龙羊峡至宁夏境内的下河沿，该河段落差集中，水量充沛，是黄河水力资源最为丰富的河段，也是全国重点开发建设的水电基地之一. 下河沿至河口镇，黄河流经宁蒙平原，河道宽展平缓，两岸分布着大面积的干旱区，降水少，蒸发大，致使黄河水量沿途减少.

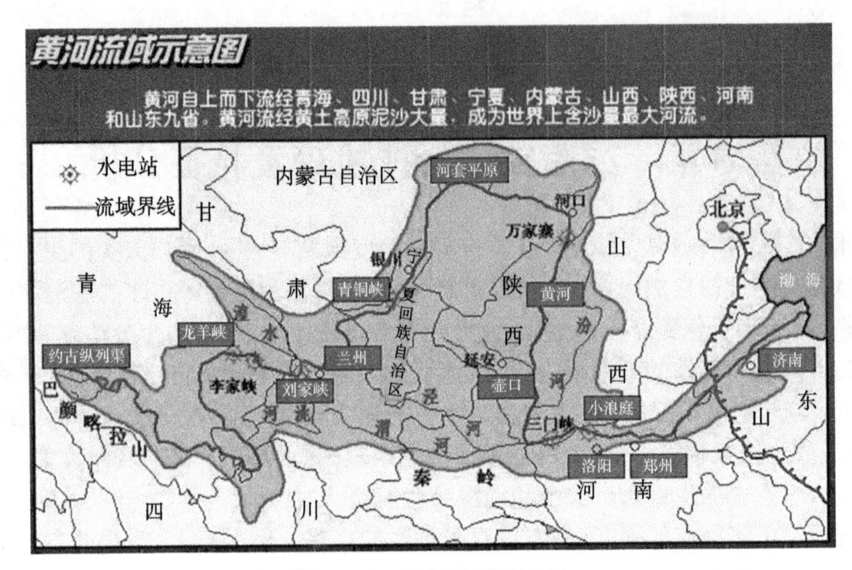

图 8-1-1　黄河流域示意图

河口镇至河南郑州桃花峪为黄河中游，干流河道长1206km，流域面积 34.4 万 km^2. 河口镇至禹门口是黄河干流上最长的一段连续峡谷，水力资源也很丰富，将成为黄河上第二个水电基地. 禹门口至潼关，河段内有汾河、渭河两大支流相继汇入. 潼关至桃花峪区间，是黄河由山区进入平原的过渡地段. 黄河中游流经黄土高原，水土流失极为严重，是黄河泥沙的主要来源地区.

河南郑州桃花峪以下为黄河下游，干流河道长 786km，流域面积 2.3 万 km^2. 由于下游河道地势较为平稳，中游泥沙不断堆积，下游河道是在长期排洪输沙的过程中淤积塑造形成的，这就使得河床普遍高出两岸地面，形成以黄河为分水岭脊的特殊地形，对河道两岸广阔的平原地区的安全构成严重威胁.

8.1.2　黄河流域冰凌灾害

黄河流域冬季受来自西伯利亚的季风影响，气候干燥寒冷，降水稀少，河流主要靠地下水补给，流量较小. 黄河流域气温分布大体走向是自西向东由冷变暖，自南向北逐渐变冷，并且气温变化的东西向梯度明显大于南北向梯度. 据统计，黄河全流域 1 月的平均气温普遍都在 0°C以下. 上游河段平均年极端低气温为 −53～−25°C，中游河段平均年极端低气温为 −40～−20°C，下游河段平均年极端低气温为 −23～−15°C. 每逢冬季到来，黄河的干流及直流上都会出现不同程度的结冰成凌现象. 这种河流成冰现象对冬季的水运交通、供水、发电及水工建筑物等都会产生不利的影响. 在解冻开河时期，由于黄河特殊的河道走向，某些河段上游气温高于下游，导致上游冰盖提前解冻，其产生的流冰沿河道堆积到下游仍在封冻的河段形成冰塞、冰坝进而阻塞河道, 抬高水位, 最终当冰坝破裂后, 大量凌洪奔涌而下, 泛滥成灾.

受河道、地形、气候、人为等众多因素的影响, 能够产生冰凌洪水威胁两岸的河段, 基本分布在上游的黑山峡到河口镇和下游的花园口到黄河口两段. 这两个河段的共同特点是, 河道比降小, 流速缓慢, 都是由低纬度流向高纬度 (由西南流向东北), 两端纬度上游段差 5 度, 下游段差 3 度多. 冬季气温上暖下寒, 结冰上薄下厚, 封河时溯源而上, 开河时自上而下. 当上游先开河时而下游仍处于封冻状态, 上游解冻的大量冰水沿程汇集涌向下游, 越积越多, 即形成冰凌洪峰.

黄河冰凌洪峰发生时间比较固定, 上游宁夏、内蒙古河段一般在三月中下旬; 下游河段一般在二月上、中旬. 冰凌洪水峰低量小, 历时较短. 凌峰流量一般为 1500~3000m^3/s, 实测最大不超过 4000m^3/s, 洪水总量上游河口镇一般为 5 亿至 8 亿 m^3, 下游利津为 6 亿至 10 亿 m^3. 冰凌洪水的主要特点：一是洪峰流量小而水位高. 如 1955 年利津站凌峰流量仅 1960m^3/s, 水位达 15.31m, 比 1958 年伏汛洪峰 10400m^3/s 的水位 13.76m 高出 1.55m. 二是在水鼓冰开时, 凌峰流量沿程递增. 与伏秋大汛正好相反, 这是因为河道封冻以后, 水流阻力增大, 水位抬高, 使河槽蓄水量不断增加. 当这部分河槽蓄水量随着开河急剧地释放出来后随流而下, 沿程冰水越积越多, 形成向下递增的凌峰.

黄河下游冰凌洪水, 自三门峡水库建成后, 由于水库防凌蓄水的运用, 大大减少了 “武开河” 的机遇, 因此凌汛洪水情况也较以前有了很大的变化. 黄河上游从黑山峡到河口镇的宁蒙河段, 受其特殊的地理位置、水文气象条件、河道特征决定, 一直以来成为黄河凌汛灾害最为频繁严重的河段.

8.1.3 黄河宁蒙河段冰情概况

黄河宁蒙河段位于黄河流域的最北端, 大致在黄河 “几” 字形河道的上部区域, 如图 8-1-2 所示. 宁蒙河段西起宁夏中卫县南长滩, 东至内蒙古准格尔旗马栅镇的小占村 (李秋艳等, 2012). 河段全长 1217km, 其中宁夏境内长 397km、内蒙古境内长 820km. 流域面积 13.2 万 km^2, 落差 246m, 比降约 0.25 ‰. 这一河段黄河流经宁蒙冲积平原, 石嘴山以下河段河道宽浅, 浅滩弯道较多, 主流摆动游荡, 是黄河流域纬度的最高段, 也是冰凌灾害最严重的河段之一 (李秋艳等, 2012; 王富强和韩宇平, 2014).

受大陆性季风气候影响, 宁蒙河段冬季寒冷而干燥, 日平均气温在 0℃以下的时间可持续 4~5 个月, 冬季最低气温可达 −35℃. 宁蒙河段为稳定封冻河段, 凌汛期长达 4~5 个月. 按凌情特点, 凌汛期分为流凌封河期、稳定封冻期、开河期三个阶段. 凌汛期一般从 11 月中下旬开始流凌, 12 月上旬封冻, 次年 3 月中下旬解冻开河, 封冻天数一般 100 天左右, 最长达 150 余天; 封河长度一般在 800km 左右,最长超 1200km; 封河冰厚一般为 0.7m, 最厚在 1m 以上.

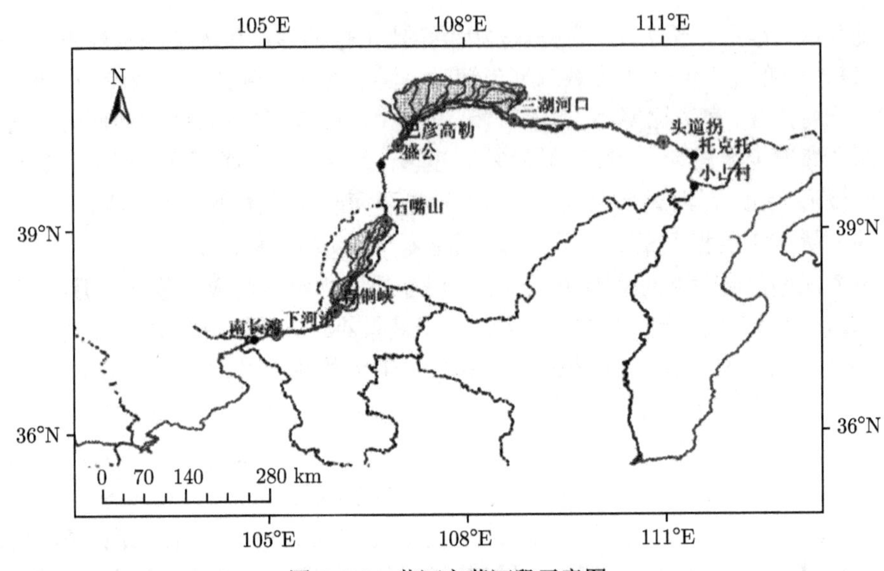

图 8-1-2　黄河宁蒙河段示意图

黄河宁蒙河段每年流凌开始位置一般在三湖河口至头道拐河段, 流凌日期一般在 11 月中下旬; 封冻日期一般出现在 11 月中下旬至 12 月, 首封地点一般在三湖河口至头道拐河段, 然后向上、下游延伸. 从下游到上游河水结冰, 产生冰塞, 导致河段节节壅水, 河段过流能力大为减弱, 上游的来水下泄不畅, 进而造成河水溢出河床, 最终导致漫滩灾害, 同时还导致河段内的槽蓄水量大增. 1989 年, 万家寨水库投入运用后, 黄河宁蒙河段首封地点向下发展, 多出现在包头至头道拐河段; 开河日期一般在次年 2 月中下旬至 3 月, 开通日期一般在 3 月中下旬.

宁蒙河段开河期, 由于受地理位置的影响, 一般从上游向下游解冻, 所以河段内槽蓄水量的释放沿途逐渐增大, 碎冰与水流大量涌向下游河道, 十分容易在河道狭窄处、河道比降变缓处、河流弯道处以及下游未解冻河段处产生冰坝, 从而阻塞河道, 抬高水位. 加之封冻期增加的槽蓄水增量的集中释放, 往往形成高水位的洪峰, 最终导致凌洪泛滥成灾. 开河凌峰主要出现在巴彦高勒–头道拐河段, 最大凌峰流量每年均出现在头道拐水文站, 历史最大凌峰流量可达 3500m^3/s.

据统计, 自 1968 年刘家峡水库建成后到 2010 年之间, 黄河宁蒙河段总计发生冰坝、冰塞现象 132 次, 其中致灾 56 次, 平均每年致灾约 1.33 次. 黄河宁蒙段每年冬季到次年春季都有不同程度的冰凌灾害发生, 较大范围的灾情平均每两年就要发生一次, 特别是在 2007~2008 年度更是遭遇了 40 年来最严重的凌汛灾害, 造成很大损失. 因此, 黄河宁蒙段的凌汛灾害是中国自然灾害中最为严重的险情之一.

8.2 冰凌的生消演变过程

我国位于北回归线以北地区的河流每年冬季都会出现不同程度的结冰成凌现象. 黄河地处我国冰情现象的过渡地带, 期间很多河段都会出现结冰现象, 加之部分河段上的河水流动方向呈现出由低纬度向高纬度的流向, 这就使得黄河冰凌的生消演变规律较为复杂. 通常, 把冰凌生消演变的发展过程分为结冰期、封冻期和解冻期三个时期 (王富强和韩宇平, 2014).

8.2.1 结冰期

一般情况下, 当温度达到 0℃时, 水开始结冰. 然而, 河流中的水体处于流动状态, 即使温度在 0℃以下, 水流有时也不会结冰. 结冰期既有河冰的形成, 又有河冰沿水流输运, 因此结冰期分为成冰阶段和流凌阶段.

在成冰阶段, 水流中存在强烈的紊流扰动, 使得水分子间的热交换作用强烈. 因此, 在河流结冰时其水体中的温度大致趋于相同, 这时只要水体中存在结晶核, 河水就会产生结冰现象. 但是在水分子结晶的同时, 会释放出一定量的潜热, 这些热量一部分通过热传递被空气或者水体带走. 另一部分会融化正在凝结的冰晶, 因此当水温达到 0℃时, 水流的结冰状态并不稳定, 故又称 0℃的水为过冷却水. 只有当水温度低于 0℃, 此时潜热的产生不足以对冰晶的形成造成影响时, 河水中的冰才基本形成.

在流凌阶段, 将水体中的冰称为凌, 凌随水体流动的现象称为流凌. 通常, 当河冰形成 1~2 天内, 河段便进入流凌阶段. 流凌期以河段开始流凌为起点, 以该河段断面封冻为终点. 流凌期的长短取决于河段气温及河段流量两个主要因素, 其中气温的变化是该阶段的主要因素. 持续的负气温会造成河面迅速冻结, 致使流凌期提前结束, 反之, 较高的气温会直接导致流凌期大为延长. 流量的大小改变了水体的流动力作用, 一定程度上改变了流凌期的长短.

由于不同水文、气象及河道条件, 黄河各河段的流凌日期不尽相同, 黄河上处于高纬度地区的河段流凌日期较早. 例如, 黄河宁蒙段流凌期多年平均值为 11 月 17 日, 这要比黄河下游的河南、山东河段的流凌日期提前了近一个月. 通常, 在黄河宁蒙河段, 巴彦高勒、三湖河口、头道拐的流凌日期比较接近, 而上游石嘴山的流凌日期比以上地区落后半个月左右.

在河段流凌期内, 冰下水流往往带着大量冰凌向下游移动. 流凌密度是一项很重要的河道冰情研究指标, 它能直接具体地反映出河段中的流冰状况. 流凌密度等于观测河段内流动冰体所占的水面面积和该河段同水位条件下流畅水面面积的比值, 即

$$D = \frac{A}{S} \times 100\%$$

其中, D 为流凌密度, A 为观测河段内流动冰体所占的水面面积, S 为该河段同水位条件下畅流水面面积.

对流凌密度的研究能使决策者对冰情做出较为客观准确的判断. 其中, 气温是流凌密度的主要影响因素, 气温快速下降时, 流凌密度也大幅增加. 通常, 当流凌密度小于 30%时, 称河段为稀疏流冰; 当流凌密度介于 30%~70%时, 称河段为中度流冰; 当流凌密度高于 70%时, 称河段为全面流冰. 如图 8-2-1 为河道流凌情况.

图 8-2-1　河道流凌

8.2.2　封冻期

当河道中的流凌密度继续增加, 且河水流速降低到一定程度时, 河面就会出现封冻. 通常, 在黄河宁蒙河段, 当流凌密度达到 70%以上, 且水流速度降低到 0.6m/s 以下时, 随着负气温的持续, 就会出现河面封冻. 当河段上某处出现能够连接河道两岸的稳定冰层, 且该段冰盖覆盖的面积大于该段面积的 80%时, 河段便进入封冻期. 一般定义封冻历时为某处河段首封之日至全河段解冻开通之日之间的时间间隔. 封冻期往往包括初封期和稳封期.

初封期是指在河道流凌期间, 随着气温持续走低, 流凌密度不断增大, 冰凌逐渐聚积冻结, 进而向上游、下游发展出现首次封河. 初封期的封河主要有平封 (图 8-2-2) 和立封 (图 8-2-3) 两种形式. 其中, 平封多发生在宽浅河道上, 由于受负气温的影响且流速逐渐降低, 两岸边凌逐渐增宽增厚, 与河面冰凌相互冻结成较为平整的封冻面; 立封一般发生在狭窄弯曲的河段, 当河段出现卡冰后, 冰块自下而上节节插排上延, 部分冰块在水流动力作用下上爬下插, 形成冰块互相重叠竖立交错的封冻河面.

图 8-2-2 平封

图 8-2-3 立封

稳封期, 又称冰冻期. 其具体时间段是从河面流冰停止并形成固定冰盖起, 到河段冰盖开始融化瓦解之时. 稳封期处在冬季最冷的时段, 由冰层替代河道的自由水面, 由于冰层隔热作用, 河水内部基本停止产冰, 此时河段水流减小, 槽蓄水增量到达最大. 黄河宁蒙河段的稳封期一般从 12 月上旬开始, 到次年 3 月中、下旬, 历时 3~4 个月之久.

8.2.3　解冻期

在次年春季, 随着气温的不断回升, 河面冰层开始逐渐融化、瓦解、破裂并随水流向下游运移. 从融冰开始到河段内冰凌全部消失、水面完全贯通, 这一时期称为解冻期. 在累积正气温不断增加的同时, 冰盖破裂并逐渐消融. 受开河期间的热力和水流动力作用的综合影响, 通常会出现三种不同类型的开河形态, 也即文开河、武开河、半文半武开河.

文开河是以热力作用为主形成的融冰开河. 河道封冻后槽蓄水量不大, 冰量较少. 当日均气温上升至 0℃以上且持续时间较长, 日照和辐射热增强, 水温升高, 封冻自上而下开始融解. 在来水量不大、水热比较平稳的情况下, 逐段解冻开河, 冰水安全下泄. 文开河态势的整个解冻历时较长, 一般不会成灾.

武开河是以水力作用为主的强制开河现象. 河道封冻期间, 由于上下河段气温差异较大, 封河后的冰厚、冰量、冰塞等也有差异. 初春气温升高, 上段河道封冻先行解冻开河, 封冻期河槽积蓄的水量急剧下泄, 形成凌汛洪水, 洪峰流量沿途递增, 水位上涨. 这时下段河道因气温较低, 冰凌固封, 在水流动力作用下, 水鼓冰开. 此类开河有时大量冰块阻塞在河道弯道或浅滩处, 形成冰坝, 造成水位陡涨, 如预防不及时会造成严重的灾害.

半文半武开河则介于文开河与武开河之间的一种开河形式, 热力作用和水流动力作用平分秋色, 一般也不会造成较为严重的灾害.

在经历了河道的结冰期、封冻期、解冻期的冰凌生消演变阶段后, 黄河流域历时 4~5 个月的冰期也正式结束了.

8.3　冰凌灾害的形成机理

冰凌的发生、发展及消失过程十分复杂, 河道冰情演变的过程中也往往会发生各种危害. 如: 流冰和冰盖影响水上航运, 使河道过水能力减少, 直接影响航运、桥梁、发电、给排水等工程的建设和管理运作; 流冰通过撞击、冰块堆积形成冰塞或冰坝, 使上游水位升高, 最终造成漫滩或决堤而引发凌洪灾害; 流冰对桥墩、码头、引水建筑物、桥梁等的冲击具有破坏作用等. 冰凌灾害根据成因大致分为三种类型: 冰塞灾害、冰坝灾害、冰体压力流冰撞击灾害. 其中, 冰塞灾害与冰坝灾害是黄河冬、春季节最为频繁严重的灾害.

8.3.1 冰塞灾害的演变过程

冰塞是指封冻冰盖下面堆积大量冰花、冰块, 阻塞部分过水断面, 造成上游河段水位壅高的现象. 冰塞缩小了河流过水断面, 使上游水位被迫提高, 甚至高于洪水位, 也会造成严重事故.

冰塞多发生在河流封冻初期. 冰塞分为形成、稳定、消融三个阶段.

(1) 形成阶段: 上游流来的冰花、冰块, 潜入冰盖之下, 首先堆积于封冻前缘处附近, 当冰塞体与流来的冰花、冰块的摩阻力大于水流动力时, 冰塞体继续发展, 过水断面面积继续缩小, 同时有部分冰花、冰块通过该断面使冰塞体向下游发展. 随着冰塞体的不断发展, 阻水程度越来越严重, 冰塞体上游的水位逐渐壅高, 水面比降变缓. 当封冻边缘处的流速小于冰花下潜的流速时, 冰花冰块不再下潜而平铺上溯, 冰塞即停止发展. 如图 8-3-1 所示的冰塞的纵断面与横断面示意图.

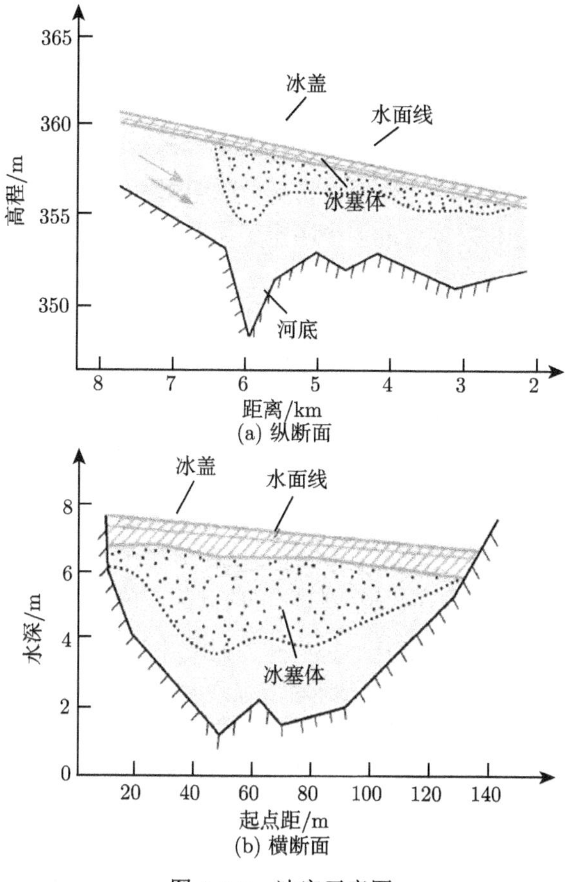

图 8-3-1 冰塞示意图

(2) 稳定阶段: 冰塞河段的比降、流速、过水断面面积和冰塞体积, 均保持在相对稳定的状态. 组成冰塞体的最大冰量及最高壅水水位就出现在此阶段. 稳定冰塞必须包括两个条件: 其一是冰盖下的输冰能力等于冰盖下的流冰量, 或上游流冰停止, 冰塞体不再发展; 其二是冰塞壅水上涨逐渐减小, 水位变化接近 0, 水面达到稳定比降.

(3) 消融阶段: 一种消融方式是次年春季, 随着气温的升高, 冰塞河段水温转至0℃以上, 冰塞体不断上融下化, 冰塞体减小, 过水断面面积增大, 槽蓄水量逐渐释放, 河水位下降, 冰塞塌陷解体最终消融. 另一种方式是冰塞经过冬季稳封期, 进入开春解冻期, 大量流冰积蓄在冰塞体前缘形成冰坝, 坝上水位迅速上升, 当水位达到一定高度时冰坝溃决. 因此, 冬季保存下来的冰塞, 在解冻开河时它们就成为冰坝形成的发源地.

影响冰塞形成和发展的因素有很多, 其中主要包括热力、水力以及河道边界条件. 其中, 热力因素表现在气温的高低, 气温越低产冰量越多, 那么上游河道就会产生大量的冰块向下游运输, 这是形成冰塞的必要条件; 水力因素主要表现在流速和水深上, 流速大小和水深反映在河道输冰能力和冰盖下流冰的运动状态, 从而影响冰塞体的形成和变化; 河道边界条件主要指比降、弯道、浅滩等, 这些因素可反映在水力和阻力中, 作为机械阻力作用在初封卡冰期起很大作用.

通常, 上游来水量和来冰量的多少决定了冰塞体的大小和形状. 若来水量、来冰量都很大, 则可能形成严重冰塞; 若来水量大、来冰量小, 则不会形成严重冰塞; 若来水量小、来冰量大, 则可能形成冰塞, 同时造成全河段的快速封冻; 若来水量、来冰量都很小, 则可能出现小规模的冰塞体, 同时使得河段缓慢封冻.

8.3.2　冰坝灾害的形成机理

流冰在河道内受阻, 冰块上爬下插或挤压堆积形成冰堆体, 犹如在河道中筑起一座拦水浮坝, 严重阻塞过水断面, 并使上游水位显著壅高, 这种现象称为冰坝, 如图 8-3-2 所示. 在时间上, 冰坝多发生在开河期, 尤其是武开河或者半文半武开河时期. 在位置上, 冰坝多发生在河道由低纬度向高纬度的河段中, 尤其在河流急弯、狭窄段、水库回水末端、河流汇合口以及冬季的冰塞河段等.

根据冰坝的形成条件可分为两种类型: 流冰在冰盖前缘上爬下插形成的冰坝, 称为潜游冰坝, 常发生在上游先解冻开河, 下游晚开河河段. 上游河段下泄的大量冰块和水冲击下游未解冻的冰盖区引起沿途水鼓冰裂, 当遇到坚固的冰盖时就发生挤压并上爬下插, 形成潜游冰坝. 原冰破碎后在弯道、狭窄、浅滩处堆积或冰盖本身受破坏挤压聚积而成的冰坝, 称作堆积冰坝. 这种冰坝的形成主要决定于有较大的水力作用促使冰盖破碎, 和有力的河道边界条件使冰块容易挤压堆积.

冰坝的生消同样分为形成阶段、稳定阶段、溃决阶段. 从流冰受阻堆积至出现最高壅水位前为形成阶段; 冰坝壅水位达到最高, 坝体的各种受力达到相对平衡时为稳定阶段; 因热力作用, 冰的强度减小, 当上游冰水压力超过冰坝自重和坝体支撑力时, 坝体溃决. 冰坝的形成和溃决时间很短, 演变过程剧烈, 从形成到溃决一般短到数小时, 长到 3~5 天.

图 8-3-2 冰坝

冰坝形成后, 下游水位下降, 上游水位上涨, 造成上下游水位差变大. 当冰盖或者坝体支撑力不足以抵挡上游的冰水压力, 或者随气温上升冰质变酥时, 都会引起冰坝的断裂、滑动、溃决. 冰坝溃决后更多冰水以迅猛的速度向下游推进, 若在下游又遇到坚固冰盖或弯道浅滩, 则会再次形成新的冰坝, 再次壅水. 甚至在同一时间段内, 同时形成数个梯次级冰坝, 上游冰坝溃决造成下游梯级冰坝的连锁溃决. 因此, 冰坝所导致的凌汛灾害猛烈、难以防治, 是凌汛期间对黄河流域威胁最大的灾害.

冰塞和冰坝都是江河冰情的重要水文现象, 其共同点是: 都是流冰受阻堆积、缩小过水断面, 导致上游壅高水位, 都是一种具有灾害性的冰情现象. 冰塞和冰坝又有其各自不同的特点, 在形成时间、发展速度、形成条件、形态特征等多方面都有着明显的区别, 详见表 8-3-1(杨中华, 2006).

表 8-3-1 冰塞与冰坝特征分析

项目	冰塞	冰坝
形成条件	冰花在冰盖前缘下潜、堆积、冻结	冰盖破碎、挤压、堆积、流冰在冰盖前缘上爬下插
发生时间	初封期	解冻开河期

续表

项目	冰塞	冰坝
冰块组成	新生成的浮冰花、碎冰块、水内冰屑在冰盖面下冻结而成	冰盖解冻破碎后的大冰块挤压堆积而成
形态	冰盖面以下沿纵向垂向增厚冰盖, 且中段厚, 向上下游递减, 长度为几千米到几十千米	由头部和尾部组成, 头部坡陡, 位于下游; 尾部自下而上由单层浮冰块组成. 长度较冰塞短
壅水位	取决于冰塞长度、厚度、冰的孔隙率和上游来水量	取决于坝头高度、冰块大小及凌峰流量. 壅水位一般高于冰塞水位
洪峰和槽蓄水增量	初封期冰塞形成过程也是槽蓄水量增加的过程, 无明显洪峰	解冻时槽蓄水增量释放, 凌峰沿途增加, 槽蓄水量沿途减少
生消时间	气温流量稳定时, 可以持续 1~2 个月或整个冬季. 气温明显回升和流量增多, 可在几天或几十天内消失	持续时间不长, 短的几小时, 长的几天
消失方式	水流长时间冲刷, 气温转暖融化, 破裂、塌陷、消融或者开河时演变成冰坝溃决	受高水位冰水压力作用溃决, 岸边残冰就地融化
造成灾害	壅水造成淹没损失或堤坝渗漏、塌陷	除壅水位淹没损失外, 有溃决冰块撞击水上建筑物, 有梯级冰坝连锁溃决, 造成对堤防威胁, 损失比冰塞严重
防止灾害手段	增加水力冲刷或降低水位, 使冰塞下榻、破裂, 控制上游流量降低壅水位	爆破冰坝或控制上游流量或分流以降低壅水位和减轻水压力

8.3.3 历史凌灾统计

据统计, 1951~2011 年黄河宁蒙河段共发生冰坝 322 次, 占凌情发生总数的 93.1%; 发生冰塞 23 次, 占凌情发生总数的 6.6%; 发生冰体压力及流冰撞击凌情 1 次, 占凌情总数的 0.3%. 但是, 受黄河宁蒙河段气候、位置、人文等多种因素综合作用的影响, 并非所有的凌情都会造成灾害. 在 346 次凌情中造成凌灾的有 88 次, 其中, 由冰塞造成灾害 20 次, 占总灾害数的 22.7%; 由冰坝造成灾害 67 次, 占总灾害数的 76.1%; 由冰体压力及流冰撞击造成灾害 1 次, 占总灾害数的 1.1%(王富强和韩宇平, 2014).

宁蒙河段冰坝发生的频率远高于冰塞发生频率, 冰坝是宁蒙河段凌情的主要表现形式. 由表 8-3-2(王富强和韩宇平, 2014) 对宁蒙河段各断面的凌情及凌灾统计可以看出, 宁蒙河段冰塞型凌灾最为严重的区间为下河沿–石嘴山, 其次是头道拐及以下河段, 而三湖河口–昭君坟则没有发生冰塞现象; 冰坝型凌灾最严重的区间为昭君坟–头道拐, 而头道拐及以下基本没有发生冰坝灾害. 冰体压力及流冰撞击造成的灾害仅在昭君坟–头道拐河段发生过一次.

总体来看, 1951~2011 年黄河宁蒙河段平均每年发生冰情 5.77 次, 平均 2 年成灾一次. 不同程度的冰塞、冰坝现象每年都会发生, 然而并不是每一次冰塞、冰坝现象都会产生凌汛灾害.

表 8-3-2 宁蒙河段冰塞、冰坝统计

河段	冰塞				冰坝			
	次数	比例	成灾次数	比例	次数	比例	成灾次数	比例
下河沿–石嘴山	11	47.83	9	45	29	9.01	9	13.43
石嘴山–巴彦高勒	4	17.39	3	15	34	10.56	11	16.42
巴彦高勒–三湖河口	3	13.04	3	15	53	16.46	16	23.88
三湖河口–昭君坟	—	—	—	—	41	12.73	9	13.43
昭君坟–头道拐	1	4.35	1	5	165	51.24	22	32.84
头道拐及以下	4	17.39	4	20	—	—	—	—
全河段	23	100	20	100	322	100	67	100

8.4 黄河宁蒙河段冰凌灾害特征分析

8.4.1 冰情变化影响因素分析

冰凌灾害的形成通常应具备以下三个条件:

(1) 寒潮和冷空气活动. 寒潮的降温强度、持续时间以及次数多少影响封河的早晚、封河速度及凌灾.

(2) 河道内有足够的流冰量和积冰量. 当气温降到 0°C以下, 水遇冷结冰时, 河道中会出现流冰、冰盖和水流的多相流相互作用, 进而产生凌汛问题.

(3) 要具有阻碍冰凌下泄的边界条件. 河道边界条件主要是河道的流向、弯道、宽窄等, 河道两岸的人类建筑工程等对凌汛产生的影响.

从河道冰情演变过程可看出, 冰凌灾害的形成需要有适宜形成灾害的气候条件和地理位置. 因此, 将影响黄河宁蒙河段冰情变化的主要因素分为热力因素、动力因素、河势因素和人为因素 (冯国华, 2009; 王富强和韩宇平, 2014).

1. 热力因素

热力因素包括太阳辐射、气温、水温等. 内蒙古段总辐射量是由上游向下游逐渐递减, 全年以六月份最多, 十二月份最少, 两者相差近三倍, 以十月至十一月、二月至三月的升降变率最大, 故冰情的变化这时也最剧烈. 太阳辐射对河流水体以至盖面冰, 永远是起加热的作用. 冬季太阳高度角最小, 给予的辐射热量也少, 冷空气与水体对流, 使水凝结成冰, 春季辐射量的增大, 对冰层的融化解体起着非常重要的作用. 据昭君坟站实测资料计算, 春季的太阳辐射强度比冬季约增大 64%, 以春季的辐射强度计算, 融消 1 厘米的冰层, 仅需 2 小时, 越往后融速越快, 解体越盛.

太阳辐射和地面的反射辐射使大气增温, 气温的高低, 反映了大气的冷热程度, 内蒙古段年平均气温多在 2~6℃之间, 气温的年较差多在 60℃左右, 日较差在 12~16℃以上. 历年内冷暖较差也很大, 如冬季 12 月至次年 2 月的月平均气温的累积值, 最高与最低竟相差一倍以上.

气温降至零度以下的时间和冰情, 常发生在寒潮入侵后, 内蒙古段寒潮入侵路径主要来自北方、西北方和西方三条, 以北方来的寒潮最强, 降温最多, 而从西北向来的次数最多. 冬季年极端最低气温可达 −30℃以下, 一月份最冷, 月平均气温在 −12~ −15℃, 冬季长约 150~170 天, 七月份最热, 月平均气温在 18~26℃. 10 月份的降温使河水逐渐冷却, 个别年份也能出现初冰, 11 月份的降温, 导致河流流凌, 12 月初的降温促成河流封冻, 一般寒潮入侵时间越晚, 其降温强度越大, 流凌时间就短. 零下气温累积值的多少, 影响水体总的失热量, 故与清沟面积的缩小、冰厚的增长等均具有较好的相关关系. 冰层融消主要是气温上升至零度以上后才加速进行, 所以零上气温累积值与融冰厚度也有较好的关系. 解冻开河时, 气温的升高或降低, 不仅影响开河速度, 同时也能改变开河的形势, 延缓或促成冰坝的生长、溃决等, 对动力作用有着明显的制约作用.

宁蒙河段冬春处于冷高压控制之下, 多偏北大风, 寒潮入侵时, 常伴有 17m/s 以上的大风降温天气, 对河流冰情有着明显的影响. 大气与河流水体的热交换, 使水温升高或降低. 河流的一切冰情现象都是由于水温下降到 0℃以下发生的. 内蒙古段 4 月中旬至 9 月, 气温高于水温, 其余时间则水温高于气温, 水体失热冷却产生冰情现象. 水温的沿程变化, 随时间和河段的不同, 差别较大, 7~8 月份, 水体沿程增温, 致使越向下游水温越高. 冬季 11 月从刘家峡水库的出库站小川口以下, 水温不断下降, 这与气温越向下游越冷的情况完全一致, 由于河水的紊动作用, 过水断面上的水温比较均匀, 但也有一些差别, 在气温高于水温时, 近岸边浅水的温度较河中水深处稍高一些, 当气温低于水温时恰相反. 一日内受太阳辐射的变化, 日气温的变幅较大, 对水温也有一定影响, 在畅流期横断面上的水温差值在 0.1~0.4℃, 结冰后水温趋于一致. 解冻开河后, 水温上升很快, 1~2 天内, 可升高 3℃以上, 对下游冰层的融消, 起了加速作用.

宁蒙河段冬春降水很少, 12 月~次年 2 月降水量约占年降水量的 1.3%~2.3%, 冰上积雪很少, 加以多风, 雪被吹走, 冰面基本无雪, 故冰层较厚, 春季的降雪能促使冰层融化解体, 故开河前的降雪越多, 开河越平稳.

2. *动力因素*

动力因素包括流量、水位、流速、风力、波浪等. 水流动力作用主要表现在水流速度的大小和水位涨落的机械作用力上. 水流速度大小直接影响着成冰条件、冰凌的搬运与下潜卡塞等. 水位上涨的多少与开河形势有着密切的关联, 涨水不多, 冰盖未被鼓裂, 只能就地消融, 即为文开河, 反之就多为武开河形势. 而水位与流速的变化又常取决于流量的多少, 在过水断面不变的情况下, 水位、流速与流量具有函数关系. 在流量大时, 水位高, 流速也大, 所以凌汛虽始于冰却成于水, 本质是河道流量的多少.

冰期河道流量分为上游来水、区间河槽蓄水量和消冰水量等几部分. 内蒙古段汇入支流虽然较多, 但大多是沟短流急、流域面积较小的山洪沟, 平时清水流量很小, 面积在 1000km^2 以上的支沟仅 12 条. 干流来水主要由青海、甘肃流来, 全年入境水量约 336.5 亿 m^3, 经区内灌区引水及河道渗漏、水面蒸发等损失后, 出境水量约减少 17.8%. 年来水量有 70%左右集中于 7~10 月, 且多年内变幅较大, 连续出现枯水年机会较多, 历史上自 1736~1967 年的 232 年中, 连续五年以上的枯水段曾出现过 7 次, 平均约 35 年出现一次, 最长的是 1922~1932 年连续 11 年的枯水段. 冰期 11 月~次年 3 月来水占年径流量的 1/3. 流凌封冻时流量逐段减少, 最小时流量不足 50m^3/s, 封河时比前一天流量约减少了一半. 由于各年气象水文条件不同, 封河时流量在头道拐站历年变幅相差十倍以上, 冰期流量过程呈马鞍形. 上游兰州站的流量基本为一退水曲线平稳下降, 直至 3 月中旬后, 稍有上涨. 进入内蒙古河段受冰情变化影响, 流量变幅较大, 成冰期部分水量冻结成冰, 部分水量储存于河道, 故由上而下逐段减少, 解冻开河期, 河槽蓄水量的逐段释放, 石嘴山有一明显洪峰向下推进, 越向下游越大.

由于河道内冰凌的存在, 水流阻力增大, 通过相同流量, 水位必然上涨; 封河时水流由畅流转入管流状态, 阻力更为增大, 水位上涨较多; 封冻后, 冰花减少, 断面过流能力增大, 水位逐渐回落; 稳定封冻期内, 受来水变化的影响, 水位忽高忽低, 若断面下游发生冰塞, 则水位会抬升较多. 融冰期, 上游河段逐渐向下解冻, 来水逐日增多, 水位随之不断上涨, 至解冻达最高, 开河流冰后, 河水迅猛回落, 恢复畅流状态. 各河段断面形态的不同, 对水位涨差有一定影响, 断面窄的, 水位涨差大些. 在内蒙古段多数年份, 凌汛最高水位均超过了同年伏汛最高水位, 主要是解冻开河时的卡冰结坝导致迅猛涨水.

内蒙古段冬春多偏北大风, 平均风速 4~5m/s, 最大达 34m/s, 这对河流冰情有着明显的影响, 当流向与风向一致时, 具有阻止封河的作用, 逆风时能促进封河.

3. 河势因素

河势即河道形态, 主要包括河道的地理位置、走向及河道的边界特征等. 由于气温随地理纬度的增加而降低, 所以河道所处的地理位置和河道的走向与热力因素之间有联系, 流向由西南向东北的河段, 上游的气温较下游气温偏高. 河道边界特征主要是指河段的宽窄、深浅、比降、弯曲、分叉等. 当气温和流量一定的情况下, 很容易在弯曲、浅滩和分叉河段产生卡冰结坝等现象. 例如, 从巴彦高勒至三湖河口一段, 河型为平原弯曲, 纵比降只有 0.139%, 冬季在这种河道上非常容易结冰成凌.

4. 人为因素

人为因素主要是指在河道上修建水库、滞洪区、引水渠等. 水库调节不仅能改变原河道的流量分配过程, 而且能增加水温. 故水库调节不仅反映在动力因素上, 还反映在热力因素上. 黄河上游修建了青铜峡、刘家峡等 6 个大型水库. 特别是刘家峡水库和龙羊峡水库的运用对宁蒙河段的凌情影响很大. 刘家峡水库运用后, 宁蒙河段冰下过流能力比建库前增大 20%~40%, 解冻开河时, 上游控制泄量, 加之断面过流能力增强, "武开河" 形势的几率大大减小. 刘家峡水库建库前, 卡冰结坝平均每年 13 座, "文开河""半文半武开河""武开河" 形势各占 1/3, 建库后到 1990 年, 共结冰坝 84 座, 其中 "文开河" 占 70%, "半文半武开河" 占 30%, "武开河" 形势基本消失. 然而, 水库的运用也产生了一些新问题, 如河道淤积、淘岸严重, 致使河道输水、输冰能力减弱, 封河期卡冰壅水严重. 总的来说, 水库运用后, 宁蒙河段开河期冰坝得到缓解, 但是使得封河期冰塞严重.

此外, 如果水库调节不当, 下泄流量过大, 不但不能减轻凌情, 还有可能造成人为冰灾. 如 1993 年 11 月中旬, 内蒙古遭遇寒流突袭, 刘家峡水库来不及控制流量, 大量流冰到巴彦高勒附近形成严重冰塞, 水位骤涨, 比千年一遇设计洪水位高出 0.6m, 最终使得磴口县的南套子堤防溃决, 同时淹没大片土地和村庄, 直接经济损失 4000 万元. 所以上游水库的合理调节调度, 对下游防凌有着至关重要的作用 (张傲妲, 2011).

8.4.2　近年来宁蒙河段凌情新特征及变化分析

近年来, 粗放型的经济发展方式使环境遭到破坏, 导致全球变暖, 加之人类修建水库、岸堤等各种防凌行为, 分别从多个方面对冰情造成了越来越大的影响, 黄河宁蒙段冰情也呈现出一些新的特点 (刘吉峰等, 2012).

1. 流凌和封、开河时间推迟, 首封地点下延, 封开河不稳定

根据宁蒙河段 1950~2010 年度封开河特征资料 (表 8-4-1), 冬季一般在三湖河口–头道拐河段出现流凌, 流凌开始日期的多年平均值为 11 月 18 日, 其中: 多年流凌最早日期出现在 1969 年 11 月 4 日, 位于三湖河口以下河段; 历年首凌最晚日期出现在 2006 年 11 月 30 日, 出现于三湖河口断面附近. 宁蒙河段首封地点一般在三湖河口–昭君坟河段, 多年平均封河日期为 12 月 1 日, 其中: 最早封河日期为 1969 年 11 月 7 日, 位于三湖河口–包头之间; 最晚封河日期为 1989 年 12 月 30 日, 首封地点位于昭君坟附近. 宁蒙河段开河一般在三湖河口以上开始, 由上游向下游发展, 多年平均开河结束日期为 3 月 27 日, 其中: 最早开河日期为 1998 年 3 月 12 日, 最晚结束日期为 1970 年 4 月 5 日.

表 8-4-1 1950~2010 年度宁蒙河段封开河日期统计

指标	1950~2010 年平均	2001~2010 年平均	最早	最晚
流凌日期	11-18	11-24	1969-11-04	2006-11-30
封河日期	12-01	12-04	1969-11-07	1989-12-30
开河日期	03-27	03-25	1998-03-12	1970-04-05

2001~2010 年流凌封河时间明显推迟, 封、开河不稳定, 首封位置向下游移动. 宁蒙河段 10 年平均首凌日期为 11 月 24 日, 首封日期为 12 月 4 日, 最后开河日期为 3 月 25 日. 与历史 (1950~2010 年) 均值相比, 首凌日期推迟 6 天, 首封日期推迟 3 天, 开河日期提前了 2 天. 2001~2002 年, 宁夏河段首次出现了两封两开现象; 2009~2010 年度出现三封三开. 宁蒙河段首封位置多在昭君坟及以上河段, 最近 10 个凌汛期, 除了 2002~2003 年首封位置在乌拉特前旗附近以外, 其余年份均在昭君坟以下河段, 如九原区的三银才、南海子、包西铁路桥等处, 封河最下游位置在万家寨水库库尾的呼和浩特市清水河县曹家湾河段 (2007~2008 年).

随着冬季气温的变暖, 宁夏河段的凌情也发生了变化, 封、开河变得更加不稳定, 出现了多次封、开河的现象.

2. 河道冰下过流能力降低, 槽蓄水增量明显增加

冰盖会引起流动阻力增加, 从而导致河道过流能力下降及能量损失增加. 在黄河内蒙古河段, 封冻初期一部分水量转化为冰, 还有一部分水量受冰盖阻水影响, 转化为槽蓄水量. 下游头道拐断面通常会出现一段时期的小流量过程, 随着冰盖下冰花阻水作用的减小, 流量逐渐增大, 小流量过程结束.

头道拐断面封河期小流量 ($<350\text{m}^3/\text{s}$) 持续天数变化较大 (表 8-4-2) . 刘家峡水库运用前, 封河期流量过程主要受自然因素影响, 凌汛期来水较少, 小流量持续时间较长, 年际变化很大, 相应年最大槽蓄水增量仍维持在较低水平; 1969 年以来, 凌汛期来水量增大, 小流量持续天数明显减少且趋于均匀; 1986 年以来, 受河道冲淤、水库调度、天气气候等因素影响, 小流量过程和年最大槽蓄水增量呈增加趋势. 近年来小流量持续时间显著增加, 最长为 63 天 (2002~2003 年), 最短为 16 天 (2009~2010 年), 平均为 40 天.

表 8-4-2 头道拐断面小流量持续天数和宁蒙河段槽蓄水增量统计

时段	流量 $< 350\text{m}^3/\text{s}$ 的天数/天			最大槽蓄水增量/亿 m^3
	平均	最长	最短	
1952~1968	64	137	16	8.75
1969~1985	16	34	5	10.10
1986~2000	27	67	6	12.70
2001~2010	40	63	16	15.10

2001 年以来, 随着小流量持续天数的增加, 宁蒙河段的槽蓄水增量明显增大 (图 8-4-1), 且最大槽蓄水增量出现时间滞后, 持续时间延长. 2001~2010 年内蒙古河段最大槽蓄水量平均为 15.10 亿 m^3. 2000 年以前槽蓄水量一般在 1 月末增加至最大, 此后维持最大槽蓄水量至 2 月底; 2001 年以后, 槽蓄水量一般在 2 月上中旬增加至最大并持续至 3 月上中旬. 其中, 2010~2011 年凌汛期, 槽蓄水增量在 3 月上旬才增加至最大, 最大槽蓄水量一直持续到宁蒙河段全线开河前夕, 加大了凌汛灾害风险和水库调度的难度.

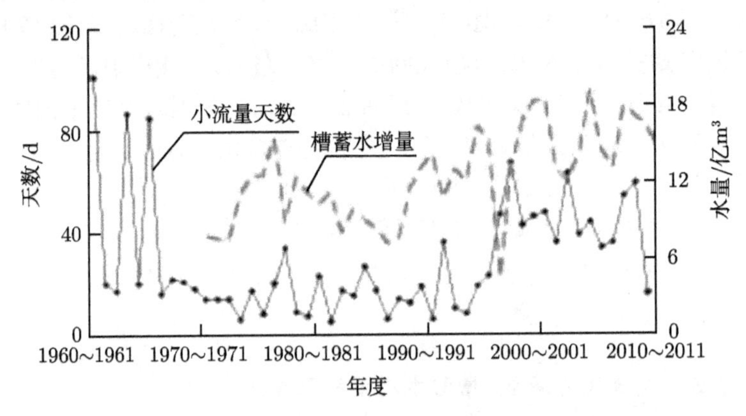

图 8-4-1 宁蒙河段槽蓄水增量与小流量天数

3. 封、开河期水位偏高, 凌汛洪峰减弱, 凌情形势趋于复杂

河段首封后, 上游流冰在冰盖前缘平铺使冰盖向上游延伸, 对上游来水形成冰塞阻力, 容易壅高水位, 增大堤防防守压力. 开河初期, 冰块下泄不畅, 容易形成冰坝壅水; 开河后期, 槽蓄水增量释放会引起河道沿程涨水现象. 近年来, 由于河床不断淤积抬高, 多浅滩、弯道、分叉等, 因此河道冰下过流能力急剧降低. 封河期三湖河口和头道拐水文断面水位有逐年升高的趋势, 开河期最高水位则显著升高 (图 8-4-2). 2007~2008 年度开河期三湖河口最高水位为 1021.22 m(出现在 2008 年 3 月 20 日), 创历史纪录.

宁蒙河段开河时一般自上而下逐渐开通, 凌峰流量沿程逐渐增大, 尤其在 “武开河” 河段, 槽蓄水量急剧释放, 容易形成峰高时短的尖瘦凌峰. 宁蒙河段多年平均凌峰流量为 2144m^3/s, 最大凌峰流量为 3500m^3/s(1968 年), 最小为 1000m^3/s (1958 年). 受开河期气温、河道条件、水库调度等多种因素的影响, 近年来开河桃汛洪峰有较明显的减小 (图 8-4-3). 2001~2010 年头道拐站开河期最大洪峰流量平均为 1906m^3/s, 较以前均值 (1969~2000 年, 2197m^3/s) 偏小 10%, 较刘家峡水库运用以来均值 (2322m^3/s) 偏少 18%, 凌峰形状多为弱双峰甚至无明显凌峰, 在 2009 年出现了刘家峡水库使用以来的最小桃汛洪峰流量 (1380m^3/s).

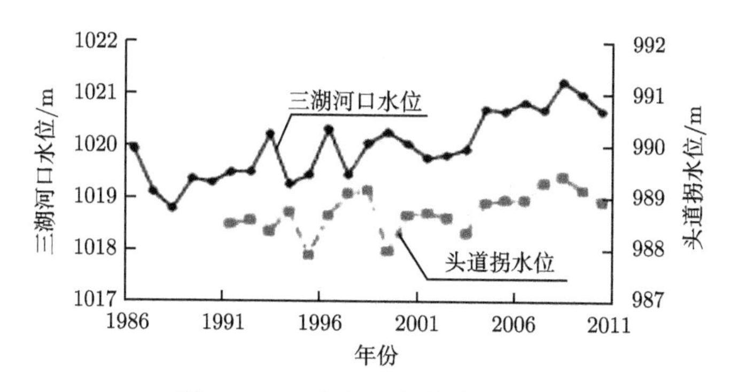

图 8-4-2 三湖河口与头道拐水位

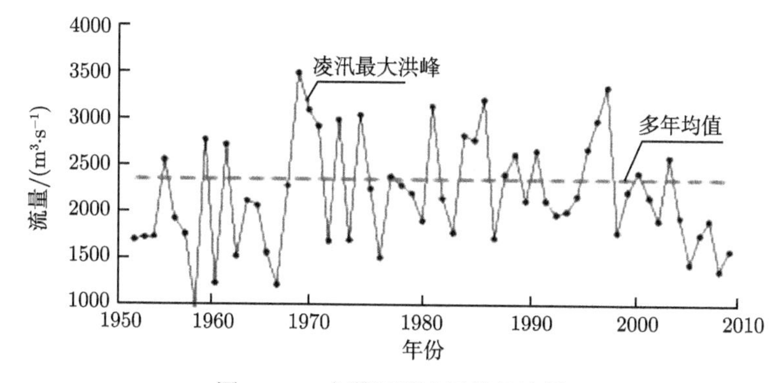

图 8-4-3 宁蒙河段凌汛洪峰流量

2000 年以来, 宁蒙河段冰凌特点发生明显变化, 凌情形势变得更加复杂, 凌情灾害时有发生. 2001~2010 年, 黄河宁蒙河段有 5 年发生了凌情灾害, 其余年份也有不同程度险情. 2007~2008 年度出现了近 40 年来最严重的凌情, 封河期宁夏河段出现了冰塞, 开河期三湖河口水位屡创新高, 杭锦旗独贵塔拉奎素段大堤发生溃堤.

针对黄河宁蒙河段近年来冰情所呈现出的一些变化特点, 将其主要原因归结为以下几个方面:

(1) 气候变暖, 极端天气事件增多. 宁蒙河段冬季气温总体偏高, 起伏波动大, 极端天气事件频繁出现. 黄河宁蒙河段是黄河流域变暖最为显著的区域, 最近 45 年气温增速约为 0.5℃/10 年. 进入 21 世纪以来, 气温升高更加明显, 极端天气事件有所增加. 2002 年以来, 包头站旬平均气温共出现历史同期前 3 位的极端情况 24 次, 其中气温偏高占 21 次, 气温偏低只有 3 次. 凌汛期气温偏高是流凌及封河时间推迟的重要原因. 凌汛期气温高且变幅大, 冰盖偏薄, 容易造成封、开河不稳定, 甚至出现封、开河交替, 造成冰凌灾害.

(2) 水库运用改变了河道水流条件. 在凌汛期, 水库加大泄量, 沿程水温升高, 水动力作用加强, 从而推迟了流凌日期, 延缓了封河时间; 开河期水库减小泄量, 凌汛洪峰降低, 冰凌洪水灾害风险降低. 这些防凌措施的运用改变了宁蒙河段冰凌的自然规律, 影响了河道过流能力, 使冰凌特点发生变化. 区间引退水对封河过程也有重要影响, 在封河早的年份, 头道拐站均出现两次小流量过程, 槽蓄水增量均偏大, 可能是封河前期引水流量在封冻后退水造成的. 此外, 1998 年万家寨水库运用以后, 库区由初期的不完全封冻变为最近几年的完全封冻. 受最近几年水库水位逐渐抬高的影响, 在封、开河的关键期, 库尾极易卡冰结坝, 壅高水位, 从而减弱河道过流能力, 增大槽蓄水增量.

(3) 河道淤积严重, 过流能力下降. 1986 年以来, 受龙羊峡水库调节、气候条件和人为因素的影响, 进入宁蒙河段的洪峰流量减小, 水量持续偏小, 输沙能力降低, 河道淤积量显著增大. 20 世纪 90 年代以来, 宁蒙河段河槽淤积萎缩日趋严重, 平滩流量降至 $1000\mathrm{m}^3/\mathrm{s}$. 河道淤积、河道建筑物的阻冰作用导致封河后的冰盖下过流能力进一步减弱, 头道拐站小流量过程持续时间延长, 上游来水不能有效释放, 大量聚集在滩地, 使得槽蓄水量明显增大. 开河期, 槽蓄水主要聚集在滩地, 水动力作用减轻, 槽蓄水释放缓慢, 凌汛洪峰减弱, 故峰型一般呈弱双峰或无明显凌峰.

(4) 河道工程增多, 输冰能力减弱. 随着宁蒙河段两岸经济的迅猛发展, 河道内的桥梁日渐增多, 三盛公–喇嘛湾区间共有铁路桥梁 3 座、公路桥梁 10 座. 近年来新增跨河浮箱桥 12 座. 跨河工程 (包括桥梁、施工布桩、围堰、浮桥等) 影响冰凌的形成、输移等过程. 随着当地农业经济的发展, 宁蒙河段出现了大规模的围堤造田, 滩地内生产堤遍布、纵横交错, 不仅影响了汛期行洪, 也使凌汛期大量冰水滞留在滩地, 增大了槽蓄水量. 开河期滞留在滩地内的槽蓄水释放缓慢, 影响凌汛洪峰形成过程, 增大了凌汛洪水预报难度.

8.5　本 章 小 结

冰凌是冬季的一种河道水文现象. 本章从结冰期、封冻期、解冻期三个阶段对冰凌的生消演变过程进行了分析; 其次讨论了黄河宁蒙河段的冰塞、冰坝的特征、形成机理及演变过程, 对由冰塞、冰坝引起的凌汛灾害的影响因素进行了探讨; 最后总结分析了近年来黄河宁蒙河段冰情所呈现出的一些新特征.

第 9 章　黄河冰凌灾害风险管理实践

本章分析了黄河冰凌灾害风险特征, 从黄河冰凌灾害风险因子识别、风险估计、风险预测、风险评估以及风险决策等方面给出了黄河冰凌灾害风险管理流程. 根据资料翔实易于收集、符合冰情主要影响因素等原则, 分析辨识冰凌灾害关键因子, 在此基础上, 运用灰色预测决策方法, 着重介绍了两种黄河冰凌灾害风险评估与预测方法, 给出了基于灰色预测决策方法的冰凌灾害风险管理研究范式. 最后, 运用灰色决策的方法, 解决凌汛防灾物资分类管理、物资储备方式选择等问题, 为防凌减灾提供决策参考.

9.1　黄河冰凌灾害风险特征及其管理流程

9.1.1　黄河冰凌灾害风险特征

黄河是中国凌汛灾害最为频繁的河流, 其中以宁蒙河段最为严重, 这是由它特殊的地理位置、水文气象条件、河道特征以及人类活动等因素所决定的. 近年来, 受我国气象形势的影响, 极端天气频繁出现, 黄河流域的凌汛灾害较为严重, 对黄河沿岸的经济社会的快速发展及人民生命财产的安全构成了极大威胁. 在这样的背景下, 黄河流域冰凌灾害防凌减灾面临的形势越来越严峻, 任务越来越艰巨, 因此亟待做好冰凌灾害风险管理相关工作, 尽量减少由冰凌灾害所造成的损失.

冰凌灾害风险的概念源于自然灾害风险. 自然灾害风险是指在某个特定时期, 由于危害性自然事件造成某个社区或者社会的正常运行出现剧烈改变的可能性, 这些事件与各种脆弱性的社会条件相互作用, 最终导致大范围的不利于人类、经济或环境的后果. 冰凌灾害风险的实质就是冰凌灾害所造成损失的不确定性. 因此, 冰凌灾害风险的定义就是在综合考虑气温、流量、河道条件等不确定性冰凌灾害影响因子的基础上, 由冰塞和冰坝导致的恶性灾害事件所造成损失的可能性.

冰凌灾害风险的特征由风险的自然属性、社会属性及其相互作用共同决定. 其自然属性表现在: 受多种冰凌灾害影响因子的作用, 不同程度的冰情年年都有, 但并非每一次的冰情都会引发冰凌灾害; 其社会属性表现在: 历年河道的冰情是不可避免的, 但是通过一系列措施提高河道冰凌灾害风险的适应能力, 冰凌灾害所造成的损失就能够有所减少.

对于黄河宁蒙段冰凌灾害风险, 由于其影响复杂、演变趋势多变, 往往具有很大程度的不确定性, 其不确定性主要与三个方面的因素相关.

其一, 与黄河宁蒙段特殊的地理位置、水文气象条件、河道特性等相关. 宁蒙河段处于整个黄河流域的最北端, 此处的河道像是一个 “几” 字的头部. 由于宁蒙河段特殊的地理位置与河道形态, 在秋冬季节河道初次封冻时期, 下游河段往往早于上游河段产生流凌、封冻, 然而在次年春季解冻时期, 下游河段却晚于上游河段开河. 这就导致在封河、开河时期, 特别容易形成冰凌的卡塞或冰坝壅水, 最终引发堤防决口, 从而导致凌洪灾害. 冰凌灾害风险并非受单一因素的作用, 而是受多种因素的综合影响. 例如: 受冬季负气温的持续影响, 一部分河水以河冰的形式储存在河道中, 从而增加了河道的存水量, 称这部分水量为河道槽蓄水增量. 一般情况下, 在凌汛时期, 槽蓄水增量能够直观反映凌汛洪水的严重性程度, 也即河道槽蓄水增量越大, 春初解冻开河期越容易形成较大流量的洪峰, 从而造成凌汛灾害. 但是, 即使河道槽蓄水增量很大, 若初春解冻开河期, 日气温变化十分缓慢, 使得河道槽蓄水增量缓慢释放, 形成文开河的形势, 也会大大减小冰凌灾害风险.

其二, 与分析、评估冰凌灾害的方法不精确、评价的结果不确切和人类的认知相关. 冰凌灾害的研究具有较大的系统性和地域性, 目前国内对 “凌灾机理研究—凌灾风险分析—凌灾预防及控制” 等一系列系统性的风险管理研究较少, 研究成果的实施性和可操作性不强, 研究手段和研究方法均有待充实. 在某种程度上, 甚至缺少对河冰动力学特性以及冰凌灾害风险管理相关问题的确定性认识. 对于宁蒙河段冰凌灾害风险, 由于其影响复杂、演变趋势多变, 具有常规复杂系统风险评价的共性又具有不同于其他自然灾害风险评价的个性, 因此, 需要利用合适的不确定性分析理论以及多学科综合集成的方法研究冰凌灾害风险识别、风险评估和风险控制等一系列风险管理问题.

其三, 与为减轻冰凌灾害风险而采取的防凌措施相关. 近年来, 为减少冰凌灾害对黄河沿岸所造成的危害, 人类通过修建岸堤、防洪大坝、水库等多种方法进行防凌减灾工作. 这些防凌工程改变了河道的自然条件, 一定程度上减少了灾害发生的风险. 但是, 水库等工程的运用也同时带来了一系列新问题, 例如泥沙的淤积导致河床变浅, 过流及输冰能力有所减弱, 从而导致近年来流凌、封河期阶段冰塞的出现次数增多. 此外, 一旦突遇极端气候事件, 水库的运用有时也会加重凌情的发展. 例如, 1993 年 11 月 10 日左右, 一股强冷空气突袭黄河以北流域, 极度的寒冷气温导致宁蒙河段大幅流凌, 但此时刘家峡水库来不及调控流量, 高速的水流携带大量冰块阻塞到巴彦高勒附近, 极大地抬升了水位, 最终导致堤防溃决, 附近村庄被洪水淹没. 因此, 这些为减轻冰凌灾害风险而采取的防凌措施, 一定程度上增加了冰凌灾害风险管理问题的不确定性和复杂性.

近年来, 粗放型的经济发展方式使环境遭到破坏, 导致全球变暖, 加之人类修建水库、岸堤等各种防凌行为, 分别从热力与动力因素上对冰情造成了越来越大的影响, 黄河宁蒙段冰情信息也呈现出“部分信息已知、部分信息未知”的“小样本, 贫信息”灰色不确定性特征, 主要表现在以下几个方面:

(1) 近年来复杂的气候条件以及人类活动的变化导致宁蒙段冰情数据信息往往具有很大的时效性, 也即近期冰情数据才能更好地反映实际的灾害风险问题, 更好地指导现阶段的防凌减灾工作. 例如, 受温室效应影响, 2000 年以后黄河宁蒙段的冰期的平均气温上升了 3.6°C, 气温增速约为 0.5°C/10 年, 冰期气温偏高改变了河道的水流条件, 导致了封河日期推迟与开河日期提前. 此外, 从 1990 年起龙羊峡水库与刘家峡水库在黄河防汛总指挥下进行水量的统一调度, 通过水库调节了下游区域的水温, 宁夏青铜峡以下数十千米范围内河段已不在封冻, 近 200km 的河段流凌日期推迟了 5~10 天.

(2) 由于冰凌灾害风险自身的复杂性所引起的风险指标数据难以收集, 灾害风险评估中指标数量受到严重的限制. 例如: 河道条件是影响冰凌灾害风险的重要因素之一, 近年来, 受水流、气候、人类活动的影响, 黄河的自然河道条件每年在发生着微小的变化, 但是受河道测量复杂度的限制, 河道条件的变化程度难以确定, 指标数据严重不足; 此外, 在河道初封期, 河道的冰下过流能力是一个反映冰塞风险的重要指标, 但目前关于冰下水流监测技术的研究仍处于起步阶段, 冰下水流指标数据的收集也十分困难.

(3) 收集到的冰情数据信息往往是一些只知道取值上、下界, 而不知道其确切取值的灰数. 例如, 流凌密度是一项很重要的河道冰情研究指标, 它能直接具体地反映出河段中的流冰状况, 因此对流凌密度的掌握能使决策者对冰情的发展做出较为客观准确的判断. 但是通过监测获得的某个河段在某个时间段的流凌密度的数值通常是一些只知道大概取值范围而不知道其确切值的灰数, 如流凌密度小于 30%、30%~50%、高于 70%等.

因此, 针对冰凌灾害风险所呈现出的灰色不确定性特征, 现有的概率统计、模糊数学、数值仿真模拟等方法均不能较好地处理此类灾害风险管理问题, 而基于灰色系统理论基本思想的灰色预测决策理论方法却能够有效处理包含灰色不确定性的复杂系统风险管理问题. 因此, 本书旨在从风险管理的角度来建立一套冰凌灾害风险的灰色预测决策理论体系, 提出具有实际意义的区域冰凌灾害风险管理不确定性系统的定量分析、综合评价和优化决策的模型与方法, 解析该不确定性系统的结构特征、演化机制和管理策略, 根据系统的不同风险状态设计相应的防凌减灾方案, 为现阶段的防凌减灾工作的顺利实施提供更好的决策支持.

9.1.2 黄河冰凌灾害风险管理流程

近年来随着全球环境变化和社会经济发展, 各种自然灾害风险在不断加剧. 联合国减灾战略中明确提出必须建立与风险共存的社会体系, 强调从提高社区抵抗风险的能力入手, 促进区域可持续发展. 在此背景下, 自然灾害风险管理是全面减灾最为有效、积极的手段与途径. 普遍接受的风险管理过程包括风险识别、风险分析、风险评估 (评价)、风险管理 (处理) 等. 进入 21 世纪以来, 国际组织和有关学者更加关注风险管理. 2004 年国际风险管理理事会 (International Risk Governance Council, IRGC) 提出综合风险管理框架的核心内容, 2009 年国际标准化组织 (International Organization for Standardization, ISO) 提出风险管理过程是以创建背景为开始, 包括创建背景、沟通与咨询、风险评估、风险处理、监测与审查 5 个部分. 我国的自然灾害风险管理研究, 最初主要是通过灾害风险评估 (评价) 为灾害防御决策提供参考, 之后才发展到灾害风险管理阶段, 现在风险管理理念已经深入到了各种灾害类型研究中. 国外风险管理已经进入标准化阶段, 而国内的风险管理研究还处于起步阶段, 在风险管理的认识上存在误区, 风险管理过度依赖于工程性防灾减灾措施 (尚志海和刘希林, 2014). 因此, 提出和构建适合我国国情和灾害种类特征的风险管理体系, 是当前我国自然灾害风险管理研究面临的重要课题.

伴随全球环境的复杂性和人类活动的深刻性, “风险” 一词被赋予了从自然科学、哲学、经济学、社会学、统计学甚至文化领域的更广泛更深层次的含义, 且与人类的决策和行为后果联系越来越紧密. 对于风险的定义, 学者们一直没有形成统一的认识. 但是, 目前普遍认为, 风险是不利事件未来发生的可能性和不利事件所导致的损失这两要素组成的系统, 风险的本质可概括为 “一个确定” 和 “六个不确定”: 风险发生的最后结果是确定的, 即一定有损失, 但是, ① 是否发生不确定; ② 发生时间不确定; ③ 发生对象不确定; ④ 发生空间不确定; ⑤ 发生状况不确定; ⑥ 产生损失不确定. 对于黄河冰凌灾害风险而言, 一旦发生了凌汛灾害, 必然会造成沿河人、财、物等的损失, 这是可以确定的, 但是每年的凌汛灾害是否会发生, 发生在什么时候, 在哪一个河段发生, 凌汛灾害程度有多大, 造成的损失情况等都是不确定的, 使得黄河冰凌灾害风险管理面临巨大的挑战.

自然灾害风险管理是识别、处理和应用自然灾害风险系统的结构特征和行为特征的各种不确定性, 尽最大可能减小自然灾害的潜在危害及其造成的生命、经济和环境损失. 自然灾害风险管理的目标是通过工程措施和非工程措施, 将灾害风险控制在公众普遍能够接受的水平之内. 自然灾害风险管理是一个系统的过程, 包括许多步骤和程序, 这些风险管理的具体程序也是不同时期风险管理理念的体现, 风险管理程序的构建必须紧密结合现代风险管理理念, 从而才能真正体现风险管理的价值.

2004 年国际风险管理理事会提出了综合风险管理框架的核心内容, 主要分为 5 个程序: 风险预评估、风险评估、风险管理、风险沟通、可接受水平判断. 2009 年颁布实施的 ISO 31000: 2009 提供的风险管理过程包括创建背景、沟通与咨询、风险评估、风险处理、监测与审查 5 个部分. ISO 31000: 2009 适用于管理所有组织任何形式的风险, 但是该标准在实践中也不可生搬硬套. 中国的灾害风险管理研究已经深入到了各种灾害类型中. 黄崇福提出了综合风险管理梯形架构, 它从上往下分别由风险意识块、量化分析块和优化决策块构成 (黄崇福, 2005). 金菊良等认为, 洪水灾害风险管理可以展开为洪水灾害危险性分析、洪水灾害易损性分析、洪水灾害灾情分析和洪水灾害风险决策分析 4 个部分 (金菊良等, 2002). 向喜琼和黄润秋认为地质灾害风险评价和风险管理的基本步骤包括: 风险鉴别、风险量化与度量、风险评价、风险接受和规避、风险管理 (向喜琼和黄润秋, 2000). 刘希林和莫多闻认为泥石流风险管理的目的是降低风险或转移风险, 可以通过降低危险度、降低易损度和灾害保险 3 种途径来进行风险管理 (刘希林和莫多闻, 2002). 上述研究共同的特点是将风险评估 (评价) 和风险管理联系了起来, 但是国内灾害风险管理理论和应用研究都需要完善.

综上所述, 本书针对黄河冰凌灾害风险特征, 结合国际、国内关于自然灾害风险管理的研究成果, 黄河冰凌灾害风险管理实际上要求识别和了解面临的各种风险, 分析风险的成因、影响及发生的可能性, 评定风险等级, 决定是否要采取应对措施, 并针对出现的风险制订防凌减灾措施, 制订风险监控计划等. 黄河冰凌灾害风险管理的核心环节包括风险识别、风险分析、风险评定、风险决策和风险监控五个过程, 如图 9-1-1 所示. 这五个过程之间相互作用, 也与其他知识领域中的各种过程

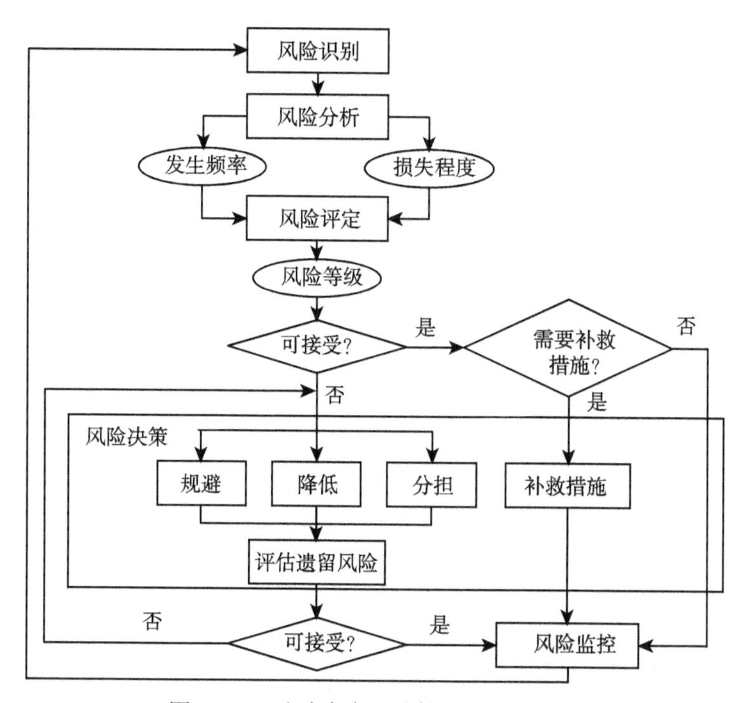

图 9-1-1 冰凌灾害风险管理的一般过程

相互作用. 虽然各个过程是作为彼此独立、相互间有明确界面的组成部分来分别介绍, 但在实践中, 它们可能会交叉重叠、相互影响.

1. 风险识别

风险识别是风险管理的第一步, 也是风险管理的基础. 只有在正确识别出自身所面临的风险基础上, 人们才能够主动选择适当有效的方法进行处理. 风险识别是指在冰凌灾害事故发生之前, 运用各种方法系统地、连续地认识所面临的各种风险以及分析冰凌灾害事故发生的潜在原因. 风险识别过程包含感知风险和分析风险两个环节. 感知风险即了解客观存在的各种风险, 是风险识别的基础, 只有通过感知风险, 才能进一步在此基础上进行分析, 寻找导致风险事故发生的条件、因素, 为拟定风险处理方案, 进行风险管理决策服务. 分析风险即分析引起风险事故的各种因素, 它是风险识别的关键.

2. 风险分析

风险分析是风险评价和风险处置决策的基础, 为充分理解风险的性质和确定风险等级的过程. 风险分析是风险评价和风险决策——决定风险是否需要处理及确定最适当的风险处置战略和方法的输入条件. 风险分析主要包括以下三个内容:

(1) 考虑风险成因和风险源、积极和消极的后果和其可能性, 以及影响后果和可能性的因素.

(2) 结果和可能性的表达方式及其结合所决定的风险等级, 能够反映风险的类型、可利用的信息和风险评估结论的目的, 要符合风险准则.

(3) 根据风险的特点、分析的目的、信息、数据和可用的资源, 可采取不同的详细程度: 定性、半定量或定量, 或其组合.

3. 风险评定

风险评定是在风险识别和风险分析的基础上, 对风险发生的概率、损失程度, 结合其他因素进行全面考虑, 评估发生风险的可能性及危害程度, 并与公认风险准则相对比, 以确定风险及其等级, 并决定是否需要采取相应的措施的过程.

(1) 风险评定的等级和排列次序. 根据风险识别阶段所列出的潜在的、现实的风险因素清单, 利用科学的工具和专门技术, 正确地量化冰凌灾害的主要风险, 确定冰凌灾害风险的等级程度. 采用风险可能性和结果对风险进行分组. 冰凌灾害风险的计量和估值是冰凌灾害风险管理中最有难度的工作, 但是这是冰凌灾害风险管理成功与否至关重要的环节. 对冰凌灾害风险因素进行优先排序时, 要综合考虑冰凌灾害的危险性、环境的脆弱性、承灾体的暴露度以及防凌减灾能力等多方面的因素, 优先处理等级较高的风险. 并非所有的风险经过识别后都是重大风险, 非重要的风险应定期复核, 特别是在外部事项发生变化时, 应检查这些风险是否为非重大风险.

(2) 风险等级的区位分析. 对风险等级的确定可以按照图 9-1-2 所示的过程来进行, 首先对冰凌灾害风险的严重程度进行评估, 判断其会产生怎样的影响, 然后预测风险发生的可能性, 针对上述所作出的评定采取合理的行动.

图 9-1-2 冰凌灾害风险分析过程

权衡风险之前, 要对风险本身的区位加以确定, 要针对承灾体和防凌减灾措施的具体情况, 作出承受风险能力的评估, 从而采取相应的风险应对措施. 区位分析就是对异向不确定性因素的可能性和重要性进行二维的区位分析. 一般采用二维坐标图, 以图 9-1-3 为例, 横向表示风险发生的可能性, 纵向表示风险的严重程度. 从逻辑上来讲, 在进行冰凌灾害风险管理时, 首先要分析冰凌灾害风险的严重程度, 然后分析风险的可能性. 综合可能性和重要性两个方面, 根据实际评估需求, 将二维坐标域分为若干区域, 如图 9-1-3 所示, 将二维坐标域分为 16 个区域, 将风险等级分为四级, 即低度Ⅰ、中度Ⅱ、高度Ⅲ和极高Ⅳ. 低度Ⅰ级表示一般风险, 需要注意; 中度Ⅱ级表示有显著风险, 需要加强管理, 不断改进; 高度Ⅲ级表示高度风险, 需要制订风险消减措施; 极高Ⅳ级表示极高风险, 不可忍受风险, 须纳入目标管理或制订管理方案.

重要性				
	高度Ⅲ	高度Ⅲ	极高Ⅳ	极高Ⅳ
	中度Ⅱ	高度Ⅲ	高度Ⅲ	极高Ⅳ
	中度Ⅱ	中度Ⅱ	高度Ⅲ	高度Ⅲ
	低度Ⅰ	中度Ⅱ	中度Ⅱ	高度Ⅲ
				可能性

图 9-1-3 风险的二维区位图

另外, 从灾害发生频率 (重现期) 和灾害导致的可能损失的角度, 通过模拟两者之间合理的依赖关系, 制定灾害风险评估区位图. 例如金菊良等给出了旱灾风险评估等级区划图 (图 9-1-4), 表示在一定抗旱能力下, 随着干旱频率的下降 (干旱重现期的上升); 相应的可能损失应呈现上升的趋势; 而在一定干旱频率下, 随着抗旱能力的增强, 相应的可能损失应呈现下降的趋势 (金菊良等, 2016). 通过识别和绘制干旱频率与一定抗旱能力下可能损失的关系曲线, 可以从时间和空间尺度上进行旱灾风险的动态评估, 可进行不同地区、不同时期的旱灾风险高低的绝对比较.

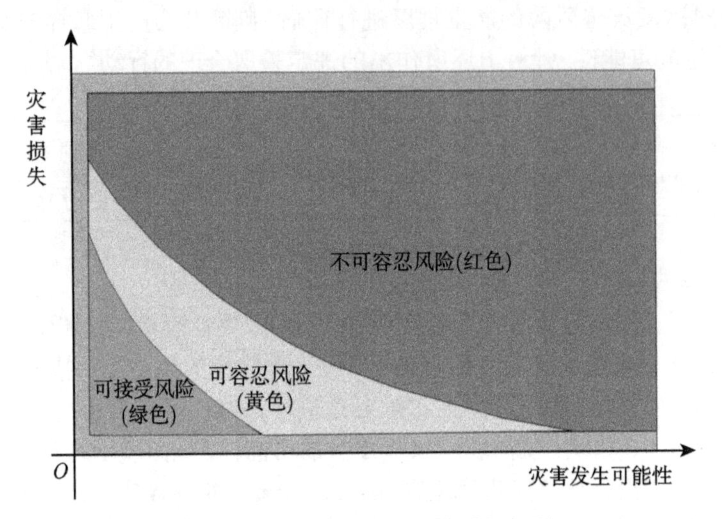

图 9-1-4　灾害损失–频率关系示意图

(3) 风险评定的程序. 风险评定的过程是根据已识别的风险因素, 收集相关的风险数据, 利用科学的统计方法、风险评定方法和相关的判断依据, 建立理论模型, 确定风险等级和排列风险的优先次序, 如图 9-1-5 所示.

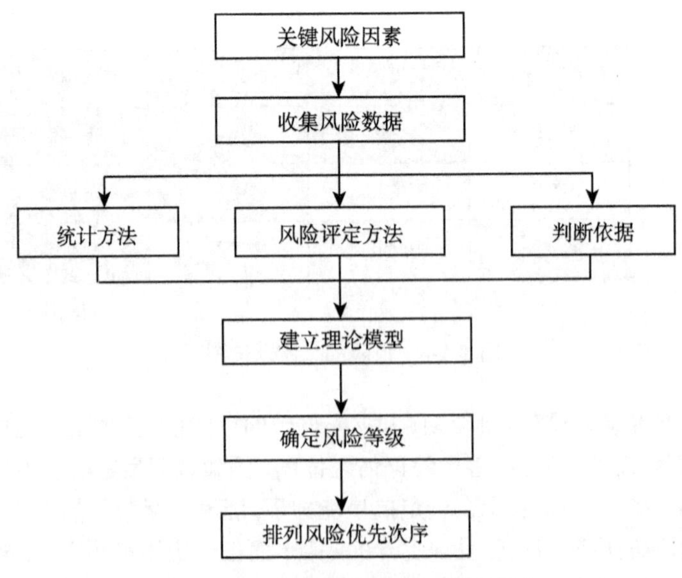

图 9-1-5　冰凌灾害风险评定的过程

4. 风险决策

冰凌灾害风险决策是指在确定了特定研究河段存在的灾害风险, 并分析出风险发生的可能性及其影响程度的基础上, 根据风险性质和承灾体对风险的承受能力而制订的回避、承受、降低或者分担风险等相应的防范计划. 制订冰凌灾害风险决策策略主要考虑四个方面的因素: 可规避性、可转移性、可缓解性和可接受性. 冰凌灾害风险管理的决策过程基本上遵循着决策过程的流程, 事实上, 冰凌灾害风险决策过程也恰恰是冰凌灾害风险管理过程. 因此, 冰凌灾害风险管理的决策过程包括:

(1) 界定拟解决的问题范畴, 确认决策者的风险偏好;

(2) 识别风险 (识别问题). 冰凌灾害风险管理决策通常始于一种风险问题, 问题是指预期状态和现实状态出现的差距. 对于出现的风险问题, 决策者要积极地收集和整理情报, 并对相关信息进行系统的风险因素分析.

(3) 确定风险衡量指标 (确定目标). 确定风险指标类别、分级程度; 构建风险指标体系; 确定风险管理总体目标.

(4) 风险分析. 确定风险的范围、性质、风险影响程度和风险发生频率.

(5) 风险评定. 评估现有的风险管理水平, 根据风险的重要性实施风险排序, 分析风险的相关性.

(6) 风险应对备选方案 (包括策略和措施). 在确定了问题和分析所得到的信息之后, 决策者就要拟定解决问题的若干可行性方案, 通过从中择优以便做出科学的决策. 在制定备选方案的过程中, 决策者应尽可能保证备选方案的多样性, 即从不同角度设想和精心设计若干可行性方案, 确保备选方案的质量.

(7) 最佳风险应对备选方案 (包括策略和措施). 备选方案确定后, 就要根据一定的标准对各备选方案进行分析和评价. 在比较各种备选方案时, 应根据风险评估的结果、风险问题的性质, 考虑风险的成本、机遇的权衡, 考虑决策的目标、组织的资源和方案的可行性, 对各备选方案的优劣进行综合评价, 并确定各方案优劣顺序的排列, 进而选择方案.

(8) 选择执行与监督. 最佳风险应对方案选定后就可以正式实施了. 对于有些特别复杂的决策, 在普遍实施之前, 有时需要先进行局部实验, 以验证其合理性、可靠性. 在决策的实施过程中, 同时应注意保持必要的监督, 以便对出现的问题或实施的效果进行及时的反馈, 进而对原决策方案进行修改或改进.

(9) 反馈、调整和改进. 在风险应对决策进入实施中往往会由于客观情况的变化, 而发生这样或那样与目标偏离的情况, 通过决策的追踪和决策的反馈意见及时地掌握决策的进展情况, 以便及时地做好决策调整或决策改进.

5. 风险监控

风险监控就是通过对风险规划、识别、分析、应对过程的监督和控制, 从而保证风险管理能够达到预期目标的活动过程. 监控风险实际上就是监控情况的变化, 其目的是核对风险管理策略和措施的实际效果是否同预见的相同; 寻找机会改善和细化风险控制计划, 获取反馈信息, 以便将来的决策更符合实际. 在风险监控过程中, 及时发现哪些新出现的以及预先制定的策略或措施不见效, 或性质随着时间的推延而发生变化的风险, 然后及时反馈, 并根据对灾害损失的影响程度, 重新进行风险识别、风险评定、风险决策, 同时还应对每一风险事件制订成败标准和判断依据. 风险监控是按照一定步骤和流程进行的, 冰凌灾害风险监控的具体步骤如图 9-1-6 所示.

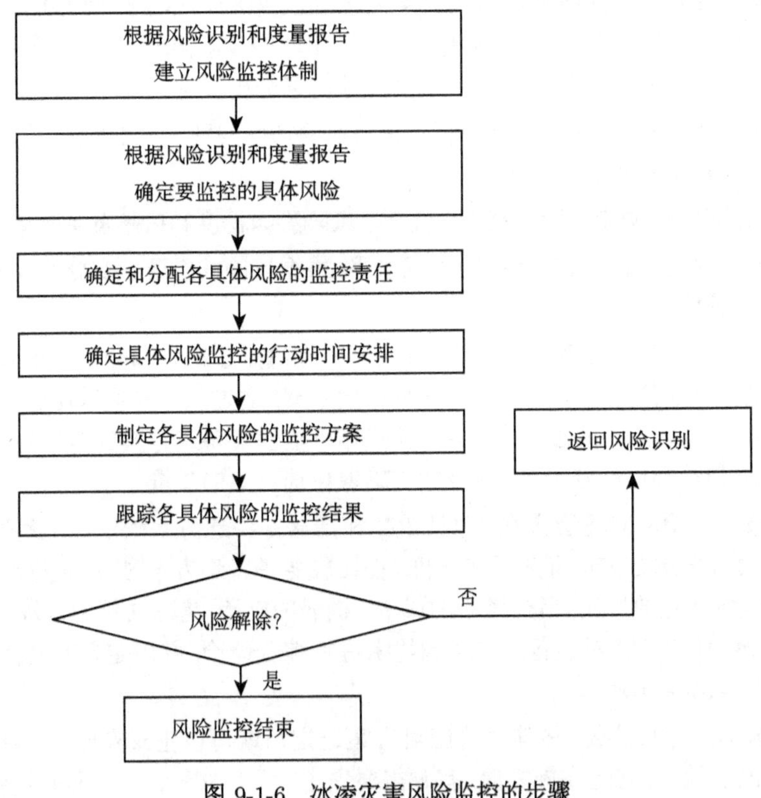

图 9-1-6 冰凌灾害风险监控的步骤

9.2 黄河冰凌灾害风险的灰色关联预测方法

自然灾害风险评估是灾害应急管理及防灾减灾工作的重要内容, 由于实际评估问题的复杂和不确定性, 评估信息往往用区间灰数表征.

由于黄河冰凌灾害历史资料数据短缺以及人类活动破坏了样本数据的一致性, 冰凌灾害风险管理系统呈现出小样本特征, 而灰色建模方法恰恰适用于小样本系统的演化趋势分析与预测.

为了有效地评估黄河宁蒙河段冰凌灾害风险, 运用三参数区间灰数信息下的加权最优灰色相位关联度测算冰凌灾害风险值, 并依据 GM(1,1) 模型来模拟和预测冰凌风险向量的发展态势 (Luo D, 2014).

9.2.1 基于灰色相位关联测度的冰凌灾害风险评估

选取封河流量、封河水位和封冻天数为风险指标, 测算并预测黄河宁蒙段的巴彦高勒、三湖河口、头道拐三个河段发生冰凌灾害的风险. 经过实地调研, 获取了 2003~2012 年巴彦高勒、三湖河口、头道拐三个河段的相关风险指标数据, 如表 9-2-1~表 9-2-3 所示.

表 9-2-1 巴彦高勒流凌风险指标数据

年份	水位/m	流量/(m^3/s)	封冻天数/天
2003	[50.51, 51.56, 52.60]	[710.0, 720.0, 730.0]	26
2004	[50.44, 50.79, 51.14]	[546.0, 598.0, 650.0]	15
2005	[50.59, 50.74, 50.88]	[580.0, 645.0, 710.0]	16
2006	[50.40, 51.03, 51.66]	[680.0, 730.0, 780.0]	16
2007	[50.83, 51.89, 52.94]	[530.0, 615.0, 700.0]	15
2008	[50.76, 51.81, 52.85]	[580.0, 600.0, 620.0]	17
2009	[50.87, 50.98, 51.08]	[420.0, 470.0, 520.0]	9
2010	[51.05, 51.22, 51.39]	[450.0, 535.0, 620.0]	22
2011	[51.25, 51.59, 51.92]	[600.0, 619.0, 638.0]	28
2012	[51.34, 51.71, 52.08]	[610.0, 615.0, 620.0]	25

表 9-2-2 三湖河口流凌风险指标数据

年份	水位/m	流量/(m^3/s)	封冻天数/天
2003	[18.19, 18.32, 18.44]	[850.0, 975.0, 1100.0]	9
2004	[17.74, 18.15, 18.55]	[332.0, 581.0, 830.0]	29
2005	[17.89, 18.29, 18.68]	[420.0, 555.0, 690.0]	39
2006	[17.71, 18.29, 18.86]	[350.0, 475.0, 600.0]	7
2007	[18.31, 18.41, 18.50]	[600.0, 720.0, 840.0]	15
2008	[17.37, 18.25, 19.12]	[825.0, 722.5, 620.0]	29
2009	[17.84, 18.20, 18.55]	[410.0, 575.0, 740.0]	15
2010	[17.87, 18.07, 18.26]	[280.0, 330.0, 380.0]	5
2011	[18.47, 19.47, 20.46]	[490.0, 512.5, 535.0]	25
2012	[17.60, 18.33, 19.06]	[150.0, 505.0, 860.0]	22

表 9-2-3　头道拐流凌风险指标数据

年份	水位/m	流量/(m^3/s)	封冻天数/天
2003	[87.03, 87.29, 87.55]	[520.0, 735.0, 950.0]	9
2004	[86.05, 86.74, 87.42]	[300.0, 495.0, 690.0]	45
2005	[86.66, 87.08, 87.50]	[390.0, 620.0, 850.0]	36
2006	[86.56, 86.78, 87.00]	[320.0, 417.5, 515.0]	3
2007	[87.18, 87.29, 87.40]	[600.0, 705.0, 810.0]	14
2008	[87.31, 87.37, 87.42]	[610.0, 650.0, 690.0]	6
2009	[86.41, 86.70, 86.98]	[320.0, 495.0, 670.0]	11
2010	[85.93, 86.49, 87.05]	[170.0, 335.0, 500.0]	23
2011	[86.35, 87.09, 87.83]	[280.0, 547.5, 815.0]	53
2012	[87.27, 87.42, 87.56]	[590.0, 670.0, 750.0]	13

各年份封冻天数的指标值为实数, 将其视为特殊的三参数区间灰数, 利用灰色极差变换对各河段风险指标数据进行规范化处理, 如表 9-2-4~表 9-2-6 所示.

表 9-2-4　巴彦高勒流凌风险指标规范化

年份	水位	流量	封冻天数
2003	[0.13, 0.55, 0.96]	[0.1389, 0.1667, 0.1900]	0.11
2004	[0.71, 0.85, 0.98]	[0.3611, 0.5056, 0.6500]	0.68
2005	[0.81, 0.87, 0.93]	[0.1944, 0.3750, 0.5600]	0.63
2006	[0.50, 0.75, 1.00]	[0.0000, 0.1389, 0.2800]	0.63
2007	[0.00, 0.42, 0.83]	[0.2222, 0.4583, 0.6900]	0.68
2008	[0.04, 0.45, 0.86]	[0.4444, 0.5000, 0.5600]	0.58
2009	[0.73, 0.77, 0.81]	[0.7222, 0.8611, 1.0000]	1.00
2010	[0.61, 0.68, 0.74]	[0.4444, 0.6806, 0.9200]	0.32
2011	[0.40, 0.53, 0.67]	[0.3944, 0.4472, 0.5000]	0.00
2012	[0.34, 0.48, 0.63]	[0.4444, 0.4583, 0.4700]	0.16

表 9-2-5　三湖河口流凌风险指标规范化

年份	水位	流量	封冻天数
2003	[0.6500, 0.6942, 0.7340]	[0.0000, 0.1316, 0.2632]	0.8824
2004	[0.6200, 0.7492, 0.8800]	[0.2842, 0.5463, 0.8084]	0.2941
2005	[0.5800, 0.7039, 0.8317]	[0.4316, 0.5737, 0.7158]	0.0000
2006	[0.5200, 0.7039, 0.8899]	[0.5263, 0.6579, 0.7895]	0.9412
2007	[0.6300, 0.6650, 0.6958]	[0.2737, 0.4000, 0.5263]	0.7059
2008	[0.4300, 0.7168, 1.0000]	[0.5053, 0.3974, 0.2895]	0.2941
2009	[0.6200, 0.7330, 0.8479]	[0.3789, 0.5526, 0.7263]	0.7059
2010	[0.7100, 0.7750, 0.8382]	[0.7579, 0.8105, 0.8632]	1.0000
2011	[0.0000, 0.3220, 0.6440]	[0.5947, 0.6184, 0.6421]	0.4118
2012	[0.4500, 0.6893, 0.9256]	[0.2526, 0.6263, 1.0000]	0.5000

表 9-2-6 头道拐流凌风险指标规范化

年份	水位	流量	封冻天数
2003	[0.1600, 0.3034, 0.4200]	[0.0000, 0.2756, 0.5513]	0.88
2004	[0.2300, 0.6152, 0.9400]	[0.3333, 0.5833, 0.8333]	0.16
2005	[0.1900, 0.4213, 0.6200]	[0.1282, 0.4231, 0.7179]	0.34
2006	[0.4700, 0.5899, 0.6700]	[0.5577, 0.6827, 0.8077]	1.00
2007	[0.2400, 0.3034, 0.3400]	[0.1795, 0.3141, 0.4487]	0.78
2008	[0.2300, 0.2612, 0.2700]	[0.3333, 0.3846, 0.4359]	0.94
2009	[0.4800, 0.6376, 0.7500]	[0.3589, 0.5833, 0.8077]	0.84
2010	[0.4400, 0.7528, 1.0000]	[0.5769, 0.7885, 1.0000]	0.60
2011	[0.0000, 0.4157, 0.7800]	[0.1731, 0.5160, 0.8589]	0.00
2012	[0.1500, 0.2331, 0.2900]	[0.2564, 0.3589, 0.4615]	0.80

应用层次分析法计算三个风险指标流量、水位、封冻天数的归一化权重向量为

$$w = (w_1, w_2, w_3) = (0.38, 0.42, 0.20).$$

依据加权最优灰色相位关联分析方法, 取 $\partial_1 = \partial_2 = \partial_3 = 1/3$, $\rho = 10$, 测算巴彦高勒 2003 年的风险值, 步骤如下:

(1) 寻找最优效果评价向量 $z^+ = \left(z_1^+, z_2^+, z_3^+\right)$.

$$z_1^+ = \left[\underline{x}_{01}^+, \tilde{x}_{01}^+, \bar{x}_{01}^+\right] = [0.81, 0.87, 0.93]$$

$$z_2^+ = \left[\underline{x}_{02}^+, \tilde{x}_{02}^+, \bar{x}_{02}^+\right] = [0.7222, 0.8611, 1.0000]$$

$$z_3^+ = \left(x_{03}^+\right) = 1$$

(2) 求加权最优灰色相位关联因子.

由

$$\underline{\eta}_{ij}^+ = \frac{1}{1 + \left|\omega_j(\underline{x}_{0j}^+(j) - \underline{x}_{ij}(j))\right|}$$

$$\tilde{\eta}_{ij}^+ = \frac{1}{1 + \left|\omega_j(\tilde{x}_{0j}^+(j) - \tilde{x}_{ij}(j))\right|}$$

$$\bar{\eta}_{ij}^+ = \frac{1}{1 + \left|\omega_j(\bar{x}_{0j}^+(j) - \bar{x}_{ij}(j))\right|}$$

知

$$\underline{\eta}_{11}^+ = \frac{1}{1 + |0.38 \times (0.81 - 0.13)|} = 0.7947$$

$$\tilde{\eta}_{11}^+ = \frac{1}{1 + |0.38 \times (0.87 - 0.55)|} = 0.8916$$

$$\bar{\eta}_{11}^+ = \frac{1}{1 + |0.38 \times (0.93 - 0.96)|} = 0.9888$$

同理可得

$$\underline{\eta}_{12}^{+}=0.8032,\quad \tilde{\eta}_{12}^{+}=0.7742,\quad \bar{\eta}_{12}^{+}=0.7461$$

$$\underline{\eta}_{13}^{+}=\tilde{\eta}_{13}^{+}=\bar{\eta}_{13}^{+}=0.8489$$

(3) 求解巴彦高勒 2003 年的加权最优灰色相位关联度.

$$\eta^{+}(X_0^{+},X_1)=\frac{1}{10}\sum_{j=1}^{3}\frac{\underline{\eta}_{1j}^{+}+\tilde{\eta}_{1j}^{+}+\bar{\eta}_{1j}^{+}}{3}=0.2771$$

类似地, 可求得巴彦高勒、三湖河口和头道拐各年份的综合风险测度值, 如表 9-2-7 与图 9-2-1 所示.

表 9-2-7　2003~2012 年三个河段的流凌风险测度结果

年份	2003	2004	2005	2006	2007	2008	2009	2010	2011	2012
巴彦高勒	0.2771	0.2525	0.2568	0.2711	0.2709	0.2672	0.2424	0.2491	0.2665	0.2668
三湖河口	0.2795	0.2541	0.2566	0.2468	0.2607	0.2616	0.2517	0.2373	0.2665	0.2516
头道拐	0.2728	0.2532	0.2658	0.2442	0.2717	0.2693	0.2477	0.2365	0.2646	0.2723

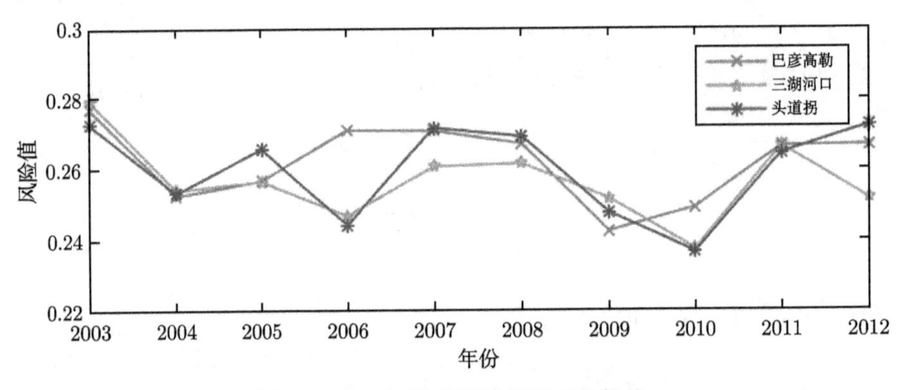

图 9-2-1　三河段的流凌风险变化趋势

根据流凌风险测度结果可知, 2010 年三个河段的冰凌灾害风险值最小, 与此对应地, 本年的封河流量也最小. 事实上, 封河流量是冰凌灾害发生与否的重要影响因素, 封河流量的下降会在一定程度上破坏冰凌灾害的连续性和稳定性, 且水流动力作用也会受到影响.

9.2.2　基于灰色 GM(1,1) 模型的冰凌灾害风险预测

以 2003~2012 年三河段的冰凌灾害风险测度结果为原始数据, 分别建立相应的 GM(1,1) 模型, 巴彦高勒河段对应风险测度值的建模过程如下.

(1) 风险值序列

$$X^{(0)}=\Big(x^{(0)}(1),\, x^{(0)}(2),\, x^{(0)}(3),\, x^{(0)}(4), x^{(0)}(5),$$

$$x^{(0)}(6),\ x^{(0)}(7),\ x^{(0)}(8),\ x^{(0)}(9), x^{(0)}(10)\Big)$$
$$=(0.2771, 0.2525, 0.2568, 0.2711, 0.2709, 0.2672, 0.2424, 0.2491, 0.2665, 0.2668)$$

其对应的一阶累加生成序列和紧邻均值生成序列分别为

$$\begin{aligned} X^{(1)} = &\Big(x^{(1)}(1),\ x^{(1)}(2),\ x^{(1)}(3),\ x^{(1)}(4), x^{(1)}(5),\\ &x^{(1)}(6),\ x^{(1)}(7),\ x^{(1)}(8),\ x^{(1)}(9), x^{(1)}(10)\Big)\\ =&(0.2771, 0.5296, 0.7864, 1.0575, 1.3284, 1.5956, 1.8380, 2.0871, 2.3536, 2.6204)\end{aligned}$$

和

$$\begin{aligned} Z^{(1)} = &\Big(z^{(1)}(2),\ z^{(1)}(3),\ z^{(1)}(4), z^{(1)}(5), z^{(1)}(6),\ z^{(1)}(7),\ z^{(1)}(8),\ z^{(1)}(9), z^{(1)}(10)\Big)\\ =&(0.40335, 0.65800, 0.92195, 1.19295, 1.46200,\\ &1.71680, 1.96255, 2.22035, 2.48700)\end{aligned}$$

(2) 由

$$\begin{aligned} Y =& \Big(y^{(0)}(2), y^{(0)}(3), y^{(0)}(4), y^{(0)}(5), y^{(0)}(6), y^{(0)}(7), y^{(0)}(8), y^{(0)}(9), y^{(0)}(10)\Big)^{\mathrm{T}}\\ =&(0.2525, 0.2568, 0.2711, 0.2709, 0.2672, 0.2424, 0.2491, 0.2665, 0.2668)^{\mathrm{T}}\end{aligned}$$

和

$$B = \begin{bmatrix} -z^{(1)}(2) & -z^{(1)}(3) & -z^{(1)}(4) & -z^{(1)}(5) & -z^{(1)}(6) & -z^{(1)}(7) & -z^{(1)}(8) & -z^{(1)}(9) & -z^{(1)}(10) \\ 1 & 1 & 1 & 1 & 1 & 1 & 1 & 1 & 1 \end{bmatrix}^{\mathrm{T}}$$
$$= \begin{bmatrix} -0.40335 & -0.65800 & -0.92195 & -1.19295 & -1.46200 & -1.71680 & -1.96255 & -2.22035 & -2.48700 \\ 1 & 1 & 1 & 1 & 1 & 1 & 1 & 1 & 1 \end{bmatrix}^{\mathrm{T}}$$

得 GM(1,1) 模型的辨识参数为

$$\hat{a} = (a, b)^{\mathrm{T}} = \left(B^{\mathrm{T}}B\right)^{-1}B^{\mathrm{T}}Y = (0.000894, 0.259081)^{\mathrm{T}}$$

(3) 巴彦高勒河段风险值的时间响应式为

$$\begin{cases} \hat{x}^{(1)}(k) = 290.1532e^{0.0008937(k-1)} - 289.8761 \\ \hat{x}^{(0)}(k) = \hat{x}^{(1)}(k) - \hat{x}^{(1)}(k-1) \end{cases}$$

类似地, 三湖河口河段与头道拐河段的风险预测时间响应函数分别为

$$\begin{cases} \hat{x}^{(1)}(k) = -474.8202e^{-0.0005364(k-1)} + 475.0998 \\ \hat{x}^{(0)}(k) = \hat{x}^{(1)}(k) - \hat{x}^{(1)}(k-1) \end{cases}$$

和

$$\begin{cases} \hat{x}^{(1)}(k) = 118.4832e^{-0.002160(k-1)} - 118.2105 \\ \hat{x}^{(0)}(k) = \hat{x}^{(1)}(k) - \hat{x}^{(1)}(k-1) \end{cases}$$

由表 9-2-8 知, 巴彦高勒、三湖河口、头道拐三个河段的风险序列的发展系数近似为 0, 灰色作用量保持在 0.25 左右, 较为平稳, 模型的平均误差均小于 5%, 属于一级精度的灰色模型, 运用模型进行短期预测在理论上是合适的. 在此基础上, 对 2013~2015 年三河段的冰凌灾害风险进行外推预测, 如表 9-2-9 所示.

表 9-2-8 三河段对应 GM(1,1) 模型的检验结果

河段	发展系数	灰色作用量	平均误差	模型精度等级
巴彦高勒	0.000894	0.259081	3.43%	一级
三湖河口	−0.000536	0.254862	2.45%	一级
头道拐	0.002160	0.255277	4.38%	一级

表 9-2-9 2013~2015 年风险预测结果

河段	2013	2014	2015	总体趋势
巴彦高勒	0.2615	0.2618	0.2620	下降
三湖河口	0.2534	0.2533	0.2531	上升
头道拐	0.2612	0.2617	0.2623	下降

上述分析表明, 2003~2012 年黄河宁蒙段的冰凌灾害风险呈现一定的波动特征, 但总体趋势平稳, 预计 2013~2015 年巴彦高勒和头道拐的冰凌灾害风险有下降趋势, 三湖河口有上升趋势.

(1) 受气候变暖和水库调节的影响, 近十年来平均流凌日期与封河日期有所推迟, 而三个河段的流凌日期有所提前, 头道拐河段提前近 9 天, 巴彦高勒和头道拐的开河日期较晚, 尤其是头道拐, 推迟了约 4 天.

(2) 为减少宁蒙河段上、下游冰凌灾害的发生进行的水库调节, 使得开河期每个河段的平均流量分别减少为 118m^3/s, 68m^3/s 和 81m^3/s, 造成三湖河口河段的冰凌灾害处于高风险状态.

(3) 宁蒙河段的冰温数据表明, 2001~2011 年 11 月份至次年 3 月份的平均温度为 −4℃, 最高温度在 3 月份, 最低气温在 1 月份, 三湖河的平均气温最低, 约 −5.5℃, 而巴彦高勒和头道拐的的平均温度大约为 −4℃.

为减轻黄河宁蒙段冰凌灾害, 可通过水库调节, 加大冰下过流能力, 减少河槽蓄水量, 以削减开河期的凌峰流量, 避免冰凌洪水的发生. 此外, 依据水力因素和冰情形态演变之间的关系, 调整冬季河道流速变化, 充分发挥水库在控制河冰危害中的作用, 从而减轻冰凌危害.

9.3 黄河冰凌灾害风险评估的两阶段智能灰色粗糙方法

为了分析宁蒙段冰凌灾害发生和造成损失的可能性, 揭示冰情数据与成灾风险之间的发展关系, 从而增强冰凌灾害风险评估与应急管理能力, 本节提出基于两阶段智能灰色粗糙方法的冰凌灾害风险评估与发展分析. 首先, 根据近年来宁蒙段冰情所表现出的新特点, 并结合冰凌灾害形成机理, 选取合适的风险因子构建灾害风险指标体系. 其次, 构建了两阶段智能灰色粗糙决策模型, 通过灰数信息下的灰色区间关联聚类对包含灰色不确定性的冰凌灾害风险进行评估, 并通过灰色优势关系粗糙集方法从冰情历史数据中挖掘出一套正确识别冰凌灾害风险的决策规则体系. 最后的实证研究表明：通过本节方法评估的冰凌灾害风险等级与实际灾情的危害性程度基本一致, 且通过冰情信息提取的决策规则能够直观简洁地反映冰情数据特征与灾害风险的发展关系 (Luo D et al., 2017).

9.3.1 冰凌灾害风险评估指标体系

综合考虑近年来冰凌灾害的新特点与冰凌灾害形成机理, 并根据以下三个原则: ① 数据资料易于收集, 且相关数据完整; ② 考虑影响冰情的主要因素和近年来冰情的新特点; ③ 立足于冰凌灾害的实际情况, 从灾害危险性、普适性等方面综合考虑分析, 并咨询相关专家意见, 可得到如表 9-3-1 所示的冰凌灾害风险评估指标体系.

表 9-3-1 冰凌灾害风险评估指标体系

因素	指标	单位	指标解释
热力因素	T1: 封河时长 (FD)	天	宁蒙段黄河河道的流凌期、稳封期、解冻期
	T2: 冰期平均气温 (FAT)	℃	宁蒙段重要水文监测点的冰期平均气温
	T3: 累积负气温 (CNT)	℃	宁蒙段重要水文监测点冰期负气温之和
动力及人为因素	H1: 冰期平均流量 (FAF)	m^3/s	宁蒙段重要站点冰期平均流量
	H2: 凌峰流量 (PF)	m^3/s	开河期最大凌峰流量
	H3: 最大 10 天水量 (LF10)	10 亿 m^3	开河期最大 10 天的累积流量
	H4: 最大槽蓄水增量 (MCSI)	10 亿 m^3	石嘴山到头道拐段最大槽蓄水增量

如表 9-3-1 所示, 通常情况下, 热力因素主要包括太阳辐射热、气温、水温、降雨、降雪等. 受西伯利亚和蒙古一带冷空气影响, 黄河宁蒙河段冬季多偏西北风, 且天气严寒、降雪稀少. 因此, 通常以气温作为反映冰情的热力因素变化的主要指标, 冬季的负气温累积到一定量时, 河面便会产生流凌进而封冻. 考虑到宁蒙段近年来冰情新特点, 冰期气温不稳定, 封河开河多次交替出现, 因此, 取冰期平均气温、累积负气温、封河天数作为反映热力因素的主要指标.

动力因素主要考虑流量、流速、水位、风力等. 其中, 风力的作用并不明显, 并且河水的流动速度和水位的涨落通常集中反映在流量指标上, 因此, 流量可以作为反映冰凌动力因素的主要指标. 考虑到近年来冰情新特点与灾害形成机理, 取冰期平均流量、凌峰流量、最大 10 天水量、最大槽蓄水增量作为反映热力因素的指标.

河道条件在短时间内变化不大且收集的资料缺乏完整性, 所以不予考虑.

人为因素对冰情风险的影响主要表现在水库工程上, 水库的调度主要作用在流量指标上, 因此将人为因素与动力因素合并考虑.

9.3.2 数据来源与数据预处理

黄河网 (http://www.yellowriver.gov.cn/)、黄河水利委员会, 每年从 11 月份开始专门设立黄河防凌专题, 通过防凌动态逐日记录当年黄河上、中、下游冰情. 从中收集到黄河宁蒙段冰情监测站中重要水文监测站点 1996~2015 年的冰情数据, 通过异常值检验、缺测值替换等方法进行数据预处理. 由于冰凌灾害自身的复杂性、不确定性, 我们获得的每个年度宁蒙段冰凌灾害各个指标数据并不是单一的实数, 而是分布在一个区间内的一系列数值. 不同于历史文献中取平均值的做法, 本章以每个指标在冰期多个时点或多次测量的最小值、平均值、最大值构成的三参数区间灰数作为基本冰情信息的表征, 以年份为对象集, 以风险指标为属性集, 由此构建三参数区间灰数信息下的冰凌灾害风险信息系统, 从而更加准确全面地反映真实的冰情特征.

9.3.3 两阶段智能灰色粗糙评估方法

第一阶段为灰数信息下的灰色区间关联聚类 (GIRC). 针对三参数区间灰数信息下的灾害风险评估问题, 通过计算每个对象与理想序列间的灰色关联系数, 得到灰色关联系数矩阵, 通过灰色区间关联聚类可以计算每个对象隶属于每个灰类的聚类系数, 通过聚类系数的判断, 不仅可以有效地将不同对象划分入相应的灰类, 而且可以确定同一灰类中不同对象的优劣程度.

第二阶段为基于灰色优势关系粗糙集 (GDRSA) 的决策规则提取. 首先, 将第一阶段的聚类结果作为决策属性集与灾害数据信息系统构建三参数区间灰数信息下灾害风险决策表. 其次, 针对三参数区间灰数决策表, 构建灰色优势关系, 定义上下近似集并得到决策表的决策规则. 最后, 通过属性约简进一步简化所得到的决策规则.

1. 灰数信息下的灰色区间关联聚类

运用灰数信息下的灰色区间关联聚类方法进行宁蒙段冰凌灾害风险评估、划分灾害风险等级. 该方法不仅适用于聚类指标意义、量纲不同的聚类问题, 并且能够解决灰数信息下的小样本聚类问题.

灰数信息下的灰色区间关联聚类方法描述为:

设定 s 个灰类, 由 n 个聚类对象构成对象集 $U=\{x_1,x_2,\cdots,x_n\}$, 由 m 个聚类指标构成指标集合为 AT$=\{a_1,a_2,\cdots,a_m\}$, 对象 x_i 在指标 a_j 下的方案属性值为 $f(x_i,a_j)$, $f(x_i,a_j)$ 是三参数区间灰数, 记为 $f(x_i,a_j)\in\left[x_{ij}^l,x_{ij}^m,x_{ij}^u\right]$, 其中 $x_{ij}^l,x_{ij}^m,x_{ij}^u$ 分别表示三参数区间灰数的下界、重心、上界. 根据每个对象在每个指标下的属性值 $f(x_i,a_j)$, 将对象 i 分配到相应的类别 $k(k=1,2,\cdots,s)$ 之中.

设得到的方案效果评价矩阵 $U=(f(x_i,a_j))_{n\times m}$. 为了消除量纲增加可比性, 引入灰色极差变换:

对于效益型目标值:

$$u_{ij}^l=\frac{x_{ij}^l-x_j^{l\nabla}}{x_j^{u*}-x_j^{l\nabla}},\quad u_{ij}^m=\frac{x_{ij}^m-x_j^{l\nabla}}{x_j^{u*}-x_j^{l\nabla}},\quad u_{ij}^u=\frac{x_{ij}^u-x_j^{l\nabla}}{x_j^{u*}-x_j^{l\nabla}} \tag{9.3.1}$$

对于成本型目标值:

$$u_{ij}^l=\frac{x_j^{u*}-x_{ij}^u}{x_j^{u*}-x_j^{l\nabla}},\quad u_{ij}^m=\frac{x_j^{u*}-x_{ij}^m}{x_j^{u*}-x_j^{l\nabla}},\quad u_{ij}^u=\frac{x_j^{u*}-x_{ij}^l}{x_j^{u*}-x_j^{l\nabla}} \tag{9.3.2}$$

其中, $x_j^{u*}=\max\limits_{1\leqslant i\leqslant n}\left\{x_{ij}^u\right\},x_j^{l\nabla}=\min\limits_{1\leqslant i\leqslant n}\left\{x_{ij}^l\right\}$. 因此可得 $u_{ij}\in\left[u_{ij}^l,u_{ij}^m,u_{ij}^u\right]$ 为 [0,1] 上的三参数区间灰数, 得到规范化的效果评价矩阵

$$U'=(u_{ij})_{n\times m} \tag{9.3.3}$$

其中 $i=1,2,\cdots n$, $j=1,2,\cdots,m$.

为了讨论方便, 我们记 $u_j^{l+}=\max\limits_{1\leqslant i\leqslant n}\{u_{ij}^l\},u_j^{m+}=\max\limits_{1\leqslant i\leqslant n}\{u_{ij}^m\},u_j^{u+}=\max\limits_{1\leqslant i\leqslant n}\{u_{ij}^u\}$, 称 m 维三参数非负区间灰数向量

$$u^+=(u_1^+,u_2^+,\cdots,u_m^+) \tag{9.3.4}$$

为理想最优方案效果评价向量, 其中 $u_j^+\in[u_j^{l+},u_j^{m+},u_j^{u+}](j=1,2,\cdots,m)$.

记

$$\Delta_{ij}^{l+}=\left|u_j^{l+}-u_{ij}^l\right|,\quad \Delta_{ij}^{m+}=\left|u_j^{m+}-u_{ij}^m\right|,\quad \Delta_{ij}^{u+}=\left|u_j^{u+}-u_{ij}^u\right|$$

$$m^{l+} = \min_{1\leqslant i\leqslant n}\min_{1\leqslant j\leqslant m}\Delta_{ij}^{l+}, \quad M^{l+} = \max_{1\leqslant i\leqslant n}\max_{1\leqslant j\leqslant m}\Delta_{ij}^{l+}$$
$$m^{m+} = \min_{1\leqslant i\leqslant n}\min_{1\leqslant j\leqslant m}\Delta_{ij}^{m+}, \quad M^{m+} = \max_{1\leqslant i\leqslant n}\max_{1\leqslant j\leqslant m}\Delta_{ij}^{m+}$$
$$m^{u+} = \min_{1\leqslant i\leqslant n}\min_{1\leqslant j\leqslant m}\Delta_{ij}^{u+}, \quad M^{u+} = \max_{1\leqslant i\leqslant n}\max_{1\leqslant j\leqslant m}\Delta_{ij}^{u+}$$

称

$$r_{ij}^{+} = \frac{1}{2}\left[(1-\lambda)\frac{m^{l+}+\beta M^{l+}}{\Delta_{ij}^{l+}+\beta M^{l+}} + \frac{m^{m+}+\beta M^{m+}}{\Delta_{ij}^{m+}+\beta M^{m+}} + \lambda\frac{m^{u+}+\beta M^{u+}}{\Delta_{ij}^{u+}+\beta M^{u+}}\right] \tag{9.3.5}$$

为子因素 u_{ij} 关于理想母因素 u_j^{+} 的三参数灰色关联系数 ($i = 1,2,\cdots,n$; $j = 1,2,\cdots,m$), 其中 $\beta \in (0,1)$ 为分辨系数或比较环境调节因子, 一般情况下取 $\beta = 0.5$. $\lambda \in [0,1]$ 为决策偏好系数. 并且, 称

$$r_{ij} = \begin{bmatrix} r_{11}^{+} & r_{12}^{+} & \cdots & r_{1m}^{+} \\ r_{21}^{+} & r_{22}^{+} & \cdots & r_{2m}^{+} \\ \vdots & \vdots & & \vdots \\ r_{n1}^{+} & r_{n2}^{+} & \cdots & r_{nm}^{+} \end{bmatrix}_{n\times m} \tag{9.3.6}$$

为所有对象关于理想对象的多指标灰色关联系数矩阵.

根据灰色关联系数矩阵中分量的取值范围和实际问题的需求, 结合专家定性研究的结果, 确定 j 指标 k 灰类的白化权函数 $f_j^k(x)$ ($j = 1,2,\cdots,m; k = 1,2,\cdots,s$). 白化权函数包括: 下限测度白化权函数, 表示为 $[-,-,x_j^k(3),x_j^k(4)]$; 适中测度白化权函数, 表示为 $[x_j^k(1),x_j^k(2),-,x_j^k(4)]$; 上限测度白化权函数, 表示为 $[x_j^k(1),x_j^k(2),-,-]$. 通常当指标信息不足时, 取指标权重

$$\eta = (\eta_1,\eta_2,\cdots,\eta_m) = \left(\frac{1}{m},\frac{1}{m},\cdots,\frac{1}{m}\right)$$

由此可计算出对象 x_i ($i = 1,2,\cdots,n$) 关于灰类 k ($k = 1,2,\cdots,s$) 的综合聚类系数

$$\sigma_i^k = \sum_{j=1}^{m} f_j^k(r_{ij}^{+})\cdot\eta_j^k \tag{9.3.7}$$

进而可得到综合聚类系数矩阵

$$\sigma_i^k = \begin{bmatrix} \sigma_1^1 & \sigma_1^2 & \cdots & \sigma_1^s \\ \sigma_2^1 & \sigma_2^2 & \cdots & \sigma_2^s \\ \vdots & \vdots & & \vdots \\ \sigma_n^1 & \sigma_n^2 & \cdots & \sigma_n^s \end{bmatrix}_{n\times s} \tag{9.3.8}$$

由式

$$\max_{1\leqslant k\leqslant s}\{\sigma_i^k\}=\sigma_i^{k^*} \tag{9.3.9}$$

判断对象 x_i 属于灰类 k^*; 当有多个对象同属于灰类 k^* 时, 可进一步根据综合聚类系数的大小确定同属于灰类 k^* 之各对象的优劣或位次.

最后, 将对象所在的灰类作为决策属性值和信息矩阵一起构建决策表. 由此可得到冰凌灾害数据信息决策表.

2. 基于灰色优势关系粗糙集的决策规则提取

考虑到冰凌灾害问题的不确定性, 收集到的数据往往是一些灰数, 且具有一定的偏好关系, 传统的基于等价关系的粗糙集方法不能处理包含灰信息的系统. 为了揭示冰凌历史数据与灾害风险间的关系, 本节提出灰色优势关系粗糙集方法研究冰凌数据信息. 以上节得到的冰凌数据决策表为基础, 构建灰色优势关系, 运用灰色优势关系粗糙集方法, 深刻挖掘影响冰凌灾害最为重要的风险因素, 揭示冰凌灾害数据特征与灾害风险形成机理之间的作用关系, 从冰情历史数据中提取出一套正确识别冰凌灾害风险的决策规则体系.

1) 构建灰色优势关系

定义 9.3.1 称 GS= (U,AT,V,f) 是一个三参数区间灰数信息系统:

(1) U 为非空有限对象集;

(2) AT 为非空有限属性集;

(3) $\forall a\in \mathrm{AT}, V_a$ 是属性 a 的值域, $V=\bigcup_{a\in \mathrm{AT}}V_a$;

(4) $f:U\times \mathrm{AT}\to V$ 为对象属性值映射, $\forall x\in U, a=\mathrm{AT}, f(x,a)$ 表示对象 x 在属性 a 下的属性评价值, 且 $f(x,a)$ 是三参数区间灰数.

相应地, 三参数区间灰数决策表 GS = $(U,AT\bigcup\{d\},V,f)$ 是一类特殊的三参数区间灰数信息系统, 其中 d 表示决策属性, AT为条件属性集, $d\bigcap \mathrm{AT}=\varnothing, f(x,d)$ 表示对象 x 在决策属性 d 下的决策属性值, 且 $f(x,d)$ 为单值决策属性.

定义 9.3.2 $a(\otimes)\in[a^l,a^m,a^u], b(\otimes)\in[b^l,b^m,b^u]$ 为两个三参数区间灰数, 称

$$\begin{aligned}p(a(\otimes)\geqslant b(\otimes))=&\lambda\frac{\min\left\{(a^m-a^l)+(b^m-b^l),\max\{a^m-b^l,0\}\right\}}{(a^m-a^l)+(b^m-b^l)}\\&+(1-\lambda)\frac{\min\left\{(a^u-a^m)+(b^u-b^m),\max\{a^u-b^m,0\}\right\}}{(a^u-a^m)+(b^u-b^m)}\end{aligned}$$

为 $a(\otimes)\geqslant b(\otimes)$ 的可能度, $\lambda\in[0,1]$ 为决策者给定的偏好系数.

在判断两个三参数区间灰数的大小关系时, 考虑到决策者的偏好, 在计算可能度时, 引入偏好系数 λ. 当 $\lambda>0.5$ 时, 决策者倾向于三参数区间灰数的下界信息; 当 $\lambda=0.5$ 时, 决策者同时兼顾上、下界信息; 当 $\lambda<0.5$ 时, 决策者倾向于三参数区间灰数的上界信息. 通常, 当偏好信息不明确时, 取 $\lambda=0.5$.

类似地, 可定义 $b(\otimes) \geqslant a(\otimes)$ 的可能度为

$$p(b(\otimes) \geqslant a(\otimes)) = \lambda \frac{\min\{(a^m - a^l) + (b^m - b^l), \max\{b^m - a^l, 0\}\}}{(a^m - a^l) + (b^m - b^l)} + (1-\lambda) \frac{\min\{(a^u - a^m) + (b^u - b^m), \max\{b^u - a^m, 0\}\}}{(a^u - a^m) + (b^u - b^m)}$$

定义 9.3.3 设 $\mathrm{GS} = (U, \mathrm{AT}, V, f)$ 是一个三参数区间灰数信息系统, $\forall a \in \mathrm{AT}, \forall x_i, x_j \in U, f(x_i, a) \in [x_i^l, x_i^m, x_i^u], f(x_j, a) \in [x_j^l, x_j^m, x_j^u]$ 是三参数区间灰数. 则在属性 a 下, x_i 相对于 x_j 的灰色优势度 $D_a(x_i, x_j)$ 可定义为

$$D_a(x_i, x_j) = \begin{cases} 0, & x_i^u \leqslant x_j^l \\ 1, & x_i^l \geqslant x_j^u \text{或} i = j \\ p(f(x_i, a) \geqslant f(x_j, a)), & \text{其他} \end{cases}$$

在属性 a 下, 若 $D_a(x_i, x_j) = 1$, 则称 x_i 完全优于 x_j; 若 $D_a(x_i, x_j) = 0$, 则称 x_i 完全劣于 x_j; 若 $0 < D_a(x_i, x_j) < 1$, 则称 x_i 以灰色优势度 $D_a(x_i, x_j)$ 优于 x_j.

定义 9.3.4 设 $\mathrm{GS} = (U, \mathrm{AT}, V, f)$ 是一个三参数区间灰数信息系统, $\theta \in [0, 1]$ 是给定的优势阈值, $\forall a \in \mathrm{AT}$, 称

$$S_a^\theta = \{(x_i, x_j) \in U^2 \,|D_a(x_i, x_j) \geqslant \theta\}$$

为属性 a 上的 θ-灰色优势关系. $\forall A \subseteq \mathrm{AT}$, 称

$$S_A^\theta = \{(x_i, x_j) \in U^2 \,|\forall a \in A, (x_i, x_j) \in S_a^\theta\}$$

为属性集 A 上的 θ-灰色优势关系 (简称灰色优势关系).

定义 9.3.5 设 $\mathrm{GS} = (U, \mathrm{AT}, V, f)$ 是一个三参数区间灰数信息系统, 对于 $a \in \mathrm{AT}$, 且 $\forall (x_i, x_j) \in S_a^\theta$, 则称在属性 a 下, x_i 以不小于 θ 的灰色优势度优于 x_j, 记为 $f(x_i, a) \geqslant^\theta f(x_j, a)$ 或 $f(x_i, a) \leqslant^\theta f(x_j, a)$, 其中 $f(x_i, a)$, $f(x_j, a)$ 分别为对象 x_i, x_j 在属性 a 下的属性值.

2) 上、下近似集合导出决策规则

上、下近似集是粗糙集理论的核心概念, 通过二元关系对论域进行不同程度的划分, 对于论域中任意对象, 我们都可以通过上、下近似集来表示 (Qian Y and Dang C, 2008).

三参数区间灰数决策表 $\mathrm{GS} = (U, \mathrm{AT} \bigcup \{d\}, V, f)$, 其中决策属性 d 把 U 划分为有限个有偏好序关系的子类, 令 $\mathrm{Cl} = \{\mathrm{Cl}_t, t \in T\}$, $T = \{1, 2, \cdots, n\}$ 表示这些有序子类的集合. 也即, $\forall t, s \in T$, 若 $t \leqslant s$, 则称 Cl_s 中的对象优于 Cl_t 中的对象. 称

$\mathrm{Cl}_t^{\geqslant}=\bigcup\limits_{s\geqslant t}\mathrm{Cl}_s$ 为向上累积集, $\mathrm{Cl}_t^{\leqslant}=\bigcup\limits_{s\leqslant t}\mathrm{Cl}_s$ 为向下累积集. 若 $x\in\mathrm{Cl}_t^{\geqslant}$, 则称 x 至少属于子类 Cl_t; 若 $x\in\mathrm{Cl}_t^{\leqslant}$, 则称 x 至多属于子类 Cl_t.

对于 $\forall\mathrm{Cl}_t^{\geqslant}$, 属性集 A 下向上累积集 $\mathrm{Cl}_t^{\geqslant}$ 的下、上近似集分别定义为

$$\underline{A^\theta}(\mathrm{Cl}_t^{\geqslant})=\{x\in U|S_A^{\theta+}(x)\subseteq\mathrm{Cl}_t^{\geqslant}\}$$
$$\overline{A^\theta}(\mathrm{Cl}_t^{\geqslant})=\{x\in U|S_A^{\theta-}(x)\bigcap\mathrm{Cl}_t^{\geqslant}\neq\varnothing\}$$

类似地, 属性集 A 下向下累积集 $\mathrm{Cl}_t^{\leqslant}$ 的下、上近似集分别定义为

$$\underline{A^\theta}(\mathrm{Cl}_t^{\leqslant})=\{x\in U|S_A^{\theta-}(x)\subseteq\mathrm{Cl}_t^{\leqslant}\}$$
$$\overline{A^\theta}(\mathrm{Cl}_t^{\leqslant})=\{x\in U|S_A^{\theta+}(x)\bigcap\mathrm{Cl}_t^{\leqslant}\neq\varnothing\}$$

由上、下近似集可得到以下四类决策规则:

(1) 由 $\mathrm{Cl}_t^{\geqslant}$ 的下近似集, 得到确定的 $\geqslant^\theta$ 优势规则: 若

$$(f(x,a_1)\geqslant^\theta v_{a_1})\wedge(f(x,a_2)\geqslant^\theta v_{a_2})\wedge\cdots\wedge(f(x,a_k)\geqslant^\theta v_{a_k})$$
$$\wedge(f(x,a_{k+1})\leqslant^\theta v_{a_{k+1}})\wedge\cdots\wedge(f(x,a_m)\leqslant^\theta v_{a_m})$$

则 $x\in\mathrm{Cl}_t^{\geqslant}$;

(2) 由 $\mathrm{Cl}_t^{\geqslant}$ 的上近似集, 得到可能的 $\geqslant^\theta$ 优势规则: 若

$$(f(x,a_1)\geqslant^\theta v_{a_1})\wedge(f(x,a_2)\geqslant^\theta v_{a_2})\wedge\cdots\wedge(f(x,a_k)\geqslant^\theta v_{a_k})$$
$$\wedge(f(x,a_{k+1})\leqslant^\theta v_{a_{k+1}})\wedge\cdots\wedge(f(x,a_m)\leqslant^\theta v_{a_m})$$

则 x 可能属于 $\mathrm{Cl}_t^{\geqslant}$;

(3) 由 $\mathrm{Cl}_t^{\leqslant}$ 的下近似集, 得到确定的 $\leqslant^\theta$ 优势规则: 若

$$(f(x,a_1)\leqslant^\theta v_{a_1})\wedge(f(x,a_2)\leqslant^\theta v_{a_2})\wedge\cdots\wedge(f(x,a_k)\leqslant^\theta v_{a_k})$$
$$\wedge(f(x,a_{k+1})\geqslant^\theta v_{a_{k+1}})\wedge\cdots\wedge(f(x,a_m)\geqslant^\theta v_{a_m})$$

则 $x\in\mathrm{Cl}_t^{\leqslant}$;

(4) 由 $\mathrm{Cl}_t^{\leqslant}$ 的上近似集, 得到可能的 $\leqslant^\theta$ 优势规则: 若

$$(f(x,a_1)\leqslant^\theta v_{a_1})\wedge(f(x,a_2)\leqslant^\theta v_{a_2})\wedge\cdots\wedge(f(x,a_k)\leqslant^\theta v_{a_k})$$
$$\wedge(f(x,a_{k+1})\geqslant^\theta v_{a_{k+1}})\wedge\cdots\wedge(f(x,a_m)\geqslant^\theta v_{a_m})$$

则 x 可能属于 $\mathrm{Cl}_t^{\leqslant}$.

其中, $A_1=\{a_1,a_2,\cdots,a_k\},A_2=\{a_{k+1},a_{k+2},\cdots,a_m\},A_1\bigcup A_2=\mathrm{AT},A_1$ 是效益型属性, A_2 是成本型属性.

3) 通过属性约简挖掘最简决策规则

为了挖掘出最简决策规则, 要在不影响分类结果的前提下, 约简掉不必要的属性. 辨识矩阵法是一种获得决策表所有约简的有效方法.

设 $D^+_{\{d\}} = \{(x,y)\in U^2|f(x,d)\geqslant f(y,d)\}$, 则称三参数区间灰数决策表GS是 θ-一致的当且仅当 $S^\theta_A \subseteq D^+_{\{d\}}$, 否则称决策表GS是$\theta$-不一致的. 因此, 对于任意 $A\subseteq$AT, 若有 $S^\theta_A \subseteq D^+_{\{d\}}$, 且对于任意 $B\subset A$ 都有 $S^\theta_B \not\subseteq D^+_{\{d\}}$ 成立, 则称 A 是决策表GS的一个θ-约简.

由此, 我们可构建如下可辨识矩阵：令

$$C^\theta_{\mathrm{AT}}(x,y)=\begin{cases}\{a\in \mathrm{AT}|(x,y)\notin S^\theta_a\}, & (x,y)\in D^*\\ \varnothing, & (x,y)\notin D^*\end{cases}$$

其中

$$D^*=\{(x,y)\in U^2|f(x,d)<f(y,d)\}$$

则称

$$C^\theta_{\mathrm{AT}}=\{C^\theta_{\mathrm{AT}}(x,y)|x,y\in U\}$$

为决策表的可辨识矩阵.

相应地, 称

$$L=\wedge\{\vee\{a|a\in C^\theta_{\mathrm{AT}}(x,y)\}|x,y\in U\}$$

为决策表的可辨识函数.

最终, 通过可辨识矩阵与可辨识函数, 即可获得决策表的所有属性约简结果. 进一步得到最简决策规则.

9.3.4　基于两阶段智能灰色粗糙方法的冰凌灾害风险评估步骤

步骤 1　根据需求设定 s 个灰类, 以年份为对象集, 以灾害风险指标体系为属性集, 结合收集的冰凌数据信息, 构建冰凌灾害风险信息系统;

步骤 2　通过公式 (9.3.1) 和 (9.3.2) 的灰色极差变换进行标准化处理, 得到标准化的效果评价矩阵 (9.3.3);

步骤 3　由公式 (9.3.4) 得到理想最优序列, 通过 (9.3.5) 式计算灰色关联系数, 得到灰色关联系数矩阵 (9.3.6);

步骤 4　确定 j 指标 k 灰类的白化权函数, 并确定指标权重;

步骤 5　由公式 (9.3.7) 计算每个对象关于 s 个灰类的灰色聚类系数, 并根据公式 (9.3.9) 判断每个对象所属灰类;

步骤 6　将对象所在的灰类作为决策属性值和冰凌灾害风险信息系统一起构建决策信息表;

步骤 7 由小节 1), 构建灰色优势关系;

步骤 8 由小节 2) 定义向上、下累积集的上下近似集合, 通过上、下近似集导出相应的决策规则;

步骤 9 通过小节 3) 进行属性约简进一步提取最简决策规则.

从整体上, 本章关于黄河宁蒙段冰凌灾害风险识别、评估与发展分析的主要流程结构如图 9-3-1 所示.

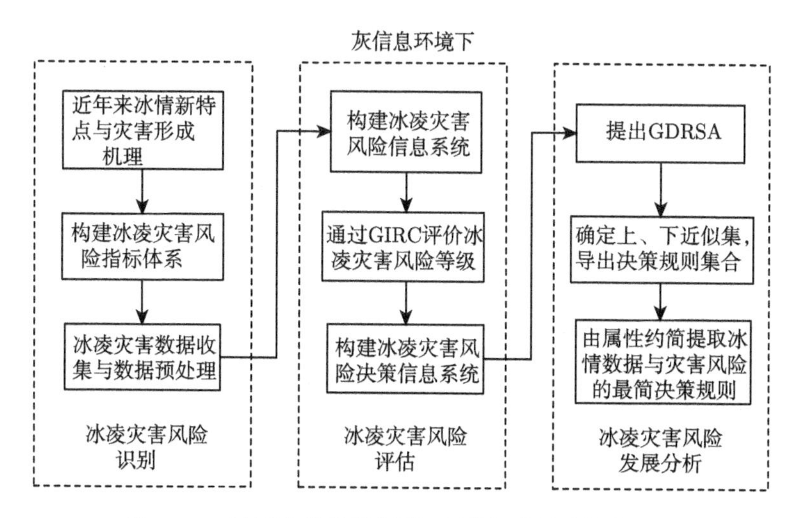

图 9-3-1 冰凌灾害风险识别、评估与发展分析流程图

9.3.5 实证分析

图 9-3-2 为收集到的 1996~2015 年黄河宁蒙河段冰凌灾害风险指标数据. 根据实际情况, 设定低风险、中风险和高风险三个灰类分别对应风险等级 1 级、2 级和 3 级. 由灰色区间关联聚类方法, 计算每个年份与理想序列的灰色关联度. 由于冰凌灾害风险指标权重具有很大程度的不确定性, 所以根据极大熵原理, 为减少不确定性因素带来的损失, 对指标权重做等权处理. 由专家给出低、中、高三个灰类的白化权函数分别为 $[-,-,0.4,0.55]$, $[0.4,0.6,-,0.75]$, $[0.65,0.85,-,-]$. 计算得到每个年份相对于三个灰类的灰色聚类系数, 进而确定每个年份的风险等级, 如表 9-3-2 所示.

由表 9-3-2 的结果分析可知: 冰凌灾害高风险年份有 5 年, 分别为: 1999~2000 年, 2000~2001 年, 2004~2005 年, 2007~2008 年, 2009~2010 年. 这些年份中, 每年的冰情都导致了严重的灾害, 对两岸的经济建设造成了很大损失. 由这些年份在高风险灰类的聚类系数大小, 可以得到 2000~2001 年与 2007~2008 年的冰凌灾害风险最大, 这也与 2000~2001 年, 2007~2008 年冰凌灾害的严重性相吻合. 其中

2000~2001 年度, 冷空气过早来临, 黄河宁蒙段 11 月 5 日就出现流凌, 流凌日期比平均年月早 10~20 天, 并且流凌天数持续时间长, 容易在宁蒙河段多处形成冰塞, 进而导致 2001 年春宁蒙段的最大槽蓄水高达 18.7 亿立方米. 3 月下旬开河时, 槽蓄水增量急速释放, 灾害造成很大损失.

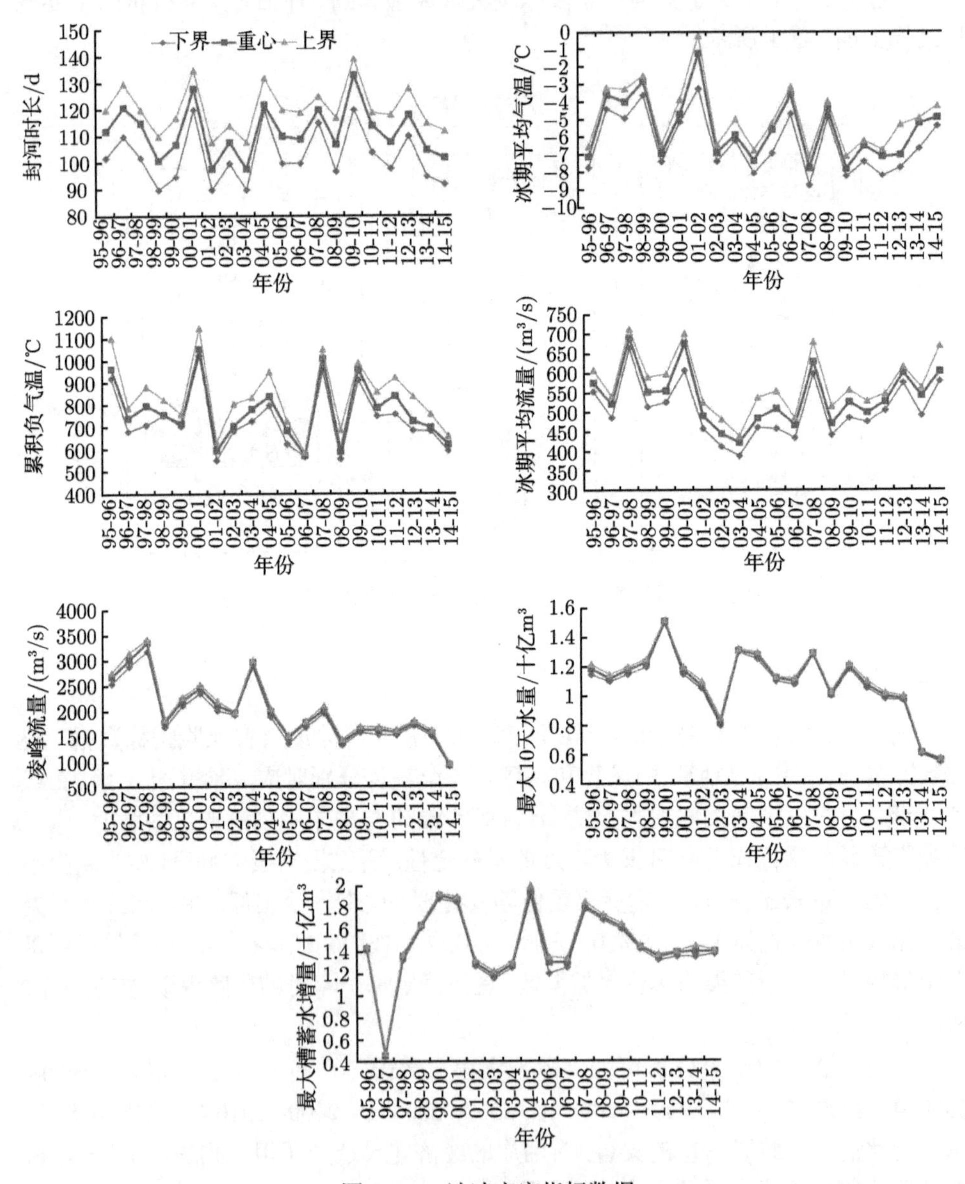

图 9-3-2　冰凌灾害指标数据

表 9-3-2 冰凌灾害风险等级聚类结果

序号	年份	综合聚类系数			风险等级
		低	中	高	
1	1995~1996	0.0009	0.6168	0.2179	2
2	1996~1997	0.3346	0.341	0.0907	2
3	1997~1998	0.0598	0.5404	0.2857	2
4	1998~1999	0.3623	0.4169	0.0116	2
5	1999~2000	0.1692	0.3017	0.3976	3
6	2000~2001	0	0.3782	0.5714	3
7	2001~2002	0.5911	0.3067	0	1
8	2002~2003	0.506	0.2634	0.1096	1
9	2003~2004	0.3255	0.3121	0.0657	1
10	2004~2005	0.1689	0.289	0.368	3
11	2005~2006	0.3694	0.442	0	2
12	2006~2007	0.4723	0.3958	0	1
13	2007~2008	0.0634	0.1866	0.4433	3
14	2008~2009	0.5147	0.2568	0.0554	1
15	2009~2010	0.1813	0.286	0.3111	3
16	2010~2011	0.2749	0.4832	0.0724	2
17	2011~2012	0.2876	0.4421	0.1429	2
18	2012~2013	0.2522	0.4564	0.0913	2
19	2013~2014	0.4841	0.4076	0	1
20	2014~2015	0.5226	0.3602	0	1

尤其是 2007~2008 年, 黄河宁蒙段遭遇的凌情更是 40 年来最为严重的. 主要原因是：稳定封河日数偏长, 冬季气温持续且异常偏低, 黄河流域平均温度达到 −8.5℃左右, 相对于常年同时期平均气温偏低 3.5℃, 是自 1952 年以来历史同时期气温的最低水平; 当年, 黄河上游降雪较往年同期偏多, 气温变化波动较大, 在封河期间的水位达到历年最高水平, 进一步导致河道槽蓄水增量偏高; 开河历时短, 当年, 黄河宁蒙段春季解冻期气温迅速回升, 开河仅仅历时 15 天左右, 这就导致原本偏高的槽蓄水增量在短时间内迅速释放, 开河期平均每日释放水量约 1.12 亿 m^3, 这也是自有记载以来, 历年的开河时间最短、日释放水量最大的年份.

冰凌灾害中等风险年份有 8 年, 分别为：1995~1996 年, 1996~1997 年, 1997~1998 年, 1998~1999 年, 2005~2006 年, 2010~2011 年, 2011~2012 年, 2012~2013 年. 在这些年份中, 冰凌灾害时有发生, 因此, 灾害的预防与控制工作仍然不容忽视.

冰凌灾害低风险的年份有 7 年, 分别为：2001~2002 年, 2002~2003 年, 2003~2004 年, 2006~2007 年, 2008~2009 年, 2013~2014 年, 2014~2015 年. 在这些年份中, 冰塞冰坝现象也有, 但是并未造成严重凌洪灾害, 这是由于冰凌灾害风险是受多种风险因子的综合作用的结果. 如 2008~2009 年, 宁蒙河段最大槽蓄水增量高达

18 亿 m^3, 但是由于开河时期气温缓慢回升, 槽蓄水增量缓慢释放, 开河期流量相对较小, 灾害风险大大降低, 避免了由 “武开河” 所引起的凌洪灾害.

尤其在 2014~2015 年, 冰凌灾害风险明显偏低. 在开河期间, 最大凌峰流量为 $920\text{m}^3/\text{s}$, 最大 10 天水量为 5.6 亿 m^3, 双双处于历史最低水平. 由于当年黄河宁蒙河段地区受冷空气影响较小, 气温整体偏高, 宁蒙河段流凌时间后延、封河长度短、封河天数偏少; 2015 年 1 月 13 日, 黄河宁蒙段河道封冻上端的麻黄沟口段解冻开河, 首次开河时间相比多年平均日期提前了一个月左右, 到 3 月中旬, 整个封冻河段全部开河, 开河历时 65 天, 缓慢的开河历时, 使得河道槽蓄水增量缓缓释放, 减少了冰情成灾的风险; 此外, 由于 2014 年竣工的海勃湾水库的投入使用, 对凌汛期间的流量起调节作用, 流凌期间下游河道水温提升, 进一步减少了封河天数, 降低了冰凌灾害成灾风险.

以年份为对象集, 以风险指标为条件属性集, 以风险等级为决策属性集, 构建三参数区间灰数信息下的冰凌灾害风险决策表. 取偏好系数 $\lambda = 0.5$, 也即决策者同时兼顾灰数取值的上限和下限的均衡. 取优势阈值 $\theta = 0.6$, 也即当一个三参数区间灰数以不小于 0.6 的可能度大于另一个三参数区间灰数时, 我们称它们之间满足灰色优势关系. 由此, 根据灰色优势关系粗糙集方法, 得到向上、下累积集的下近似 (上近似类似可得), 如表 9-3-3 所示.

表 9-3-3 $\text{Cl}_t^{\geqslant}$ 与 $\text{Cl}_t^{\leqslant}$ 的下近似集合

累积集	下近似	对象
$\text{Cl}_t^{\geqslant}$	$\underline{A^{0.6}}(\text{Cl}_1^{\geqslant})$	全部年份
	$\underline{A^{0.6}}(\text{Cl}_2^{\geqslant})$	1995~1996, 1996~1997, 1997~1998, 1998~1999, 1999~2000, 2000~2001, 2004~2005, 2005~2006, 2007~2008, 2009~2010, 2010~2011, 2011~2012, 2012~2013
	$\underline{A^{0.6}}(\text{Cl}_3^{\geqslant})$	1999~2000, 2000~2001, 2004~2005, 2007~2008, 2009~2010
$\text{Cl}_t^{\leqslant}$	$\underline{A^{0.6}}(\text{Cl}_1^{\leqslant})$	2001~2002, 2002~2003, 2003~2004, 2006~2007, 2008~2009, 2013~2014, 2014~2015
	$\underline{A^{0.6}}(\text{Cl}_2^{\leqslant})$	1995~1996, 1996~1997, 1997~1998, 1998~1999, 2001~2002, 2002~2003, 2003~2004, 2005~2006, 2006~2007, 2008~2009, 2010~2011, 2011~2012, 2012~2013, 2013~2014, 2014~2015
	$\underline{A^{0.6}}(\text{Cl}_3^{\leqslant})$	全部年份

由上、下近似集, 可从决策表中得到相应的优势决策规则. 为了使冰凌灾害风险评估决策表中挖掘出的决策规则更加简明扼要, 能够准确反映各个风险因素与风险等级之间的关系, 需要对决策表进行属性约简, 在保证分类能力不变的前提下, 通过建立可辨识矩阵, 最终得到冰凌灾害风险评估决策表的所有属性约简结果, 如

表 9-3-4 所示.

表 9-3-4 冰凌灾害风险评估决策表的所有属性约简结果

序号	属性约简结果	对应的约简指标
1	T1, H3	封河时长, 最大 10 天水量
2	T1, T3, H4	封河时长, 累积负气温, 最大槽蓄水增量
3	T1, H1, H4	封河时长, 冰期平均流量, 最大槽蓄水增量
4	T2, H1, H3	冰期平均气温, 冰期平均流量, 最大 10 天水量
5	T1, H2, H4	封河时长, 凌峰流量, 最大槽蓄水增量
6	T3, H1, H3	累积负气温, 冰期平均流量, 最大 10 天水量
7	T2, H2, H4	冰期平均气温, 凌峰流量, 最大槽蓄水增量
8	T2, T3, H1, H4	冰期平均气温, 累积负气温, 冰期平均流量, 最大槽蓄水增量
9	T3, H2, H3, H4	累积负气温, 凌峰流量, 最大 10 天水量, 最大槽蓄水增量

由表 9-3-4 可知, 所有可能的属性约简结果直观地反映出：冰凌灾害风险是由热力因素、动力因素、人为因素综合作用的结果. 由于河势相对来说年变化较小, 而人为因素对冰情的影响大多表现在对流量的控制上, 所以说冰凌灾害风险就是热力因素与动力因素的共同作用, 这也与 Wu 等分析的结果相一致 (Wu L F et al., 2015). 实际上, 影响冰情的热力因素与动力因素二者既是相互约束的, 但在一定情况下, 又可以互相转化. 例如, 气温上升使得河冰融化成水, 提高了河水的流动力, 在封冻期, 河水的流动力作用促进摩擦增加热量, 又可以延缓因气温降低使水结冰的过程, 在解冻开河期, 气温的降低, 使一部分河水冻结成冰, 进而削弱了水流的动力作用.

通过约简结果{T1,H3}, 得到冰凌灾害风险决策表的最简决策规则如下 (通过其他约简结果可类似得到相应的决策规则集)：

$\geqslant^{0.6}$ 决策规则一共有 7 条：

R1: 若 FD$\geqslant^{0.6}$ $[95,107,117]$ 且 LF10 $\geqslant^{0.6}$ $[1.5,1.51,1.52]$, 则风险等级为 3 级;

R2: 若 FD$\geqslant^{0.6}$ $[120,128,135]$ 且 LF10 $\geqslant^{0.6}$ $[1.15,1.18,1.2]$, 则风险等级为 3 级;

R3: 若 FD$\geqslant^{0.6}$ $[120,122,132]$ 且 LF10 $\geqslant^{0.6}$ $[1.25,1.28,1.3]$, 则风险等级为 3 级;

R4: 若 FD$\geqslant^{0.6}$ $[115,120,125]$ 且 LF10 $\geqslant^{0.6}$ $[1.28,1.29,1.3]$, 则风险等级为 3 级;

R5: 若 FD$\geqslant^{0.6}$ $[90,101,110]$ 且 LF10 $\geqslant^{0.6}$ $[1.2,1.23,1.25]$, 则风险等级大于等于 2 级;

R6: 若 FD$\geqslant^{0.6}$ $[98,108,118]$ 且 LF10 $\geqslant^{0.6}$ $[0.98,1.1,0.2]$, 则风险等级大于等于 2 级;

R7: 若 FD$\geqslant^{0.6}$ $[110,118,128]$ 且 LF10 $\geqslant^{0.6}$ $[0.97,0.98,1]$, 则风险等级大于等于

2 级;

$\leqslant^{0.6}$ 决策规则一共有 7 条:

R1: 若 FD$\leqslant^{0.6}$ $[100, 108, 114]$ 且 LF10 $\leqslant^{0.6}$ $[0.8, 0.82, 0.85]$, 则风险等级为 1 级;

R2: 若 FD$\leqslant^{0.6}$ $[90, 98, 108]$ 且 LF10 $\leqslant^{0.6}$ $[1.3, 1.31, 1.32]$, 则风险等级为 1 级;

R3: 若 FD$\leqslant^{0.6}$ $[100, 109, 119]$ 且 LF10 $\leqslant^{0.6}$ $[1.08, 1.1, 1.12]$, 则风险等级为 1 级;

R4: 若 FD$\leqslant^{0.6}$ $[102, 112, 120]$ 且 LF10 $\leqslant^{0.6}$ $[1.15, 1.19, 1.22]$, 则风险等级小于等于 2 级;

R5: 若 FD$\leqslant^{0.6}$ $[110, 121, 130]$ 且 LF10 $\leqslant^{0.6}$ $[1.1, 1.12, 1.15]$, 则风险等级小于等于 2 级;

R6: 若 FD$\leqslant^{0.6}$ $[110, 115, 120]$ 且 LF10 $\leqslant^{0.6}$ $[1.15, 1.18, 1.2]$, 则风险等级小于等于 2 级;

R7: 若 FD$\leqslant^{0.6}$ $[90, 101, 110]$ 且 LF10 $\leqslant^{0.6}$ $[1.2, 1.23, 1.25]$, 则风险等级小于等于 2 级.

由此, 冰凌灾害决策信息表可以简化为以上 14 条决策规则. 从挖掘出的决策规则中, 我们可以直观地判断当风险指标数值达到何种程度时, 对应着什么程度的风险等级. 例如 $\geqslant^{0.6}$ 决策规则中的 R5 表示: 若封冻天数以不小于 0.6 的灰色优势度优于 [90,101,110] 且最大十天水量以不小于 0.6 的灰色优势度优于 $[1.2, 1.23, 1.25]$, 那么我们就可以判断出该年度的风险等级大于或者等于 2 级. 由获取的三参数区间灰数信息下的决策规则可知, 当收集到的冰情数据信息为实数时, 以上决策规则同样适用, 这是因为实数可以认为是一类特殊的三参数区间灰数, 其中三参数区间灰数的下界、重心、上界相等. 在一定程度上, 本节获取的冰凌灾害风险决策规则更具有全面性与普适性.

因此, 可以通过以上决策规则划定冰凌灾害风险等级预警线, 针对开河的初期阶段, 通过监测冰情实时的动态数据信息, 当灾害风险指标数据的变化接近某一预警线时, 可根据决策规则进行早期风险预警, 预测其可能发生的灾害风险等级, 进而提前做好防凌减灾工作, 尽量减少冰凌灾害所带来的损失.

9.4　黄河凌汛防灾物资管理的灰色决策方法

9.4.1　基于灰色关联聚类方法的凌汛防灾物资分类管理

基于《黄河下游防汛物资储备定额》(2011 年黄委防办最新修订稿) 的规定, 结合目前黄河下游防汛物资的实际情况, 对定额中所列的 14 种常用防汛物资进行了系统的分析, 这 14 类防汛物资主要包括: 石料 (X_1)、铅丝 (X_2)、麻料 (X_3)、袋类 (X_4)、篷布 (X_5)、抢险活动房 (X_6)、土工布 (X_7)、编织布 (X_8)、救生衣 (X_9)、砂

石料 (X_{10})、冲锋舟 (X_{11})、发电机组 (X_{12})、抢险照明车 (X_{13})、木桩 (X_{14}). 本节拟对该 14 种防汛物资进行分类, 为科学合理的存储提供借鉴.

通过定性分析, 这些储备物资可以分为三类: A 类, 主要是指石料; B 类, 指储备量较大, 且相对易采购的一些物资; C 类: A 类、B 类以外的其他物资. 针对以上几种防汛应急物资的分类, 仅仅是从宏观角度根据防汛物资的属性进行的分类, 并没有对物资的价值、储存寿命、生产难易程度、仓储环境等方面进行考虑. 本节将对上面具有代表性的 14 种防汛物资进行聚类分析, 这些物资在防汛过程中使用频率高、使用量大. 从应急物资储备的角度进行研究, 采用层次聚类分析方法对数据进行处理, 应用基于最大灰色关联度的聚类决策模型, 得出防汛物资储备分类结果, 并和实际情况进行对比, 确定不同种类的黄河防汛物资储备模型. 具体过程如下.

(1) 指标体系的构建. 通过对上述黄河防汛物资进行分析研究, 防汛物资的储备成本、采购供应的难易程度、需求的迫切性、使用频率等因素都会对防汛物资的分类造成影响. 单一因素不能完全决定防汛物资的分类. 通过分析影响黄河防汛物资储备方式和库存的各因素, 应用德尔菲专家问卷、半开放式征询专家意见 (问卷) 等方式方法, 在专家问卷指标体系基础上, 再进行专家咨询和综合评判筛选, 最终选择一个分类指标体系.

在上述分析的基础上, 本节将对防汛物资综合分类指标体系划分为三个层次, 防汛物资的一级影响因素为评价体系的中间层, 该层主要包括物资的重要性 (B_1)、储备性 (B_2)、成本性 (B_3)、社会性 (B_4) 等四个一级指标, 每个一级指标又有多个二级指标, 如图 9-4-1 所示.

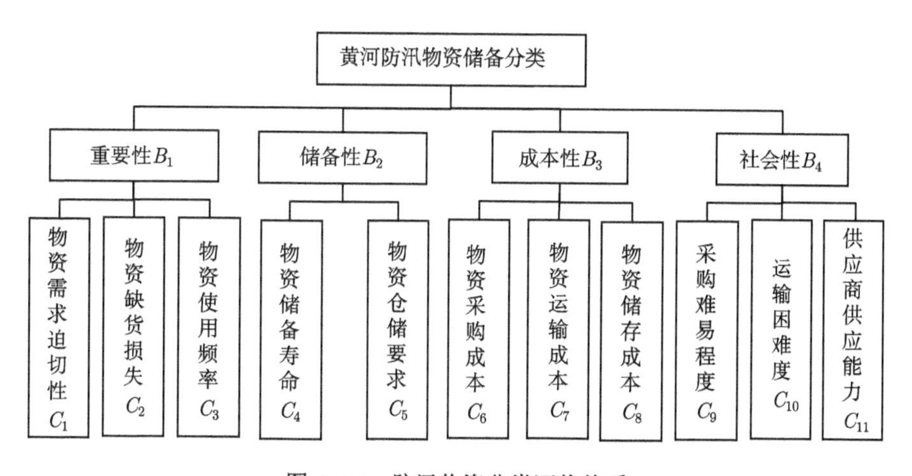

图 9-4-1　防汛物资分类评价体系

(2) 数据来源. 防汛物资储备分类评价体系中包括四个一级指标, 一级指标的评价语集合为低、中、高、很高四个等级. 针对一级指标, 不同的一级指标对应的二级指标属性不同, 它具体的评价等级可以相互交错, 对整个的评价结果不受影响. 例如, 一级指标物资的储备性中缺货成本的二级指标的评价等级应采取物资成本的评语级集合更为恰当. 评价等级的确定也是通过制作调查问卷, 由专家评判进行打分, 收集调查问卷, 进行数据统计. 对各二级指标采取评分 (10 分制) 的办法使之量化: 很高赋 10 分, 高赋 8 分, 中等赋 5 分, 低赋 2 分.

评价集评分专家主要来自于防汛管理部门、各级物资储备单位以及科研单位等. 通过召开专家咨询会和面对面交谈的形式, 使评分专家充分了解构建的分类指标体系及其内涵. 调查问卷形式表如表 9-4-1 和表 9-4-2 所示.

表 9-4-1　一级指标权重系数问卷形式表

单因素	重要性	储备性	成本性	社会性	合计
权重					1

表 9-4-2　二级指标权重系数问卷形式表

	二级指标	很高	高	中等	低
重要性 (B_1)	需求迫切性				
	损失率				
	使用频率				
储备性 (B_2)	储备寿命				
	仓储要求				
成本性 (B_3)	采购成本				
	运输成本				
	储存成本				
社会性 (B_4)	采购难以程度				
	社会储备量				
	供应商供应能力				

通过德尔菲函数的方法得到了 14 种主要防汛物资的 4 个一级影响因素指标的权重分别为 $w_1 = 0.4, w_2 = 0.25, w_3 = 0.15, w_4 = 0.2$, 以及 11 个二级影响因素指标程度 (包括: 很高、高、中等、低) 的专家评价比重. 对各二级指标采取打分 (10 分制) 的办法使之量化: 很高赋 10 分, 高赋 8 分, 中等赋 5 分, 低赋 2 分. 则 14 类主要防汛物资 11 个二级指标的综合得分如表 9-4-3 所示.

由上述指标可以看出, 二级指标中的影响因素 C_5, C_9, C_{10} 对于一级指标来说是负指标, 所以在对二级指标进行转化时可以取逆化值. 因此有

$$B_1 = \frac{1}{3}(C_1 + C_2 + C_3)\,\omega_1, \quad B_2 = \frac{1}{2}(C_4 + 10 - C_5)\,\omega_2$$

$$B_3 = \frac{1}{3}(C_6 + C_7 + C_8)\,\omega_3, \quad B_4 = \frac{1}{3}(C_{11} - C_9 - C_{10} + 20)\,\omega_4$$

表 9-4-3 14 类防汛物资在二级指标下的量化值

对象	指标										
	C_1	C_2	C_3	C_4	C_5	C_6	C_7	C_8	C_9	C_{10}	C_{11}
X_1	9.7	9.8	9.9	10	2.15	5.15	5.9	4.55	2.9	3.95	7.2
X_2	6	4.85	3.8	5	6.85	5.15	5.9	5.45	2.9	4.15	7.35
X_3	5.6	4.85	3.8	3.5	7.15	6.05	5.15	5.75	6.35	3.65	3.95
X_4	7.85	6.55	8.35	3.35	6.05	3.35	3.2	4.85	2.9	2.9	9.1
X_5	8.9	7.05	9.5	3.65	6.9	5.45	5	6.85	5	3.35	8.45
X_6	9.2	6.3	8.7	8.7	9.05	7.8	6.55	6.35	7.35	4.85	3.95
X_7	3.95	3.65	2.9	3.95	9.05	5.25	5.15	6.15	4.55	3.05	7.25
X_8	3.65	3.35	2.9	3.5	9.2	5.15	5.3	5.4	4.85	3.05	7.1
X_9	8.7	7.25	6.1	4.9	9.2	6.45	4.4	6.65	4.1	3.2	8.5
X_{10}	8.5	6.9	3.5	9.7	2.9	3.35	5.75	4.55	2.45	3.35	9.2
X_{11}	4.7	4.4	3.05	9.5	8.35	8	6.4	5.3	5.3	6.7	5.75
X_{12}	7.5	6.7	4.7	9.1	8.95	7.8	7	7.5	5.3	7.35	8.2
X_{13}	6.35	5.15	4.35	7.75	7.25	6.9	7.5	7.85	8	7.35	4.1
X_{14}	4.1	2.15	2.6	3.5	5.9	3.95	3.2	4.7	3.65	2.45	5.15

可得 14 类主要防汛物资 4 个一级指标的加权综合得分, 如表 9-4-4 所示.

表 9-4-4 14 类防汛物资在一级指标下的加权值

指标	对象													
	X_1	X_2	X_3	X_4	X_5	X_6	X_7	X_8	X_9	X_{10}	X_{11}	X_{12}	X_{13}	X_{14}
B_1	3.92	1. 95	1.9	3.03	3.39	3.23	1.4	1.32	2.94	2.52	1.62	2.52	2.11	1.18
B_2	2.23	1.02	0.79	0.91	0.84	1.21	0.61	0.54	0.71	2.10	1.39	1.27	1.31	0.95
B_3	0.78	0.83	0.85	0.57	0.87	1.04	0.83	0.79	0.88	0.68	0.99	1.12	1.11	0.59
B_4	1.36	1.35	0.93	1.55	1.34	0.78	1.31	1.28	1.41	1.56	0.92	1.04	0.58	1.27

(3) 模型求解. 将 14 类防汛物资组成观测对象, 每种防汛物资有 11 个二级影响因素指标, 记为

$$X_1 = (x_1(1), x_1(2), \cdots, x_1(11))$$
$$X_2 = (x_2(1), x_2(2), \cdots, x_2(11))$$
$$\cdots\cdots$$
$$X_{14} = (x_{14}(1), x_{14}(2), \cdots, x_{14}(11))$$

首先对所有的 $i \leqslant j\,(i,j=1,2,\cdots,14)$, 利用公式

$$\varepsilon_{ij} = \frac{1+|s_i|+|s_j|}{1+|s_i|+|s_j|+|s_i-s_j|}$$

其中: $X_i^0 = \left(x_i^0(1), x_i^0(2), \cdots, x_i^0(n)\right), X_j^0 = \left(x_j^0(1), x_j^0(2), \cdots, x_j^0(n)\right)$ 分别为 X_i

与 X_j 的始点零化像,

$$|s_i| = \left|\sum_{k=2}^{n-1} x_i^0(k) + \frac{1}{2}x_i^0(n)\right|, \quad |s_j| = \left|\sum_{k=2}^{n-1} x_j^0(k) + \frac{1}{2}x_j^0(n)\right|$$

$$|s_i - s_j| = \left|\sum_{k=2}^{n-1} \left(x_i^0(k) - x_j^0(k)\right) + \frac{1}{2}\left(x_i^0(n) - x_j^0(n)\right)\right|$$

计算出 X_i 与 X_j 的灰色绝对关联度, 得一级指标上三角关联矩阵如表 9-4-5 所示.

表 9-4-5　防汛物资两两之间的关联度

	X_1	X_2	X_3	X_4	X_5	X_6	X_7	X_8	X_9	X_{10}	X_{11}	X_{12}	X_{13}	X_{14}
X_1	1	0.99	0.71	0.93	0.90	0.96	0.62	0.61	0.90	0.56	0.65	0.83	0.83	0.63
X_2		1	0.86	0.84	0.79	0.81	0.71	0.69	0.86	0.60	0.76	0.95	0.94	0.73
X_3			1	0.75	0.71	0.73	0.79	0.77	0.76	0.63	0.86	0.82	0.82	0.81
X_4				1	0.93	0.96	0.64	0.63	0.97	0.57	0.68	0.88	0.88	0.65
X_5					1	0.97	0.62	0.61	0.91	0.56	0.65	0.83	0.83	0.63
X_6						1	0.63	0.62	0.94	0.56	0.66	0.85	0.85	0.64
X_7							1	0.96	0.65	0.73	0.91	0.69	0.69	0.96
X_8								1	0.64	0.75	0.87	0.67	0.67	0.92
X_9									1	0.57	0.68	0.90	0.90	0.66
X_{10}										1	0.69	0.59	0.59	0.71
X_{11}											1	0.73	0.73	0.94
X_{12}												1	1.00	0.70
X_{13}													1	0.70
X_{14}														1

因为开始时将每种防汛物资作为一类, 上面 $A_{(0)}$ 中的 G_i 表示第 $i(i=1,2,\cdots,14)$ 种防汛物资, 且 $E_{ij}=\varepsilon_{ij}$, 找出 $A_{(0)}$ 中非对角线上最大元素为 $\max\{\varepsilon_{ij}\}=\varepsilon_{12,13}=1$, 因此, 将 $G_{12}=\{X_{12}\}$ 和 $G_{13}=\{X_{13}\}$ 合并为一个新类, 即: $G_{15}=\{X_{12}, X_{13}\}$.

根据灰色绝对关联度公式, 计算新类 G_{15} 与剩余的类 $G_1, G_2, G_3, G_4, G_5, G_6, G_7, G_8, G_9, G_{10}, G_{11}, G_{14}$ 的关联度,

$$E_{15,1} = \max\{\varepsilon_{12,1}, \varepsilon_{13,1}\} = \max\{0.83, 0.83\} = 0.83$$
$$E_{15,2} = \max\{\varepsilon_{12,2}, \varepsilon_{13,2}\} = \max\{0.95, 0.94\} = 0.95$$
$$E_{15,3} = \max\{\varepsilon_{12,3}, \varepsilon_{13,3}\} = \max\{0.82, 0.82\} = 0.82$$
$$E_{15,4} = \max\{\varepsilon_{12,4}, \varepsilon_{13,4}\} = \max\{0.88, 0.88\} = 0.88$$

……

$$E_{15,11} = \max\{\varepsilon_{12,11}, \varepsilon_{13,11}\} = \max\{0.73, 0.73\} = 0.73$$
$$E_{15,14} = \max\{\varepsilon_{12,14}, \varepsilon_{13,14}\} = \max\{0.94, 0.70\} = 0.94$$

在 $A_{(0)}$ 中消去 X_{12}, X_{13} 所对应的行与列后, 加上 G_{15} 与 G_1, G_2,G_3, G_4, G_5, G_6, G_7, G_8, G_9, G_{10}, G_{11}, G_{14} 的关联度所对应的行与列得 $A_{(1)}$, 如表 9-4-6 所示.

表 9-4-6 一次合并后的类 $A_{(1)}$

	G_{15}	X_1	X_2	X_3	X_4	X_5	X_6	X_7	X_8	X_9	X_{10}	X_{11}	X_{14}
G_{15}	1	0.83	0.95	0.82	0.88	0.83	0.85	0.69	0.67	0.90	0.59	0.73	0.70
X_1		1	0.99	0.71	0.93	0.90	0.96	0.62	0.61	0.90	0.56	0.65	0.63
X_2			1	0.86	0.84	0.79	0.81	0.71	0.69	0.86	0.60	0.76	0.73
X_3				1	0.75	0.71	0.73	0.79	0.77	0.76	0.63	0.86	0.81
X_4					1	0.93	0.96	0.64	0.63	0.97	0.57	0.68	0.65
X_5						1	0.97	0.62	0.61	0.91	0.56	0.65	0.63
X_6							1	0.63	0.62	0.94	0.56	0.66	0.64
X_7								1	0.96	0.65	0.73	0.91	0.96
X_8									1	0.64	0.75	0.87	0.92
X_9										1	0.57	0.68	0.66
X_{10}											1	0.69	0.71
X_{11}												1	0.94
X_{14}													1

对矩阵 $A_{(1)}$ 重复上述过程, 得 $A_{(2)}$, 如此下去, 直到所有元素合并为一类为止. 最后归纳上述聚类过程, 列出一个聚类顺序表, 如表 9-4-7 所示.

表 9-4-7 14 类防汛物资的最后分类

顺序	合并的类		合并后各类中的元素	关联度
1	G_{12}	G_{13}	$G_{15} = \{X_{12}, X_{13}\}$	1
2	G_1	G_2	$G_{16} = \{X_1, X_2\}$	0.99
3	G_4	G_9	$G_{17} = \{X_4, X_9\}$	0.97
4	G_{16}	G_{10}	$G_{18} = \{X_1, X_2, X_{10}\}$	0.95
5	G_{17}	G_7, G_8	$G_{19} = \{X_4, X_9, X_7, X_8\}$	0.94
6	G_{19}	G_{14}	$G_{20} = \{X_4, X_9, X_7, X_8, X_5\}$	0.92
7	G_{15}	G_2	$G_{21} = \{X_{12}, X_{13}, X_{11}\}$	0.90
8	G_{20}	G_{11}	$G_{22} = \{X_4, X_9, X_7, X_8, X_5, X_3\}$	0.85
9	G_{21}	G_6	$G_{23} = \{X_{12}, X_{13}, X_{11}, X_6\}$	0.82
10	G_{22}	X_{14}	$G_{24} = \{X_4, X_9, X_7, X_8, X_5, X_3, X_{14}\}$	0.76

根据聚类顺序表画出聚谱图如图 9-4-2 所示.

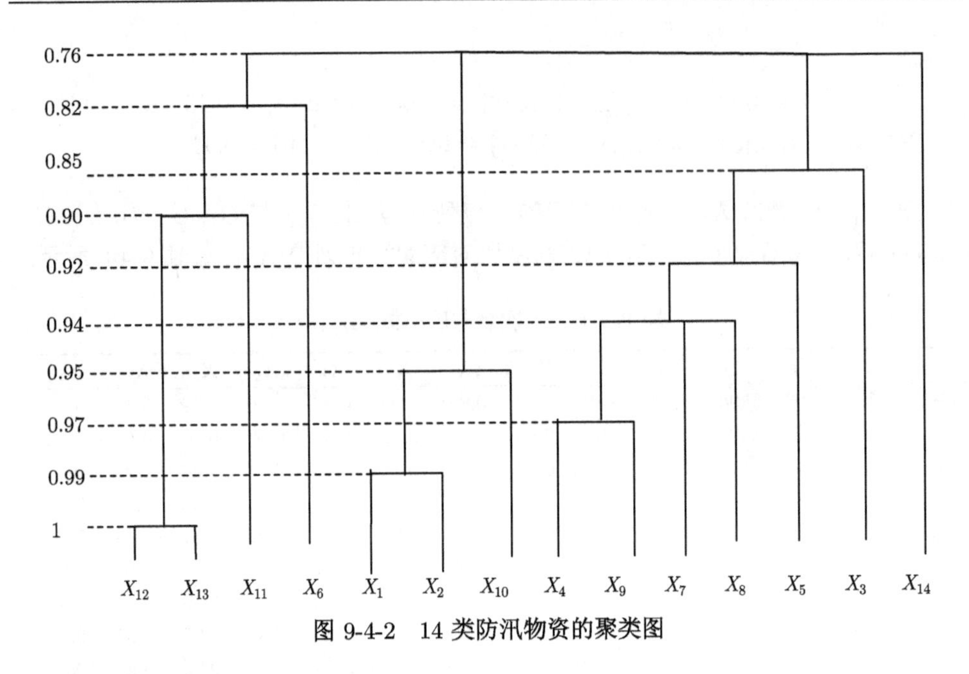

图 9-4-2　14 类防汛物资的聚类图

取阈值 $r = 0.80$ 时, 则可分为四类:

$$\{X_{11}, X_{12}, X_{13}, X_6\}, \quad \{X_1, X_2, X_{10}\}, \quad \{X_4, X_9, X_7, X_8, X_5, X_3\}, \quad \{X_{14}\}$$

从聚类结果图可以看出, X_{14} 与其他的关联度小于 0.80, 因此可以将 X_{14} 列为一类, 即一共分为四类.

在第一类中, 抢险照明车 (X_{13})、抢险活动房 (X_6)、发电机组 (X_{12})、冲锋舟 (X_{11}) 这些物品均具有专业性较强、储备量相对较小、采购难度较大的特点, 可以合为一类, 适合进行合同储备; 在第二类中, 袋类 (X_4)、篷布 (X_5)、救生衣 (X_9)、麻料 (X_3)、土工布 (X_7)、编织布 (X_8) 这些物资需求量较大, 物资采购相对比较容易, 并且有一定的储备寿命要求, 在储备寿命期内如果不能有效使用, 将造成较大的损失, 因此可以选择生产能力储备; 在第三类中, 石料 (X_1)、铅丝 (X_2)、砂石料 (X_{10}) 均属于经常使用、一次性和易于储备的物资, 是突发事件应对尤其是大规模突发事件初期应对的主要物资, 这类物资对于灾情的控制具有重要意义, 因此应该选择由政府部门自行储备的实物储备; X_{14} 自成一类, 说明木桩 (X_{14}) 是个特例, 应进行单独分析. 通过德尔菲法可知, 多数专家均认为此类物资需求紧迫性较低, 使用频率小, 储备寿命短, 储备要求较高, 若选择由政府自行储备, 则由于需求量较大, 势必导致很高的储备成本, 如果在可用期内不能进行有效利用, 则可能遭受很大的损失. 鉴于此, 考虑到此类物资在其他领域如建筑、家具制造、造纸业等诸多领域均有较大用途, 具有较高的市场流动性, 因此, 可以考虑委托相关企业进行储备.

9.4.2 基于灰色局势决策方法的凌汛防灾物资储备管理

防汛物资的社会化储备就是将防汛物资储备逐步推向社会, 由社会各企业代储代管防汛物资. 目前, 无论是从生产、储存、运输等环节, 还是从防汛物资的种类及质量要求来看, 防汛物资的社会化储备都能够实现. 因此, 转变以国家储备为主的观念, 加大社会化储备力度和储备范围是非常必要的.

"招标式" 储备是多种储备形式之一, 利用招、投标的形式来满足物资储备需要的一种活动. 但又不具有像其他诸如工程建设、设备购置等那样复杂的招、投标程序和内容, 这种形式适合于大宗物资的储备. 招标式储备重要的是对企业的优选, 对企业的选择既要能保证在汛期提供所需数量的防汛应急物资, 以有效地防御洪水, 又能保证所需防汛物资的费用最少, 这是防汛机构选择企业所重视的. 一般情况下, 从产品产值、产销率、企业管理费三个层面对企业进行优选.

由于不同行业的经营管理特点不尽相同, 反映企业经营状况的指标可能在一个行业越大越好, 但在另一个行业不一定就好, 而且行业不同指标的可比性有时也会出现差异. 现有入围的四家企业 A, B, C, D 欲对三种需求量比较大的防汛物资麻袋、帐篷、土工布进行招标生产, 挑选出产值、产销率、管理费三项指标作为衡量企业能否中标. 运用多目标灰色局势决策方法对招标过程进行分析, 最后分别得到四家企业与三种防汛物资最佳的匹配结果. 由于实际的决策信息大多带有不确定性, 所以效果样本值以区间数的形式给出. 表 9-4-8~表 9-4-10 是四家企业对三种防汛应急物资的生产状况数据.

表 9-4-8 四家企业对黄河防汛物资麻袋的数据

企业 \ 指标	产值	产销率	管理费
A	[1000,1200]	[0.95,0.98]	[80,100]
B	[940,960]	[0.87,0.90]	[50,60]
C	[670,720]	[0.92,0.93]	[20,30]
D	[400,500]	[0.90,0.92]	[70,80]

表 9-4-9 四家企业对黄河防汛物资帐篷的数据

企业 \ 指标	产值	产销率	管理费
A	[480,560]	[0.86,0.91]	[40,50]
B	[450,550]	[0.81,0.83]	[40,50]
C	[400,450]	[0.94,0.96]	[50,60]
D	[370,430]	[0.97,0.99]	[25,30]

表 9-4-10　四家企业对黄河防汛物资土工布的数据

企业 \ 指标	产值	产销率	管理费
A	[200,250]	[0.82,0.84]	[15,18]
B	[150,200]	[0.83,0.86]	[12,14]
C	[260,300]	[0.90,0.92]	[20,24]
D	[300,350]	[0.93,0.94]	[14,16]

(1) 决策问题描述. 以四家企业为事件, 设为事件集 $A=\{a_1,a_2,a_3,a_4\}$; 以三种防汛物资为对策集 $B=\{b_1,b_2,b_3\}$; 局势集 $S=\{s_{ij}=(a_i,b_j)\,|a_i\in A,b_j\in B\}\,(i=1,2,3,4;j=1,2,3)$; 四家企业在不同目标下的效果样本值为 $u_{ij}^{(k)}(i=1,2,3,4;j=1,2,3;k=1,2,3)$.

(2) 给出决策的局势效果样本矩阵. 根据专家获得目标的权重 $H:\{0.32\leqslant\omega_1\leqslant 0.35,0.30\leqslant\omega_2\leqslant 0.33,0.35\leqslant\omega_3\leqslant 0.4\}$, 把产值、产销率、管理费用作为衡量四家企业能否中标的目标, 根据表 9-4-8～表 9-4-10 数据作为决策目标的样本值, 以此构建效果测度矩阵, 记为

$$U_1^{(1)}=\begin{bmatrix}[1000,1200] & [480,560] & [200,250]\\ [940,960] & [450,550] & [150,200]\\ [670,720] & [400,450] & [260,300]\\ [400,500] & [370,430] & [300,350]\end{bmatrix}$$

$$U_1^{(2)}=\begin{bmatrix}[0.95,0.98] & [0.86,0.91] & [0.82,0.84]\\ [0.87,0.90] & [0.81,0.83] & [0.83,0.86]\\ [0.92,0.93] & [0.94,0.96] & [0.90,0.92]\\ [0.90,0.92] & [0.97,0.99] & [0.93,0.94]\end{bmatrix}$$

$$U_1^{(3)}=\begin{bmatrix}[80,100] & [40,50] & [15,18]\\ [50,60] & [40,50] & [12,14]\\ [20,30] & [50,60] & [20,24]\\ [70,80] & [25,30] & [14,16]\end{bmatrix}$$

(3) 令 $Z_j^{(k)}=\dfrac{1}{n}\sum\limits_{i=1}^{n}\left(u_{ij}^{(k)L}+u_{ij}^{(k)U}\right)$, $i=1,2,3,4;j=1,2,3$. 若指标为效益型指标, 则

$$\left[y_{ij}^{(k)L},y_{ij}^{(k)U}\right]=\left[\frac{u_{ij}^{(k)L}-z_j^{(k)}}{\left|z_j^{(k)}\right|},\frac{u_{ij}^{(k)U}-z_j^{(k)}}{\left|z_j^{(k)}\right|}\right]$$

若指标为成本型指标, 则

$$\left[y_{ij}^{(k)L}, y_{ij}^{(k)U}\right] = \left[\frac{z_j^{(k)} - u_{ij}^{(k)U}}{\left|z_j^{(k)}\right|}, \frac{z_j^{(k)} - u_{ij}^{(k)L}}{\left|z_j^{(k)}\right|}\right]$$

变换后的矩阵记为 $D^{(k)} = \left(\left[y_{ij}^{(k)L}, y_{ij}^{(k)U}\right]\right)_{4\times 3}$. 令

$$\left[r_{ij}^{(k)L}, r_{ij}^{(k)U}\right] = \left[\frac{y_{ij}^{(k)L}}{\max\limits_j\left(\left|y_{ij}^{(k)L}\right|, \left|y_{ij}^{(k)U}\right|\right)}, \frac{y_{ij}^{(k)U}}{\max\limits_j\left(\left|y_{ij}^{(k)L}\right|, \left|y_{ij}^{(k)U}\right|\right)}\right]$$

对变换后的矩阵进行规范化处理, 得到一致效果测度矩阵:

$$R^{(1)} = \begin{bmatrix} [0.5016, 1.0000] & [0.1899, 1.0000] & [-0.5062, 0.0124] \\ [0.3520, 0.4019] & [-0.1139, 0.8987] & [-1.0000, -0.5062] \\ [-0.3209, -0.1963] & [-0.6203, -0.1139] & [0.0864, 0.4825] \\ [-0.9938, -0.7446] & [-0.9241, -0.3165] & [0.4815, 0.9753] \end{bmatrix}$$

$$R^{(2)} = \begin{bmatrix} [0.4894, 1.0000] & [-0.4367, 0.0127] & [-1.0000, 0.6667] \\ [-0.0213, 0.1489] & [-1.0000, -0.7975] & [-0.8333, -0.3333] \\ [-0.3209, -0.1963] & [0.3165, 0.5190] & [0.3333, 0.6667] \\ [-0.3617, -0.0213] & [0.6203, 0.8228] & [0.8333, 1.0000] \end{bmatrix}$$

$$R^{(3)} = \begin{bmatrix} [-0.9394, -0.4546] & [-0.3793, 0.1724] & [-0.1864, 0.2203] \\ [0.0303, 0.2727] & [-0.3793, 0.1724] & [0.3559, 0.6271] \\ [0.7576, 1.0000] & [-0.9310, -0.3793] & [-1.0000, -0.4576] \\ [-0.4546, -0.2121] & [0.7241, 1.0000] & [0.08475, 0.3559] \end{bmatrix}.$$

根据

$$r_j^{+(k)} = \max\left\{\left(r_{ij}^{(k)L} + r_{ij}^{(k)U}\right)\right\} \quad (1 \leqslant i \leqslant n; 1 \leqslant k \leqslant s)$$

$$r_j^{-(k)} = \min\left\{\left(r_{ij}^{(k)L} + r_{ij}^{(k)U}\right)\right\} \quad (1 \leqslant i \leqslant n; 1 \leqslant k \leqslant s)$$

其对应的值分别记为 $\left[r_{ij}^{(+(k))L}, r_{ij}^{(+(k))U}\right]$, $\left[r_{ij}^{(-(k))L}, r_{ij}^{(-(k))U}\right]$, 则得到局势 s_{ij} 在 k 目标下的正负理想值为

$$r^{+(1)} = \{[0.5016, 1.0000], [0.1899, 1.0000], [0.4815, 0.9753]\}$$

$$r^{-(1)} = \{[-0.9938, -0.7446], [-0.9241, -0.3165], [-1.0000, -0.5062]\}$$

$$r^{+(2)}=\{[0.4894,1.0000],[0.6203,0.8228],[0.8333,1.0000]\}$$
$$r^{-(2)}=\{[-0.3209,-0.1963],[-1.0000,-0.7975],[-0.8333,-0.3333]\}$$
$$r^{+(3)}=\{[0.7576,1.0000],[0.7241,1.0000],[0.08475,0.3559]\}$$
$$r^{-(3)}=\{[-0.9394,-0.4546],[-0.9310,-0.3793],[-1.0000,-0.4576]\}$$

根据

$$\xi_{ij}^{+(k)}=\frac{\min\limits_i\min\limits_j d\left(r_{ij}^{(k)},r_j^{+(k)}\right)+\rho\max\limits_i\max\limits_j d\left(r_{ij}^{(k)},r_j^{+(k)}\right)}{d\left(r_{ij}^{(k)},r_j^{+(k)}\right)+\rho\max\limits_i\max\limits_j d\left(r_{ij}^{(k)},r_j^{+(k)}\right)}$$

$$\xi_{ij}^{-(k)}=\frac{\min\limits_i\min\limits_j d\left(r_{ij}^{(k)},r_j^{-(k)}\right)+\rho\max\limits_i\max\limits_j d\left(r_{ij}^{(k)},r_j^{-(k)}\right)}{d\left(r_{ij}^{(k)},r_j^{-(k)}\right)+\rho\max\limits_i\max\limits_j d\left(r_{ij}^{(k)},r_j^{-(k)}\right)}$$

其中 $\rho\in[0,1]$ 为分辨系数, 这里取 $\rho=0.5$, 计算在 k 目标下的各方案与正、负理想方案的关联系数, 结果如下:

$$\xi^{+(1)}=\begin{bmatrix}1.0000 & 1.0000 & 0.4544\\ 0.6508 & 0.7820 & 0.3544\\ 0.4418 & 0.4548 & 0.6453\\ 0.3333 & 0.3998 & 1.0000\end{bmatrix};\quad \xi^{-(1)}=\begin{bmatrix}0.3333 & 0.3998 & 0.6160\\ 0.3939 & 0.4403 & 1.0000\\ 0.5696 & 0.7588 & 0.4389\\ 1.0000 & 1.0000 & 0.3542\end{bmatrix}$$

$$\xi^{+(2)}=\begin{bmatrix}1.0000 & 0.4625 & 0.3808\\ 0.5358 & 0.3333 & 0.3493\\ 0.4423 & 0.7273 & 0.6560\\ 0.4629 & 1.0000 & 1.0000\end{bmatrix};\quad \xi^{-(2)}=\begin{bmatrix}0.4423 & 0.5373 & 0.5305\\ 0.7148 & 1.0000 & 1.0000\\ 1.0000 & 0.3810 & 0.4271\\ 0.8644 & 0.3333 & 0.3493\end{bmatrix}$$

$$\xi^{+(3)}=\begin{bmatrix}0.3333 & 0.4476 & 0.7866\\ 0.5207 & 0.4476 & 0.5229\\ 1.0000 & 0.3415 & 0.4518\\ 0.3946 & 1.0000 & 1.0000\end{bmatrix};\quad \xi^{-(3)}=\begin{bmatrix}1.0000 & 0.5889 & 0.5134\\ 0.4797 & 0.5889 & 0.4499\\ 0.3333 & 1.0000 & 1.0000\\ 0.6734 & 0.3415 & 0.4518\end{bmatrix}$$

由前景理论知识知, 前景价值由价值函数和决策权重共同决定. 因此, 各局势 s_{ij} 在不同目标下的价值函数, 其表达式为

$$v\left(r_{ij}^{(k)}\right)=\begin{cases}\left(1-\xi_{ij}^{-(k)}\right)^{\alpha}\\ -\theta[-\left(\xi_{ij}^{+(k)}-1\right)]^{\beta}\end{cases}$$

其中, 参数 α 和 β 分别表示收益区域和损失区域的价值幂函数的凹凸程度, 前景价值的表达式为: $V=\sum\limits_{i=1}^{n}\pi(p_i)v(x_i)$, 式中, V 为前景价值, $\pi(p)$ 是决策权重, $v(x)$ 是价值函数.

依据前景理论的相关原理, 若以正理想方案为参考点, 则被选方案劣于正理想解方案, 决策者是面临损失的, 表现为追求风险; 若以负理想方案为参考点, 则方案优于负理想解方案, 决策者是面临收益的, 表现为厌恶风险. 因此, 根据以上过程求出在 k 目标下的正负前景值为

$$V_{ij}^{+(1)}=\begin{bmatrix}0.6999 & 0.6381 & 0.4307\\ 0.6436 & 0.6001 & 0.0000\\ 0.4762 & 0.2861 & 0.6014\\ 0.0000 & 0.0000 & 0.6806\end{bmatrix};\quad V_{ij}^{-(1)}=\begin{bmatrix}0.0000 & 0.0000 & -1.3202\\ -0.8914 & -0.5889 & -1.5309\\ -1.3470 & -1.3193 & -0.9038\\ -1.5749 & -1.4358 & 0.0000\end{bmatrix}$$

$$V_{ij}^{+(2)}=\begin{bmatrix}0.5982 & 0.5075 & 0.5141\\ 0.3315 & 0.0000 & 0.0000\\ 0.0000 & 0.6557 & 0.6125\\ 0.1723 & 0.6999 & 0.6851\end{bmatrix};\quad V_{ij}^{-(2)}=\begin{bmatrix}0.0000 & -1.3029 & -1.4757\\ -1.1452 & -1.5749 & -1.5416\\ -1.3459 & -0.7171 & -0.8797\\ -1.3021 & 0.0000 & 0.0000\end{bmatrix}$$

$$V_{ij}^{+(3)}=\begin{bmatrix}0.0000 & 0.4574 & 0.5305\\ 0.5627 & 0.4574 & 0.5910\\ 0.6999 & 0.0000 & 0.0000\\ 0.3735 & 0.6924 & 0.5892\end{bmatrix};\quad V_{ij}^{-(3)}=\begin{bmatrix}-1.5749 & -1.3346 & -0.5779\\ -1.1779 & -1.3346 & -1.1732\\ 0.0000 & -1.5578 & -1.3257\\ -1.4467 & 0.0000 & 0.0000\end{bmatrix}$$

(4) 根据综合前景值越大, 方案越优, 然后利用多目标规划的方法建立多目标优化模型, 基于各方案之间是公平竞争, 构造如下多目标优化模型:

$$\max V=\sum_{i=1}^{4}\sum_{j=1}^{3}\sum_{k=1}^{3}v^{+}\left(r_{ij}^{(k)}\right)\pi^{+}(\omega_k)+\sum_{i=1}^{4}\sum_{j=1}^{3}\sum_{k=1}^{3}v^{-}\left(r_{ij}^{(k)}\right)\pi^{-}(\omega_k)$$

$$\text{s.t.}\begin{cases}0.32\leqslant\omega_1\leqslant 0.34\\ 0.30\leqslant\omega_2\leqslant 0.33\\ 0.35\leqslant\omega_3\leqslant 0.38\\ \sum\limits_{k=1}^{3}\omega_k=1\end{cases}$$

利用 Lingo13.0 软件得到各目标的最优权重为

$$\omega^{*}=(\omega_1^{*},\omega_2^{*},\omega_3^{*})=(0.34,0.3,0.36)$$

(5) 把最优目标权重代入 $r_{ij}=\sum\limits_{k=1}^{s}\omega_k r_{ij}^{(k)}$, 计算出综合效果测度为

$$R=\begin{bmatrix}[-0.0208,0.4763] & [-0.2030,0.4059] & [-0.5392,0.2835]\\ [0.1242,0.2795] & [-0.4753,0.1284] & [-0.4619,-0.0463]\\ [0.0674,0.2344] & [-0.4511,-0.0196] & [-0.2306,0.1993]\\ [-0.6101,-0.3359] & [0.1326,0.4992] & [0.4442,0.7597]\end{bmatrix}$$

(6) 综合效果测度排序. 运用区间数排序的可能度法 (徐泽水和达庆利, 2003), 分别计算各行局势和列局势的可能度排序向量.

对于第一家生产厂家 A 而言, 得到可能度排序向量为

$$g_{a_1}=(g_1,g_2,g_3)=(0.1183,0.0976,0.0833)$$

对于第二家生产厂家 B 而言, 得到可能度排序向量为

$$g_{a_2}=(g_1,g_2,g_3)=(0.2116,0.1119,0.0833)$$

对于第三家生产厂家 C 而言, 得到可能度排序向量为

$$g_{a_3}=(g_1,g_2,g_3)=(0.1639,0.0833,0.1257)$$

对于第四家生产厂家 D 而言, 得到可能度排序向量为

$$g_{a_4}=(g_1,g_2,g_3)=(0.0833,0.25,0.3137)$$

对于防汛物资 X_1 而言, 得到可能度排序向量为

$$g_{b_1}=(g_1,g_2,g_3)=(0.2222,0.0950,0.2667,0.0833)$$

对于防汛物资 X_2 而言, 得到可能度排序向量为

$$g_{b_2}=(g_1,g_2,g_3)=(0.1365,0.0952,0.0833,0.1773)$$

对于防汛物资 X_3 而言, 得到可能度排序向量为

$$g_{b_3}=(g_1,g_2,g_3)=(0.1111,0.0833,0.1075,0.2642)$$

由上可知, 防汛物资麻袋由第三家生产厂家进行生产和储备管理, 防汛物资帐篷和防汛物资土工布都由第四家生产厂家进行生产和储备管理.

决策者在实际决策过程中, 由于决策环境的复杂性、决策信息的不确定性, 以及人们的不完全理性等因素, 决策者对方案风险偏好多带有主观性, 而这种风险偏

好常会影响决策者对目标权重的设定, 从而造成最终评价结果的不真实性. 本节的研究方法是从非理性的角度出发, 以量化的方式求出目标权重, 同时考虑到决策中非理性因素的存在, 对于防汛物资麻袋而言, 在防汛抢险过程中, 麻袋因其装土堆砌后比较坚固密闭, 具有容易保存及运输的特点, 在妥善保管的情况下, 储存期达 20 年甚至更长, 因此基于麻袋的特点, 选择管理费用低的 C 企业更符合人们的选择. 对于帐篷而言, 由于在防汛抢险过程中应用比较普遍, 是抢险人员及指挥机构的临时居所, 因此需求量比较大, 且比较容易采购, 在抢险时必须能够有足够的数量满足需要, 因此选择产销率高和管理费低的 D 企业进行生产符合实际. 土工布是一种新型的岩土工程材料, 以人工合成的聚合物, 如聚丙烯、聚乙烯等为原料, 制成各种类型的产品, 被广泛应用于防汛抢险. 由于土工布的老化速度比较快, 一般最多只能使用一年, 因此在选择招标企业时不仅要考虑企业的产值, 产销率也是决策者需要考虑的一个重要指标, 以满足防汛所需, 因此土工布由企业 D 生产符合生产实际.

9.5 本章小结

本章在分析黄河冰凌灾害风险特征的基础上, 尝试给出了冰凌灾害风险管理流程, 着重介绍了两种黄河冰凌灾害风险评估与预测方法, 给出了基于灰色预测决策方法的冰凌灾害风险管理研究范式.

(1) 黄河冰凌灾害风险的灰色关联预测方法. 选取黄河宁蒙河段巴彦高勒、三湖河口和头道拐三个河段 2003~2012 年的水位、流量和封河历时 (天) 三个因素的数据信息, 考虑实际评估问题的复杂性和不确定性, 运用三参数区间灰数而非实数以更为准确地表征评估信息的这种复杂不确定性. 基于三参数区间灰数信息下的最优相位灰色关联决策方法, 评估三个河段 2003~2012 年的冰凌灾害风险测度值, 然后分别构建了 GM(1,1) 模型预测三个河段冰凌灾害风险. 研究结果显示, 黄河宁蒙河段冰凌灾害风险值序列呈现出某种波动特征, 但其总体趋势保持稳定, 且 2013~2015 年, 巴彦高勒和头道拐段的冰凌灾害风险程度预期会降低, 而三湖河口段则有可能会提高.

(2) 黄河冰凌灾害风险评估的两阶段智能灰色粗糙算法. 综合分析冰凌灾害形成机理和近几年的凌情特征, 考虑数据的可得性, 以及能够反映因冰塞冰坝而导致冰凌灾害损失的可能性, 咨询相关专家和参考资料, 从热力因素、动力因素和人为因素出发, 识别并建立包括封河天数、洪峰流量等 7 个指标的冰凌灾害风险指标体系. 然后, 基于三参数区间灰数表征冰凌灾害风险指标数据特征, 研究了灰色信息环境下冰凌灾害风险评估的两阶段智能模型. 第一阶段采用灰色区间关系聚类方法对冰凌灾害进行评估, 第二阶段采用灰色优势粗糙集方法提取反映冰情信息与冰灾风险度发展的决策规则. 1996~2015 年黄河宁蒙段冰凌灾害风险实证分析显示, 不同年份的冰凌灾害风险程度与实际冰情特征相一致, 所提取的决策规则可以作为直观的决策准则.

本章分别运用灰色关联聚类决策方法和多目标灰色局势决策方法, 解决了黄河凌汛防灾物资分类管理和物资储备方式选择问题, 为防凌减灾提供决策参考. 本章内容以期为基于灰色预测决策方法的冰凌灾害风险管理提供研究范式.

第 10 章 冰凌灾害防灾减灾措施与政策建议

冬春季节，黄河冰凌的出现改变了水流规律，危及桥梁、涵闸、河道工程和其他水工建筑物的安全. 更为甚者，当河道中出现冰塞、冰坝后，往往壅高水位，漫堤决口，给国家和人民生命财产造成重大损失. 在当前极端气候频繁出现的情况下，监测、预防和控制黄河冰凌灾害是一项重要的历史使命.

10.1 冰情监测技术

在冰凌灾害的预防控制中，冰情监测是各种防灾减灾措施的基础. 冰凌灾害的监测技术涉及从河水结冰到融化的全过程，包括对水体上各种冰凌的产生、发展、消融和衰退以及水体的冰下水位、流量等参数通过人工或自动化设备进行检测和预估的全过程. 纵观国内外冰凌监测方法的研究现状，依据其检测装置是否与被测介质 (冰、水、空气) 发生接触，检测方法被分为接触型和非接触型两种.

其中，接触型检测方法是指在检测过程中，检测装置须与被测介质直接接触而检测出冰 (水) 情信息. 常用接触型冰 (水) 情检测方法如表 10-1-1 所示 (李国宏, 2012).

表 10-1-1 接触型冰情检测方法

接触型检测方法	优点	不足
人工测量法	数据可靠稳定	劳动强度大
不冻孔测桩式冰厚测试法	测量准确、方便	测量时需要人工操作
冰芯固体直流导电特性检测法	测量精确	须在实验室进行冰芯测量，无法现场应用
基于磁滞位移传感器的冰层厚度检测方法	测量准确、方便、可靠，能够实现多点检测	功耗较大
基于空气、冰与水物理特性差异的检测法	数据精确、操作方便、可靠性高、超低功耗	单点检测，无可视化图像

接触型检测方法中，检测装置都须与冰体接触才能获取相关数据，因而检测装置对安装环境有很高的要求，很难全面获取河道整个断面的冰情数据.

非接触型检测方法是通过光学、声学、电磁学等手段，依据其信号在被测介质 (冰、水) 中的变化对被测介质进行非接触式的检测. 常见的非接触型冰水情检测方法如表 10-1-2 所示 (李国宏, 2012).

表 10-1-2　非接触型冰情检测方法

非接触型检测方法	优点	不足
人工望远镜目测法	操作简单	观测面小, 耗时耗力
卫星雷达航拍大范围遥测法	监测范围大, 适用于监测宏观大面积冰凌分布变化	受客观气候环境影响大, 造价高, 无法观测局部冰凌细节
地球物理法, 即地电冰凌测试法	操作简单、快捷、成本低	恶劣环境适应能力差, 智能测量局部小范围冰凌信息
遥感和地电耦合技术相结合的冰凌检测方法	大中有小, 小中有大	设备成本高, 不利于推广
计算机模拟技术	建立冰凌模型, 实现冰凌预报	仿真模型所需要的数据的完整性准确性难以达到

相对于接触型监测方法, 非接触型监测方法一般来说操作较为方便, 数据也便于处理, 因此, 近年来, 受黄河防凌工作的需要, 非接触型冰凌监测方法目前发展较快. 其中, 主流的监测技术大多集中在以遥感监测、地面微观监测为主, 以计算机模拟预报为辅助的冰凌监测技术体系.

1) 遥感监测技术

遥感监测技术具有宏观性、连续性等特点, 可以提供大范围的地面观测信息, 因此, 采用遥感技术监测黄河凌汛, 可以及时获得河道大范围的封冻情况, 及时发现封河、开河时期可能出现的险情. 总体来说, 遥感技术对黄河冰凌的监测效果还是十分明显的, 但是由于时相、大气传输、天气、地形等诸多因素的影响, 单一阈值用于大范围监测仍存在一定问题, 如对结冰期低密度流凌的监测效果不显著, 对开河期的流凌非常敏感.

2) 地球物理技术

地球物理测试技术应用于黄河冰凌是最近发展起来的一项新技术, 主要是解决遥感数据监测精度低的问题. 作为地面实时监测预警手段, 该项技术正在发挥越来越重要的作用. 地球物理方法主要用于地质勘查领域, 通过地层电阻率测试反演地层岩性及其结构的变化, 在工程勘探、水文地质勘查、工程检测及矿产资源勘查中具有广泛的应用, 但目前国内外尚未有用于冰凌研究的报道. 由于冰与水的导电性有明显差异, 随着冰凌密度的不断增加, 冰水混合体的视电阻率也会不断增大, 两者之间具有一定的耦合关系. 黄河冰凌处于冰盖与河床所限河道内, 冰水混合物与冰盖和河床沉积层之间的地电物性差异是显著的, 为采用地电测试技术提供了理论依据. 电测深曲线是冰盖下流凌密度、河道地形地物的综合反映, 对电测深曲线进行子波分解后, 可以定量确定曲线阈值, 经与冰塞和卡冰情况下的视电阻率曲线比较, 可以判断冰凌的出险状况, 有效实施冰凌预警.

3) 计算机模拟技术

冰凌在形成、生长、冻结或消失的过程中, 冰块体之间的位置和距离不断发生变化, 场景变化幅度及差异性较大, 因此, 通过构建能够模拟水动力场及冰凌运动场的耦合模式, 可以直观地再现冰凌的运动状态. 由于冰凌自身运动规律的复杂性, 对冰凌运动的数值计算及模拟是比较困难的. 目前对冰凌模拟方面的研究多集中于物理模拟技术, 如人造冰技术的开发与应用. 虚拟仿真技术通过三维建模, 构造各种冰水实体的三维形体, 再通过添加材质纹理、光照等效果, 渲染出具有视觉真实感的冰凌流动三维模型. 然后应用计算机图形学的方法, 将三维模型在计算机上显示出来. 为了适应大信息量的情况, 在系统中运用数据库技术, 将各类信息储存于后台数据库中, 以备查询分析之用. 同时, 该系统不同于一般的动画技术, 可以通过鼠标和键盘的操作, 任意漫游、定位、查询、模拟, 具有良好的交互性.

近年来, 黄河冰凌监测技术发展迅速, 总体上看, 遥感方法监测范围大、宏观把控能力强, 但监测精度低, 目前还不具备监测河道流凌量的能力. 地球物理监测技术具有实时性强、监测成本低、监测精度高的优点, 但监测范围相对有限. 因此, 将遥感技术与地球物理技术结合起来, 基于计算机平台, 建立立体监测网络, 有利于在总体空间布局和时间尺度上把握凌情发生、发展及演变规律, 不仅可实现黄河冰凌的实时在线监测, 还可以在一定程度上对凌情进行预报, 实现快速预警, 及早预防, 提高防凌减灾能力 (丛沛桐和王瑞兰, 2007).

10.2 冰凌灾害防灾减灾措施

黄河发生较大凌汛灾害的河段主要在下游的山东、河南河段和上游的内蒙古、宁夏河段. 历史上, 居住在黄河两岸的人们, 为防御冰凌灾害采取建筑堤埂把田园庐舍围护起来, 后来发展到堤防工程. 但是, 遇到较大的凌汛危害时, 因技术落后、堤防单薄、人力分散, 往往是任其自然, 过后再堵上决溢口. 尽管受到当时社会背景和技术条件的限制, 但劳动人民曾经和冰凌灾害进行了坚持不懈、惊心动魄的斗争. 中华人民共和国成立以后, 党和政府采取了一系列的措施, 结合防伏秋大汛, 加修了堤防, 整治了河道, 修建了大型水库, 开辟了分滞凌洪区, 加强了冰情观测、预报及冰情研究, 建立了各级防汛机构, 组织群体防汛队伍, 在防灾减灾中发挥了巨大的作用, 取得了显著的成效.

早在 20 世纪 50 年代, 人们研究认为发生河道凌汛灾害的主要原因是冰凌的存在, 有了冰凌才有冰凌的阻塞, 有了冰凌的阻塞才有壅水, 进而造成灾害, 认为冰凌是产生凌汛灾害的主要原因. 因此, 在防灾减灾措施上, 着重于解决冰凌问题, 如用炸药、炮弹、飞机投弹破冰, 在冰面上撒沙土加速融化等. 当然, 在出现冰凌险情时, 破冰法是一种应急而有效的措施, 但这不是一种积极的根本防御方法. 20 世纪 60 年代以后, 随着科学实践、认识的提高, 人们认识到冰情变化受气温、流量、河道形态等多种因素影响, 认识到冰和水共同作用是产生冰凌灾害的主要原因. 冰与水两个因素相互影响、相互制约, 使得冰借水势, 水助冰威, 形成水鼓冰裂的武开河形势, 最终导致灾害的产生.

在提高对冰凌演变规律的认识和提高科学技术水平的基础上, 在黄河防凌措施中采用了多种办法和手段, 归纳起来主要包括防凌工程措施和非工程措施, 以及两者相结合的综合措施.

10.2.1 工程措施

1) 破冰措施

流凌封冻时, 大量冰凌在水流作用下, 在局部河段发生冰凌堆积, 上游凌块下切至当前堆积体, 阻塞河道, 形成冰塞, 冰下过流能力大大减弱, 壅高水位. 封冻期产生的冰塞无必要采取破冰措施, 同时在技术上也是不可行的.

解冻开河时, 冰凌在水流作用下, 向下游流动, 在河道狭窄处受阻堆积, 河道过流能力减弱, 冰阻上下游有水位落差, 形成卡冰、堆冰和冰坝三个等级冰阻现象. 产生冰坝危害堤防安全的险情时, 应采用破冰减灾清除. 黄河破冰减灾的对象是对堆冰和冰坝而言, 破除堆冰是主动防御, 破除冰坝是应急除险.

常见的破冰措施分为: 飞机投弹破冰、炮击破冰、机械动力破冰等方法破冰除险.

(1) 飞机投弹破冰. 出现冰凌险情时, 即调用航空兵、炮兵, 出动飞机对冰凌阻水区域进行投弹破冰, 消除凌汛险情, 这也是目前主要的爆破破冰手段. 虽然飞机投弹破冰效果显著, 但是也存在一些技术局限性：飞机起飞受气象条件影响大, 不能全天候起飞炸冰; 考虑飞机投弹精度的现状条件, 对河道窄的地方或峡谷地带不能实施破冰作业, 以免破毁堤防或造成山体崩塌堵塞河道; 河道桥梁、枢纽等建筑物周边不能实施飞机投弹破冰作业; 破冰投入较大, 成本较高.

(2) 炮击破冰也是历年来防凌破冰常用的手段, 破冰作业机动性强, 实施较方便. 但是其不足在于：炮弹药量小, 破坏范围小, 不易快速形成局部河水流动缺口：易产生跳弹, 造成次生危害; 河道桥梁、枢纽等建筑物周边不能实施炮击作业.

(3) 机械动力破冰. 美国陆军工程师团 2002 年出版的*Ice Engineering* (《冰工程手册》) 中, 将动力破冰机列为破除冰坝的首选方案. 相对于炸冰等方法, 动力破冰机具有效率高、适应性强、水上冰上机动灵活、直接作业于冰上、破冰精度高、效果好等优势, 在北欧、加拿大、美国北部河流上已经普遍应用.

2) 防洪大堤

黄河下游河段和上游宁蒙河段两岸均建筑有大堤, 大堤既可以约束伏秋大汛的洪水, 也能防御初春季节的凌洪. 目前黄河两岸临黄大堤共长 1457km. 在河南段可以防御相当于花园口洪峰流量为 22000m^3/s 的洪水, 在山东段可以防御相当于艾山洪峰流量为 10000m^3/s 的洪水. 在黄河宁蒙河段, 宁夏河段修筑堤防 447km, 可以防御相当于青铜峡站洪峰流量 $6000\mathrm{m}^3/\mathrm{s}$ 的洪水; 内蒙古河段修筑堤防 895km, 可以防御相当于巴彦高勒站洪峰流量 $6000\mathrm{m}^3/\mathrm{s}$ 的洪水.

3) 水库防凌调度

水库防凌调度任务是根据气温、流量、河道边界条件和水库来水情况以及冰情特点, 分析水库工程建成后, 库区及上、下游河道冰情变化规律, 结合水库其他开发任务以及上游已建的水库, 按照水力因素和冰情形态演变之间的关系, 调整冬季河道流速的变化过程, 发挥水力因素在控制河冰危害中的作用 (Chang et al., 2016).

水库防凌的主要作用是: ① 在河道封冻前夕, 适当提高流速, 加大水体搬运冰体的能力, 避免浮流冰块受阻而滞蓄于河中, 争取推迟封冻和不封冻; ② 一旦发生封冻现象, 及时降低流速, 争取 "平封", 防止 "立封" 和冰塞, 尽量减少河道里的储冰量; ③ 在不致产生冰塞和开河高水位的前提下, 适当提高冰盖下的流速, 加大冰下过流能力, 减少河槽蓄水量, 以削减开河期的凌峰流量, 避免大流冰量的产生, 达到 "文开河" 的目的.

黄河上游已建成的水利枢纽有 20 余座, 包括龙羊峡、李家峡、刘家峡、盐锅峡、八盘山、大峡、青铜峡、万家寨等. 其中龙羊峡、刘家峡和万家寨三座水库的防凌运用对宁蒙河段的冰期影响最大.

刘家峡水库主要通过调节出库流量来对黄河宁蒙河段进行防凌调度. 从 1990 年起, 龙羊峡和刘家峡在凌汛期间共同肩负起了黄河防凌调度的重要任务. 龙羊峡和刘家峡的运用调节了下游区域的水温. 水库运用前, 黄河上的兰州河段时常会出现冬季封冻现象, 自从刘家峡水库投入使用后, 兰州段再无冰凌现象出现, 变成了常年流畅河段. 宁夏青铜峡以下数十千米范围内的河段已不再封冻, 近 200km 的河段流凌日期推迟了 5~10 天. 龙羊峡和刘家峡水库的联合运用不仅调节了水温的变化, 更是极大地调节了冰下的过流能力. 冰期宁蒙封冻河段冰下过流能力比水库运用之前增大了大约 30%; 在解冻开河期, 上游水库群控制下泄水量, 使得宁蒙河段开河流量变化平稳, 减少了冰凌灾害的发生, 近年来宁蒙河段基本上没有出现武开河的情况.

10.2.2 非工程措施

1) 建立各级防凌指挥机构和组织

依据《中华人民共和国防洪法》的规定, 各级防凌指挥机构和组织在凌汛期间负责防凌工作. 在凌汛期的主要职责是: ① 行使防凌指挥, 组织并监督防凌工作的实施; ② 及时掌握水文、气象、冰情、工情、险情, 制定和实施防凌调度和防凌抢险方案, 发布冰情日报和预报; ③ 负责防凌物资储备调配与管理, 组织防凌检查 (包括工程、通信、交通、抢险工具技术等); ④ 组织防凌队伍, 凌洪偎堤时组织巡堤查水, 出现险情及时组织指挥防守、抢险和群众的安全迁移工作, 确保堤防及其他水

工程的防凌安全 (冯国华, 2009).

2) 加强冰情观测, 建立冰情通信网络

根据防凌需求, 目前黄河上有冰情观测的站点有 300 个左右, 观测的项目除了水位、流量、气温、风速等以外, 还包括流凌日期、流凌密度、岸冰宽度、封开河日期、冰厚、封冻长度, 以及冰塞冰坝的数值特征等.

黄河重点防凌河段建立了专门的通信线路和通信预警警报系统, 并有专门的机构管理, 做到专线专用. 防汛通信必须无条件服从冰情、险情的信息传递以及指挥调度指令的传递. 紧急情况下通过电视、网络、媒体、部队和公安等部门的通信设施来传达凌情和防凌救灾指令.

3) 冰凌灾害风险管理工作

在凌汛期, 通过实时监测获得的冰情数据, 对其进行数据特征的分析和计算, 所得到的结果可以为相关部门提供科学的防凌决策信息. 因为在实际凌汛灾害中常常是整个流域的灾害, 对应的防凌调度决策影响区域是巨大的, 并且是相互联系的, 需要的因素同样涉及多个方面, 所以依据灾害风险分析开展科学合理的防凌调度决策是非常有必要的. 依据气温、流量、水位等冰情要素, 能够事先分析、预测冰情的发展过程, 并进行相应的灾害风险评估、风险评定、风险管理, 为各级领导及相关部门研讨防洪决策、损失评估、确定避险转移路线以及防汛物资调配等一系列问题提供参考和指导.

10.3　防凌政策建议

近年来, 随着国家对黄河治理开发投入的加大, 黄河防凌工程体系建设的步伐加快, 初步形成了 “上控、中分、下排” 的防凌工程体系, 并与防凌非工程措施有机结合, 提高了防凌减灾的能力 (刘晓岩, 2015). 但是, 由于凌情的发生、发展和变化规律十分复杂, 其突发性强、难预测、难防守的基本特点未变, 防凌安全依然是黄河流域所面临的一大严峻挑战. 借此, 根据黄河冰情的发展分析、冰凌灾害的预防控制以及冰凌灾害风险管理的相关研究工作, 给出以下防凌政策建议.

1) 全面落实各项防凌责任

黄河防凌安全事关黄河流域人民生命安全和沿黄经济社会发展的大局, 需要引起各部门的重点关注. 建立健全的各级地方防凌指挥控制机构, 统一协调和指导本地区防凌减灾工作, 加强组织的领导, 明确各级部门的责任和工作重心, 层层落实到位, 全面提高防凌减灾工作的执行效率. 各级各部门防凌责任人应努力把隐患排查和薄弱环节整改作为防凌安保的重点, 亲自部署、亲自督促、亲自检查. 明确重要堤段、重点工程特别是历史上易发生卡冰结坝或出现过漫堤决口河段的责任人, 落实责任制, 将工程和河段巡查任务层层分解, 让每个人了解巡查要求. 建立防凌减灾工作机制以及严格的防凌纪律和责任追究制，依法保障各项防凌工作有力有序地开展.

2) 扎实推进防凌准备工作

对于有防凌任务的省 (自治区) 防凌指挥控制机构和有关单位，应针对本地区本单位防凌工作中存在的薄弱环节和具体问题，提前做好各项准备工作，争取防凌工作主动. 沿黄各省 (自治区) 防指要修订和完善防凌抢险、应急分洪、迁安救护、物资保障等预案，细化并落实各项防凌措施，督促有关部门在凌汛到来之前抓紧雨毁工程修复、冰险工程除险加固，制定薄弱堤段、险工险段和穿堤建筑物等应急抢险方案，落实防凌抢险队伍. 水文通信部门要对有冰凌观测、监视和传输任务的监测站监测点设施设备进行全面检查和调试，发现问题及时修复或更换. 各有关单位要积极筹措资金，采取多种办法，筹备落实防凌抢险料物，以备抢险急需. 水电站运行管理及电力调度部门应结合防凌控泄要求，提前做好相关准备.

3) 强化冰情气象预测预报工作

冰情气象监测预报是防凌减灾工作的 “耳目”，是凌情分析判断和科学决策的依据和技术支撑，离开了该项工作，防凌减灾无从做起. 因此，黄河水利委员会水文部门与沿黄省 (自治区) 有关部门要实行联动，互通情报，提高监测和预报精度，努力延长预测期. 一要按照 “测得准、报得出” 要求，强化水文测验，及时准确向防凌调度管理部门发布实时凌期冰情气象信息. 二要构建卫星遥感、无人机、视频监视、人工观测等立体监测平台，跟踪重大天气变化和凌情变化，及时发布重要天气预报和预警信息，提供高精准度的气温变化和封开河时间预报. 三要根据流凌和封开河情况，加强河段巡测，及时掌握凌情发展变化情况. 四要继续深化河冰生消演变内在机理和规律性认识，探索不同河段河冰输移水力条件、冰塞致灾的物理过程，不断增强防灾减灾的应急预测预报能力，为防凌减灾提供可靠的决策支持.

4) 依法科学调度水利工程

冬季河冰形成与水力、热力和河道形态等因素关系密切，而通过水库调控流量可直接影响上述因素尤其是河道流速，以达到利用水力因素控制封河水位、冰盖类型和冰盖下输冰能力，减少冰凌灾害的目的. 故此，凌汛期间水库科学调度至关重要. 黄河防总办公室要充分发挥黄河干流梯级骨干水库防凌减灾作用，科学安排凌期各大水库泄流计划，并应根据水文情报预报、封开河预报和凌情变化等实际情况，实时修正和调整年度水库防凌调度方案，在确保防凌安全的前提下，兼顾各方面对水资源的需求. 电网调度部门要按照黄河防总办公室下达的水库调度指令，合理安排好承担防凌任务的各水电站发电计划，兼顾梯级电站防凌控泄各阶段发电出力. 各水库运行管理单位要严格执行调度指令，尤其是海勃湾和中游各有关水电站泄流量对其下游河段封、开河的影响最直接，一定要确保出库流量平稳，营造良好的封开河水流条件. 九甸峡水电站尽管位于支流，其发电泄流量可能影响到龙羊峡、刘家峡水库防凌联合调度, 有关单位要互通情报, 统筹考虑, 合理安排, 避免因防凌库容不足影响梯级电站出力, 确保各水库凌期发挥作用.

5) 加强冰凌灾害风险应急管理工作

冰凌灾害风险应急管理是确保黄河两岸人民生命财产安全以及最大程度减少凌汛灾害损失的重要工作. 沿黄有关省 (自治区) 和有关单位需要高度重视. 一是要建立健全各项应急管理体制和机制, 在认真总结分析历年突发凌汛类型、成因、破坏影响和处置措施等基础上, 提前编制相关预案, 从预测预报、预警发布、快速响应、应急处置和善后管理等方面提出应对措施. 要强化培训和演练, 提高应急管理中相关部门应对突发凌情的协调配合能力, 确保临危不乱. 要强化防凌队伍管理, 落实应急抢险队伍和人员, 有针对性地提前储备各类应急抢险物资, 做好应对突发险情准备, 确保紧急情况下特别是夜间抢险需要的设施设备齐全, 使各类险情能得到妥善处置. 要落实转移避险路线, 完善预警信息发布系统, 及时发布预警信息, 提醒受凌汛威胁的群众做好防范工作, 一旦出现冰凌卡冰结坝, 壅高水位甚至是漫滩偎堤, 立刻做好冰凌爆破准备, 并第一时间转移滩区受影响的灾民, 避免人员伤亡. 有关防指和有关单位要加强应急值守, 互通抢险救灾部署及相关信息情报, 及时了解灾区抢险救灾情况, 权威发布凌情信息, 积极回应社会关注, 正面报道防凌抢险救灾进展, 营造良好舆论氛围.

10.4　本章小结

黄河宁蒙河段防凌形势十分严峻. 本章首先从接触型冰水情检测方法和非接触型冰水情检测方法两个方面, 分析了现有的冰期监测技术及其优缺点, 介绍了目前主流的监测技术, 即遥感监测技术、地球物理技术以及计算机模拟技术; 其次, 分别从工程措施与非工程措施两个方面介绍了宁蒙河段防凌减灾措施, 其中工程措施主要包括一系列破冰措施、防洪大堤、水库的防凌调度, 非工程措施主要包括建立各级防凌指挥机构和组织、加强冰情观测, 建立冰情通信网络、冰凌灾害风险管理相关工作; 最后, 结合当前的防凌管理工作, 给出了全面落实各项防凌责任、扎实推进防凌准备工作、强化冰情气象预测预报工作、依法科学调度水利工程、加强冰凌灾害风险应急管理的防灾减灾政策建议, 以求为冰凌灾害的监测、预报、指挥、控制等管理工作提供借鉴.

参考文献

毕文杰, 陈晓红. 2010. 基于 Bayes 理论与 Monte Carlo 模拟的风险型多属性群决策方法 [J]. 系统工程与电子技术, 32(5): 971-975.

卜广志, 张宇文. 2001. 基于三参数区间数的灰色模糊综合评判 [J]. 系统工程与电子技术, 23(9): 43-45.

陈守煜, 冀鸿兰. 2004. 冰凌预报模糊优选神经网络 BP 方法 [J]. 水利学报, 35(6): 114-118.

陈勇明, 张明. 2015. 灰色样条绝对关联度模型 [J]. 系统工程理论与实践, 35(5): 1304-1310.

程晓陶, 吴玉成, 王艳艳, 等. 2004. 洪水管理新理念与防洪安全保障体系的研究 [M]. 北京: 中国水利水电出版社.

丛沛桐, 王瑞兰. 2007. 黄河冰凌监测技术研究进展 [J]. 广东水利水电, (1): 4-6.

崔立志, 刘思峰. 2015. 面板数据的灰色矩阵相似关联模型及其应用 [J]. 中国管理科学, 23(11): 171-176.

党耀国, 刘思峰, 刘斌, 等. 2005. 聚类系数无显著性差异下的灰色综合聚类方法研究 [J]. 中国管理科学, 13(4): 69-73.

党耀国, 王俊杰, 康文芳. 2015. 灰色预测技术研究进展综述 [J]. 上海电机学院学报, 18(1): 1-7.

党耀国, 王正新, 刘思峰. 2008. 灰色模型的病态问题研究 [J]. 系统工程理论与实践, 28(1): 156-160.

邓聚龙. 1982. 灰色控制系统 [J]. 华中科技大学学报 (自然科学版), 10(3): 11-20.

邓聚龙. 1985. 灰色控制系统 [M]. 武汉: 华中工学院出版社.

邓聚龙. 1990. 灰色系统理论教程 [M]. 武汉: 华中理工大学出版社.

邓聚龙. 1993. 灰色控制系统 [M]. 2 版. 武汉: 华中理工大学出版社.

邓聚龙. 2002. 灰理论基础 [M]. 武汉: 华中科技大学出版社.

邓聚龙. 2014. 灰色系统气质理论 [M]. 北京: 科学出版社.

丁晶, 邓育仁. 1996. 水文水资源中不确定性分析与计算的耦合途径 [J]. 水文, 12(1): 4-6.

董鹏, 吴婉秋, 罗朝晖. 2010. 基于综合集成赋权法的灰色局势决策 [J]. 兵工自动化, 29(12): 26-29.

樊治平, 肖四汉. 1995. 一类动态多指标决策问题的关联分析法 [J]. 系统工程, (1): 23-27.

冯国华. 2009. 黄河内蒙古段冰凌特征分析及冰情信息模拟预报模型研究 [D]. 呼和浩特: 内蒙古农业大学.

顾昌耀, 邱菀华. 1991. 复熵及其在 Bayes 决策中的应用 [J]. 控制与决策, 6(4): 253-259.

郭三党, 刘思峰, 方志耕. 2015. 基于后悔理论的多目标灰靶决策方法 [J]. 控制与决策, 30(9): 1635-1640.

韩宇平, 蔺冬, 王富强, 等. 2012. 基于粒子群算法的神经网络在冰凌预报中的应用 [J]. 水电能源科学, (3): 35-37.

何满喜, 王勤. 2013. 基于 Simpson 公式的 GM(1,N) 建模的新算法 [J]. 系统工程理论与实践, 33(1): 199-202.

何文章, 宋国乡. 2005. 基于遗传算法估计灰色模型中的参数 [J]. 系统工程学报, 20(4): 432-436.

何文章, 宋国乡, 吴爱弟. 2005. 估计 GM(1, 1) 模型中参数的一族算法 [J]. 系统工程理论与实践, 25(1): 69-75.

胡国华, 夏军. 2001. 风险分析的灰色–随机风险率方法研究 [J]. 水利学报, 32(4): 1-6.

胡进宝. 2006. 黄河宁蒙段冰情中长期预报研究 [D]. 南京: 河海大学.

黄崇福. 2005. 自然灾害风险评价: 理论与实践 [M]. 北京: 科学出版社.

黄强. 2011. 宁蒙河段防凌期过水能力与刘家峡控泄方案风险分析研究 [R]. 黄河上游水电开发有限责任公司《黄河上游防凌期水库控制运用关键技术研究》科研项目.

吉培荣, 黄巍松, 胡翔勇. 2000. 无偏灰色预测模型 [J]. 系统工程与电子技术, 22(6): 6-7.

纪昌明, 梅亚东. 2000. 洪灾风险分析 [M]. 武汉: 湖北科学技术出版社.

冀鸿兰, 卞雪军, 徐晶. 2013. 黄河内蒙古段流凌预报可变模糊聚类循环迭代模型 [J]. 水利水电科技进展, (4): 14-17.

姜树海, 范子武, 吴时强. 2005. 洪灾风险评估和防洪安全决策 [M]. 北京: 中国水利水电出版社.

金菊良, 宋占智, 崔毅, 等. 2016. 旱灾风险评估与调控关键技术研究进展 [J]. 水利学报, 47(3): 398-412.

金菊良, 王银堂, 魏一鸣, 等. 2009. 洪水灾害风险管理广义熵智能分析的理论框架 [J]. 水科学进展, 20(6): 894-900.

金菊良, 魏一鸣, 付强, 等. 2002. 洪水灾害风险管理的理论框架探讨 [J]. 水利水电技术, 33(9): 40-42.

康健, 侯运炳, 孙广义. 2008. 基于灰色局势决策的采煤工艺评价与选择 [J]. 数学的实践与认识, 38(5): 66-70.

康志明, 张芳华, 李金田, 等. 2006. 黄河宁蒙河段封河和开河预报方法初探 [J]. 气象, 32(10): 41-45.

可素娟, 王敏, 饶素秋, 等. 2002. 黄河冰凌研究 [M]. 郑州: 黄河水利出版社.

雷冠军, 殷峻暹, 刘惠敏, 等. 2017. 基于 TOPSIS-模糊综合评判的模糊推理模型在开河预报中的应用 [J]. 南水北调与水利科技, 15(4): 7-12.

李玻, 魏勇. 2009. 优化灰导数后的新 GM(1,1) 模型 [J]. 系统工程理论与实践, 29(2): 102-107.

李存斌, 柴玉凤, 祁之强. 2014. 基于前景理论的智能输电系统改进灰靶风险决策模型研究 [J]. 运筹与管理, 23(3): 83-90.

李存斌, 赵坤, 祁之强. 2015. 三参数区间灰数信息下风险型多准则决策方法 [J]. 自动化学报, 41(7): 1306-1314.

李国宏. 2012. 黄河河道冰水情冰凌图像监测系统设计与数据处理 [D]. 太原: 太原理工大学.

李继清, 张玉山, 王丽萍, 等. 2006, 洪灾综合风险结构与综合评价方法 (Ⅱ)——微观结构 [J]. 武汉大学学报 (工学版), 39(2): 5-10.

李茂林. 2005. 多目标灰局势决策方法的改进及其应用 [J]. 乐山师范学院学报, 20(12): 9-10.

李秋艳, 蔡强国, 方海燕. 2012. 黄河宁蒙河段河道演变过程及影响因素研究 [J]. 干旱区资源与环境, 26(2): 68-73.

李希灿, 袁征, 张广波, 等. 2014. GM(1,1,β) 灰微分方程的若干性质 [J]. 系统工程理论与实践, (5): 1249-1255.

李艳玲, 殷新丽, 杨剑. 2017. 基于核与灰度的区间灰数多属性群决策方法 [J]. 火力与指挥控制, 42(3): 17-20.

黎育红, 陈玥. 2013. 基于灰云白化权函数的洪水灾害综合等级评估 [J]. 自然灾害学报, 22(1): 108-114.

林军. 2007. 一类基于 Hausdauff 距离的模糊型多属性决策方法 [J]. 系统工程学报, 22(4): 367-372.

刘寒冰, 向一鸣, 阮有兴. 2013. 背景值优化的多变量灰色模型在路基沉降预测中的应用 [J]. 岩土力学, 34(1): 173-181.

刘吉峰, 霍世青. 2015. 黄河宁蒙河段冰凌预报方法研究 [J]. 中国防汛抗旱, 25(6): 6-9.

刘吉峰, 杨健, 霍世青, 等. 2012. 黄河宁蒙河段冰凌变化新特点分析 [J]. 人民黄河, 4(11): 12-14.

刘家学. 1997. 时序多指标决策的灰色关联分析法 [J]. 运筹与管理, 6(3): 6-10.

刘培德. 2011. 一种基于前景理论的不确定语言变量风险型多属性决策方法 [J]. 控制与决策, 26(6): 893-897.

刘培德, 关忠良. 2009. 属性权重未知的连续风险型多属性决策研究 [J]. 系统工程与电子技术, 31(9): 2133-2136, 2150.

刘培德, 王娅姿. 2012. 一种属性权重未知的区间概率风险型混合多属性决策方法 [J]. 控制与决策, 27(2): 276-280.

刘思峰. 1997. 冲击扰动系统预测陷阱与缓冲算子 [J]. 华中科技大学学报 (自然科学版), 25(1): 25-27.

刘思峰, 蔡华, 杨英杰, 等. 2013. 灰色关联分析模型研究进展 [J]. 系统工程理论与实践, 33(8): 2041-2046.

刘思峰, 邓聚龙. 2000. GM(1,1) 模型的适用范围 [J]. 系统工程理论与实践, 20(5): 121-124.

刘思峰, 谢乃明, FORRESTJ, 等. 2010. 基于相似性和接近性视角的新型灰色关联分析模型 [J]. 系统工程理论与实践, 30(5): 881-887.

刘思峰, 杨英杰. 2015. 灰色系统研究进展 (2004—2014)[J]. 南京航空航天大学学报, 47(1): 1-18.

刘思峰, 杨英杰, 吴利丰, 等. 2014. 灰色系统理论及其应用 [M]. 7 版. 北京: 科学出版社.

刘希林, 莫多闻. 2002. 泥石流风险管理和土地规划 [J]. 干旱区地理, 25 (2): 155-159.

刘晓岩. 2015, 2015~2016 年度黄河防凌形势及防御措施 [J]. 中国防汛抗旱, 25(6): 1-5.

刘勇, Forrest J, 刘思峰, 等. 2013a. 基于前景理论的多目标灰靶决策方法 [J]. 控制与决策, 28(3): 345-349.

刘勇, Forrest J, 刘思峰, 等. 2013b. 一种权重未知的多属性多阶段决策方法 [J]. 控制与决策, 28(6): 940-944.

卢志平, 侯利强, 陆成裕. 2013. 一类考虑阶段赋权的多阶段三端点区间数型群决策方法 [J]. 控制与决策, 28(11): 1756-1760.

罗本成, 原魁, 眭凌, 等. 2002. 基于灰关联度评价的投资决策模型及应用 [J]. 系统工程理论与实践, 22(9): 132-136.

罗党. 2005. 灰色决策问题分析方法 [M]. 郑州: 黄河水利出版社.

罗党. 2009. 三参数区间灰数信息下的决策方法 [J]. 系统工程理论与实践, 29(1): 124-130.

罗党. 2013. 基于正负靶心的多目标灰靶决策模型 [J]. 控制与决策, 28(2): 241-146.

罗党, 李诗. 2016. 基于“离合”思想的混合型灰色多属性决策方法 [J]. 控制与决策, 31(7): 1305-1310.

罗党, 李钰雯. 2014. 基于灰信息的多阶段多属性风险型群决策方法 [C]. 全国灰色系统会议.

罗党, 刘思峰. 2004. 灰色多指标风险型决策方法研究 [J]. 系统工程与电子技术, 26(8): 1057-1509.

罗党, 刘思峰. 2005. 一类灰色群决策问题的分析方法 [J]. 南京航空航天大学学报, 37(3): 379-400.

罗党, 刘思峰, 党耀国. 2003. 灰色模型 GM(1,1) 优化 [J]. 中国工程科学, 5(8): 50-53.

罗党, 王洁方. 2012. 灰色决策理论与方法 [M]. 北京: 科学出版社.

罗党, 周玲, 罗迪新. 2008. 灰色风险型多属性群决策方法 [J]. 系统工程与电子技术, 30(9): 1674-1678.

麻荣永. 2004. 土石坝风险分析方法及应用 [M]. 北京: 科学出版社.

马珍珍, 朱建军, 王翯华, 等. 2017. 考虑决策者可靠性自判的语言群决策方法 [J]. 控制与决策, 32(2): 323-332.

毛树华, 高明运, 肖新平. 2015. 分数阶累加时滞 GM(1, N, τ) 模型及其应用 [J]. 系统工程理论与实践, 35(2): 430-436.

穆勇. 2003. 灰色预测模型参数估计的优化方法 [J]. 青岛大学学报 (自然科学版), 16(3): 95-98.

彭梅香, 王春青, 温丽叶, 等. 2007. 黄河凌汛成因分析及预测研究 [M]. 北京: 气象出版社.

钱丽丽, 刘思峰, 方志耕, 等. 2017. 基于后悔理论的具有期望水平的直觉语言多准则决策方法 [J]. 控制与决策, 32(6): 1069-1074.

钱吴永, 党耀国, 刘思峰. 2012. 含时间幂次项的灰色 GM(1,1,t^{α}) 模型及其应用 [J]. 系统工程理论与实践, 32(10): 2247-2252.

邱林, 田水娥, 汪学全. 2005. 多目标灰色局势群决策模型及应用 [J]. 华北水利水电大学学报 (自然科学版), 26(1): 4-6.

邱菀华. 2004. 管理决策与应用熵学 [M]. 北京: 机械工业出版社.

仇伟杰, 刘思峰. 2006. GM(1, N) 模型的离散化结构解 [J]. 系统工程与电子技术, 28(11):

1679-1681.
饶从军, 肖新平. 2006. 风险型动态混合多属性决策的灰矩阵关联度法 [J]. 系统工程与电子技术, 28(9): 1353-1357.
尚志海, 刘希林. 2014. 自然灾害风险管理关键问题探讨 [J]. 灾害学, 29(2): 158-164.
宋捷, 党耀国, 王正新, 等. 2010. 正负靶心灰靶决策模型 [J]. 系统工程理论与实践, 30(10): 1822-1827.
谭冠军. 2000. GM(1,1) 模型的背景值构造方法和应用 (I)[J]. 系统工程理论与实践, 20(4): 125-127.
田景环, 于昊明, 亢晓龙. 2015. 改进的集对分析法在水质评价中的应用 [J]. 华北水利水电大学学报 (自然科学版), 36(6): 20-23.
王栋, 朱元生. 2002. 风险分析在水系统中的应用研究进展及其展望 [J]. 河海大学学报, 30(1): 71-77.
王富强, 韩宇平. 2014. 黄河宁蒙河段冰凌成因及预报方法研究 [M]. 北京: 中国水利水电出版社.
王光远. 1990. 未确知信息及其数学处理 [J]. 哈尔滨建筑大学学报, 23(4): 1-9
王翯华, 朱建军, 方志耕. 2012. 基于灰色聚类的大规模群体语言评价信息集结研究 [J]. 控制与决策, 27(2): 271-275.
王洪利, 冯玉强. 2006. 基于灰云的改进白化模型及其在灰色决策中应用 [J]. 黑龙江大学自然科学学报, 23(6): 740-745.
王坚强, 龚岚. 2009. 基于集对分析的区间概率随机多准则决策方法 [J]. 控制与决策, 24(12): 1877-1880.
王坚强, 任世昶. 2009. 基于期望值的灰色随机多准则决策方法 [J]. 控制与决策, 24(1): 39-43.
王坚强, 周玲. 2010. 基于前景理论的灰色随机多准则决策方法 [J]. 系统工程理论与实践, 30(9): 1658-1664.
王坚强, 周玲. 2010. 基于最大隶属度的区间概率灰色随机多准则决策方法 [J]. 控制与决策, 25(4): 493-496.
王洁方, 刘思峰. 2011. 三参数区间灰数排序及其在区间 DEA 效率评价中的应用 [J]. 系统工程与电子技术, 33(1): 106-109.
王爽英. 2003. 上市公司复合财务系数的灰关联算法 [J]. 系统工程理论与实践, 23(8): 122-129.
王叶梅, 党耀国. 2009. 基于熵的灰色局势决策方法 [J]. 系统工程与电子技术, 31（6）: 1350-1352.
王云璋, 康玲玲, 陈发中, 等. 2001. 近 30a 气温变化对黄河下游凌情影响分析 [J]. 冰川冻土, 23(3): 323-327.
王正新. 2014. 灰色多变量 GM(1,N) 幂模型及其应用 [J]. 系统工程理论与实践, 34(9): 2357-2363.
王正新, 党耀国, 刘思峰. 2007. 无偏 GM(1,1) 模型的混沌特性分析 [J]. 系统工程理论与实践, 27(11): 153-158.

王正新, 党耀国, 裴玲玲. 2010. 缓冲算子的光滑性 [J]. 系统工程理论与实践, 30(9): 1643-1649.

王正新, 党耀国, 宋传平. 2009. 基于区间数的多目标灰色局势决策模型 [J]. 控制与决策, 24(3): 388-392.

魏一鸣, 金菊良, 杨存建, 等. 2002. 洪水灾害风险管理理论 [M]. 北京: 科学出版社.

魏勇, 高彦琴, 曾柯方. 2015. 邓氏关联度的局限与关联公理的演变 [J]. 应用泛函分析学报, 17(4): 391-399.

魏勇, 孔新海. 2010. 几类强弱缓冲算子的构造方法及其内在联系 [J]. 控制与决策, 25(2): 196-202.

魏勇, 曾柯方. 2015. 关联度公理的简化与特殊关联度的公理化定义 [J]. 系统工程理论与实践, 35(6): 1528-1534.

位珍, 王雪青, 郭清娥. 2012. 基于区间数和灰色关联分析的承包商资格预审方法 [J]. 模糊系统与数学, 26(6): 108-114.

吴鸿华, 穆勇, 屈忠锋, 等. 2016. 基于面板数据的接近性和相似性关联度模型 [J]. 控制与决策, (3): 555-558.

夏勇其, 吴祈宗. 2004. 一种混合型多属性决策问题的 TOPSIS 方法 [J]. 系统工程学报, 19(6): 630-634.

向喜琼, 黄润秋. 2000. 地质灾害风险评价与风险管理 [J]. 地质灾害与环境保护, 11(1): 38-41.

肖新平, 毛树华. 2013. 灰预测与灰决策 [M]. 北京: 科学出版社.

谢乃明, 刘思峰. 2005. 离散 GM(1,1) 模型与灰色预测模型建模机理 [J]. 系统工程理论与实践, 25(1): 93-99.

谢乃明, 刘思峰. 2008. 多变量离散灰色模型及其性质 [J]. 系统工程理论与实践, 28(6): 143-150.

徐玖平. 1996. 目标值不确定的协调多指标决策模型 [J]. 应用数学与计算数学学报, 10(1): 73-81.

徐泽水. 2001. 模糊互补判断矩阵排序的一种算法 [J]. 系统工程学报, 16(4): 311-314.

徐泽水, 达庆利. 2003. 区间数排序的可能度法及其应用 [J]. 系统工程学报, 18(1): 67-70.

闫书丽, 刘思峰, 方志耕, 等. 2014. 区间灰数群决策中决策者和属性权重确定方法 [J]. 系统工程理论与实践, 34(9): 2372-2378.

闫书丽, 刘思峰, 吴利丰. 2015. 一种基于前景理论的三参数区间灰数型群体灰靶决策方法 [J]. 控制与决策, 30(1): 105-109.

闫书丽, 刘思峰, 朱建军, 等. 2014. 基于相对核和精确度的灰数排序方法 [J]. 控制与决策, 29(2): 315-319.

杨威, 庞永锋. 2016. 基于区间值直觉模糊不确定语言变量的灰色关联度分析方法 [J]. 运筹与管理, 25(2): 128-132.

杨中华. 2006. 黄河冰凌灾害遥感动态监测模式及冰情信息提取模型研究 [D]. 北京: 中国地质大学.

姚升保, 岳超源. 2005. 基于综合赋权的风险型多属性决策方法 [J]. 系统工程与电子技术,

27(12): 2047-2050.
曾伟, 郝玉国, 范瑞祥, 等. 2015. 基于马田系统和灰色累积前景理论的变压器区间数维修风险决策 [J]. 华北电力大学学报 (自然科学版), 42(5): 100-110.
张傲妲. 2011. 黄河内蒙段冰情特点及预报模型研究 [D]. 呼和浩特: 内蒙古农业大学.
张娟, 党耀国, 李雪梅. 2014. 基于前景理论的灰色多指标风险型决策方法 [J]. 计算机工程与应用, 50(22): 7-10.
张可, 曲品品, 张隐桃. 2015. 时滞多变量离散灰色模型及其应用 [J]. 系统工程理论与实践, 35(8): 2092-2103.
张娜, 方志耕, 朱建军. 2015. 基于 Orness 测度约束的多阶段灰色局势群决策模型 [J]. 控制与决策, 30(7): 1227-1232.
张娜, 李波. 2016. 基于模糊测度和 Choquet 积分的灰色局势群决策方法 [J]. 统计与决策, (18): 33-37.
张岐山. 2007. 提高灰色 GM(1,1) 模型精度的微粒群方法 [J]. 中国管理科学, 15(5): 126-129.
张遂业. 1997. 黄河上游河段冰凌预报模型 [J]. 甘肃水利水电技术, (4): 18-22.
张行南, 罗健, 陈雷, 等. 2000. 中国洪水灾害危险程度区划 [J]. 水利学报, 31(3): 1-7.
赵克勤. 1989. 集对与集对分析——一个新的概念和一种新的系统分析方法 [C]. 包头: 全国系统理论与区域规划学术研讨会.
郑照宁, 武玉英, 包涵龄. 2001. GM 模型的病态性问题 [J]. 中国管理科学, 9(5): 38-44.
周欢, 王坚强, 王丹丹. 2015. 基于 Hurwicz 的概率不确定的灰色随机多准则决策方法 [J]. 控制与决策, 30(3): 556-560.
周延年, 朱怡安. 2012. 基于灰色系统理论的多属性群决策专家权重的调整算法 [J]. 控制与决策, 27(7): 1113-1116.
Bell D E. 1982. Regret in decision making under uncertainty [J]. Operations Research, 30(5): 961-981.
Chang J, Wang X, Li Y, et al. 2016. Ice regime variation impacted by reservoir operation in the Ning-Meng reach of the Yellow River [J]. Natural Hazards, 80(2): 1015-1030.
Chen S J, Hwang C L. 1992. Fuzzy Multiple Attribute Decision-Making Method and Application [M]. New York: Springer-Verlag.
Debele B, Srinivasan R, Yves P J. 2007. Accuracy evaluation of weather data generation and disaggregation methods at finer timescales [J]. Advances in Water Resources, 30(5): 1286-1300.
Fan H, Huang H J, Zeng T Q, et al. 2006. River month bar formation, riverbed aggradation and channel migration in the modern Yellow River delta, China [J]. Geomorphology, 74(5): 124-136.
Guo X J, Liu S F, Wu L F, et al. 2015. A multi-variable grey model with a self-memory component and its application on engineering prediction[J]. Engineering Applications of Artificial Intelligence, 42(C): 82-93.
He Z, Shen Y, Li J B, et al. 2015. Regularized multivariable grey model for stable grey

coefficients estimation[J]. Expert Systems with Applications, 42(4): 1806-1815.

Hsu L C. 2009. Forecasting the output of integrated circuit industry using genetic algorithm based multivariable grey optimization models [J]. Expert Systems with Applications, 36(4): 7898-7903.

Hsu L C. 2010. A genetic algorithm based nonlinear grey Bernoulli model for output forecasting in integrated circuit industry[J]. Expert Systems with Applications, 37(6): 4318-4323.

Kahneman D, Tversky A. 1979. Prospect theory: An analysis of decision under risk[J]. Econometrical: Journal of the Econometric Society, 47(2): 263-291

Kung L M, Yu S W. 2008. Prediction of index futures returns and the analysis of financial spillovers——A comparison between GARCH and the grey theorem[J]. European Journal of Operational Research, 186(3): 1184-1200.

Lai H H, Lin Y C, Yeh C H. 2005. Form design of product image using grey relational analysis and neural network models[J]. Computers & Operations Research, 32(10): 2689-2711.

Li H T, Wang J F, Luo D, et al. 2017. Grey random dynamic multiple-attribute decision-making method[J]. IEEE International Conference on Grey Systems and Intelligent Services, Stockholm, Sweden, 8.8-8.11.

Liu P D. 2011. Method for multi-attribute decision-making under risk with the uncertain linguistic variables based on prospect theory[J]. Control and Decision, 26(6): 893-897.

Liu P D, Jin F, Zhang X, et al. 2011. Research on the multi-attribute decision-making under risk with interval probability based on prospect theory and the uncertain linguistic variables[J]. Knowledge-Based Systems, 24(4): 554-561.

Liu S F. 1996. Axiom on grey degree[J]. the Journal of Grey System, 8(4): 397-400.

Liu S F, Fang Z G, Yang Y J, et al. 2012. General grey numbers and their operation[J]. Grey Systems: Theory and Application, 2(2): 89-104.

Liu S F, Lin Y. 2010. Grey systems Theory and Applications[M]. Berlin, Heidelberg: Springer-Verlag, 197-218.

Liu S F, Yang Y J, Forrest J. 2017. Grey Data Analysis: Methods, Models and Applications[M]. Singapore: Springer.

Liu T Y, Yeh J, Chen C M, et al. 2004. A grey ART system for grey information processing[J]. Neurocomputing, 56(3): 407-414.

Liu Y, Fan Z P, Zhang Y. 2014. Risk decision analysis in emergency response: a method based on cumulative prospect theory[J]. Computers & Operations Research, 42(2): 75-82.

Loomes G, Sugden R. 1982. Regret theory: An alternative theory of rational choice under uncertainty[J]. The Economic Journal, 92(368): 805-824.

Loukas A V L, Dalezios N R. 2002. Climatic impacts on the runoff generation processes in

British Columbia, Canada [J]. Hydrology and Earth Systems Science, 6(2): 211-227.

Luo D. 2014. Risk evaluation of ice-jam disasters using gray systems theory: The case of Ningxia-Inner Mongolia reaches of the Yellow River[J]. Natural Hazards, 71(3): 1419-1431.

Luo D, Mao W X, Sun H F. 2017. Risk assessment and analysis of ice disaster in Ning-Meng reach of Yellow River based on a two-phased intelligent model under grey information environment [J]. Natural Hazards, 88(1): 591-610.

Luo D, Wang X. 2012. The multi-attribute grey target decision method for attribute value within three-parameter interval grey number[J]. Applied Mathematical Modelling, 36(5): 1957-1963.

Luo D, Wei B L. 2017. Grey forecasting model with polynomial term and its optimization[J]. the Journal of Grey System, 29(3): 58-69.

Luo D, Wei B L, Lin P Y. 2015. The optimization of several grey incidence analysis models[J]. the Journal of Grey System, 27(4): 1-11.

Ma X, Liu Z B. 2016. Research on the novel recursive discrete multivariate grey prediction model and its applications[J]. Applied Mathematical Modelling, 40(7-8): 4876-4890.

Pawlak Z. 1982. Rough sets[J]. International Journal of Information and Computer Sciences, 11(5): 341-356

Qian Y H, Liang J Y, Dang C Y. 2008. Interval ordered information systems[J]. Computers & Mathematics with Applications, 56(8): 1994-2009.

Quiggin J. 1994. Regret theory with general choice sets [J]. Journal of Risk and Uncertainty, 8(2): 153-165.

Shih N Y, Shih N J, Yu W C. 2006. The parameter estimation of time-varying GM(1,1)[J]. the Journal of Grey System, 9(1): 51-56.

Sun P B, Liu Y T, Qiu X Z, et al. 2015. Hybrid multiple attribute group decision-making for power system restoration [J]. Expert Systems with Applications, 42(19): 6795-6805.

Tien T L. 2005. The indirect measurement of tensile strength of material by the grey prediction model GMC(1, n)[J]. Measurement Science & Technology, 16(16): 1322-1328.

Tien T L. 2009. The deterministic grey dynamic model with convolution integral DGDMC (1, n)[J]. Applied Mathematical Modelling, 33(8): 3498-3510.

Tien T L. 2010. Forecasting CO_2 Output from gas furnace by grey prediction model IGMC (1, n)[J]. Journal of the Chinese Society of Mechanical Engineers, Transactions of the Chinese Institute of Engineers-Series C, 31(1): 55-65.

Tien T L. 2012. A research on the grey prediction model GM(1, n)[J]. Applied Mathematics & Computation, 218(9): 4903-4916.

Tien T L, Chen C K. 1997. The indirect measurement of fatigue limits of structural steel by the deterministic grey dynamic model DGDM(1,1,1)[J]. Applied Mathematical

Modelling, 21(10): 611-619.

Tseng F M, Yu H C, Tzeng G H. 2001. Applied hybrid grey model to forecast seasonal time series[J]. Technological Forecasting & Social Change, 67(2-3): 291-302.

Tversky A, Kahneman D. 1992. Advances in prospect theory: Cumulative representation of uncertainty[J]. Journal of Risk and Uncertainty, 5(4): 279-323.

Van Laarhoven P J M, Pedrycz W. 1983. A fuzzy extension of Saaty's priority theory[J]. Fuzzy Sets and Systems, 11(2): 199-227.

Wang Z X. 2014. Nonlinear grey prediction model with convolution integral NGMC (1, n) and its application to the forecasting of China's industrial SO_2 Emissions[J]. Journal of Applied Mathematics, (580161): 174-178.

Wang Z X, Dang Y G, Liu B. 2009. Recursive solution and approximating optimization to grey models with high precision[J]. the Journal of Grey System, 21(2): 185-194.

Wang Z X, Hao P. 2016. An improved grey multivariable model for predicting industrial energy consumption in China[J]. Applied Mathematical Modelling, 40(11-12): 5745-5758.

Wu C G, Wei Y M, Jin J L, et al. 2015. Comprehensive evaluation of ice disaster risk of the Ningxia-Inner Mongolia Reach in the upper Yellow River[J]. Natural Hazards, 75(2): 179-197.

Wu L F, Liu S F, Yang Y J, et al. 2016. Multi-variable weakening buffer operator and its application[J]. Information Sciences, 339(C): 98-107.

Xie N M, Liu S F. 2010. Novel methods on comparing grey numbers[J]. Applied Mathematical Modelling, 34(2): 415-423.

Xu G L, Liu F. 2013. An approach to group decision making based on interval multiplicative and fuzzy preference relations by using projection[J]. Applied Mathematical Modelling, 37(6): 3929-3943.

Zadeh L A. 1965. Fuzzy Sets. Information and Control, 8(3): 338-353.

Zeng B, Luo C M, Li C, et al. 2016. A novel multi-variable grey forecasting model and its application in forecasting the amount of motor vehicles in Beijing[J]. Computers & Industrial Engineering, 101(C): 479-489.